高等学校教材

线性代数

第二版

◆ 谢 政

高等教育出版社·北京

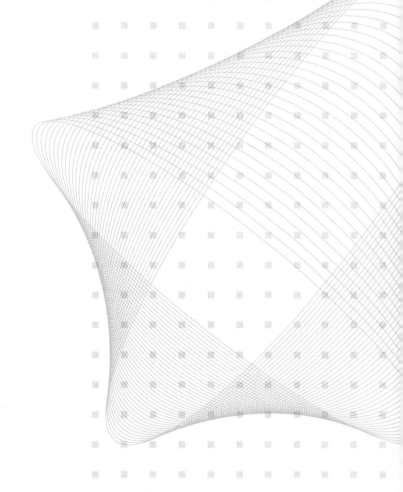

内容简介

本书汲取了中外优秀教材的养分，革新了传统线性代数的体系和内容，较同类教材有以下不同：建立“以线性方程组为主线，以矩阵为主要工具，以初等变换为主要方法”的体系结构；直观、自然地引入概念，严谨、简洁地推证结论，详细、规范地描述方法；针对一些逆命题设计了简单明了的反例；精选了23个浅显易懂的应用实例；扼要介绍了线性代数的一些历史事件.本书体系新颖，取材恰当，深入浅出，行文简练，论述严谨，富于启迪，有益于培养抽象思维能力、逻辑推理能力、直观想象能力、数学建模能力和工程实践能力.

书中习题包含一些研究生入学考试的优秀试题和应用题型，每一章的习题按难度分成(A)和(B)两类；书末给出了习题的答案或提示，以及重要概念的中英文对照.

本次修订还增加了数字教学资源，包括疑难问题辨析、解题方法归纳、单元测试题、期末测试题等，这些都可以通过扫描二维码阅读.

本书可作为高等学校非数学类专业线性代数课程的教材，也可作为考研的参考书，还可供科技工作者阅读参考.

图书在版编目(CIP)数据

线性代数/谢政编. --2版. --北京：高等教育出版社，2021.8

ISBN 978-7-04-056232-3

Ⅰ.①线… Ⅱ.①谢… Ⅲ.①线性代数-高等学校-教材 Ⅳ.①O151.2

中国版本图书馆CIP数据核字(2021)第112616号

Xianxing Daishu

策划编辑 高 丛　责任编辑 高 丛　封面设计 李卫青　版式设计 杜微言
插图绘制 李沛蓉　责任校对 刘娟娟　责任印制 赵 振

出版发行 高等教育出版社
社　　址 北京市西城区德外大街4号
邮政编码 100120
印　　刷 天津鑫丰华印务有限公司
开　　本 787mm×1092mm 1/16
印　　张 14.75
字　　数 330千字
购书热线 010-58581118
咨询电话 400-810-0598

网　　址 http://www.hep.edu.cn
　　　　 http://www.hep.com.cn
网上订购 http://www.hepmall.com.cn
　　　　 http://www.hepmall.com
　　　　 http://www.hepmall.cn
版　　次 2012年8月第1版
　　　　 2021年8月第2版
印　　次 2021年8月第1次印刷
定　　价 33.80元

物 料 号 56232-00

第二版前言

本书第一版自2012年出版以来，已经历了八年多的教学实践.根据我们的教学体会和数学课程改革的心得，以及广大同行和读者使用本教材的反馈意见，在保持原有体系和特色的基础上，对本书的第一版进行了如下的修订：

一、在讨论矩阵的等价、正交相似、相似、合同时，采取统一的模式：首先证明它是具有自反性、对称性和传递性的等价关系，然后将相应的矩阵进行等价分类，再找出每个等价类中形式简单且唯一的代表元——标准形，最后指出等价类的个数.希望通过如此处理，让学生初步领悟其中的数学思想和方法.

二、对第3章内容进行了整合，将原来的第3.3.2小节"行列式的乘积法则"改为第3.2.4小节，原来的第3.3.1小节"伴随矩阵与矩阵的逆"和第3.3.3小节"Cramer法则"，同原来的第3.5节"行列式与矩阵的秩"合并成新的第3.4节"行列式的运用"，相应地将原来的第3.4节"行列式的计算"改为第3.3节，从而使得第3章结构更合理，叙述更流畅.

三、将每一章的应用实例中例题进行了规范化处理，改写了第4.7.4小节"$\mathbb{R}^2$上线性变换的几何表示"，为第2.6.2小节"计算机死锁问题"和第6.5.3小节"多元函数的极值"分别增加了算例.此外，增加第4.7.5小节"$\mathbb{R}^2$中点的齐次坐标"，给出了平面图形平移变换对应的矩阵；增加第5.5.3小节"单循环比赛的排名问题"，介绍了求矩阵的绝对值最大的特征值及其特征向量的近似方法；增加第6.5.1小节"二次曲面的化简"，从几何层面解释了矩阵特征值和特征向量中"特征"的含义.这样，应用实例的课题更丰富，内容更充实.

四、第5.4.2小节中增加了计算Jordan标准形中Jordan块个数的公式，以及判断矩阵相似的充要条件，为求Jordan标准形提供了理论基础.

五、增加并修改了一些图形或几何图示，以帮助学生直观理解相关的概念和理论.

六、补充了少量例题和习题，并且调整了习题3和习题5中部分习题的序号.

七、增加了数字教学资源，包括疑难问题辨析、解题方法归纳、单元测试题、期末测试题等，这些都可以通过扫描二维码阅读.疑难问题辨析是解答读者在学习重点、难点内容时可能产生的疑惑；解题方法归纳则是总结一些重要题型的解题方法，并配备了相应的例题，但不包括书中已有详细步骤或多个例题的题型.

本书的配套教辅《线性代数学习指导(第三版)》已同时出版.

本次修订中，陈挚、戴丽、胡小荣、李俊、孙兵、杨涌、谢正等几位老师提出了一些有益的建议，宋伊萍老师绘制了部分图形，在此表示感谢.

希望能继续收到同行和读者的使用意见和建议，使本书日趋完善.

谢　政

2021年1月

于国防科技大学

第一版前言

线性代数是代数学中处理线性关系问题的一个分支,它具有很强的逻辑性、高度的抽象性和广泛的应用性.随着科学技术的发展和计算机的广泛应用,线性代数的作用显得越来越重要,它与微积分、概率统计一起成为高等院校的三门重要数学公共课,学习这门课程有益于培养抽象思维能力、逻辑推理能力、直观想象能力、数学建模能力和工程实践能力.

由于线性代数中概念、结论和方法较多,前后知识联系紧密、互相融合,而且解题技巧性强、证明方法灵活,因此初学者普遍感到概念抽象,定理繁多,缺乏一条明确的主线.基于以上问题,作者编写了这本教材.它包括线性方程组、矩阵、行列式、向量空间与线性空间、矩阵的相似化简和二次型等六章,概括起来具有以下五个特色.

一、建立新的体系结构

建立“以线性方程组为主线,以矩阵为主要工具,以初等变换为主要方法”的体系结构,揭示各章节之间的有机联系,遵循低年级大学生的认知规律,培养数学思维能力.

首先,突出线性方程组的中心地位,主要内容都围绕线性方程组展开.解线性方程组是线性代数的第一个问题,二元一次方程组已成为中学教学内容,因此,将线性方程组放在第 1 章,这既是依照历史发展的脉络,也与中学内容相衔接,自然直观.第 2 章至第 4 章的矩阵、行列式、向量空间与线性空间都是以线性方程组为背景而引入的,例如,本书从线性方程组引出矩阵,由线性方程组的初等变换得到矩阵的初等变换,再得到行列式的初等变换;从线性方程组的消元法引出阶梯矩阵、最简阶梯矩阵和矩阵的等价标准形;从线性方程组引出矩阵方程有解判别准则和求解方法,进而简化了可逆矩阵的定义、得到了两个向量组等价的判别准则;从 2×2 和 3×3 线性方程组解的表达式引出二阶和三阶行列式;从线性方程组的解引出向量的线性表示;从齐次线性方程组的非零解引出向量组的线性相关性;从齐次线性方程组的解集引出向量空间;从方程组的初等变换不改变方程组的解集,推出矩阵的初等列(或行)变换不改变行(或列)向量的线性相关性和线性组合关系.第 5 章矩阵的相似化简和第 6 章二次型则是线性方程组理论和方法的应用.

其次,发挥矩阵的主导作用,着力用矩阵的理论和方法来处理线性代数中的各种问题.虽然在历史上行列式的出现早于矩阵,并且矩阵的许多基本性质也是在行列式的发展中建立起来的,但是按照逻辑关系,本书将矩阵安排在第 2 章,而将行列式放在第 3 章,这有助于低年级大学生用直观的矩阵来理解难懂的行列式,使之明白行列式是方阵的函数,是矩阵的一种运算.把矩阵作为一个相对完整的部分集中在前面,先介绍矩阵的概念、运算、分块、初等变换和秩,这样突出了矩阵的地位,为后面使用矩阵提供了便利.将向量作为特殊的矩阵,利用矩阵和分块矩阵研究线性方程组解的判别准则、向量组的线性表示、线性相关性、极大线性无关组和秩,以及向量空间和线性空间的基变换与坐标变换、线性变换、二次型.

最后，强调矩阵初等变换的重要作用，把初等变换作为贯穿全书的计算工具和证明手段.反复运用初等变换解决各种计算问题，包括解线性方程组，求矩阵的逆和秩，解矩阵方程，计算行列式，判断两个向量组的线性关系，求向量组的秩和极大线性无关组以及将其余向量用极大线性无关组来线性表示，求向量的坐标，求一个基到另一个基的过渡矩阵，化二次型为标准形等.在理论推导中则更多地使用了分块初等变换，这不但可以简化定理的证明而且更加便于学生理解，例如，分块三角矩阵的逆矩阵和矩阵秩的性质.

二、重视概念的阐释

概念是数学的基础知识，概念教学在整个教学中起着至关重要的作用.数学概念常常体现着深刻的数学思想，但低年级大学生往往觉得数学概念抽象难懂，为此，本书通过浅显易懂的实际问题引入概念，解释概念的直观意义，剖析概念的内涵和外延.例如，严格区分了“组”与“集合”这两个不同的概念；用平面上若干条直线的交点和空间中若干个平面的交点，分别来解释二元和三元线性方程组的几何意义；由生活实例引出矩阵的定义及其运算；通过推广线性函数，由两组变量之间的线性映射给出矩阵的另一种解释，并阐述矩阵乘积的意义；说明了为何要引进初等矩阵；将矩阵的等价标准形中 1 的个数定义为该矩阵的秩；由线性方程组的求解引出行列式的递归定义；由线性方程组引出向量组的线性组合和线性相关以及向量空间；揭示了线性相关的含义；由两组变量之间的线性映射引出两个线性空间之间的线性映射；由求矩阵的幂引出相似矩阵；由相似矩阵引出特征值和特征向量，并给出了特征值和特征向量的几何意义；通过平面上有心二次曲线经旋转变换化为标准方程，引出二次型及其标准形、合同矩阵.

将向量空间、Euclid 空间和线性空间集中于第 4 章，从平面向量和空间向量过渡到 n 维向量，进而过渡到向量空间，再从向量空间过渡到内积空间和线性空间，这样既凸显了三种空间之间的逻辑关系，也便于从整体上把握线性空间.

三、强调反例的运用

反例是纠正错误的有效方法，是判断命题真伪的重要手段.反例是对命题十分简明的否定，它具有事半功倍的作用，恰当的反例能帮助读者正确理解和掌握数学概念及定理.寻求反例的过程是加深理解、巩固知识的过程，也是培养学生逆向思维和辩证思维的过程.反例应当言简意赅，这样才更有说服力，才能给学生留下深刻的印象.本书考察了许多命题的逆命题，设计了一些简单明了的反例.例如，矩阵乘法不满足交换律，向量组线性相关而它的升维组线性无关，秩相等的向量组不等价，同一个线性空间中两个子空间的并不是子空间，线性变换把线性无关的元素组变成线性相关的元素组，矩阵的等价、相似与合同之间的关系，有相同的特征多项式或相同的迹的两个矩阵不相似，等等.

四、注重理论联系实际

线性代数的理论来源于实践，它可以用于经济学、管理科学、运筹学、计算机科学、物理学、化学、生物学、遗传学、人口学和统计学中解释基本原理和简化计算.讲述线性代数理论的实际背景和应用问题，能很快激发学生的学习积极性，从而引发学生思考，引导学生提问题，进一步促使学生自然地得出并理解概念和结论的目的，有着水到渠成的效果.基于此，本书不但在每章将适合低年级大学生阅读的一些应用实例汇集成一节，而且还选编了相应的应用性习题，这样使得学生在学习数学理论的同时学习数学建模方法，学会运用数学去解决实际问题，以达到培养学习兴趣、工程应用能力和创造性能力的目的.这些应用实例包括：营养配方问题，交通流问题，电路分析问题，化学方程式的配平问题，多项式插值问题，图的邻接矩阵，计算机死锁问题，信息加密问题，职工培训问题，二阶、三阶行列式的几何意义，分式方程与平面方程，Fibonacci 数，阅读问题，最小二乘法，数列的通项，$\mathbb{R}^2$ 上线性变换的几何表示，色盲遗传模型，兔子与狐狸的生态模型，齐次多项式的条件极值，多元函数的极值.

五、点评历史事件

学好线性代数，还应当了解概念和理论产生的历史背景，这样有助于准确理解基本概念、正确掌握基本理论.为此，每一章都单独用一节来点评历史事件，描述概念的来龙去脉，介绍理论的前因后果，展现数学家的历史功绩，从而使读者了解数学创造的真实过程，增加阅读乐趣，激发学习热情，提高数学素养.

本书每章的“应用实例”一节、第 4.6 节线性空间及其线性变换、第 5.4 节 Jordan 标准形以及一些难度较大的证明，任课教师可根据教学的实际情况酌情处理；每章的“历史事件”一节为课外阅读材料.

本书配置了适量的习题，其中包含一些研究生入学考试题和实际问题的应用题.每章中的习题分成(A)和(B)两类，(A)类习题注重基础练习，(B)类习题强调综合运用.希望通过这些习题能使学生开阔眼界，拓宽思路，激发兴趣.本书的配套教材《线性代数学习指导》已同时出版.

在本书的编写过程中，作者查阅了许多书籍和杂志，并引用了一些文献中的应用实例和历史故事，恕不一一列出，在此谨向有关作者致谢.作者还要感谢陈挚副教授，他为本书精心配置了部分习题，并在试用本书后提出了许多中肯的意见.

作者热忱欢迎各位同行和读者对本书多提宝贵意见和建议，以便进一步修改完善.

谢　政

2012 年 7 月 2 日

于国防科技大学

目录

第 1 章 线性方程组

线性方程组是线性代数的第一个研究内容，它在自然科学、工程技术和管理科学中有着广泛的应用，这得益于需求牵引和技术推动：现实世界中大量的复杂问题只有简化为线性方程组才能求解，并且高速发展的计算机技术使得成千上万个未知量的线性方程组的求解成为可能.

本章首先介绍线性方程组的基本概念及几何意义；然后介绍阶梯方程组的回代法，并给出了有解判别准则；最后介绍线性方程组的初等变换以及一般线性方程组的消元法.

1.1 线性方程组的基本概念

所谓线性方程就是一次方程.一个 n **元线性方程**是指具有如下形式的方程

$$a_1x_1+a_2x_2+\cdots+a_nx_n=b,$$

其中 $x_1,x_2,\cdots,x_n$ 称为**未知量**，$a_1,a_2,\cdots,a_n$ 称为**系数**，b 称为**常数项**.

例如，$2x=4$ 是一元线性方程，方程

$$\sqrt{2}x_1+x_2=5$$

是二元线性方程.但是，方程

$$4x_1+2x_2=x_1x_2$$

和

$$x_2=2\sqrt{x_1}+5$$

都不是线性方程.

从几何上讲，一元线性方程

$$ax=b \quad (a\neq 0)$$

表示数轴上的一个点；二元线性方程

$$a_1x_1+a_2x_2=b \quad (a_1,a_2\text{ 不全为零})$$

表示平面上的一条直线；三元线性方程

$$a_1x_1+a_2x_2+a_3x_3=b \quad (a_1,a_2,a_3\text{ 不全为零})$$

则表示空间中的一个平面；数学上称 $n(n\geqslant 4)$ 元线性方程为**超平面方程**.

一个 n **元线性方程组**是指一些含相同的 n 个未知量的线性方程所构成的组.

需要指出的是，“组”不同于“集合”，组中元素有序且允许重复，而集合中元素无序且相异.

例如，方程组

$$\begin{cases}x_1-2x_2=3,\\2x_1+x_2=1\end{cases}\tag{1.1}$$

是二元线性方程组，方程组

$$\begin{cases} x_1+x_2+x_3=2, \\ 2x_1+2x_2+3x_3=5, \\ 3x_1+4x_2+5x_3=7 \end{cases} \tag{1.2}$$

是三元线性方程组.

容易知道，二元线性方程组表示平面上若干条直线的交点，三元线性方程组表示空间中若干个平面的交点.例如，二元线性方程组(1.1)表示平面上两条直线的交点，见图 1.1；三元线性方程组(1.2)表示空间中三个平面的交点，见图 1.2.

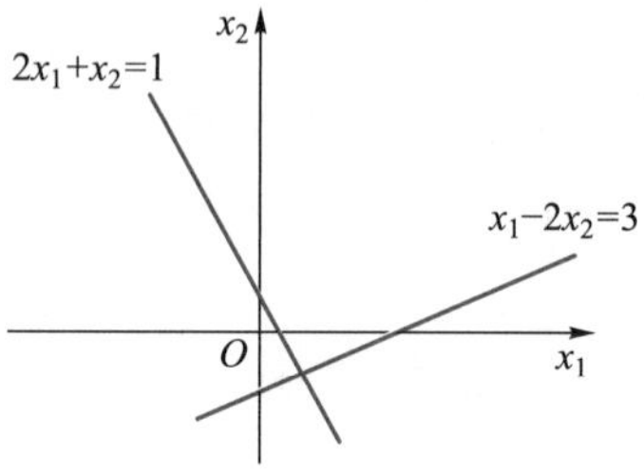

图 1.1　二元线性方程组(1.1)的几何意义

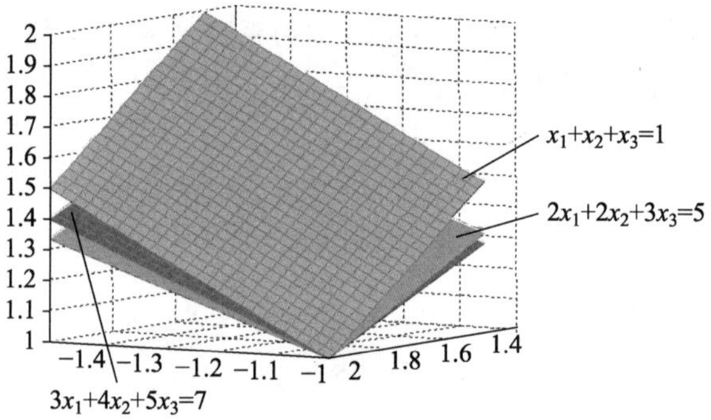

图 1.2　三元线性方程组(1.2)的几何意义

一般地，由 m 个 n 元线性方程所构成的线性方程组可表示为

$$\begin{cases} a_{11}x_1+a_{12}x_2+\cdots+a_{1n}x_n=b_1, \\ a_{21}x_1+a_{22}x_2+\cdots+a_{2n}x_n=b_2, \\ \cdots\cdots\cdots\cdots \\ a_{m1}x_1+a_{m2}x_2+\cdots+a_{mn}x_n=b_m, \end{cases} \tag{1.3}$$

称之为 $m\times n$ **线性方程组**. $m\times n$ 线性方程组的一个**解**是指 n 个数组成的有序数组 $c_1,c_2,\cdots,c_n$，当 $x_1,x_2,\cdots,x_n$ 依次用 $c_1,c_2,\cdots,c_n$ 代入后，m 个方程都成立.

用 W 表示线性方程组(1.3)的全部解的集合，称之为**解集**.有相同的解集的两个线性方程组称为**同解方程组**.若 $W\neq\varnothing$，则称方程组(1.3)是**相容的**或**有解**.若 $W=\varnothing$，则称方程组(1.3)是**不相容的**或**矛盾的**或**无解**.若 W 只含一个元素，则称方程组(1.3)有**唯一解**.W 中任何一个元素称为方程组(1.3)的一个**特解**；W 中全部元素的一个通用表达式称为方程组

(1.3)的**通解**或**一般解**.

针对线性方程组必须研究以下三个问题：

(1) 线性方程组是否有解？

(2) 线性方程组有解时，有多少个解？

(3) 如何求线性方程组的解？

对于 $m\times n$ 线性方程组(1.3)，若常数项 $b_1,b_2,\cdots,b_n$ 全为零，则称之为**齐次线性方程组**；否则称之为**非齐次线性方程组**.

$m\times n$ 齐次线性方程组

$$\begin{cases}a_{11}x_1+a_{12}x_2+\cdots+a_{1n}x_n=0,\\a_{21}x_1+a_{22}x_2+\cdots+a_{2n}x_n=0,\\\cdots\cdots\cdots\cdots\\a_{m1}x_1+a_{m2}x_2+\cdots+a_{mn}x_n=0\end{cases}$$

总是有解的，因为 $x_1=0,x_2=0,\cdots,x_n=0$ 就是它的一个解，称为**零解**；若一个解中未知量 $x_1,x_2,\cdots,x_n$ 的取值不全为零，则称为**非零解**.

显然，我们关心的是齐次线性方程组是否有非零解.

1.2 阶梯方程组的回代法

本节我们针对一类特殊的线性方程组，来讨论有解判别准则以及如何求解.

例 1.1 求解下列线性方程组：

(1) $\begin{cases}x_1-2x_2-x_3=3,\\ \quad\quad x_2+x_3=4,\\ \quad\quad\quad 2x_3=8;\end{cases}$

(2) $\begin{cases}x_1-x_2-2x_3\quad\quad+4x_5=4,\\ \quad\quad\quad x_3-x_4\quad\quad=-3,\\ \quad\quad\quad\quad x_4-2x_5=6.\end{cases}$

解 (1) 由第三个方程 $2x_3=8$，解得 $x_3=4$；

将 $x_3=4$ 代入第二个方程 $x_2+x_3=4$，得 $x_2=0$；

将 $x_3=4,x_2=0$ 代入第一个方程 $x_1-2x_2-x_3=3$，得 $x_1=7$，于是得该方程组的唯一解：

$$\begin{cases}x_1=7,\\x_2=0,\\x_3=4.\end{cases}$$

(2) 将未知量 x_2,x_5 视作参数移到右端，则原方程组可改写为

$$\begin{cases}x_1-2x_3\quad\quad=4+x_2-4x_5,\\ \quad\quad x_3-x_4=-3,\\ \quad\quad\quad\quad x_4=6+2x_5.\end{cases}$$

由第三个方程有 $x_4=6+2x_5$；

将 $x_4=6+2x_5$ 代入第二个方程得 $x_3=3+2x_5$；

将 $x_4=6+2x_5$，$x_3=3+2x_5$ 代入第一个方程得 $x_1=10+x_2$，于是该方程组有无穷多解，它的通解为

$$\begin{cases} x_1=10+x_2, \\ x_2=\quad\ \ x_2, \\ x_3=\ 3\qquad +2x_5, \\ x_4=\ 6\qquad +2x_5, \\ x_5=\qquad\qquad x_5, \end{cases}$$

其中 x_2 和 x_5 为任意数. □

视作参数移到方程右端的未知量称为**自由未知量**，其余的未知量则称为**基本未知量**. 自由未知量可以任意取值.在线性方程组的通解中，基本未知量均由自由未知量表示.

自由未知量的选取并非唯一，例如，对于例 1.1(2) 中线性方程组，也可以选 x_1 和 x_4 为自由未知量，此时方程组改写为

$$\begin{cases} -x_2-2x_3+4x_5=\ \ 4-x_1, \\ \qquad\quad x_3\qquad\ \ =-3\qquad +x_4, \\ \qquad\qquad\quad -2x_5=\ \ 6\qquad -x_4. \end{cases}$$

同理可求得方程组的通解

$$\begin{cases} x_1=\qquad\quad x_1, \\ x_2=-10+x_1, \\ x_3=\ -3\qquad +\ \ x_4, \\ x_4=\qquad\qquad\quad x_4, \\ x_5=\ -3\qquad +\dfrac{1}{2}x_4, \end{cases}$$

其中 x_1 和 x_4 为任意数.

疑难问题辨析

自由未知量可以任意选取吗？

对于例 1.1(2) 中线性方程组，还可选 x_1 和 x_5 为自由未知量，或者选 x_2 和 x_4 为自由未知量.

现在将例 1.1 中解线性方程组的方法总结如下.

(a) 选取某些未知量为自由未知量，将其全部移到方程的右端，使得最后一个方程只含一个基本未知量 x_k，倒数第二个方程除了可能含基本未知量 x_k 外只含基本未知量 x_j，倒数第三个方程除了可能含基本未知量 x_k 和 x_j 外只含基本未知量 x_i……

(b) 从最后一个方程开始求解，逐次将所解得的基本未知量的值代入到前一个方程中，使其只含一个基本未知量，从而可以求解.

这个方法是将后面方程的解代入前面方程，从而求得前面方程中基本未知量的值，因此称之为**回代法**.

但是，并不是任何线性方程组都可以用回代法求解，那么能够使用回代法求解的线性方程组应当具有什么样的特点呢？

通过观察例 1.1 中的线性方程组，不难发现它们呈阶梯形状，称之为**阶梯方程组**.

一般来说，阶梯方程组具有如下形状：

$$\left\{\begin{array}{l} c_{1j_1}x_{j_1}+\cdots+c_{1j_2}x_{j_2}+\cdots+c_{1j_3}x_{j_3}+\cdots+c_{1j_r}x_{j_r}+\cdots+c_{1n}x_n=d_1,\\ \qquad c_{2j_2}x_{j_2}+\cdots+c_{2j_3}x_{j_3}+\cdots+c_{2j_r}x_{j_r}+\cdots+c_{2n}x_n=d_2,\\ \qquad\qquad \cdots\cdots\cdots\cdots\\ \qquad\qquad\qquad c_{rj_r}x_{j_r}+\cdots+c_{rn}x_n=d_r,\\ \qquad\qquad\qquad\qquad 0=d_{r+1},\\ \qquad\qquad\qquad\qquad 0=0,\\ \qquad\qquad \cdots\cdots\cdots\cdots\\ \qquad\qquad\qquad\qquad 0=0, \end{array}\right.$$

疑难问题辨析

出现“0=0”的方程，有何含义？

其中正整数 $j_1,j_2,\cdots,j_r$ 满足 $1\leqslant j_1<j_2<\cdots<j_r\leqslant n$，且 $c_{ij_i}\neq 0\ (i=1,2,\cdots,r)$.

如果 $d_{r+1}\neq 0$，那么 $0=d_{r+1}$ 为矛盾方程，即阶梯方程组无解.

如果 $d_{r+1}=0$，那么阶梯方程组有解.此时，可选每个方程的第一个未知量为基本未知量，删去所有“0＝0”的方程后，有

基本未知量个数＝方程个数，

自由未知量个数＝未知量个数－方程个数.

并且可知：当未知量个数等于方程个数时，方程组有唯一解；当未知量个数大于方程个数时，方程组有无穷多解.

综上所述，得到如下的有解判别准则.

定理 1.1 在阶梯方程组中，删去所有“0＝0”的方程.

(1) 若最后一个方程是“$0=d_{r+1}$”($d_{r+1}\neq 0$)，则方程组无解.

(2) 若最后一个方程含有未知量，则方程组有解：

当阶梯方程组中方程个数等于未知量个数时，方程组有唯一解；

当阶梯方程组中方程个数小于未知量个数时，方程组有无穷多解，可用自由未知量表示出其通解. □

疑难问题辨析

为何不会出现多于1个的有限个解？

1.3 线性方程组的消元法

为了求解一般线性方程组，一个自然的想法是首先借助某种变换将一般线性方程组化为阶梯方程组，然后用回代法解阶梯方程组.

下面通过例子来描述求解线性方程组的一般方法.

例 1.2 求解线性方程组

$$\left\{\begin{array}{l} x_1+x_2+x_3=2,\\ 2x_1+2x_2+3x_3=5,\\ 2x_1-x_2-x_3=4,\\ 3x_1+5x_2+7x_3=8. \end{array}\right.$$

解 将第一个方程以下各方程中的 x_1 消去.为此，第二个方程减去第一个方程的 2 倍，第三个方程减去第一个方程的 2 倍，第四个方程减去第一个方程的 3 倍，得到

$$\begin{cases} x_1 + x_2 + x_3 = 2, \\ x_3 = 1, \\ -3x_2 - 3x_3 = 0, \\ 2x_2 + 4x_3 = 2. \end{cases}$$

使第二个方程中 x_2 的系数为 1.为此，对调第二个方程与第三个方程的位置，然后用 $\left(-\frac{1}{3}\right)$ 乘第二个方程，得到

$$\begin{cases} x_1 + x_2 + x_3 = 2, \\ x_2 + x_3 = 0, \\ x_3 = 1, \\ 2x_2 + 4x_3 = 2. \end{cases}$$

将第二个方程以下各方程中的 x_2 消去.为此，第四个方程减去第二个方程的 2 倍，得到

$$\begin{cases} x_1 + x_2 + x_3 = 2, \\ x_2 + x_3 = 0, \\ x_3 = 1, \\ 2x_3 = 2. \end{cases}$$

将第三个方程以下各方程中的 x_3 消去.为此，第四个方程减去第三个方程的 2 倍，得到

$$\begin{cases} x_1 + x_2 + x_3 = 2, \\ x_2 + x_3 = 0, \\ x_3 = 1, \\ 0 = 0. \end{cases}$$

这是阶梯方程组.再用回代法即得方程组的唯一解

$$\begin{cases} x_1 = 2, \\ x_2 = -1, \\ x_3 = 1. \end{cases}$$

□

从例 1.2 可以看出，化一般线性方程组为阶梯方程组的过程就是逐次消去一些方程中的未知量，故称之为**消元**.

易知，消元过程实际上是对线性方程组做了如下三种变换：

(1) 对调第 i 个与第 j 个方程的位置，称为**对调变换**，记作ⓘ↔ⓙ；

(2) 以数 $k \neq 0$ 乘第 i 个方程，称为**倍乘变换**，记作 kⓘ；

(3) 将第 j 个方程的 k 倍加到第 i 个方程上，称为**倍加变换**，记作ⓘ$+k$ⓙ.

这三种变换称为**线性方程组的初等变换**.

三种初等变换都是可逆的，其逆变换为同一种初等变换：

ⓘ↔ⓙ的逆变换是ⓘ↔ⓙ；

kⓘ的逆变换是 $\frac{1}{k}$ⓘ；

ⓘ$+k$ⓙ的逆变换是ⓘ$-k$ⓙ.

不难证明，初等变换具有如下性质.

定理 1.2 一个线性方程组经有限次初等变换得到的必是同解方程组，即有限次初等变换不改变方程组的解集.

证 先证：若线性方程组（Ⅰ）经一次初等变换化为线性方程组（Ⅱ），则（Ⅰ）的解必是（Ⅱ）的解.分三种情况讨论.

(1) 方程组（Ⅰ）经对调变换ⓘ↔ⓙ化为方程组（Ⅱ）.这两个方程组含的方程是相同的，只是顺序不同，所以（Ⅰ）的解必是（Ⅱ）的解.

(2) 方程组（Ⅰ）经倍乘变换 kⓘ化为方程组（Ⅱ）.这两个方程组除第 i 个方程外其余方程都相同.因为（Ⅰ）的解必满足（Ⅰ）的第 i 个方程，所以也满足（Ⅱ）的第 i 个方程，于是满足（Ⅱ）的所有方程，即知（Ⅰ）的解必是（Ⅱ）的解.

(3) 方程组（Ⅰ）经倍加变换ⓘ$+k$ⓙ化为方程组（Ⅱ）.这两个方程组只有第 i 个方程不相同.由于（Ⅰ）的解满足（Ⅰ）的第 i 个和第 j 个方程，所以也满足（Ⅱ）的第 i 个方程，从而满足（Ⅱ）的所有方程，故（Ⅰ）的解必是（Ⅱ）的解.

又知，若线性方程组（Ⅰ）经一次初等变换化为线性方程组（Ⅱ），则（Ⅱ）可以经其逆变换化为（Ⅰ）.于是由上可知，（Ⅱ）的解必是（Ⅰ）的解.这就证明了线性方程组经一次初等变换得到的必是同解方程组.当然，线性方程组经有限次初等变换得到的必是同解方程组. □

例 1.2 中求解线性方程组的方法称为**消元法**.消元法包括消元和回代两个过程.

回代过程也可以由初等变换来实现.例如，对例 1.2 解答中的阶梯方程组继续做初等变换：

$$\begin{cases} x_1+x_2+x_3=2, \\ \qquad x_2+x_3=0, \\ \qquad\qquad x_3=1, \end{cases} \xrightarrow[\text{②}-\text{③}]{\text{①}-\text{③}} \begin{cases} x_1+x_2 \quad = \ \ 1, \\ \qquad x_2 \quad =-1, \\ \qquad\qquad x_3= \ \ 1, \end{cases} \xrightarrow{\text{①}-\text{②}} \begin{cases} x_1 \qquad = \ \ 2, \\ \quad x_2 \quad =-1, \\ \qquad x_3= \ \ 1, \end{cases}$$

这就是方程组的唯一解.

仿照例 1.2 中的消元过程，容易证明下面的定理.

定理 1.3 任何一个线性方程组都可以经过有限次初等变换化成阶梯方程组. □

定理 1.1、定理 1.2 和定理 1.3 是消元法的基础，它不但保证了消元法的正确性，也给出了消元法的一般步骤：

(a) 消元：对线性方程组做初等变换，将其化为阶梯方程组.

(b) 判别：删去阶梯方程组中所有“$0=0$”的方程，若出现矛盾方程“$0=d_{r+1}$”($d_{r+1}\neq 0$)，则方程组无解，否则方程组有解.

(c) 回代：当方程组有解时，用初等变换求出阶梯方程组的解.

例 1.3 设有线性方程组

$$\begin{cases} x_1+2x_2+\ x_3=\ \ 3, \\ 2x_1+\ x_2-ax_3=\ \ 9, \\ x_1-2x_2-3x_3=-6. \end{cases}$$

(1) 当 a 取何值时，方程组无解；

(2) 当 a 取何值时，方程组有解.

解 对方程组做初等变换化为阶梯方程组：

$$\begin{cases} x_1+2x_2+x_3=3, \\ 2x_1+x_2-ax_3=9, \\ x_1-2x_2-3x_3=-6, \end{cases} \xrightarrow[③-①]{②-2①} \begin{cases} x_1+2x_2+x_3=3, \\ -3x_2-(a+2)x_3=3, \\ -4x_2-4x_3=-9, \end{cases}$$

$$\xrightarrow{②-③} \begin{cases} x_1+2x_2+x_3=3, \\ x_2-(a-2)x_3=12, \\ -4x_2-4x_3=-9, \end{cases} \xrightarrow{③+4②} \begin{cases} x_1+2x_2+x_3=3, \\ x_2-(a-2)x_3=12, \\ -4(a-1)x_3=39. \end{cases}$$

(1) 由阶梯方程组可以看出，当$-4(a-1)=0$，即$a=1$时，它的最后一个方程为矛盾方程，所以方程组无解.

(2) 当$a\neq1$时，阶梯方程组的未知量个数等于方程个数，方程组有唯一解. □

例 1.4 求解齐次线性方程组

$$\begin{cases} x_1+2x_2+2x_3+x_4=0, \\ 2x_1+x_2-2x_3-2x_4=0, \\ x_1-x_2-4x_3-3x_4=0. \end{cases}$$

解 对方程组做初等变换：

$$\begin{cases} x_1+2x_2+2x_3+x_4=0, \\ 2x_1+x_2-2x_3-2x_4=0, \\ x_1-x_2-4x_3-3x_4=0, \end{cases} \xrightarrow[③-①]{②-2①} \begin{cases} x_1+2x_2+2x_3+x_4=0, \\ -3x_2-6x_3-4x_4=0, \\ -3x_2-6x_3-4x_4=0, \end{cases}$$

$$\xrightarrow[\left(-\frac{1}{3}\right)②]{③-②} \begin{cases} x_1+2x_2+2x_3+x_4=0, \\ x_2+2x_3+\frac{4}{3}x_4=0, \\ 0=0, \end{cases} \xrightarrow{①-2②} \begin{cases} x_1-2x_3-\frac{5}{3}x_4=0, \\ x_2+2x_3+\frac{4}{3}x_4=0. \end{cases}$$

取x_3,x_4为自由未知量，从而求得方程组的通解

$$\begin{cases} x_1=2x_3+\frac{5}{3}x_4, \\ x_2=-2x_3-\frac{4}{3}x_4, \\ x_3=x_3, \\ x_4=x_4, \end{cases}$$

其中x_3,x_4为任意数.于是该齐次线性方程组有无穷多非零解. □

1.4 应用实例

本节将介绍线性方程组在日常生活、物理、化学和数学中的简单应用.

1.4.1 营养配方问题

例 1.5 营养师要用三种食物配制一份营养餐，提供一定量的维生素 C、钙和镁.这些食物中每单位的营养含量(单位：mg)，以及营养餐所需的营养(单位：mg)如表 1.1 所示.

(1) 配制这种营养餐需要三种食物各多少单位?

(2) 用这三种食物中的两种能配制该营养餐吗?

表 1.1 单位食物中营养含量及营养餐所需的营养总量 单位:mg

	食物 1	食物 2	食物 3	营养餐所需的营养总量
维生素 C	10	20	20	100
钙	50	40	10	300
镁	30	10	40	200

解 (1) 假设配制营养餐对食物 1、食物 2、食物 3 的需要量依次为 x_1, x_2, x_3,则由题意得到线性方程组

$$\begin{cases} 10x_1+20x_2+20x_3=100, \\ 50x_1+40x_2+10x_3=300, \\ 30x_1+10x_2+40x_3=200, \end{cases} \tag{1.4}$$

化简得

$$\begin{cases} x_1+2x_2+2x_3=10, \\ 5x_1+4x_2+x_3=30, \\ 3x_1+x_2+4x_3=20, \end{cases}$$

先消元,得

$$\begin{cases} x_1+2x_2+2x_3=10, \\ x_2+7x_3=10, \\ 33x_3=40, \end{cases}$$

再回代,得到方程组的唯一解

$$\begin{cases} x_1=\dfrac{150}{33}, \\ x_2=\dfrac{50}{33}, \\ x_3=\dfrac{40}{33}, \end{cases}$$

即配制这种营养餐需要食物 1、食物 2 和食物 3 分别为 $\dfrac{150}{33}$ 单位、$\dfrac{50}{33}$ 单位、$\dfrac{40}{33}$ 单位.

(2) 这三种食物中的任何两种都不能配制该营养餐,这是因为,如果能用三种食物的两种配制营养餐,则方程组(1.4)必存在一个解使得未知量 x_1, x_2, x_3 中有一个取值为零,此与方程组(1.4)有唯一解相矛盾. □

1.4.2 交通流问题

例 1.6 某城市四条单行道在 18 时至 19 时的交通流量如图 1.3 所示,其中 A,B,C,D 表示四个十字路口,每一路段的车行方向用箭头表示、车流量(单位:辆/h)用数字或未知量 x_1, x_2, x_3, x_4 表示.

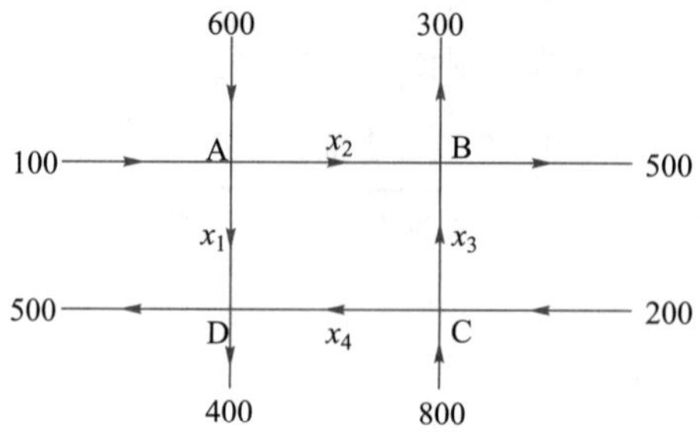

图 1.3　四条单行道的交通流量图

为了使四个十字口不发生拥堵,必须保证每个路口进出的车辆数平衡.试求 x_4 取最小值时各路段的交通流量.

解　根据各个路口进入和离开的车辆数相等的原则,依次考察路口 A,B,C,D 的情况,得到交通流量的线性方程组

$$\begin{cases} x_1+x_2 = 700, \\ x_2+x_3 = 800, \\ x_3+x_4=1\,000, \\ x_1+x_4 = 900, \end{cases}$$

用消元法求解,得到方程组的通解

$$\begin{cases} x_1=-x_4+900, \\ x_2=x_4-200, \\ x_3=-x_4+1\,000, \\ x_4=x_4, \end{cases}$$

其中 x_4 为自由未知量.由 $x_2\geqslant 0$ 知 $x_4\geqslant 200$,即 x_4 的最小值为 200.此时流量为

$$x_1=700,\quad x_2=0,\quad x_3=800,\quad x_4=200. \qquad \square$$

1.4.3　电路分析问题

电路是由导线、电源、电阻等电器元件按照一定方式连接而成的网络.所谓电路分析就是求出电路中各支路上的电流和电压,其依据是 Kirchhoff(基尔霍夫)电流定律与电压定律:

(1) 对于电路的任一节点,流入的支路电流之和等于流出的支路电流之和;

(2) 对于电路的任一回路,沿着回路的某一方向,所有支路电压降的代数和等于电源电压的代数和.

计算电阻的电压降可利用 Ohm(欧姆)定律:当电流 I(单位:A)通过电阻 R(单位:Ω)时产生的电压降 U(单位:V)满足 $U=IR$.

例如,在图 1.4 所示的电路中,对节点 a,b,c,d 应用 Kirchhoff 电流定律,得

$$I_1+I_3=I_4,$$
$$I_2=I_1+I_6,$$
$$I_5=I_2+I_3,$$
$$I_4+I_6=I_5.$$

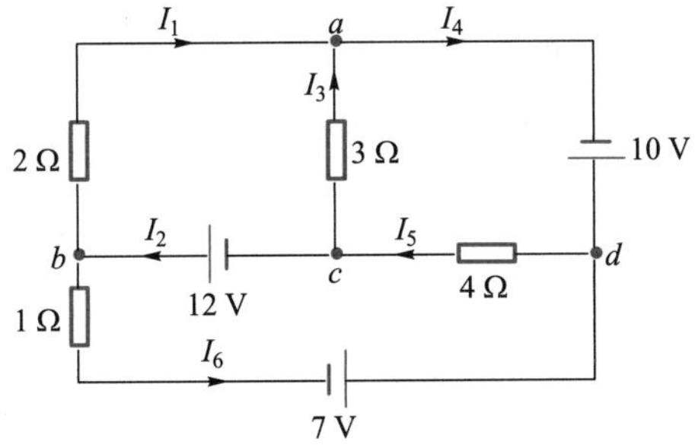

图 1.4　电路网络

对左、右、下三个回路应用 Kirchhoff 电压定律，得

$$2I_1-3I_3=12,$$
$$3I_3+4I_5=10,$$
$$4I_5+I_6=12+7.$$

联立上述 7 个方程，得到 7×6 线性方程组，解得

$$I_1=3\text{ A},\quad I_2=6\text{ A},\quad I_3=-2\text{ A},\quad I_4=1\text{ A},\quad I_5=4\text{ A},\quad I_6=3\text{ A},$$

其中 $I_3=-2$ A 表示 I_3 的实际方向与图 1.4 中所示的方向相反.

1.4.4　化学方程式的配平问题

例 1.7　化学方程式的配平原则是根据“质量守恒定律”：化学反应前后各原子种类、原子数目和原子质量均不变.乙醇（俗称酒精）燃烧时，乙醇（C_2H_5OH）与氧气（O_2）发生反应生成二氧化碳（CO_2）和水（H_2O），其方程式为

$$C_2H_5OH+O_2\longrightarrow CO_2+H_2O.$$

为了配平这个方程式，就必须求出分子式 C_2H_5OH，O_2，CO_2，H_2O 的系数 x_1，x_2，x_3，x_4，使得方程式左端各种原子（C，H，O）的总数等于右端对应的原子总数.试确定系数 x_1，x_2，x_3，x_4 的值.

解　先将各分子式中的原子数列表，如表 1.2 所示.

表 1.2　各分子中的原子数

	C_2H_5OH	O_2	CO_2	H_2O
C	2	0	1	0
H	6	0	0	2
O	1	2	2	1

为了配平方程式，系数 x_1，x_2，x_3，x_4 必须满足

$$\begin{cases} 2x_1 = x_3, \\ 6x_1 = 2x_4, \\ x_1+2x_2=2x_3+x_4, \end{cases}$$

通过移项得到齐次线性方程组

$$\begin{cases} 2x_1 \quad - x_3 \quad = 0, \\ 6x_1 \quad\quad - 2x_4 = 0, \\ x_1 + 2x_2 - 2x_3 - x_4 = 0, \end{cases}$$

用消元法，求得通解

$$\begin{cases} x_1 = \dfrac{1}{3}x_4, \\ x_2 = \quad x_4, \\ x_3 = \dfrac{2}{3}x_4, \\ x_4 = \quad x_4, \end{cases}$$

其中 x_4 为任意数.由于化学方程式中的系数必须为正整数，并且化学家更倾向于用尽可能小的正整数来配平方程式，所以取 $x_4=3$，从而 $x_1=1, x_2=3, x_3=2$.配平后的方程式为

$$C_2H_5OH + 3O_2 = 2\,CO_2 + 3H_2O. \qquad \square$$

1.4.5 多项式插值问题

例 1.8 所谓多项式插值就是对于一组给定的数据(如来自采样的数据)，寻找一个恰好通过这组数据点的多项式，这样的多项式称为**插值多项式**.多项式插值可以根据少量的数据点来逼近复杂的多项式曲线.

假设实验数据是平面上的点(1,12)，(2,15)，(3,16)，插值多项式为 $p(x)=a_2x^2+a_1x+a_0$，求系数 a_0, a_1, a_2.

解 根据条件有

$$p(1)=a_2\times 1^2+a_1\times 1+a_0=a_0+a_1+a_2=12,$$
$$p(2)=a_2\times 2^2+a_1\times 2+a_0=4a_2+2a_1+a_0=15,$$
$$p(3)=a_2\times 3^2+a_1\times 3+a_0=9a_2+3a_1+a_0=16,$$

从而得到三元线性方程组

$$\begin{cases} a_0 + a_1 + a_2 = 12, \\ a_0 + 2a_1 + 4a_2 = 15, \\ a_0 + 3a_1 + 9a_2 = 16, \end{cases}$$

用消元法解得

$$\begin{cases} a_0 = 7, \\ a_1 = 6, \\ a_2 = -1, \end{cases}$$

因此插值多项式为 $p(x)=-x^2+6x+7$. □

1.5 历 史 事 件

代数是研究数字和文字的代数运算理论和方法.代数的英文名“algebra”是阿拉伯语 al-jabr 的讹用，来源于阿拉伯数学家 Mohammed ibn Mūsā al-Khwārizmī(花拉子米)写

于约 820 年前后的著作《还原与对消计算概要》中“还原”一词.中文译名“代数”是清代数学家李善兰 1859 年在与英国传教士 Alexander Wylie(伟烈亚力)翻译美国数学家 Elias Loomis(罗密士)著作《代微积拾级》时给出的.

“线性”一词源于解析几何中 Descartes(笛卡儿)平面坐标系下的一次方程是直线方程,后来人们就将一次的称为线性的.René Descartes 是法国自然哲学家、数学家、物理学家、生物学家,其主要数学成果集中于著作《几何学》,他将代数与几何紧密结合在一起创立了平面直角坐标系,后人称之为 Descartes 坐标系.

线性代数则是代数学中主要处理线性关系问题的一个分支,它的研究内容包括矩阵、线性方程组、有限维线性空间及其线性变换.

线性代数的主要理论成熟于 19 世纪,它的第一块基石——二元、三元线性方程组的解法则出现于我国古典数学著作《九章算术》之中,这部著作是由先秦至西汉中叶的众多学者编纂、修改而成的,成书的年代最迟在公元1 世纪初.《九章算术》第八章“方程”中的“遍乘直除”算法本质上就是第 1.3 节的消元法,“遍乘直除”的算筹演算即为初等变换.

我国数学家刘徽在公元 263 年前后为《九章算术》作了大量的注释,提出了比较系统的方程理论.他改进了“遍乘直除”法,创立了“互乘相消”法;定义了方程组:“二物者再程,三物者三程,皆如物数程之。并列为行,故谓之方程。”(这里“程”指用算筹表示的竖式,一列对应着一个方程,“物”指未知量,意思是说方程的个数应该与未知量的个数相同,有几个未知量便有几行,行列对齐,在算板上用筹码布列成方形阵列,这就是“方程”这个名称的由来.)给出了判定方程组有唯一解的准则.

西方对线性方程组的最早研究出现在德国数学家 Gottfried Wilhelm Leibniz(莱布尼茨)生前未发表而且年代难以考证的一份关于 3×2 线性方程组的手稿中.据推测,这份手稿很可能写于 1693 年之前,大概是 1678 年.但可以肯定的是 Leibniz 在 1693 年 4 月 28 日写给法国数学家 Guillaume Francois Antoine de L′Hospital(洛必达)的信中,详细地说明了 3×2 线性方程组中系数的表示以及方程组的解法.

19 世纪初,德国数学家、天文学家、物理学家、大地测量学家 Carl Friedrich Gauss(高斯)才发现消元法,从而为西方世界所知 . 1888 年,消元法被德国工程师 Wilhelm Jordan (若尔当)收录于一本测地学手册中,于是得以流行.因此西方文献中将消元法称为 Gauss 消元法,或者 Gauss-Jordan 消元法.

正是线性方程组理论促成了线性代数的创立与发展.

线性方程组的数值解法在计算数学中占有重要地位.线性方程组的解法主要分为直接法和迭代法两大类.

直接法是指在运算过程中所有的运算都是精确的前提下,经过有限多次运算就可得到方程组的精确解的解法.直接法在实际计算过程中,不会没有舍入误差,“精确”只是对计算公式而言.消元法是最基本的一种直接法.

迭代法利用某种递推格式反复迭代构造一个无穷序列,使其收敛于方程组的解,迭代过程就是逐次逼近方程组解的过程.在实际计算时,利用迭代法解方程组只能通过有限次迭代求得方程组的近似解.

评价一个解线性方程组的方法好坏的标准主要有两条:一是求得的近似解的精度,二是运算量和存储量.直接法虽然从理论上讲可求得精确解,但存储量大,而迭代法则具有程序简单、存储量小、易于在计算机上实现等优点.

习 题 1

(A)

1. 解下列阶梯方程组:

(1) $\begin{cases} 2x_1 + x_2 - 2x_3 = -5, \\ 3x_2 + x_3 = 7, \\ x_3 = 4; \end{cases}$

(2) $\begin{cases} x_1 - 3x_2 + 2x_3 - x_4 = -11, \\ x_2 - x_3 + x_4 = 4, \\ x_4 = -2. \end{cases}$

2. 解下列非齐次线性方程组:

(1) $\begin{cases} x_1 - x_2 + x_3 = 1, \\ x_1 - x_3 = 2, \\ x_1 - 2x_2 - x_3 = 0; \end{cases}$

(2) $\begin{cases} x_1 + 2x_2 - x_3 + 2x_4 = 1, \\ 2x_1 + 4x_2 + x_3 + x_4 = 5, \\ -x_1 - 2x_2 - 2x_3 + x_4 = -4. \end{cases}$

3. 下列齐次线性方程组是否有非零解?若有非零解,求出它的通解.

(1) $\begin{cases} 2x_1 - 3x_2 + 4x_3 = 0, \\ x_1 - 2x_2 + x_3 = 0, \\ 3x_1 + x_2 + 2x_3 = 0; \end{cases}$

(2) $\begin{cases} x_1 + x_2 + x_3 + 4x_4 - 3x_5 = 0, \\ 2x_1 + x_2 + 3x_3 + 5x_4 - 5x_5 = 0, \\ x_1 - x_2 + 3x_3 - 2x_4 - x_5 = 0, \\ 3x_1 + x_2 + 5x_3 + 6x_4 - 7x_5 = 0. \end{cases}$

4. 已知 $A(1,-5)$, $B(-1,1)$ 和 $C(2,7)$ 三点位于抛物线 $p(x)=ax^2+bx+c$ 上,求参数 a,b,c,并确定抛物线方程.

5. 燃烧丙烷时,丙烷(C_3H_8)与氧气(O_2)发生反应生成二氧化碳(CO_2)和水(H_2O),其方程式为

$$C_3H_8 + O_2 \longrightarrow CO_2 + H_2O,$$

请配平上述方程式.

(B)

6. 以三元线性方程组为例直接说明:若一个线性方程组有两个不同的解,则必有无穷多解.

7. 对于空间中任意给定的三个平面，讨论它们的各种位置关系，并指出它们的公共点的数量.

8. 试问参数 t 取什么值时，线性方程组

$$\begin{cases} x_1 - x_2 + 2x_3 = -4, \\ x_1 + x_2 + tx_3 = 4, \\ x_1 - tx_2 - x_3 = -t^2 \end{cases}$$

无解，有唯一解，有无穷多解？

9. 讨论参数 a 取何值时，使得线性方程组

$$\begin{cases} ax_1 + x_2 + x_3 = 1, \\ x_1 + ax_2 + x_3 = a, \\ x_1 + x_2 + ax_3 = a^2 \end{cases}$$

的解中每个未知量的取值都是正整数.

10. 某种减肥食品由脱脂牛奶、大豆粉、乳清和离析大豆蛋白四种食物混合而成.这些食物中每 100 g 含蛋白质、碳水化合物、脂肪等三种营养成分的量(单位:g)，以及减肥食品所提供的营养(单位:g)如表 1.3 所示.

(1) 100 g 该减肥食品需要这四种食物各多少？

(2) 用脱脂牛奶、大豆粉、乳清能配制该减肥食品吗？

(3) 用脱脂牛奶、乳清、离析大豆蛋白能配制该减肥食品吗？

表 1.3　每 100 g 食物中营养含量及减肥食品所需的营养总量　　　单位:g

	脱脂牛奶	大豆粉	乳清	离析大豆蛋白	所需营养总量
蛋白质	36	51	13	80	33
碳水化合物	52	34	74	0	45
脂肪	0	7	1.1	3.4	3

11. 如图 1.5 所示的交通流量图，其中 $a_1, a_2, a_3, a_4, b_1, b_2, b_3, b_4$ 为参数，x_1, x_2, x_3, x_4 为未知量.试建立交通流量的线性方程组，请问八个参数取何值时方程组有解？求出方程组的解.

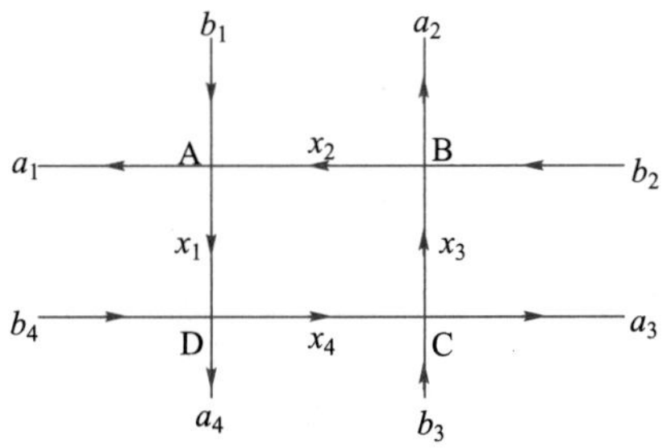

图 1.5　交通流量图

12. 求图 1.6 所示的电路中各支路电流.

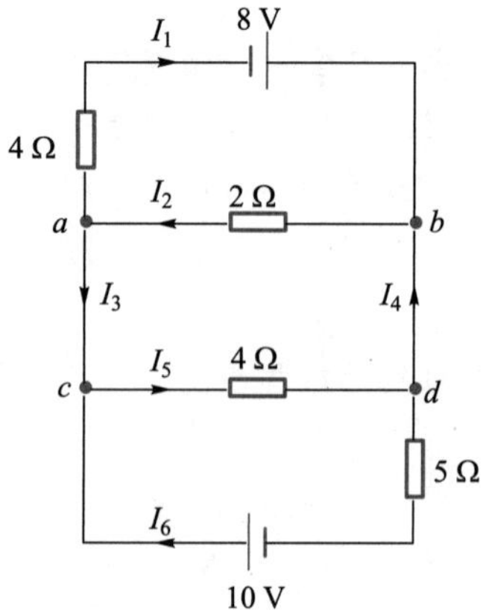

图 1.6　电路网络

第 2 章　矩　　阵

矩阵是数学中的一个重要的基本概念，是代数学的一个主要研究对象，也是数学研究和应用的一个重要工具.线性方程组可以用矩阵来表示，这使得其求解过程得以在矩阵上实现，并且它的有解判别准则也能够通过矩阵来刻画.

本章首先从线性方程组和一些实例引出矩阵的定义，其次讨论矩阵的线性运算、矩阵的转置、逆矩阵和分块矩阵，然后着重讨论矩阵的初等变换，最后介绍矩阵的秩，并由此简化了线性方程组有解判别准则的表达形式.

2.1　矩阵的概念

矩阵的概念来源于线性方程组，并且与现实生活密切相关.

对于 $m\times n$ 线性方程组

$$\begin{cases}a_{11}x_1+a_{12}x_2+\cdots+a_{1n}x_n=b_1,\\a_{21}x_1+a_{22}x_2+\cdots+a_{2n}x_n=b_2,\\\cdots\cdots\cdots\cdots\\a_{m1}x_1+a_{m2}x_2+\cdots+a_{mn}x_n=b_m,\end{cases}$$

它的数据按原来的相对位置可以排成一个 m 行 $n+1$ 列的矩形数表

$$\begin{bmatrix}a_{11}&a_{12}&\cdots&a_{1n}&b_1\\a_{21}&a_{22}&\cdots&a_{2n}&b_2\\\vdots&\vdots&&\vdots&\vdots\\a_{m1}&a_{m2}&\cdots&a_{mn}&b_m\end{bmatrix}.$$

例 2.1　在三家超市 M_1,M_2,M_3 中，四种食品 F_1,F_2,F_3,F_4 第一周的销售量(单位：kg)如表 2.1 所示：

表 2.1　三家超市中四种食品一周的销售量　　单位：kg

	F_1	F_2	F_3	F_4
M_1	150	180	110	0
M_2	130	150	120	40
M_3	120	200	140	60

三家超市中四种食品一周的销售量可简化成一个三行四列的矩形数表

$$\begin{bmatrix}150&180&110&0\\130&150&120&40\\120&200&140&60\end{bmatrix},$$

其中第 i 行第 j 列数字表示在超市 M_i 中食品 F_j 一周的销售量，$i=1,2,3$；$j=1,2,3,4$. □

例 2.2 某航空公司在 1,2,3,4 四个城市之间开辟了若干航线，图 2.1 表示四个城市间的航线图.如果从城市 i 到城市 j 有直达航班，则用带箭头的线段连接 i 到 j.

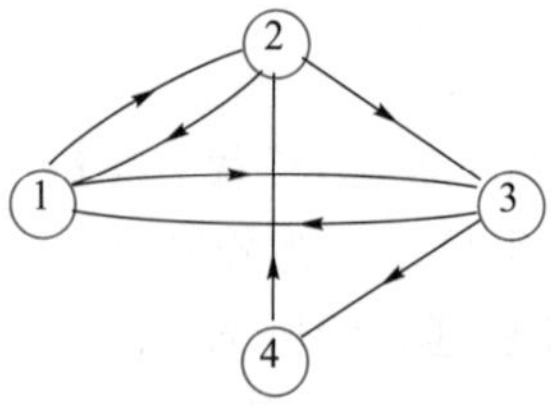

图 2.1 四城市间的航线图

图 2.1 可表示为一个四行四列的矩形数表

$$\begin{bmatrix} 0 & 1 & 1 & 0 \\ 1 & 0 & 1 & 0 \\ 1 & 0 & 0 & 1 \\ 0 & 1 & 0 & 0 \end{bmatrix},$$

这里，第 i 行第 j 列数字表示从城市 i 到城市 j 的直达航线的条数，$i,j=1,2,3,4$. □

下面给矩形数表赋予一个数学名称.为此先约定几个记号：$\mathbb{R}$ 表示全体实数，$\mathbb{C}$ 表示全体复数，$\mathbb{F}$ 则是指 $\mathbb{R}$ 或者 $\mathbb{C}$.

定义 2.1 由 mn 个数 $a_{ij}(i=1,2,\cdots,m;j=1,2,\cdots,n)$ 排成的 m 行 n 列的矩形数表

$$\begin{bmatrix} a_{11} & a_{12} & \cdots & a_{1n} \\ a_{21} & a_{22} & \cdots & a_{2n} \\ \vdots & \vdots & & \vdots \\ a_{m1} & a_{m2} & \cdots & a_{mn} \end{bmatrix}$$

称为一个 $m\times n$ **矩阵**，简记作 $\boldsymbol{A}=[a_{ij}]_{m\times n}$ 或 $\boldsymbol{A}=[a_{ij}]$ 或 $\boldsymbol{A}_{m\times n}$. a_{ij} 称为 $\boldsymbol{A}$ 的第 i 行第 j 列**元**，简称为 $\boldsymbol{A}$ 的 (i,j) 元.

元都是实数的矩阵称为**实矩阵**，元是复数的矩阵称为**复矩阵**. $m\times n$ 实矩阵的全体记作 $\mathbb{R}^{m\times n}$，$m\times n$ 复矩阵的全体记作 $\mathbb{C}^{m\times n}$，用 $\mathbb{F}^{m\times n}$ 表示 $\mathbb{R}^{m\times n}$ 或者 $\mathbb{C}^{m\times n}$.

两个矩阵的行数相等、列数也相等时，称为**同型矩阵**.如果 $\boldsymbol{A}=[a_{ij}]_{m\times n}$ 与 $\boldsymbol{B}=[b_{ij}]_{m\times n}$ 为同型矩阵，并且对应元相等，即

$$a_{ij}=b_{ij}\ (i=1,2,\cdots,m;j=1,2,\cdots,n),$$

则称矩阵 $\boldsymbol{A}$ 与 $\boldsymbol{B}$ **相等**，记作 $\boldsymbol{A}=\boldsymbol{B}$.

$1\times n$ 矩阵

$$(a_1,a_2,\cdots,a_n)$$

称为**行矩阵**或**行向量**；$m\times 1$ 矩阵

$$\begin{bmatrix} b_1 \\ b_2 \\ \vdots \\ b_m \end{bmatrix}$$

称为**列矩阵**或**列向量**.

元全是零的矩阵称为**零矩阵**,记作 **0**.不同型的零矩阵是不同的.元不全为零的矩阵称为**非零矩阵**.

只有一个元为 1、其余元全为零的矩阵称为**基本矩阵**.(i,j)元为 1 的基本矩阵记作 $\boldsymbol{E}_{ij}$.

行数与列数都是 n 的矩阵$\boldsymbol{A}_{n\times n}$称为 n **阶矩阵**或**方阵**.一个方阵的左上角与右下角之间的连线称为它的**主对角线**,而右上角与左下角之间的连线称为它的**副对角线**.主对角线上的元称为**主对角元**,副对角线上的元称为**副对角元**.

一阶矩阵$[a]$也可记为 a,即一阶矩阵可以视为数.但不能将数当作一阶矩阵.

主对角线以外的元都是零的方阵

$$\begin{bmatrix} a_{11} & & & \\ & a_{22} & & \\ & & \ddots & \\ & & & a_{nn} \end{bmatrix}$$

称为**对角矩阵**,简记作 $\operatorname{diag}(a_{11},a_{22},\cdots,a_{nn})$.主对角元相等的对角矩阵

$$\begin{bmatrix} k & & & \\ & k & & \\ & & \ddots & \\ & & & k \end{bmatrix}$$

称为**数量矩阵**.主对角元都是 1 的 n 阶对角矩阵称为**单位矩阵**,记作 $\boldsymbol{E}_n$ 或 $\boldsymbol{E}$,即

$$\boldsymbol{E}=\boldsymbol{E}_n=\begin{bmatrix} 1 & & & \\ & 1 & & \\ & & \ddots & \\ & & & 1 \end{bmatrix}_{n\times n}.$$

主对角线下方的元都为零的方阵

$$\begin{bmatrix} a_{11} & a_{12} & \cdots & a_{1n} \\ & a_{22} & \cdots & a_{2n} \\ & & \ddots & \vdots \\ & & & a_{nn} \end{bmatrix}$$

称为**上三角矩阵**.主对角线上方的元都为零的方阵

$$\begin{bmatrix} b_{11} & & & \\ b_{21} & b_{22} & & \\ \vdots & \vdots & \ddots & \\ b_{n1} & b_{n2} & \cdots & b_{nn} \end{bmatrix}$$

称为**下三角矩阵**.上三角矩阵和下三角矩阵统称为**三角矩阵**.

2.2 矩阵的运算

本节将讨论矩阵的加法、数乘、乘法、转置、逆及其运算规律.

2.2.1 矩阵的线性运算

在例 2.1 中,假设三家超市 M_1, M_2, M_3 中四种食品 F_1, F_2, F_3, F_4 前两周的销售量(单位:kg)分别用两个 3×4 矩阵表示为

$$\boldsymbol{A}=\begin{bmatrix}150&180&110&0\\130&150&120&40\\120&200&140&60\end{bmatrix},\quad \boldsymbol{B}=\begin{bmatrix}110&100&120&20\\150&300&130&40\\100&160&150&40\end{bmatrix},$$

其中 $\boldsymbol{A}$ 和 $\boldsymbol{B}$ 的 (i,j) 元分别表示第一周和第二周超市 M_i 中食品 F_j 的销售量 $(i=1,2,3;j=1,2,3,4)$.从而这两周内三家超市中四种食品总的销售量可用一个 3×4 矩阵表示为

$$\boldsymbol{C}=\begin{bmatrix}260&280&230&20\\280&450&250&80\\220&360&290&100\end{bmatrix},$$

这里,矩阵 $\boldsymbol{C}$ 的每个 (i,j) 元恰好是矩阵 $\boldsymbol{A}$ 与 $\boldsymbol{B}$ 的 (i,j) 元之和.

定义 2.2 设 $\boldsymbol{A}=[a_{ij}]\in\mathbb{F}^{m\times n}$, $\boldsymbol{B}=[b_{ij}]\in\mathbb{F}^{m\times n}$,称 $m\times n$ 矩阵

$$\boldsymbol{C}=[a_{ij}+b_{ij}]=\begin{bmatrix}a_{11}+b_{11}&a_{12}+b_{12}&\cdots&a_{1n}+b_{1n}\\a_{21}+b_{21}&a_{22}+b_{22}&\cdots&a_{2n}+b_{2n}\\\vdots&\vdots&&\vdots\\a_{m1}+b_{m1}&a_{m2}+b_{m2}&\cdots&a_{mn}+b_{mn}\end{bmatrix}$$

为矩阵 $\boldsymbol{A}$ 与 $\boldsymbol{B}$ 的**和**,记作 $\boldsymbol{C}=\boldsymbol{A}+\boldsymbol{B}$.

只有同型矩阵才能进行加法运算.

定义矩阵 $\boldsymbol{A}=[a_{ij}]$ 的**负矩阵**为 $[-a_{ij}]$,记作 $-\boldsymbol{A}$.从而规定矩阵 $\boldsymbol{B}$ 与 $\boldsymbol{A}$ 的**差**为

$$\boldsymbol{B}-\boldsymbol{A}=\boldsymbol{B}+(-\boldsymbol{A}).$$

例如,为了比较三家超市中四种食品两周内的销售量,只需求出两矩阵的差

$$\boldsymbol{B}-\boldsymbol{A}=\begin{bmatrix}-40&-80&10&20\\20&150&10&0\\-20&-40&10&-20\end{bmatrix},$$

矩阵 $\boldsymbol{B}-\boldsymbol{A}$ 中元为负表示销量减少,为正表示销量增加,为零则表示销量不变.

假设在三家超市中四种食品第三周的销售量均比第二周减少 10%,那么第三周的销售量用矩阵表示为

$$\boldsymbol{D}=\begin{bmatrix}99&90&108&18\\135&270&117&36\\90&144&135&36\end{bmatrix},$$

这里，矩阵 $\boldsymbol{D}$ 的每个(i,j)元正好是矩阵 $\boldsymbol{B}$ 的(i,j)元乘 0.9.

定义 2.3 设 $\boldsymbol{A}=[a_{ij}]\in\mathbb{F}^{m\times n}$，$k\in\mathbb{F}$，称 $m\times n$ 矩阵

$$\begin{bmatrix} ka_{11} & ka_{12} & \cdots & ka_{1n} \\ ka_{21} & ka_{22} & \cdots & ka_{2n} \\ \vdots & \vdots & & \vdots \\ ka_{m1} & ka_{m2} & \cdots & ka_{mn} \end{bmatrix}$$

为矩阵 $\boldsymbol{A}$ 与数 k 的乘积，简称**数乘**，记作 $k\boldsymbol{A}$.

矩阵的加法和数乘统称为**矩阵的线性运算**.

易知，矩阵的线性运算满足下面八条运算规律（设 $\boldsymbol{A},\boldsymbol{B},\boldsymbol{C}\in\mathbb{F}^{m\times n}$，$k$，$l\in\mathbb{F}$）：

(1) $\boldsymbol{A}+\boldsymbol{B}=\boldsymbol{B}+\boldsymbol{A}$；

(2) $(\boldsymbol{A}+\boldsymbol{B})+\boldsymbol{C}=\boldsymbol{A}+(\boldsymbol{B}+\boldsymbol{C})$；

(3) $\boldsymbol{A}+\boldsymbol{0}=\boldsymbol{A}$；

(4) $\boldsymbol{A}+(-\boldsymbol{A})=\boldsymbol{0}$；

(5) $1\boldsymbol{A}=\boldsymbol{A}$；

(6) $k(l\boldsymbol{A})=(kl)\boldsymbol{A}$；

(7) $k(\boldsymbol{A}+\boldsymbol{B})=k\boldsymbol{A}+k\boldsymbol{B}$；

(8) $(k+l)\boldsymbol{A}=k\boldsymbol{A}+l\boldsymbol{A}$.

例 2.3 已知矩阵

$$\boldsymbol{A}=\begin{bmatrix} 0 & -3 & 5 \\ 2 & 3 & 4 \\ 1 & -2 & -3 \end{bmatrix},\quad \boldsymbol{B}=\begin{bmatrix} 5 & 2 & 3 \\ 6 & 2 & 3 \\ -1 & -2 & 3 \end{bmatrix},$$

且 $3\boldsymbol{A}-2\boldsymbol{B}-\boldsymbol{C}=\boldsymbol{0}$，求矩阵 $\boldsymbol{C}$.

解 由 $3\boldsymbol{A}-2\boldsymbol{B}-\boldsymbol{C}=\boldsymbol{0}$ 得

$$\boldsymbol{C}=3\boldsymbol{A}-2\boldsymbol{B}=3\begin{bmatrix} 0 & -3 & 5 \\ 2 & 3 & 4 \\ 1 & -2 & -3 \end{bmatrix}-2\begin{bmatrix} 5 & 2 & 3 \\ 6 & 2 & 3 \\ -1 & -2 & 3 \end{bmatrix}=\begin{bmatrix} -10 & -13 & 9 \\ -6 & 5 & 6 \\ 5 & -2 & -15 \end{bmatrix}. \qquad \square$$

2.2.2 矩阵的乘法

例 2.4 三家超市 M_1，M_2，M_3 中四种食品 F_1，F_2，F_3，F_4 的单位售价（单位：元）用 3×4 矩阵表示为

$$\boldsymbol{A}=\begin{bmatrix} 17 & 7 & 11 & 20 \\ 15 & 9 & 13 & 18 \\ 18 & 6 & 15 & 16 \end{bmatrix},$$

这里(i,j)元表示超市 M_i 中食品 F_j 的单价$(i=1,2,3;j=1,2,3,4)$.

假设甲、乙两人都希望在某个超市一次性购齐四种食品，他俩需要四种食品的数量（单位：kg）分别为 2，3，2，1 和 2，1，2，3，那么他们应到哪个超市去采购所花的钱最少？

解 不难计算出甲在每个超市中购齐这四种食品所需的花费：

M_1:$17\times2+7\times3+11\times2+20\times1=97$,

M_2:$15\times2+9\times3+13\times2+18\times1=101$,

M_3:$18\times2+6\times3+15\times2+16\times1=100$,

因此甲去 M_1 购买比较经济.

同理,计算出乙在每个超市中购齐这四种食品所需的花费:

M_1:$17\times2+7\times1+11\times2+20\times3=123$,

M_2:$15\times2+9\times1+13\times2+18\times3=119$,

M_3:$18\times2+6\times1+15\times2+16\times3=120$,

因此乙去 M_2 购买比较经济. □

由题设,甲、乙两人对四种食品的需求量也可用一个 4×2 矩阵来描述:

$$\boldsymbol{B}=\begin{bmatrix}2&2\\3&1\\2&2\\1&3\end{bmatrix},$$

根据上面的计算,甲和乙在每个超市中购齐四种食品所需的花费可表示为 3×2 矩阵

$$\boldsymbol{C}=\begin{bmatrix}97&123\\101&119\\100&120\end{bmatrix},$$

这里,$\boldsymbol{C}$ 的 (i,j) 元是 $\boldsymbol{A}$ 的第 i 行各元与 $\boldsymbol{B}$ 的第 j 列各元对应乘积之和.数学上,称矩阵 $\boldsymbol{C}$ 为矩阵 $\boldsymbol{A}$ 与 $\boldsymbol{B}$ 的乘积.一般地,有下面的定义.

定义 2.4 设 $\boldsymbol{A}=[a_{ij}]\in\mathbb{F}^{m\times s}$, $\boldsymbol{B}=[b_{ij}]\in\mathbb{F}^{s\times n}$,令

$$c_{ij}=a_{i1}b_{1j}+a_{i2}b_{2j}+\cdots+a_{is}b_{sj}=\sum_{k=1}^{s}a_{ik}b_{kj},i=1,2,\cdots,m;\quad j=1,2,\cdots,n,$$

称 $m\times n$ 矩阵 $\boldsymbol{C}=[c_{ij}]$ 为矩阵 $\boldsymbol{A}$ 与 $\boldsymbol{B}$ 的**乘积**,记作 $\boldsymbol{C}=\boldsymbol{AB}$.

只有当第一个矩阵的列数等于第二个矩阵的行数时,两个矩阵才能相乘.

例 2.5 设

$$\boldsymbol{A}=\begin{bmatrix}1&2&3&4\\-2&1&3&0\\0&5&-1&4\end{bmatrix},\quad\boldsymbol{B}=\begin{bmatrix}0&3\\1&2\\3&1\\-1&2\end{bmatrix},$$

求矩阵 $\boldsymbol{A}$ 与 $\boldsymbol{B}$ 的乘积 $\boldsymbol{AB}$.

解 因为矩阵 $\boldsymbol{A}$ 的列数与矩阵 $\boldsymbol{B}$ 的行数都等于 4,所以 $\boldsymbol{A}$ 与 $\boldsymbol{B}$ 可以相乘,于是

$$\begin{aligned}\boldsymbol{AB}&=\begin{bmatrix}1&2&3&4\\-2&1&3&0\\0&5&-1&4\end{bmatrix}\begin{bmatrix}0&3\\1&2\\3&1\\-1&2\end{bmatrix}\\&=\begin{bmatrix}1\times0+2\times1+3\times3+4\times(-1)&1\times3+2\times2+3\times1+4\times2\\(-2)\times0+1\times1+3\times3+0\times(-1)&(-2)\times3+1\times2+3\times1+0\times2\\0\times0+5\times1+(-1)\times3+4\times(-1)&0\times3+5\times2+(-1)\times1+4\times2\end{bmatrix}\end{aligned}$$

$$=\begin{bmatrix}7 & 18\\ 10 & -1\\ -2 & 17\end{bmatrix}.$$ □

同数的运算一样,矩阵的运算顺序是先计算括号,后计算乘法或数乘,再计算加减法.

不难验证,矩阵乘积满足下面的运算规律(假设运算都是有意义的):

(1) $(\boldsymbol{AB})\boldsymbol{C}=\boldsymbol{A}(\boldsymbol{BC})$;

(2) $k(\boldsymbol{AB})=(k\boldsymbol{A})\boldsymbol{B}=\boldsymbol{A}(k\boldsymbol{B})$;

(3) $\boldsymbol{A}(\boldsymbol{B}+\boldsymbol{C})=\boldsymbol{AB}+\boldsymbol{AC},(\boldsymbol{B}+\boldsymbol{C})\boldsymbol{D}=\boldsymbol{BD}+\boldsymbol{CD}$;

(4) $\boldsymbol{A}_{m\times n}=\boldsymbol{E}_m\boldsymbol{A}_{m\times n}=\boldsymbol{A}_{m\times n}\boldsymbol{E}_n,k\boldsymbol{A}_{m\times n}=(k\boldsymbol{E}_m)\boldsymbol{A}_{m\times n}=\boldsymbol{A}_{m\times n}(k\boldsymbol{E}_n)$.

这里只给出运算规律(1)的证明.设

$$\boldsymbol{A}=[a_{ij}]_{m\times s},\quad \boldsymbol{B}=[b_{ij}]_{s\times t},\quad \boldsymbol{C}=[c_{ij}]_{t\times n},$$

则 $\boldsymbol{AB}$ 是 $m\times t$ 矩阵,$\boldsymbol{BC}$ 是 $s\times n$ 矩阵,从而$(\boldsymbol{AB})\boldsymbol{C}$ 和 $\boldsymbol{A}(\boldsymbol{BC})$都是 $m\times n$ 矩阵.下面比较这两个同型矩阵的对应元,为此令

$$\boldsymbol{AB}=\boldsymbol{U}=[u_{ij}]_{m\times t},\quad \boldsymbol{BC}=\boldsymbol{V}=[v_{ij}]_{s\times n},$$

则矩阵$(\boldsymbol{AB})\boldsymbol{C}=\boldsymbol{UC}$ 的(i,j)元

$$\sum_{l=1}^{t}u_{il}c_{lj}=\sum_{l=1}^{t}\left(\sum_{k=1}^{s}a_{ik}b_{kl}\right)c_{lj}=\sum_{l=1}^{t}\sum_{k=1}^{s}a_{ik}b_{kl}c_{lj};$$

矩阵 $\boldsymbol{A}(\boldsymbol{BC})=\boldsymbol{AV}$ 的(i,j)元

$$\sum_{k=1}^{s}a_{ik}v_{kj}=\sum_{k=1}^{s}a_{ik}\left(\sum_{l=1}^{t}b_{kl}c_{lj}\right)=\sum_{k=1}^{s}\sum_{l=1}^{t}a_{ik}b_{kl}c_{lj}=\sum_{l=1}^{t}\sum_{k=1}^{s}a_{ik}b_{kl}c_{lj},$$

疑难问题辨析

为何双重有限求和符号可以交换次序?

即$(\boldsymbol{AB})\boldsymbol{C}$ 与 $\boldsymbol{A}(\boldsymbol{BC})$对应元相等,故这两个矩阵相等.

特别要指出的是,矩阵的乘法不满足交换律.例如,设

$$\boldsymbol{A}=\begin{bmatrix}1 & 1\\ 0 & 0\end{bmatrix},\quad \boldsymbol{B}=\begin{bmatrix}1 & -1\\ -1 & 1\end{bmatrix},$$

则

$$\boldsymbol{AB}=\begin{bmatrix}0 & 0\\ 0 & 0\end{bmatrix},\quad \boldsymbol{BA}=\begin{bmatrix}1 & 1\\ -1 & -1\end{bmatrix},$$

即 $\boldsymbol{AB}\neq\boldsymbol{BA}$,此例还表明:从 $\boldsymbol{AB}=\boldsymbol{0}$ 一般不能推出 $\boldsymbol{A}=\boldsymbol{0}$ 或 $\boldsymbol{B}=\boldsymbol{0}$.

由此,矩阵乘法分为“左乘”和“右乘”:称乘积 $\boldsymbol{AB}$ 为矩阵 $\boldsymbol{A}$ **左乘**矩阵 $\boldsymbol{B}$ 或矩阵 $\boldsymbol{B}$ **右乘**矩阵 $\boldsymbol{A}$.

我们把满足等式 $\boldsymbol{AB}=\boldsymbol{BA}$ 的矩阵 $\boldsymbol{A}$ 与 $\boldsymbol{B}$ 称为是**可交换的**.例如,对于矩阵

$$\boldsymbol{A}=\begin{bmatrix}1 & 2\\ 3 & 4\end{bmatrix},\quad \boldsymbol{B}=\begin{bmatrix}-1 & 2\\ 3 & 2\end{bmatrix},$$

有

$$\boldsymbol{AB}=\begin{bmatrix}5 & 6\\ 9 & 14\end{bmatrix},\quad \boldsymbol{BA}=\begin{bmatrix}5 & 6\\ 9 & 14\end{bmatrix},$$

即知 $\boldsymbol{AB}=\boldsymbol{BA}$,故 $\boldsymbol{A}$ 与 $\boldsymbol{B}$ 可交换.

由乘法运算规律(4)知，n 阶数量矩阵与任何 n 阶矩阵都是可交换的.下面的例 2.6 说明它的逆命题也成立.

例 2.6　证明:矩阵 $\boldsymbol{A}$ 能与所有 n 阶矩阵可交换的充要条件是 $\boldsymbol{A}$ 为 n 阶数量矩阵.

证　只需证明必要性.设 $\boldsymbol{A}=[a_{ij}]$ 与所有 n 阶矩阵可交换，则 $\boldsymbol{A}$ 必为 n 阶矩阵.特别地，$\boldsymbol{A}$ 与 n 阶基本矩阵 $\boldsymbol{E}_{1j}(j=1,2,\cdots,n)$ 可交换，即 $\boldsymbol{E}_{1j}\boldsymbol{A}=\boldsymbol{A}\boldsymbol{E}_{1j}$，亦即

$$\begin{bmatrix} a_{j1} & a_{j2} & \cdots & a_{jj} & \cdots & a_{jn} \\ 0 & 0 & \cdots & 0 & \cdots & 0 \\ \vdots & \vdots & & \vdots & & \vdots \\ 0 & 0 & \cdots & 0 & \cdots & 0 \end{bmatrix} = \begin{bmatrix} 0 & 0 & \cdots & a_{11} & \cdots & 0 \\ 0 & 0 & \cdots & a_{21} & \cdots & 0 \\ \vdots & \vdots & & \vdots & & \vdots \\ 0 & 0 & \cdots & a_{n1} & \cdots & 0 \end{bmatrix},$$

于是对一切 $j=1,2,\cdots,n$，都有

$$a_{jj}=a_{11}, \quad a_{jk}=0\ (k\neq j),$$

因此 $\boldsymbol{A}$ 为 n 阶数量矩阵. □

下面利用两组变量之间的线性映射来解释矩阵乘法的意义.

定义 2.5　设变量 $y_1,y_2,\cdots,y_m$ 中每一个都是变量 $x_1,x_2,\cdots,x_n$ 的线性函数：

$$\begin{cases} y_1=a_{11}x_1+a_{12}x_2+\cdots+a_{1n}x_n, \\ y_2=a_{21}x_1+a_{22}x_2+\cdots+a_{2n}x_n, \\ \cdots\cdots\cdots\cdots \\ y_m=a_{m1}x_1+a_{m2}x_2+\cdots+a_{mn}x_n, \end{cases} \tag{2.1}$$

则称(2.1)式为从变量 $x_1,x_2,\cdots,x_n$ 到变量 $y_1,y_2,\cdots,y_m$ 的**线性映射**.当 $m=n$ 时，称(2.1)式为从变量 $x_1,x_2,\cdots,x_n$ 到变量 $y_1,y_2,\cdots,y_n$ 的**线性变换**.

由此即知，两组变量之间的线性映射就是线性函数的推广.

显然，还可以将线性映射(2.1)写成矩阵乘积的形式

$$\begin{bmatrix} y_1 \\ y_2 \\ \vdots \\ y_m \end{bmatrix} = \begin{bmatrix} a_{11} & a_{12} & \cdots & a_{1n} \\ a_{21} & a_{22} & \cdots & a_{2n} \\ \vdots & \vdots & & \vdots \\ a_{m1} & a_{m2} & \cdots & a_{mn} \end{bmatrix} \begin{bmatrix} x_1 \\ x_2 \\ \vdots \\ x_n \end{bmatrix},$$

因此，从变量 $x_1,x_2,\cdots,x_n$ 到 $y_1,y_2,\cdots,y_m$ 的线性映射与 $m\times n$ 矩阵一一对应.这就给出了矩阵的另一种解释.

设有从变量 x_1,x_2,x_3 到 y_1,y_2 的线性映射

$$\begin{cases} y_1=a_{11}x_1+a_{12}x_2+a_{13}x_3, \\ y_2=a_{21}x_1+a_{22}x_2+a_{23}x_3, \end{cases} \tag{2.2}$$

以及从变量 t_1，t_2 到 x_1，x_2，x_3 的线性映射

$$\begin{cases} x_1=b_{11}t_1+b_{12}t_2, \\ x_2=b_{21}t_1+b_{22}t_2, \\ x_3=b_{31}t_1+b_{32}t_2. \end{cases} \tag{2.3}$$

将线性映射(2.3)代入线性映射(2.2)，便得到从变量 t_1,t_2 到 y_1,y_2 的线性映射

$$\begin{cases} y_1=(a_{11}b_{11}+a_{12}b_{21}+a_{13}b_{31})t_1+(a_{11}b_{12}+a_{12}b_{22}+a_{13}b_{32})t_2, \\ y_2=(a_{21}b_{11}+a_{22}b_{21}+a_{23}b_{31})t_1+(a_{21}b_{12}+a_{22}b_{22}+a_{23}b_{32})t_2, \end{cases} \tag{2.4}$$

即线性映射(2.4)是线性映射(2.3)与线性映射(2.2)的复合.

将线性映射(2.2)、(2.3)和(2.4)中系数构成的矩阵分别记为

$$\boldsymbol{A}=\begin{bmatrix} a_{11} & a_{12} & a_{13} \\ a_{21} & a_{22} & a_{23} \end{bmatrix}, \quad \boldsymbol{B}=\begin{bmatrix} b_{11} & b_{12} \\ b_{21} & b_{22} \\ b_{31} & b_{32} \end{bmatrix},$$

$$\boldsymbol{C}=\begin{bmatrix} a_{11}b_{11}+a_{12}b_{21}+a_{13}b_{31} & a_{11}b_{12}+a_{12}b_{22}+a_{13}b_{32} \\ a_{21}b_{11}+a_{22}b_{21}+a_{23}b_{31} & a_{21}b_{12}+a_{22}b_{22}+a_{23}b_{32} \end{bmatrix},$$

则有 $\boldsymbol{C}=\boldsymbol{AB}$.

这得到了形式复杂的矩阵乘法的直观解释:矩阵的乘法对应于线性映射的复合,也正是映射的复合不满足交换律造成了矩阵的乘法不满足交换律.

2.2.3 矩阵的幂与多项式

由矩阵乘法就可以定义**矩阵的幂**.设 $\boldsymbol{A}\in\mathbb{F}^{n\times n}$,定义

$$\boldsymbol{A}^0=\boldsymbol{E}_n, \quad \boldsymbol{A}^1=\boldsymbol{A}, \quad \boldsymbol{A}^{k+1}=\boldsymbol{A}^k\boldsymbol{A},$$

其中 k 为非负整数.

不难验证,对任何非负整数 k,l,均有

$$\boldsymbol{A}^k\boldsymbol{A}^l=\boldsymbol{A}^{k+l}, \quad (\boldsymbol{A}^k)^l=\boldsymbol{A}^{kl},$$

并且

$$\begin{bmatrix} a_{11} & & & \\ & a_{22} & & \\ & & \ddots & \\ & & & a_{nn} \end{bmatrix}^k=\begin{bmatrix} a_{11}^k & & & \\ & a_{22}^k & & \\ & & \ddots & \\ & & & a_{nn}^k \end{bmatrix}.$$

例 2.7 求矩阵 $\boldsymbol{A}=\begin{bmatrix} 3 & 1 \\ 0 & 2 \end{bmatrix}$的幂 $\boldsymbol{A}^k$.

解

$$\boldsymbol{A}^2=\begin{bmatrix} 3 & 1 \\ 0 & 2 \end{bmatrix}\begin{bmatrix} 3 & 1 \\ 0 & 2 \end{bmatrix}=\begin{bmatrix} 9 & 5 \\ 0 & 4 \end{bmatrix},$$

$$\boldsymbol{A}^3=\boldsymbol{A}^2\boldsymbol{A}=\begin{bmatrix} 9 & 5 \\ 0 & 4 \end{bmatrix}\begin{bmatrix} 3 & 1 \\ 0 & 2 \end{bmatrix}=\begin{bmatrix} 27 & 19 \\ 0 & 8 \end{bmatrix},$$

由此猜测有结论:

$$\boldsymbol{A}^k=\begin{bmatrix} 3^k & 3^k-2^k \\ 0 & 2^k \end{bmatrix}.$$

用数学归纳法证明之.当 $k=1$ 时,结论显然成立.假设当 $k=n$ 时结论成立,则当 $k=n+1$ 时,有

$$\boldsymbol{A}^{n+1}=\boldsymbol{A}^n\boldsymbol{A}=\begin{bmatrix} 3^n & 3^n-2^n \\ 0 & 2^n \end{bmatrix}\begin{bmatrix} 3 & 1 \\ 0 & 2 \end{bmatrix}$$

$$=\begin{bmatrix}3^{n+1} & 3^{n+1}-2^{n+1}\\0 & 2^{n+1}\end{bmatrix},$$

所以对于任意正整数 k，结论成立. □

若同阶矩阵 $\boldsymbol{A}$ 与 $\boldsymbol{B}$ 不是可交换的，则不一定有 $(\boldsymbol{AB})^k=\boldsymbol{A}^k\boldsymbol{B}^k$.例子如下：

(1) 设 $\boldsymbol{A}=\begin{bmatrix}1 & 0\\0 & -1\end{bmatrix}$，$\boldsymbol{B}=\begin{bmatrix}0 & 1\\0 & 0\end{bmatrix}$，则 $\boldsymbol{AB}\neq\boldsymbol{BA}$，但 $(\boldsymbol{AB})^2=\boldsymbol{A}^2\boldsymbol{B}^2$；

(2) 设 $\boldsymbol{A}=\begin{bmatrix}1 & 0\\0 & -1\end{bmatrix}$，$\boldsymbol{B}=\begin{bmatrix}1 & 1\\0 & 1\end{bmatrix}$，则 $\boldsymbol{AB}\neq\boldsymbol{BA}$，且 $(\boldsymbol{AB})^2\neq\boldsymbol{A}^2\boldsymbol{B}^2$.

若矩阵 $\boldsymbol{A}$，$\boldsymbol{B}$ 是可交换的，则有

$$(\boldsymbol{A}+\boldsymbol{B})(\boldsymbol{A}-\boldsymbol{B})=\boldsymbol{A}^2-\boldsymbol{B}^2,$$

$$(\boldsymbol{A}+\boldsymbol{B})^k=\mathrm{C}_k^0\boldsymbol{A}^k\boldsymbol{B}^0+\mathrm{C}_k^1\boldsymbol{A}^{k-1}\boldsymbol{B}+\cdots+\mathrm{C}_k^{k-1}\boldsymbol{A}\boldsymbol{B}^{k-1}+\mathrm{C}_k^k\boldsymbol{A}^0\boldsymbol{B}^k.$$

例 2.8 计算 $\begin{bmatrix}a & b\\0 & a\end{bmatrix}^k$.

解 令

$$\boldsymbol{A}=\begin{bmatrix}a & 0\\0 & a\end{bmatrix},\quad \boldsymbol{B}=\begin{bmatrix}0 & b\\0 & 0\end{bmatrix},$$

则 $\boldsymbol{A}$ 为数量矩阵，从而 $\boldsymbol{AB}=\boldsymbol{BA}$.注意到 $\boldsymbol{B}^2=\boldsymbol{0}$，故 $\boldsymbol{B}^l=\boldsymbol{0}$ $(l\geqslant 2)$.于是

$$\begin{aligned}\begin{bmatrix}a & b\\0 & a\end{bmatrix}^k&=(\boldsymbol{A}+\boldsymbol{B})^k\\&=\mathrm{C}_k^0\boldsymbol{A}^k\boldsymbol{B}^0+\mathrm{C}_k^1\boldsymbol{A}^{k-1}\boldsymbol{B}+\cdots+\mathrm{C}_k^{k-1}\boldsymbol{A}\boldsymbol{B}^{k-1}+\mathrm{C}_k^k\boldsymbol{A}^0\boldsymbol{B}^k\\&=\boldsymbol{A}^k+k\boldsymbol{A}^{k-1}\boldsymbol{B}\\&=\begin{bmatrix}a^k & 0\\0 & a^k\end{bmatrix}+k\begin{bmatrix}a^{k-1} & 0\\0 & a^{k-1}\end{bmatrix}\begin{bmatrix}0 & b\\0 & 0\end{bmatrix}\\&=\begin{bmatrix}a^k & 0\\0 & a^k\end{bmatrix}+\begin{bmatrix}0 & kba^{k-1}\\0 & 0\end{bmatrix}=\begin{bmatrix}a^k & kba^{k-1}\\0 & a^k\end{bmatrix}.\end{aligned}$$

□

设多项式

$$f(x)=a_mx^m+a_{m-1}x^{m-1}+\cdots+a_1x+a_0,$$

$\boldsymbol{A}$ 为 n 阶矩阵，则称

$$a_m\boldsymbol{A}^m+a_{m-1}\boldsymbol{A}^{m-1}+\cdots+a_1\boldsymbol{A}+a_0\boldsymbol{E}$$

为矩阵 $\boldsymbol{A}$ 的**多项式**，记作 $f(\boldsymbol{A})$.

因为 n 阶矩阵 $\boldsymbol{A}$ 的非负整数次幂 $\boldsymbol{A}^k$ 与 $\boldsymbol{A}^l$ 总是可交换的，所以 $\boldsymbol{A}$ 的任意两个多项式 $f(\boldsymbol{A})$ 与 $g(\boldsymbol{A})$ 也是可交换的，即有

$$f(\boldsymbol{A})g(\boldsymbol{A})=g(\boldsymbol{A})f(\boldsymbol{A}),$$

这说明矩阵多项式可以像多项式一样相乘和分解因式.

2.2.4 矩阵的转置

例 2.1 中用一个 3×4 矩阵 $\boldsymbol{A}$ 表示三家超市中四种食品一周的销售量，其中第 i 行各元为超市 M_i 的销售量，$i=1,2,3$.当然，也可以用一个 4×3 矩阵 $\boldsymbol{G}$ 来表示，第 j 列各元

表示超市 M_j 的销售量，$j=1,2,3$.只需将矩阵 $\boldsymbol{A}$ 的行列互换就得到矩阵 $\boldsymbol{G}$.

定义 2.6 把 $m\times n$ 矩阵 $\boldsymbol{A}$ 的行换成同序数的列所得到的 $n\times m$ 矩阵称为矩阵 $\boldsymbol{A}$ 的**转置矩阵**，记作 $\boldsymbol{A}^{\mathrm{T}}$，也就是说，当

$$\boldsymbol{A}=\begin{bmatrix} a_{11} & a_{12} & \cdots & a_{1n} \\ a_{21} & a_{22} & \cdots & a_{2n} \\ \vdots & \vdots & & \vdots \\ a_{m1} & a_{m2} & \cdots & a_{mn} \end{bmatrix}$$

时，有

$$\boldsymbol{A}^{\mathrm{T}}=\begin{bmatrix} a_{11} & a_{21} & \cdots & a_{m1} \\ a_{12} & a_{22} & \cdots & a_{m2} \\ \vdots & \vdots & & \vdots \\ a_{1n} & a_{2n} & \cdots & a_{mn} \end{bmatrix}.$$

若记 $\boldsymbol{A}=[a_{ij}]_{m\times n}$，$\boldsymbol{A}^{\mathrm{T}}=[b_{ij}]_{n\times m}$，则

$$a_{ij}=b_{ji}\,(i=1,2,\cdots,m;j=1,2,\cdots,n).$$

显然，行向量的转置是列向量，即

$$(a_1,a_2,\cdots,a_n)^{\mathrm{T}}=\begin{bmatrix} a_1 \\ a_2 \\ \vdots \\ a_n \end{bmatrix}.$$

矩阵的转置满足如下运算规律(假设运算都是有意义的)：

(1) $(\boldsymbol{A}^{\mathrm{T}})^{\mathrm{T}}=\boldsymbol{A}$；

(2) $(\boldsymbol{A}+\boldsymbol{B})^{\mathrm{T}}=\boldsymbol{A}^{\mathrm{T}}+\boldsymbol{B}^{\mathrm{T}}$；

(3) $(k\boldsymbol{A})^{\mathrm{T}}=k\boldsymbol{A}^{\mathrm{T}}$；

(4) $(\boldsymbol{AB})^{\mathrm{T}}=\boldsymbol{B}^{\mathrm{T}}\boldsymbol{A}^{\mathrm{T}}$.

只证明运算规律(4).设

$$\boldsymbol{A}=[a_{ij}]_{m\times s},\quad \boldsymbol{B}=[b_{ij}]_{s\times n},$$

则 $\boldsymbol{AB}$ 是 $m\times n$ 矩阵，所以 $(\boldsymbol{AB})^{\mathrm{T}}$ 是 $n\times m$ 矩阵.而 $\boldsymbol{B}^{\mathrm{T}}$ 是 $n\times s$ 矩阵，$\boldsymbol{A}^{\mathrm{T}}$ 是 $s\times m$ 矩阵，因此 $\boldsymbol{B}^{\mathrm{T}}\boldsymbol{A}^{\mathrm{T}}$ 也是 $n\times m$ 矩阵.下面比较这两个同型矩阵的对应元.

矩阵 $(\boldsymbol{AB})^{\mathrm{T}}$ 的 (i,j) 元是矩阵 $\boldsymbol{AB}$ 的 (j,i) 元 $\sum\limits_{k=1}^{s}a_{jk}b_{ki}$.

矩阵 $\boldsymbol{B}^{\mathrm{T}}\boldsymbol{A}^{\mathrm{T}}$ 的 (i,j) 元是矩阵 $\boldsymbol{B}^{\mathrm{T}}$ 的第 i 行(即 $\boldsymbol{B}$ 的第 i 列)与 $\boldsymbol{A}^{\mathrm{T}}$ 的第 j 列(即 $\boldsymbol{A}$ 的第 j 行)对应元乘积之和 $\sum\limits_{k=1}^{s}b_{ki}a_{jk}$.

于是，$(\boldsymbol{AB})^{\mathrm{T}}$ 的 (i,j) 元等于 $\boldsymbol{B}^{\mathrm{T}}\boldsymbol{A}^{\mathrm{T}}$ 的 (i,j) 元，即 $(\boldsymbol{AB})^{\mathrm{T}}=\boldsymbol{B}^{\mathrm{T}}\boldsymbol{A}^{\mathrm{T}}$.

设 $\boldsymbol{A}=[a_{ij}]\in\mathbb{F}^{n\times n}$，如果 $\boldsymbol{A}^{\mathrm{T}}=\boldsymbol{A}$，即

$$a_{ij}=a_{ji},\quad i,j=1,2,\cdots,n,$$

则称 $\boldsymbol{A}$ 为**对称矩阵**；如果 $\boldsymbol{A}^{\mathrm{T}}=-\boldsymbol{A}$，即

$$a_{ij}=-a_{ji},\quad i,j=1,2,\cdots,n,$$

则称 $\boldsymbol{A}$ 为**反称矩阵**.

例如，$\begin{bmatrix}2&5\\5&4\end{bmatrix}$和$\begin{bmatrix}0&-3&-1\\3&0&2\\1&-2&0\end{bmatrix}$分别为对称矩阵和反称矩阵.

例 2.9 设 $\boldsymbol{A}$ 为 n 阶反称矩阵，$\boldsymbol{x}$ 是 $n\times1$ 矩阵，证明 $\boldsymbol{x}^{\mathrm{T}}\boldsymbol{A}\boldsymbol{x}=0$.

证 因为 $\boldsymbol{x}^{\mathrm{T}}\boldsymbol{A}\boldsymbol{x}$ 是 1×1 矩阵，所以

$$\boldsymbol{x}^{\mathrm{T}}\boldsymbol{A}\boldsymbol{x}=(\boldsymbol{x}^{\mathrm{T}}\boldsymbol{A}\boldsymbol{x})^{\mathrm{T}}=\boldsymbol{x}^{\mathrm{T}}\boldsymbol{A}^{\mathrm{T}}(\boldsymbol{x}^{\mathrm{T}})^{\mathrm{T}}=\boldsymbol{x}^{\mathrm{T}}(-\boldsymbol{A})\boldsymbol{x}=-\boldsymbol{x}^{\mathrm{T}}\boldsymbol{A}\boldsymbol{x},$$

即知 $\boldsymbol{x}^{\mathrm{T}}\boldsymbol{A}\boldsymbol{x}=0$. □

2.2.5 矩阵的逆

既然两个矩阵在一定条件下可以做加法或乘法运算，那么能否做除法运算呢？在数的除法中，当数 $a\neq0$ 时，有

$$\frac{b}{a}=ba^{-1},$$

即只要知道 a^{-1}，就可以通过乘法运算来实现除法运算.这里数 a 的逆 a^{-1} 应当满足

$$aa^{-1}=a^{-1}a=1.$$

仿照数的逆，我们引进矩阵的逆的概念.

定义 2.7 设 $\boldsymbol{A}$ 为 n 阶矩阵，若存在 n 阶矩阵 $\boldsymbol{B}$，使得

$$\boldsymbol{AB}=\boldsymbol{BA}=\boldsymbol{E},$$

则称 $\boldsymbol{A}$ 是**可逆的**，称 $\boldsymbol{B}$ 为 $\boldsymbol{A}$ 的**逆矩阵**或 $\boldsymbol{A}$ 的**逆**.若 $\boldsymbol{A}$ 的逆矩阵不存在，则称 $\boldsymbol{A}$ 为**不可逆矩阵**.

矩阵的逆具有下列性质：

(1) 若 $\boldsymbol{A}$ 可逆，则 $\boldsymbol{A}$ 的逆矩阵唯一，记作 $\boldsymbol{A}^{-1}$；

(2) 若 $\boldsymbol{A}$ 可逆，则 $\boldsymbol{A}$ 的逆矩阵 $\boldsymbol{A}^{-1}$ 也可逆，且 $(\boldsymbol{A}^{-1})^{-1}=\boldsymbol{A}$；

(3) 若 $\boldsymbol{A}$ 可逆，数 $k\neq0$，则 $k\boldsymbol{A}$ 可逆，且 $(k\boldsymbol{A})^{-1}=\dfrac{1}{k}\boldsymbol{A}^{-1}$；

疑难问题辨析

怎样理解公式 $(BA)^{-1}=A^{-1}B^{-1}$?

(4) 若 $\boldsymbol{A},\boldsymbol{B}$ 都是 n 阶可逆矩阵，则 $\boldsymbol{AB}$ 可逆，且 $(\boldsymbol{AB})^{-1}=\boldsymbol{B}^{-1}\boldsymbol{A}^{-1}$；

(5) 若 $\boldsymbol{A}$ 可逆，则 $\boldsymbol{A}^{\mathrm{T}}$ 可逆，且 $(\boldsymbol{A}^{\mathrm{T}})^{-1}=(\boldsymbol{A}^{-1})^{\mathrm{T}}$.

只证性质(1).假设 $\boldsymbol{B},\boldsymbol{C}$ 都是 $\boldsymbol{A}$ 的逆矩阵，则 $\boldsymbol{BA}=\boldsymbol{E},\boldsymbol{AC}=\boldsymbol{E}$，从而

$$\boldsymbol{B}=\boldsymbol{BE}=\boldsymbol{B}(\boldsymbol{AC})=(\boldsymbol{BA})\boldsymbol{C}=\boldsymbol{EC}=\boldsymbol{C},$$

即 $\boldsymbol{A}$ 的逆矩阵唯一.

例 2.10 设 $a_{11}a_{22}-a_{12}a_{21}\neq0$，证明矩阵 $\boldsymbol{A}=\begin{bmatrix}a_{11}&a_{12}\\a_{21}&a_{22}\end{bmatrix}$可逆，并求 $\boldsymbol{A}$ 的逆.

解 考虑二阶矩阵 $\boldsymbol{B}=\begin{bmatrix}x_1&x_2\\x_3&x_4\end{bmatrix}$(其中 x_1,x_2,x_3,x_4 为待定元)，令其满足 $\boldsymbol{AB}=\boldsymbol{E}$，即

$$\begin{bmatrix}a_{11}&a_{12}\\a_{21}&a_{22}\end{bmatrix}\begin{bmatrix}x_1&x_2\\x_3&x_4\end{bmatrix}=\begin{bmatrix}1&0\\0&1\end{bmatrix},$$

故

$$\begin{bmatrix} a_{11}x_1+a_{12}x_3 & a_{11}x_2+a_{12}x_4 \\ a_{21}x_1+a_{22}x_3 & a_{21}x_2+a_{22}x_4 \end{bmatrix}=\begin{bmatrix} 1 & 0 \\ 0 & 1 \end{bmatrix},$$

从而得到线性方程组

$$\begin{cases} a_{11}x_1+a_{12}x_3=1, \\ a_{21}x_1+a_{22}x_3=0, \\ a_{11}x_2+a_{12}x_4=0, \\ a_{21}x_2+a_{22}x_4=1. \end{cases}$$

注意到 $a_{11}a_{22}-a_{12}a_{21}\neq 0$,用消元法求得

$$x_1=\frac{a_{22}}{a_{11}a_{22}-a_{12}a_{21}},x_2=\frac{-a_{12}}{a_{11}a_{22}-a_{12}a_{21}},$$

$$x_3=\frac{-a_{21}}{a_{11}a_{22}-a_{12}a_{21}},x_4=\frac{a_{11}}{a_{11}a_{22}-a_{12}a_{21}},$$

因此

$$\boldsymbol{B}=\frac{1}{a_{11}a_{22}-a_{12}a_{21}}\begin{bmatrix} a_{22} & -a_{12} \\ -a_{21} & a_{11} \end{bmatrix}.$$

不难验证上述矩阵 $\boldsymbol{B}$ 还满足 $\boldsymbol{BA}=\boldsymbol{E}$,所以 $\boldsymbol{A}$ 是可逆矩阵,且

$$\boldsymbol{A}^{-1}=\frac{1}{a_{11}a_{22}-a_{12}a_{21}}\begin{bmatrix} a_{22} & -a_{12} \\ -a_{21} & a_{11} \end{bmatrix}.$$ □

上述求逆矩阵的方法称为**待定系数法**.

根据例 2.10,可以得到求二阶可逆矩阵 $\boldsymbol{A}=[a_{ij}]$ 的逆矩阵的**“两调一除”法**:调换主对角元的位置,调换副对角元的符号,除以 $a_{11}a_{22}-a_{12}a_{21}$.

例 2.11 设 n 阶矩阵 $\boldsymbol{A}$ 满足 $\boldsymbol{A}^2-3\boldsymbol{A}-2\boldsymbol{E}=\boldsymbol{0}$,证明 $\boldsymbol{A}$ 和 $\boldsymbol{A}+\boldsymbol{E}$ 都可逆,并求出它们的逆矩阵.

解 由 $\boldsymbol{A}^2-3\boldsymbol{A}-2\boldsymbol{E}=\boldsymbol{0}$ 得 $\boldsymbol{A}(\boldsymbol{A}-3\boldsymbol{E})=2\boldsymbol{E}$,因此

$$\boldsymbol{A}\left(\frac{\boldsymbol{A}-3\boldsymbol{E}}{2}\right)=\boldsymbol{E},\quad \left(\frac{\boldsymbol{A}-3\boldsymbol{E}}{2}\right)\boldsymbol{A}=\boldsymbol{E},$$

所以 $\boldsymbol{A}$ 可逆,且

$$\boldsymbol{A}^{-1}=\frac{1}{2}(\boldsymbol{A}-3\boldsymbol{E}).$$

同样由 $\boldsymbol{A}^2-3\boldsymbol{A}-2\boldsymbol{E}=\boldsymbol{0}$ 得 $(\boldsymbol{A}+\boldsymbol{E})(\boldsymbol{A}-4\boldsymbol{E})+2\boldsymbol{E}=\boldsymbol{0}$,于是

$$(\boldsymbol{A}+\boldsymbol{E})\left[-\frac{1}{2}(\boldsymbol{A}-4\boldsymbol{E})\right]=\boldsymbol{E},\left[-\frac{1}{2}(\boldsymbol{A}-4\boldsymbol{E})\right](\boldsymbol{A}+\boldsymbol{E})=\boldsymbol{E},$$

因此 $\boldsymbol{A}+\boldsymbol{E}$ 可逆,且

$$(\boldsymbol{A}+\boldsymbol{E})^{-1}=\frac{1}{2}(4\boldsymbol{E}-\boldsymbol{A}).$$ □

2.3 矩阵的分块

对于行数和列数较高的大矩阵，为了简化其运算，突显其结构特点，常常将大矩阵视作由一些行数和列数较低的小矩阵所组成，把小矩阵当作大矩阵的元来处理，这就是矩阵运算中的一个重要技巧——分块.

2.3.1 分块矩阵的概念

设 $\boldsymbol{A}$ 为 $m\times n$ 矩阵，在 $\boldsymbol{A}$ 的行之间加入 $s-1$ 条横虚线($2\leqslant s\leqslant m$)、列之间加入 $t-1$ 条竖虚线($2\leqslant t\leqslant n$)将其分成 $s\times t$ 个小矩阵，每一个小矩阵称为 $\boldsymbol{A}$ 的**子块**，把 $\boldsymbol{A}$ 视为以子块为元的 $s\times t$ 矩阵，称之为 $s\times t$ **分块矩阵**.

矩阵的分块方法很多，常用的有以下三种.

(1) 按矩阵的特点分块

例如，对于下面的 5×6 矩阵 $\boldsymbol{A}$，为了凸显其含有零矩阵和单位矩阵的子块，可在第二行与第三行之间画一条横虚线，第三列与第四列之间画一条竖虚线：

$$\boldsymbol{A}=\left[\begin{array}{ccc:ccc} 2 & 0 & 4 & 2 & -1 & 6 \\ -1 & 3 & 2 & 4 & 5 & -7 \\ \hdashline 0 & 0 & 0 & 1 & 0 & 0 \\ 0 & 0 & 0 & 0 & 1 & 0 \\ 0 & 0 & 0 & 0 & 0 & 1 \end{array}\right],$$

将 $\boldsymbol{A}$ 分成一个 2×2 分块矩阵

$$\boldsymbol{A}=\begin{bmatrix} \boldsymbol{A}_1 & \boldsymbol{A}_2 \\ \boldsymbol{0} & \boldsymbol{E}_3 \end{bmatrix},$$

其中

$$\boldsymbol{A}_1=\begin{bmatrix} 2 & 0 & 4 \\ -1 & 3 & 2 \end{bmatrix},\quad \boldsymbol{A}_2=\begin{bmatrix} 2 & -1 & 6 \\ 4 & 5 & -7 \end{bmatrix}.$$

(2) 按列分块

将 $m\times n$ 矩阵 $\boldsymbol{A}=[a_{ij}]$ 按列分成 $1\times n$ 分块矩阵

$$\boldsymbol{A}=[\boldsymbol{\alpha}_1\quad \boldsymbol{\alpha}_2\quad \cdots\quad \boldsymbol{\alpha}_n],$$

其中

$$\boldsymbol{\alpha}_j=(a_{1j},a_{2j},\cdots,a_{mj})^{\mathrm{T}},\quad j=1,2,\cdots,n.$$

(3) 按行分块

将 $m\times n$ 矩阵 $\boldsymbol{A}=[a_{ij}]$ 按行分成 $m\times 1$ 分块矩阵

$$\boldsymbol{A}=\begin{bmatrix} \boldsymbol{\beta}_1 \\ \boldsymbol{\beta}_2 \\ \vdots \\ \boldsymbol{\beta}_m \end{bmatrix},$$

其中

$$\boldsymbol{\beta}_i=(a_{i1},a_{i2},\cdots,a_{in}),\quad i=1,2,\cdots,m.$$

究竟采用哪种分块方法，这取决于矩阵的特点和问题的需要，应当尽可能使得更多的子块成为零矩阵、单位矩阵、对角矩阵或三角矩阵.

与普通矩阵相对应，具有如下形式

$$\begin{bmatrix}\boldsymbol{A}_{11} & \boldsymbol{A}_{12} & \cdots & \boldsymbol{A}_{1s}\\ & \boldsymbol{A}_{22} & \cdots & \boldsymbol{A}_{2s}\\ & & \ddots & \vdots\\ & & & \boldsymbol{A}_{ss}\end{bmatrix},\begin{bmatrix}\boldsymbol{A}_{11} & & & \\ \boldsymbol{A}_{21} & \boldsymbol{A}_{22} & & \\ \vdots & \vdots & \ddots & \\ \boldsymbol{A}_{s1} & \boldsymbol{A}_{s2} & \cdots & \boldsymbol{A}_{ss}\end{bmatrix},\begin{bmatrix}\boldsymbol{A}_1 & & & \\ & \boldsymbol{A}_2 & & \\ & & \ddots & \\ & & & \boldsymbol{A}_s\end{bmatrix}$$

的分块矩阵依次称为**分块上三角矩阵**、**分块下三角矩阵**、**分块对角矩阵**，其中主对角线上的子块都是方阵.分块上三角矩阵和分块下三角矩阵统称为**分块三角矩阵**.上述分块对角矩阵可简记为 $\mathrm{diag}(\boldsymbol{A}_1,\boldsymbol{A}_2,\cdots,\boldsymbol{A}_s)$.

2.3.2 分块矩阵的运算

分块矩阵的运算与普通矩阵的运算相同，而且可以证明其运算规律也相同.现分别介绍如下.

(1) 分块矩阵的加法

设矩阵 $\boldsymbol{A},\boldsymbol{B}$ 为同型矩阵，对它们采用相同的分块法，得

$$\boldsymbol{A}=\begin{bmatrix}\boldsymbol{A}_{11} & \boldsymbol{A}_{12} & \cdots & \boldsymbol{A}_{1t}\\ \boldsymbol{A}_{21} & \boldsymbol{A}_{22} & \cdots & \boldsymbol{A}_{2t}\\ \vdots & \vdots & & \vdots\\ \boldsymbol{A}_{s1} & \boldsymbol{A}_{s2} & \cdots & \boldsymbol{A}_{st}\end{bmatrix},\boldsymbol{B}=\begin{bmatrix}\boldsymbol{B}_{11} & \boldsymbol{B}_{12} & \cdots & \boldsymbol{B}_{1t}\\ \boldsymbol{B}_{21} & \boldsymbol{B}_{22} & \cdots & \boldsymbol{B}_{2t}\\ \vdots & \vdots & & \vdots\\ \boldsymbol{B}_{s1} & \boldsymbol{B}_{s2} & \cdots & \boldsymbol{B}_{st}\end{bmatrix},$$

其中 $\boldsymbol{A}_{ij}$ 与 $\boldsymbol{B}_{ij}$ 为同型矩阵 $(i=1,2,\cdots,s;j=1,2,\cdots,t)$，则

$$\boldsymbol{A}+\boldsymbol{B}=\begin{bmatrix}\boldsymbol{A}_{11}+\boldsymbol{B}_{11} & \boldsymbol{A}_{12}+\boldsymbol{B}_{12} & \cdots & \boldsymbol{A}_{1t}+\boldsymbol{B}_{1t}\\ \boldsymbol{A}_{21}+\boldsymbol{B}_{21} & \boldsymbol{A}_{22}+\boldsymbol{B}_{22} & \cdots & \boldsymbol{A}_{2t}+\boldsymbol{B}_{2t}\\ \vdots & \vdots & & \vdots\\ \boldsymbol{A}_{s1}+\boldsymbol{B}_{s1} & \boldsymbol{A}_{s2}+\boldsymbol{B}_{s2} & \cdots & \boldsymbol{A}_{st}+\boldsymbol{B}_{st}\end{bmatrix}.$$

(2) 分块矩阵的数乘

设 k 是数，分块矩阵

$$\boldsymbol{A}=\begin{bmatrix}\boldsymbol{A}_{11} & \boldsymbol{A}_{12} & \cdots & \boldsymbol{A}_{1t}\\ \boldsymbol{A}_{21} & \boldsymbol{A}_{22} & \cdots & \boldsymbol{A}_{2t}\\ \vdots & \vdots & & \vdots\\ \boldsymbol{A}_{s1} & \boldsymbol{A}_{s2} & \cdots & \boldsymbol{A}_{st}\end{bmatrix},$$

则

$$k\boldsymbol{A}=\begin{bmatrix}k\boldsymbol{A}_{11} & k\boldsymbol{A}_{12} & \cdots & k\boldsymbol{A}_{1t}\\ k\boldsymbol{A}_{21} & k\boldsymbol{A}_{22} & \cdots & k\boldsymbol{A}_{2t}\\ \vdots & \vdots & & \vdots\\ k\boldsymbol{A}_{s1} & k\boldsymbol{A}_{s2} & \cdots & k\boldsymbol{A}_{st}\end{bmatrix}.$$

(3) 分块矩阵的乘法

设 $\boldsymbol{A}$ 是 $m\times l$ 矩阵,$\boldsymbol{B}$ 是 $l\times n$ 矩阵,对 $\boldsymbol{A}$ 的列与 $\boldsymbol{B}$ 的行采用完全相同的分块法,得

$$\boldsymbol{A}=\begin{bmatrix}\boldsymbol{A}_{11} & \boldsymbol{A}_{12} & \cdots & \boldsymbol{A}_{1t}\\ \boldsymbol{A}_{21} & \boldsymbol{A}_{22} & \cdots & \boldsymbol{A}_{2t}\\ \vdots & \vdots & & \vdots\\ \boldsymbol{A}_{s1} & \boldsymbol{A}_{s2} & \cdots & \boldsymbol{A}_{st}\end{bmatrix},\quad \boldsymbol{B}=\begin{bmatrix}\boldsymbol{B}_{11} & \boldsymbol{B}_{12} & \cdots & \boldsymbol{B}_{1r}\\ \boldsymbol{B}_{21} & \boldsymbol{B}_{22} & \cdots & \boldsymbol{B}_{2r}\\ \vdots & \vdots & & \vdots\\ \boldsymbol{B}_{t1} & \boldsymbol{B}_{t2} & \cdots & \boldsymbol{B}_{tr}\end{bmatrix},$$

且子块 $\boldsymbol{A}_{ik}$ 的列数等于子块 $\boldsymbol{B}_{kj}$ 的行数($i=1,2,\cdots,s;j=1,2,\cdots,r;k=1,2,\cdots,t$),则

$$\boldsymbol{AB}=\begin{bmatrix}\boldsymbol{C}_{11} & \boldsymbol{C}_{12} & \cdots & \boldsymbol{C}_{1r}\\ \boldsymbol{C}_{21} & \boldsymbol{C}_{22} & \cdots & \boldsymbol{C}_{2r}\\ \vdots & \vdots & & \vdots\\ \boldsymbol{C}_{s1} & \boldsymbol{C}_{s2} & \cdots & \boldsymbol{C}_{sr}\end{bmatrix},$$

其中

$$\boldsymbol{C}_{ij}=\sum_{k=1}^{t}\boldsymbol{A}_{ik}\boldsymbol{B}_{kj}\quad(i=1,2,\cdots,s;j=1,2,\cdots,r).$$

例 2.12 设矩阵

$$\boldsymbol{A}=\begin{bmatrix}1 & 0 & 0 & 0 & 0\\ 0 & 1 & 0 & 0 & 0\\ 1 & 2 & 1 & 0 & 0\\ -1 & 1 & 0 & 1 & 0\\ 2 & 0 & 0 & 0 & 1\end{bmatrix},\quad \boldsymbol{B}=\begin{bmatrix}2 & 3 & 0 & 1 & 0\\ 1 & 2 & 0 & 0 & 1\\ -1 & 0 & 0 & 0 & 0\\ 0 & -1 & 0 & 0 & 0\\ 0 & 0 & -1 & 0 & 0\end{bmatrix},$$

求 $\boldsymbol{AB}$.

解 为了计算的方便,将 $\boldsymbol{A}$ 分块成

$$\boldsymbol{A}=\left[\begin{array}{cc:ccc}1 & 0 & 0 & 0 & 0\\ 0 & 1 & 0 & 0 & 0\\ \hdashline 1 & 2 & 1 & 0 & 0\\ -1 & 1 & 0 & 1 & 0\\ 2 & 0 & 0 & 0 & 1\end{array}\right]=\begin{bmatrix}\boldsymbol{E}_2 & \boldsymbol{0}\\ \boldsymbol{A}_1 & \boldsymbol{E}_3\end{bmatrix},$$

根据分块矩阵的乘法,$\boldsymbol{B}$ 的行的分法要与 $\boldsymbol{A}$ 的列的分法一致,而 $\boldsymbol{B}$ 的列可任意分.因此可将 $\boldsymbol{B}$ 分块成

$$\boldsymbol{B}=\left[\begin{array}{ccc:cc}2 & 3 & 0 & 1 & 0\\ 1 & 2 & 0 & 0 & 1\\ \hdashline -1 & 0 & 0 & 0 & 0\\ 0 & -1 & 0 & 0 & 0\\ 0 & 0 & -1 & 0 & 0\end{array}\right]=\begin{bmatrix}\boldsymbol{B}_1 & \boldsymbol{E}_2\\ -\boldsymbol{E}_3 & \boldsymbol{0}\end{bmatrix},$$

于是

$$\boldsymbol{AB}=\begin{bmatrix}\boldsymbol{E}_2 & \boldsymbol{0}\\ \boldsymbol{A}_1 & \boldsymbol{E}_3\end{bmatrix}\begin{bmatrix}\boldsymbol{B}_1 & \boldsymbol{E}_2\\ -\boldsymbol{E}_3 & \boldsymbol{0}\end{bmatrix}=\begin{bmatrix}\boldsymbol{B}_1 & \boldsymbol{E}_2\\ \boldsymbol{A}_1\boldsymbol{B}_1-\boldsymbol{E}_3 & \boldsymbol{A}_1\end{bmatrix}.$$

而

$$\boldsymbol{A}_1\boldsymbol{B}_1-\boldsymbol{E}_3=\begin{bmatrix}1&2\\-1&1\\2&0\end{bmatrix}\begin{bmatrix}2&3&0\\1&2&0\end{bmatrix}-\begin{bmatrix}1&0&0\\0&1&0\\0&0&1\end{bmatrix}=\begin{bmatrix}3&7&0\\-1&-2&0\\4&6&-1\end{bmatrix},$$

所以

$$\boldsymbol{AB}=\left[\begin{array}{ccc:cc}2&3&0&1&0\\1&2&0&0&1\\ \hdashline 3&7&0&1&2\\-1&-2&0&-1&1\\4&6&-1&2&0\end{array}\right].$$

□

(4) 分块矩阵的转置

设分块矩阵

$$\boldsymbol{A}=\begin{bmatrix}\boldsymbol{A}_{11}&\boldsymbol{A}_{12}&\cdots&\boldsymbol{A}_{1t}\\\boldsymbol{A}_{21}&\boldsymbol{A}_{22}&\cdots&\boldsymbol{A}_{2t}\\\vdots&\vdots&&\vdots\\\boldsymbol{A}_{s1}&\boldsymbol{A}_{s2}&\cdots&\boldsymbol{A}_{st}\end{bmatrix},$$

则

$$\boldsymbol{A}^{\mathrm{T}}=\begin{bmatrix}\boldsymbol{A}_{11}^{\mathrm{T}}&\boldsymbol{A}_{21}^{\mathrm{T}}&\cdots&\boldsymbol{A}_{s1}^{\mathrm{T}}\\\boldsymbol{A}_{12}^{\mathrm{T}}&\boldsymbol{A}_{22}^{\mathrm{T}}&\cdots&\boldsymbol{A}_{s2}^{\mathrm{T}}\\\vdots&\vdots&&\vdots\\\boldsymbol{A}_{1t}^{\mathrm{T}}&\boldsymbol{A}_{2t}^{\mathrm{T}}&\cdots&\boldsymbol{A}_{st}^{\mathrm{T}}\end{bmatrix}.$$

(5) 分块矩阵的逆

容易验证:若分块对角矩阵

$$\boldsymbol{A}=\begin{bmatrix}\boldsymbol{A}_1&&&\\&\boldsymbol{A}_2&&\\&&\ddots&\\&&&\boldsymbol{A}_s\end{bmatrix}$$

中所有子块 $\boldsymbol{A}_1,\boldsymbol{A}_2,\cdots,\boldsymbol{A}_s$ 都可逆,则 $\boldsymbol{A}$ 可逆,且

$$\boldsymbol{A}^{-1}=\begin{bmatrix}\boldsymbol{A}_1^{-1}&&&\\&\boldsymbol{A}_2^{-1}&&\\&&\ddots&\\&&&\boldsymbol{A}_s^{-1}\end{bmatrix}.$$

利用待定系数法,可以求出某些分块矩阵的逆矩阵.

例 2.13 设 $\boldsymbol{A},\boldsymbol{B}$ 均为可逆矩阵,试证分块下三角矩阵 $\boldsymbol{D}=\begin{bmatrix}\boldsymbol{A}&\boldsymbol{0}\\\boldsymbol{C}&\boldsymbol{B}\end{bmatrix}$ 是可逆矩阵,并求其逆矩阵.

解 采用待定系数法.设 $\boldsymbol{A}$ 和 $\boldsymbol{B}$ 的阶数分别为 m 和 n,考虑 $m+n$ 阶分块矩阵

$$\boldsymbol{X}=\begin{bmatrix}\boldsymbol{X}_1&\boldsymbol{X}_2\\\boldsymbol{X}_3&\boldsymbol{X}_4\end{bmatrix},$$

其中待定的子块$\boldsymbol{X}_1$和$\boldsymbol{X}_4$分别是 m 阶和 n 阶矩阵,并且使得$\boldsymbol{DX}=\boldsymbol{E}_{m+n}$,即

$$\begin{bmatrix}\boldsymbol{A} & \boldsymbol{0}\\ \boldsymbol{C} & \boldsymbol{B}\end{bmatrix}\begin{bmatrix}\boldsymbol{X}_1 & \boldsymbol{X}_2\\ \boldsymbol{X}_3 & \boldsymbol{X}_4\end{bmatrix}=\begin{bmatrix}\boldsymbol{E}_m & \boldsymbol{0}\\ \boldsymbol{0} & \boldsymbol{E}_n\end{bmatrix},$$

从而

$$\begin{bmatrix}\boldsymbol{AX}_1 & \boldsymbol{AX}_2\\ \boldsymbol{CX}_1+\boldsymbol{BX}_3 & \boldsymbol{CX}_2+\boldsymbol{BX}_4\end{bmatrix}=\begin{bmatrix}\boldsymbol{E}_m & \boldsymbol{0}\\ \boldsymbol{0} & \boldsymbol{E}_n\end{bmatrix},$$

于是

$$\begin{cases}\boldsymbol{AX}_1=\boldsymbol{E}_m,\\ \boldsymbol{AX}_2=\boldsymbol{0},\\ \boldsymbol{CX}_1+\boldsymbol{BX}_3=\boldsymbol{0},\\ \boldsymbol{CX}_2+\boldsymbol{BX}_4=\boldsymbol{E}_n,\end{cases}$$

解得

$$\boldsymbol{X}_1=\boldsymbol{A}^{-1},\quad \boldsymbol{X}_2=\boldsymbol{0},\quad \boldsymbol{X}_3=-\boldsymbol{B}^{-1}\boldsymbol{CA}^{-1},\quad \boldsymbol{X}_4=\boldsymbol{B}^{-1},$$

容易验证还有$\boldsymbol{XD}=\boldsymbol{E}_{m+n}$,因此 $\boldsymbol{D}$ 是可逆矩阵,且

$$\boldsymbol{D}^{-1}=\begin{bmatrix}\boldsymbol{A}^{-1} & \boldsymbol{0}\\ -\boldsymbol{B}^{-1}\boldsymbol{CA}^{-1} & \boldsymbol{B}^{-1}\end{bmatrix}.$$ □

这个例子的结果可以作为公式使用.

2.3.3 线性方程组的矩阵表示

$m\times n$ 线性方程组

$$\begin{cases}a_{11}x_1+a_{12}x_2+\cdots+a_{1n}x_n=b_1,\\ a_{21}x_1+a_{22}x_2+\cdots+a_{2n}x_n=b_2,\\ \cdots\cdots\cdots\cdots\\ a_{m1}x_1+a_{m2}x_2+\cdots+a_{mn}x_n=b_m\end{cases}\tag{2.5}$$

可以用矩阵表示为

$$\boldsymbol{Ax}=\boldsymbol{b},\tag{2.6}$$

其中

$$\boldsymbol{A}=\begin{bmatrix}a_{11} & a_{12} & \cdots & a_{1n}\\ a_{21} & a_{22} & \cdots & a_{2n}\\ \vdots & \vdots & & \vdots\\ a_{m1} & a_{m2} & \cdots & a_{mn}\end{bmatrix},\quad \boldsymbol{x}=\begin{bmatrix}x_1\\ x_2\\ \vdots\\ x_n\end{bmatrix},\quad \boldsymbol{b}=\begin{bmatrix}b_1\\ b_2\\ \vdots\\ b_m\end{bmatrix},$$

$\boldsymbol{A}$ 称为**系数矩阵**,$\boldsymbol{x}$ 称为**未知量向量**,$\boldsymbol{b}$ 称为**常数项向量**,$m\times(n+1)$矩阵

$$\widetilde{\boldsymbol{A}}=\left[\begin{array}{cccc:c}a_{11} & a_{12} & \cdots & a_{1n} & b_1\\ a_{21} & a_{22} & \cdots & a_{2n} & b_2\\ \vdots & \vdots & & \vdots & \vdots\\ a_{m1} & a_{m2} & \cdots & a_{mn} & b_m\end{array}\right]=[\boldsymbol{A}\quad \boldsymbol{b}]$$

称为**增广矩阵**.

仿照方程组(2.6)中未知量的表示方法，以后常常把方程组的解写成列向量的形式.

如果把系数矩阵 $\boldsymbol{A}$ 按列分块，那么方程组(2.6)可写作

$$[\boldsymbol{\alpha}_1 \quad \boldsymbol{\alpha}_2 \quad \cdots \quad \boldsymbol{\alpha}_n]\begin{bmatrix} x_1 \\ x_2 \\ \vdots \\ x_n \end{bmatrix}=\boldsymbol{b},$$

或

$$x_1\boldsymbol{\alpha}_1+x_2\boldsymbol{\alpha}_2+\cdots+x_n\boldsymbol{\alpha}_n=\boldsymbol{b}. \tag{2.7}$$

式(2.5)、(2.6)和(2.7)是线性方程组的三种不同形式，使用时常常对它们不加区分.

在 $m\times n$ 线性方程组 $\boldsymbol{Ax}=\boldsymbol{b}$ 中，将未知量向量 $\boldsymbol{x}$ 换成 $n\times s$ 未知量矩阵 $\boldsymbol{X}$、常数项向量 $\boldsymbol{b}$ 换成 $m\times s$ 矩阵 $\boldsymbol{B}$，就得到所谓的**矩阵方程**

$$\boldsymbol{AX}=\boldsymbol{B},$$

并且称 $[\boldsymbol{A} \quad \boldsymbol{B}]$ 为**增广矩阵**.

例 2.13 中待定的子块 $\boldsymbol{X}_1,\boldsymbol{X}_2,\boldsymbol{X}_3,\boldsymbol{X}_4$ 满足的四个关系式都是矩阵方程.

2.4 矩阵的初等变换

在第 1.3 节中我们介绍了求解线性方程组的初等变换.不难发现，对方程组做初等变换时，只是对系数和常数项进行了运算，未知量实质上没有参与运算，因此，这等同于对增广矩阵的行做相应的变换.

2.4.1 初等行变换和初等列变换

由线性方程组的三种初等变换可以得到矩阵的三种变换.

定义 2.8 下面的三种变换称为**矩阵的初等行变换**：

(1) 对调第 i 行与第 j 行，称为**对调行变换**，记作 $r_i\leftrightarrow r_j$；

(2) 以数 $k\neq 0$ 乘第 i 行，称为**倍乘行变换**，记作 kr_i；

(3) 将第 j 行的 k 倍加到第 i 行，称为**倍加行变换**，记作 r_i+kr_j.

只需将定义 2.8 中的“行”改为“列”，就可得到矩阵的三种**初等列变换**:**对调列变换**、**倍乘列变换**和**倍加列变换**，依次记作 $c_i\leftrightarrow c_j$，kc_i 和 c_i+kc_j.

矩阵的初等行变换与初等列变换统称为**矩阵的初等变换**.

显然，矩阵的初等变换都是可逆的，且其逆变换也同一种初等变换.以初等行变换为例，$r_i\leftrightarrow r_j$ 的逆变换还是 $r_i\leftrightarrow r_j$，kr_i 的逆变换为 $\frac{1}{k}r_i$，r_i+kr_j 的逆变换为 r_i-kr_j.

由上可知，用消元法求解非齐次线性方程组本质上是对其增广矩阵做初等行变换，求解齐次线性方程组则是对系数矩阵做初等行变换.

例 2.14　解非齐次线性方程组

$$\begin{cases} x_1-2x_2 \qquad\quad - x_4=3, \\ 2x_1-4x_2+2x_3-2x_4=4, \\ 3x_1-6x_2+4x_3-3x_4=5, \\ -x_1+2x_2+x_3+4x_4=2. \end{cases}$$

解　先对方程组的增广矩阵做初等行变换：

$$\widetilde{\boldsymbol{A}}=\begin{bmatrix} 1 & -2 & 0 & -1 & 3 \\ 2 & -4 & 2 & -2 & 4 \\ 3 & -6 & 4 & -3 & 5 \\ -1 & 2 & 1 & 4 & 2 \end{bmatrix} \xrightarrow[r_4+r_1]{\substack{r_2-2r_1 \\ r_3-3r_1}} \begin{bmatrix} 1 & -2 & 0 & -1 & 3 \\ 0 & 0 & 2 & 0 & -2 \\ 0 & 0 & 4 & 0 & -4 \\ 0 & 0 & 1 & 3 & 5 \end{bmatrix}$$

$$\xrightarrow[r_4-\frac{1}{2}r_2]{r_3-2r_2} \begin{bmatrix} 1 & -2 & 0 & -1 & 3 \\ 0 & 0 & 2 & 0 & -2 \\ 0 & 0 & 0 & 0 & 0 \\ 0 & 0 & 0 & 3 & 6 \end{bmatrix} \xrightarrow{r_3 \leftrightarrow r_4} \begin{bmatrix} 1 & -2 & 0 & -1 & 3 \\ 0 & 0 & 2 & 0 & -2 \\ 0 & 0 & 0 & 3 & 6 \\ 0 & 0 & 0 & 0 & 0 \end{bmatrix}=\boldsymbol{B},$$

至此，方程组的消元过程完成，矩阵 $\boldsymbol{B}$ 对应的是阶梯方程组.因此方程组有解.

再对矩阵 $\boldsymbol{B}$ 继续做初等行变换：

$$\boldsymbol{B} \xrightarrow{\frac{1}{2}r_2} \begin{bmatrix} 1 & -2 & 0 & -1 & 3 \\ 0 & 0 & 1 & 0 & -1 \\ 0 & 0 & 0 & 3 & 6 \\ 0 & 0 & 0 & 0 & 0 \end{bmatrix} \xrightarrow[r_1+r_3]{\frac{1}{3}r_3} \begin{bmatrix} 1 & -2 & 0 & 0 & 5 \\ 0 & 0 & 1 & 0 & -1 \\ 0 & 0 & 0 & 1 & 2 \\ 0 & 0 & 0 & 0 & 0 \end{bmatrix}=\boldsymbol{C},$$

回代过程结束，矩阵 $\boldsymbol{C}$ 对应的方程组为

$$\begin{cases} x_1-2x_2 = 5, \\ x_3 = -1, \\ x_4 = 2, \end{cases}$$

取 x_2 为自由未知量，从而

$$\begin{cases} x_1=2x_2+5, \\ x_2=x_2, \\ x_3=-1, \\ x_4=2, \end{cases}$$

令 $x_2=k$（k 为任意数），得方程组的通解（向量形式）

$$\begin{bmatrix} x_1 \\ x_2 \\ x_3 \\ x_4 \end{bmatrix}=k\begin{bmatrix} 2 \\ 1 \\ 0 \\ 0 \end{bmatrix}+\begin{bmatrix} 5 \\ 0 \\ -1 \\ 2 \end{bmatrix}.$$

□

我们将例 2.14 中阶梯方程组的增广矩阵 $\boldsymbol{B}$ 称为**阶梯矩阵**.一般说来，阶梯矩阵是指满足下面两个条件的矩阵：

(1) 元全为零的行(称为**零行**)位于所有含非零元的行(称为**非零行**)的下方;

(2) 各非零行中第一个非零元(称为**主元**)的列标随着行标的增大而严格增大.

而例 2.14 中阶梯矩阵 $\boldsymbol{C}$ 则具有如下特点:

(1) 每个主元都为 1;

(2) 各个主元所在列的其余元全为零,

称这样的阶梯矩阵为**最简阶梯矩阵**.

根据例 2.14 的求解过程以及定理 1.1 和定理 1.3,不难写出用消元法解非齐次线性方程组的具体步骤:

(a) 消元和有解判别.对方程组的增广矩阵做初等行变换化为阶梯矩阵,如果阶梯矩阵的最后一个非零行中只有末尾那个元不为零,则方程组无解,否则方程组有解.

(b) 回代.若方程组有解,则将阶梯矩阵经过初等行变换化成最简阶梯矩阵.

(c) 求解.把最简阶梯矩阵还原为同解线性方程组,写出通解.

由定理 1.3 立即得到下面的定理.

定理 2.1 任何一个矩阵都可以经过有限次初等行变换化成阶梯矩阵或者最简阶梯矩阵. □

疑难问题辨析

只用倍加行变换能否将任何矩阵化为阶梯矩阵?

例 2.15 求解齐次线性方程组

$$\begin{cases} x_1+x_2+x_3+x_4=0, \\ 3x_1+x_2+x_3-3x_4=0, \\ 2x_1+x_2+x_3+3x_4=0, \\ 5x_1+3x_2+3x_3-x_4=0. \end{cases}$$

解 对系数矩阵做初等行变换化为最简阶梯矩阵:

$$\boldsymbol{A}=\begin{bmatrix}1&1&1&1\\3&1&1&-3\\2&1&1&3\\5&3&3&-1\end{bmatrix}\xrightarrow[\substack{r_3-2r_1\\r_4-5r_1}]{r_2-3r_1}\begin{bmatrix}1&1&1&1\\0&-2&-2&-6\\0&-1&-1&1\\0&-2&-2&-6\end{bmatrix}\xrightarrow[(-1)r_2]{r_2\leftrightarrow r_3}\begin{bmatrix}1&1&1&1\\0&1&1&-1\\0&-2&-2&-6\\0&-2&-2&-6\end{bmatrix}$$

$$\xrightarrow[r_3+2r_2]{r_4-r_3}\begin{bmatrix}1&1&1&1\\0&1&1&-1\\0&0&0&-8\\0&0&0&0\end{bmatrix}\xrightarrow[\substack{r_2+r_3\\r_1-r_3}]{\left(-\frac{1}{8}\right)r_3}\begin{bmatrix}1&1&1&0\\0&1&1&0\\0&0&0&1\\0&0&0&0\end{bmatrix}\xrightarrow{r_1-r_2}\begin{bmatrix}1&0&0&0\\0&1&1&0\\0&0&0&1\\0&0&0&0\end{bmatrix},$$

得到对应的方程组

$$\begin{cases} x_1=0, \\ x_2+x_3=0, \\ x_4=0, \end{cases}$$

选 x_3 为自由未知量,从而

$$\begin{cases} x_1=0, \\ x_2=-x_3, \\ x_3=x_3, \\ x_4=0, \end{cases}$$

令 $x_3=k$（k 为任意数），得方程组的通解

$$\begin{bmatrix}x_1\\x_2\\x_3\\x_4\end{bmatrix}=k\begin{bmatrix}0\\-1\\1\\0\end{bmatrix}.$$
□

根据例 2.15 的求解过程，得到用消元法解齐次线性方程组的一般步骤：

(a) 消元和回代.对方程组的系数矩阵做初等行变换，将其化为最简阶梯矩阵.

(b) 求解.把最简阶梯矩阵还原为同解线性方程组，写出通解.

2.4.2 等价矩阵

定义 2.9 如果矩阵 $\boldsymbol{A}$ 经过有限次初等变换可化成矩阵 $\boldsymbol{B}$，则称 $\boldsymbol{A}$ 与 $\boldsymbol{B}$ **等价**，记作 $\boldsymbol{A}\cong\boldsymbol{B}$.

疑难问题辨析

如何理解等价关系的三个性质?

矩阵的等价具有下列性质：

(1) **自反性**：$\boldsymbol{A}\cong\boldsymbol{A}$；

(2) **对称性**：若 $\boldsymbol{A}\cong\boldsymbol{B}$，则 $\boldsymbol{B}\cong\boldsymbol{A}$；

(3) **传递性**：若 $\boldsymbol{A}\cong\boldsymbol{B}$，$\boldsymbol{B}\cong\boldsymbol{C}$，则 $\boldsymbol{A}\cong\boldsymbol{C}$.

数学上，把具有自反性、对称性和传递性的关系都称为**等价关系**.

如果一个非空集合上定义了等价关系，那么按照这一关系可以将集合的元素分成若干个子集，使得每个子集中的元素之间皆有此关系，不同子集的元素之间均无此关系，而且每个元素在且仅在一个子集中.我们称这些子集为**等价类**.有时还需要找出每个等价类中形式简单且唯一的代表元，并计算出等价类的个数.全体 $m\times n$ 矩阵可以进行等价分类，余下的问题是如何求出每个等价类中形式简单且唯一的代表元——等价标准形，以及等价类的个数.

将例 2.14 中的最简阶梯矩阵 $\boldsymbol{C}$ 再做初等列变换：

$$\boldsymbol{C}=\begin{bmatrix}1&-2&0&0&5\\0&0&1&0&-1\\0&0&0&1&2\\0&0&0&0&0\end{bmatrix}\xrightarrow[c_5-5c_1]{c_2+2c_1}\begin{bmatrix}1&0&0&0&0\\0&0&1&0&-1\\0&0&0&1&2\\0&0&0&0&0\end{bmatrix}$$

$$\xrightarrow[c_5-2c_4]{c_5+c_3}\begin{bmatrix}1&0&0&0&0\\0&0&1&0&0\\0&0&0&1&0\\0&0&0&0&0\end{bmatrix}\xrightarrow[c_3\leftrightarrow c_4]{c_2\leftrightarrow c_3}\left[\begin{array}{ccc:cc}1&0&0&0&0\\0&1&0&0&0\\0&0&1&0&0\\\hdashline 0&0&0&0&0\end{array}\right]=\boldsymbol{F},$$

这样的矩阵 $\boldsymbol{F}$ 称为增广矩阵 $\widetilde{\boldsymbol{A}}$ 的等价标准形.

一般地，非零矩阵 $\boldsymbol{A}_{m\times n}$ 的**等价标准形**是指

$$\begin{bmatrix}\boldsymbol{E}_r&\boldsymbol{0}\\\boldsymbol{0}&\boldsymbol{0}\end{bmatrix}_{m\times n}.$$

需要说明的是，非零矩阵 $\boldsymbol{A}_{m\times n}$ 的等价标准形包括

$$[\boldsymbol{E}_m \quad \boldsymbol{0}],\begin{bmatrix}\boldsymbol{E}_n\\ \boldsymbol{0}\end{bmatrix},\boldsymbol{E}$$

三种特殊情况，分别对应于 $r=m<n, r=n<m, r=m=n$；并且规定零矩阵的等价标准形为其自身.

推论 2.2 任何矩阵总可以经过有限次初等变换化为等价标准形. □

2.4.3 初等矩阵

初等变换前后两个矩阵等价而不相等，为了找出这两个矩阵之间的等式关系式，下面引进初等矩阵的概念.

定义 2.10 由单位矩阵 $\boldsymbol{E}$ 经过一次初等变换得到的矩阵称为**初等矩阵**.

三种初等变换对应着三种初等矩阵.

(1) 对调 n 阶单位矩阵 $\boldsymbol{E}_n$ 中的第 i 行与第 j 行(或第 i 列与第 j 列)，得到的初等矩阵称为**对调矩阵**，记作 $\boldsymbol{P}_n(i,j)$ 或 $\boldsymbol{P}(i,j)$；

(2) 以数 $k\neq 0$ 乘 n 阶单位矩阵 $\boldsymbol{E}_n$ 的第 i 行(或第 i 列)，得到的初等矩阵称为**倍乘矩阵**，记作 $\boldsymbol{P}_n(i(k))$ 或 $\boldsymbol{P}(i(k))$；

(3) 将 n 阶单位矩阵 $\boldsymbol{E}_n$ 的第 j 行的 k 倍加到第 i 行(或第 i 列的 k 倍加到第 j 列)，得到的初等矩阵称为**倍加矩阵**，记作 $\boldsymbol{P}_n(i,j(k))$ 或 $\boldsymbol{P}(i,j(k))$.

例如，

$$\boldsymbol{P}_3(1,2)=\begin{bmatrix}0&1&0\\1&0&0\\0&0&1\end{bmatrix},\quad \boldsymbol{P}_3(3(5))=\begin{bmatrix}1&0&0\\0&1&0\\0&0&5\end{bmatrix},\quad \boldsymbol{P}_4(2,4(3))=\begin{bmatrix}1&0&0&0\\0&1&0&3\\0&0&1&0\\0&0&0&1\end{bmatrix}.$$

并且对于矩阵 $\boldsymbol{A}=[a_{ij}]_{3\times 4}$，有

$$\boldsymbol{P}_3(1,2)\boldsymbol{A}=\begin{bmatrix}0&1&0\\1&0&0\\0&0&1\end{bmatrix}\begin{bmatrix}a_{11}&a_{12}&a_{13}&a_{14}\\a_{21}&a_{22}&a_{23}&a_{24}\\a_{31}&a_{32}&a_{33}&a_{34}\end{bmatrix}=\begin{bmatrix}a_{21}&a_{22}&a_{23}&a_{24}\\a_{11}&a_{12}&a_{13}&a_{14}\\a_{31}&a_{32}&a_{33}&a_{34}\end{bmatrix},$$

即知：用三阶对调矩阵 $\boldsymbol{P}_3(1,2)$ 左乘 3×4 矩阵 $\boldsymbol{A}$，等价于把 $\boldsymbol{A}$ 的第一行与第二行对调；

$$\boldsymbol{P}_3(3(5))\boldsymbol{A}=\begin{bmatrix}1&0&0\\0&1&0\\0&0&5\end{bmatrix}\begin{bmatrix}a_{11}&a_{12}&a_{13}&a_{14}\\a_{21}&a_{22}&a_{23}&a_{24}\\a_{31}&a_{32}&a_{33}&a_{34}\end{bmatrix}=\begin{bmatrix}a_{11}&a_{12}&a_{13}&a_{14}\\a_{21}&a_{22}&a_{23}&a_{24}\\5a_{31}&5a_{32}&5a_{33}&5a_{34}\end{bmatrix},$$

即知：用三阶倍乘矩阵 $\boldsymbol{P}_3(3(5))$ 左乘 3×4 矩阵 $\boldsymbol{A}$，等价于以数 5 乘 $\boldsymbol{A}$ 的第三行；

$$\boldsymbol{AP}_4(2,4(3))=\begin{bmatrix}a_{11} & a_{12} & a_{13} & a_{14}\\ a_{21} & a_{22} & a_{23} & a_{24}\\ a_{31} & a_{32} & a_{33} & a_{34}\end{bmatrix}\begin{bmatrix}1 & 0 & 0 & 0\\ 0 & 1 & 0 & 3\\ 0 & 0 & 1 & 0\\ 0 & 0 & 0 & 1\end{bmatrix}$$

$$=\begin{bmatrix}a_{11} & a_{12} & a_{13} & a_{14}+3a_{12}\\ a_{21} & a_{22} & a_{23} & a_{24}+3a_{22}\\ a_{31} & a_{32} & a_{33} & a_{34}+3a_{32}\end{bmatrix},$$

即知：用四阶倍加矩阵 $\boldsymbol{P}_4(2,4(3))$ 右乘 3×4 矩阵 $\boldsymbol{A}$，等价于把 $\boldsymbol{A}$ 的第二列的 3 倍加到第四列.

一般地，初等变换与对应的初等矩阵有如下关系：

解题方法归纳
初等矩阵

定理 2.3 设 $\boldsymbol{A}$ 是 $m\times n$ 矩阵，对 $\boldsymbol{A}$ 做一次初等行变换，等价于用对应的 m 阶初等矩阵左乘 $\boldsymbol{A}$；对 $\boldsymbol{A}$ 做一次初等列变换，等价于用对应的 n 阶初等矩阵右乘 $\boldsymbol{A}$.

证 只证明倍加列变换的情形.设 $m\times n$ 矩阵 $\boldsymbol{A}$ 和 n 阶单位矩阵 $\boldsymbol{E}$ 按列分块为

$$\boldsymbol{A}=[\boldsymbol{\alpha}_1\ \ \cdots\ \ \boldsymbol{\alpha}_i\ \ \cdots\ \ \boldsymbol{\alpha}_j\ \ \cdots\ \ \boldsymbol{\alpha}_n],\quad \boldsymbol{E}=[\boldsymbol{e}_1\ \ \cdots\ \ \boldsymbol{e}_i\ \ \cdots\ \ \boldsymbol{e}_j\ \ \cdots\ \ \boldsymbol{e}_n],$$

则

$$\boldsymbol{Ae}_l=\boldsymbol{\alpha}_l,\quad l=1,2,\cdots,n,$$

从而

$$\begin{aligned}\boldsymbol{AP}_n(i,j(k))&=\boldsymbol{A}[\boldsymbol{e}_1\ \ \cdots\ \ \boldsymbol{e}_i\ \ \cdots\ \ \boldsymbol{e}_j+k\boldsymbol{e}_i\ \ \cdots\ \ \boldsymbol{e}_n]\\&=[\boldsymbol{Ae}_1\ \ \cdots\ \ \boldsymbol{Ae}_i\ \ \cdots\ \ \boldsymbol{Ae}_j+k\boldsymbol{Ae}_i\ \ \cdots\ \ \boldsymbol{Ae}_n]\\&=[\boldsymbol{\alpha}_1\ \ \cdots\ \ \boldsymbol{\alpha}_i\ \ \cdots\ \ \boldsymbol{\alpha}_j+k\boldsymbol{\alpha}_i\ \ \cdots\ \ \boldsymbol{\alpha}_n],\end{aligned}$$

即 $\boldsymbol{AP}_n(i,j(k))$ 等价于把 $\boldsymbol{A}$ 的第 i 列的 k 倍加到第 j 列. □

这个定理表明：矩阵的初等变换可以用矩阵乘法来刻画，从而能够用一个等式来描述初等变换前后两个矩阵之间的关系.

容易验证：初等矩阵的转置矩阵仍然是初等矩阵，且

$$\boldsymbol{P}(i,j)^{\mathrm{T}}=\boldsymbol{P}(i,j),\quad \boldsymbol{P}(i(k))^{\mathrm{T}}=\boldsymbol{P}(i(k)),\quad \boldsymbol{P}(i,j(k))^{\mathrm{T}}=\boldsymbol{P}(j,i(k)).$$

疑难问题辨析
如何求初等矩阵的逆矩阵?

因为初等变换是可逆的，所以由定理 2.3，可知初等矩阵也是可逆的，并且初等变换的逆变换对应着相应初等矩阵的逆矩阵：

$$\boldsymbol{P}(i,j)^{-1}=\boldsymbol{P}(i,j),\quad \boldsymbol{P}(i(k))^{-1}=\boldsymbol{P}\left(i\left(\frac{1}{k}\right)\right),$$

$$\boldsymbol{P}(i,j(k))^{-1}=\boldsymbol{P}(i,j(-k)).$$

2.4.4 求逆矩阵的初等变换法

第 2.2 节中介绍了求逆矩阵的待定系数法，它只适用于低阶可逆矩阵.下面讨论求逆矩阵的一般方法.为此先给出可逆矩阵的一个充要条件.

定理 2.4 矩阵 $\boldsymbol{A}$ 可逆当且仅当 $\boldsymbol{A}$ 可以只经过有限次初等行变换（或者只经过有限次初等列变换）化为单位矩阵.

证 必要性.设 n 阶矩阵 $\boldsymbol{A}$ 可逆，则 $\boldsymbol{A}^{-1}$ 存在.在 $n\times n$ 齐次线性方程组 $\boldsymbol{Ax}=\boldsymbol{0}$ 两边左乘 $\boldsymbol{A}^{-1}$ 便得 $\boldsymbol{x}=\boldsymbol{0}$，故 $\boldsymbol{Ax}=\boldsymbol{0}$ 只有零解.根据定理 2.1，$\boldsymbol{A}$ 可以经过有限次初等行变换化成

最简阶梯矩阵$\boldsymbol{C}$.因为$\boldsymbol{Ax}=\boldsymbol{0}$有唯一解,所以由定理1.1可知$\boldsymbol{C}$中非零行数等于$n$,即$\boldsymbol{C}=\boldsymbol{E}_n$.这说明$\boldsymbol{A}$可以经过有限次初等行变换化为单位矩阵.

充分性.设n阶矩阵$\boldsymbol{A}$经过有限次初等行变换化为单位矩阵$\boldsymbol{E}_n$,则$\boldsymbol{E}_n$也可以经过有限次初等行变换化为$\boldsymbol{A}$,即存在初等矩阵$\boldsymbol{P}_1,\boldsymbol{P}_2,\cdots,\boldsymbol{P}_l$,使得$\boldsymbol{P}_1\boldsymbol{P}_2\cdots\boldsymbol{P}_l\boldsymbol{E}_n=\boldsymbol{A}$,故$\boldsymbol{A}=\boldsymbol{P}_1\boldsymbol{P}_2\cdots\boldsymbol{P}_l$.因为初等矩阵可逆,所以它们的乘积也可逆,从而$\boldsymbol{A}$可逆.

显然,$\boldsymbol{A}$可逆当且仅当$\boldsymbol{A}^{\mathrm{T}}$可逆.根据已证结论,$\boldsymbol{A}^{\mathrm{T}}$可逆当且仅当$\boldsymbol{A}^{\mathrm{T}}$可以只经过有限次初等行变换化为单位矩阵,这又等价于$\boldsymbol{A}$可以只经过有限次初等列变换化为单位矩阵,于是$\boldsymbol{A}$可逆当且仅当$\boldsymbol{A}$可以只经过有限次初等列变换化为单位矩阵. □

根据定理2.4,容易得到下列推论.

推论 2.5 矩阵$\boldsymbol{A}$可逆当且仅当$\boldsymbol{A}$可以表示成有限个初等矩阵的乘积. □

推论 2.6 设$\boldsymbol{A},\boldsymbol{B}$均为$m\times n$矩阵,则$\boldsymbol{A}\cong\boldsymbol{B}$当且仅当存在$m$阶可逆矩阵$\boldsymbol{P}$和$n$阶可逆矩阵$\boldsymbol{Q}$,使得$\boldsymbol{PAQ}=\boldsymbol{B}$. □

设$\boldsymbol{A}$为n阶可逆矩阵,根据定理2.4,有初等矩阵$\boldsymbol{P}_1,\boldsymbol{P}_2,\cdots,\boldsymbol{P}_l$,使得

$$\boldsymbol{P}_l\cdots\boldsymbol{P}_2\boldsymbol{P}_1\boldsymbol{A}=\boldsymbol{E},$$

从而

$$\boldsymbol{P}_l\cdots\boldsymbol{P}_2\boldsymbol{P}_1\boldsymbol{E}=\boldsymbol{A}^{-1},$$

即知

$$\boldsymbol{P}_l\cdots\boldsymbol{P}_2\boldsymbol{P}_1[\boldsymbol{A}\quad\boldsymbol{E}]=[\boldsymbol{E}\quad\boldsymbol{A}^{-1}],$$

上式表明,对分块矩阵$[\boldsymbol{A}\quad\boldsymbol{E}]$做一系列初等行变换,把子块$\boldsymbol{A}$变成$\boldsymbol{E}$时,另一个子块$\boldsymbol{E}$就变成了$\boldsymbol{A}^{-1}$,这其实是把$[\boldsymbol{A}\quad\boldsymbol{E}]$经过初等行变换化为最简阶梯矩阵.这种方法称为求逆矩阵的**初等行变换法**,它蕴含着判别n阶矩阵$\boldsymbol{A}$是否可逆的过程:当$\boldsymbol{A}$经过有限次初等行变换化为阶梯矩阵后,若阶梯矩阵中非零行数小于n,则由定理2.4知$\boldsymbol{A}$不可逆;否则$\boldsymbol{A}$可逆.

求逆矩阵还有**初等列变换法**:对分块矩阵$\begin{bmatrix}\boldsymbol{A}\\ \boldsymbol{E}\end{bmatrix}$做一系列初等列变换,把子块$\boldsymbol{A}$变成$\boldsymbol{E}$时,另一个子块$\boldsymbol{E}$就变成了$\boldsymbol{A}^{-1}$.

例 2.16 求矩阵

$$\boldsymbol{A}=\begin{bmatrix}2&2&3\\1&-1&0\\-1&2&1\end{bmatrix}$$

的逆矩阵.

解 $$[\boldsymbol{A}\quad\boldsymbol{E}]=\begin{bmatrix}2&2&3&1&0&0\\1&-1&0&0&1&0\\-1&2&1&0&0&1\end{bmatrix}\xrightarrow[r_3+r_2]{r_1-2r_2}\begin{bmatrix}0&4&3&1&-2&0\\1&-1&0&0&1&0\\0&1&1&0&1&1\end{bmatrix}$$

$$\xrightarrow[r_2\leftrightarrow r_3]{r_1\leftrightarrow r_2}\begin{bmatrix}1&-1&0&0&1&0\\0&1&1&0&1&1\\0&4&3&1&-2&0\end{bmatrix}\xrightarrow[r_3-4r_2]{r_1+r_2}\begin{bmatrix}1&0&1&0&2&1\\0&1&1&0&1&1\\0&0&-1&1&-6&-4\end{bmatrix}$$

$$\xrightarrow[r_2+r_3]{r_1+r_3}\begin{bmatrix}1&0&0&1&-4&-3\\0&1&0&1&-5&-3\\0&0&-1&1&-6&-4\end{bmatrix}\xrightarrow{(-1)r_3}\left[\begin{array}{ccc:ccc}1&0&0&1&-4&-3\\0&1&0&1&-5&-3\\0&0&1&-1&6&4\end{array}\right],$$

故

$$A^{-1}=\begin{bmatrix}1&-4&-3\\1&-5&-3\\-1&6&4\end{bmatrix}.$$ □

显然,求 A^{-1} 等价于解矩阵方程 $AX=E$.由此会问:当矩阵 A 可逆时,能否用初等行变换法解矩阵方程 $AX=B$? 回答是肯定的.这是因为,由

$$A^{-1}[A\quad B]=[E\quad A^{-1}B]$$

可知,对增广矩阵 $[A\quad B]$ 做一系列初等行变换,把系数矩阵 A 变成 E 时,常数项矩阵 B 就变成了矩阵方程的解 $X=A^{-1}B$.

同理,当矩阵 A 可逆时,解矩阵方程 $YA=B$ 可以通过对矩阵 $\begin{bmatrix}A\\B\end{bmatrix}$ 做一系列初等列变换,把矩阵 A 变成 E 时,矩阵 B 就变成了矩阵方程的解 $Y=BA^{-1}$.

例 2.17 解矩阵方程 $AX=B$,其中

$$A=\begin{bmatrix}1&2&2\\2&3&4\\3&5&5\end{bmatrix},\quad B=\begin{bmatrix}1&2\\3&4\\5&7\end{bmatrix}.$$

解 若矩阵 A 可逆,则可对增广矩阵做初等行变换求解:

$$[A\quad B]=\begin{bmatrix}1&2&2&1&2\\2&3&4&3&4\\3&5&5&5&7\end{bmatrix}\xrightarrow[r_3-3r_1]{r_2-2r_1}\begin{bmatrix}1&2&2&1&2\\0&-1&0&1&0\\0&-1&-1&2&1\end{bmatrix}$$

$$\xrightarrow[r_3-r_2]{r_1+2r_2}\begin{bmatrix}1&0&2&3&2\\0&-1&0&1&0\\0&0&-1&1&1\end{bmatrix}\xrightarrow{r_1+2r_3}\begin{bmatrix}1&0&0&5&4\\0&-1&0&1&0\\0&0&-1&1&1\end{bmatrix}$$

$$\xrightarrow[(-1)r_3]{(-1)r_2}\left[\begin{array}{ccc:cc}1&0&0&5&4\\0&1&0&-1&0\\0&0&1&-1&-1\end{array}\right],$$

所以矩阵方程的解为

$$X=A^{-1}B=\begin{bmatrix}5&4\\-1&0\\-1&-1\end{bmatrix}.$$ □

2.4.5 分块初等变换

类似于矩阵的初等变换,分块矩阵也可以做初等变换.下面以 2×2 分块矩阵为例介绍分块矩阵的初等变换.

定义 2.11 设分块矩阵

$$\boldsymbol{A}=\begin{bmatrix}\boldsymbol{A}_{11} & \boldsymbol{A}_{12}\\ \boldsymbol{A}_{21} & \boldsymbol{A}_{22}\end{bmatrix},$$

下述三种变换称为**分块初等行变换**：

(1) 对调 $\boldsymbol{A}$ 的两行子块，称为**分块对调行变换**；

(2) 用可逆矩阵 $\boldsymbol{P}$ 左乘 $\boldsymbol{A}$ 的某一行全部子块，称为**分块倍乘行变换**；

(3) 用矩阵 $\boldsymbol{P}$ 左乘 $\boldsymbol{A}$ 的某一行全部子块后加到另一行，称为**分块倍加行变换.**

只需将分块初等列变换中的“行”改为“列”、“左乘”改为“右乘”，就得到**分块初等列变换.** 分块初等行变换与分块初等列变换统称为**分块初等变换.**

定义 2.12 将分块单位矩阵做一次分块初等变换，所得的分块矩阵称为**分块初等矩阵.**

将单位矩阵分块为 2×2 分块对角矩阵

$$\boldsymbol{E}=\begin{bmatrix}\boldsymbol{E}_s & \boldsymbol{0}\\ \boldsymbol{0} & \boldsymbol{E}_t\end{bmatrix},$$

对应于三种分块初等变换就有三种分块初等矩阵：

(1) **分块对调矩阵** $\begin{bmatrix}\boldsymbol{0} & \boldsymbol{E}_t\\ \boldsymbol{E}_s & \boldsymbol{0}\end{bmatrix}$；

(2) **分块倍乘矩阵** $\begin{bmatrix}\boldsymbol{P}_1 & \boldsymbol{0}\\ \boldsymbol{0} & \boldsymbol{E}_t\end{bmatrix}$ 或 $\begin{bmatrix}\boldsymbol{E}_s & \boldsymbol{0}\\ \boldsymbol{0} & \boldsymbol{P}_2\end{bmatrix}$，其中 $\boldsymbol{P}_1,\boldsymbol{P}_2$ 均为可逆矩阵；

(3) **分块倍加矩阵** $\begin{bmatrix}\boldsymbol{E}_s & \boldsymbol{0}\\ \boldsymbol{P}_3 & \boldsymbol{E}_t\end{bmatrix}$ 或 $\begin{bmatrix}\boldsymbol{E}_s & \boldsymbol{P}_4\\ \boldsymbol{0} & \boldsymbol{E}_t\end{bmatrix}$.

分块初等变换具有类似于初等变换的性质：

(a) 分块初等矩阵总是可逆矩阵.

(b) 若分块矩阵 $\boldsymbol{A}$ 经过有限次分块初等变换化为分块矩阵 $\boldsymbol{B}$，则 $\boldsymbol{A}\cong\boldsymbol{B}$.

(c) 对分块矩阵 $\boldsymbol{A}$ 做一次分块初等行变换，等价于用对应的分块初等矩阵左乘 $\boldsymbol{A}$；对分块矩阵 $\boldsymbol{A}$ 做一次分块初等列变换，等价于用对应的分块初等矩阵右乘 $\boldsymbol{A}$. 例如，

$$\begin{bmatrix}\boldsymbol{0} & \boldsymbol{E}_t\\ \boldsymbol{E}_s & \boldsymbol{0}\end{bmatrix}\begin{bmatrix}\boldsymbol{A}_{11} & \boldsymbol{A}_{12}\\ \boldsymbol{A}_{21} & \boldsymbol{A}_{22}\end{bmatrix}=\begin{bmatrix}\boldsymbol{A}_{21} & \boldsymbol{A}_{22}\\ \boldsymbol{A}_{11} & \boldsymbol{A}_{12}\end{bmatrix},$$

$$\begin{bmatrix}\boldsymbol{P}_1 & \boldsymbol{0}\\ \boldsymbol{0} & \boldsymbol{E}_t\end{bmatrix}\begin{bmatrix}\boldsymbol{A}_{11} & \boldsymbol{A}_{12}\\ \boldsymbol{A}_{21} & \boldsymbol{A}_{22}\end{bmatrix}=\begin{bmatrix}\boldsymbol{P}_1\boldsymbol{A}_{11} & \boldsymbol{P}_1\boldsymbol{A}_{12}\\ \boldsymbol{A}_{21} & \boldsymbol{A}_{22}\end{bmatrix},$$

$$\begin{bmatrix}\boldsymbol{E}_s & \boldsymbol{0}\\ \boldsymbol{P}_3 & \boldsymbol{E}_t\end{bmatrix}\begin{bmatrix}\boldsymbol{A}_{11} & \boldsymbol{A}_{12}\\ \boldsymbol{A}_{21} & \boldsymbol{A}_{22}\end{bmatrix}=\begin{bmatrix}\boldsymbol{A}_{11} & \boldsymbol{A}_{12}\\ \boldsymbol{A}_{21}+\boldsymbol{P}_3\boldsymbol{A}_{11} & \boldsymbol{A}_{22}+\boldsymbol{P}_3\boldsymbol{A}_{12}\end{bmatrix}.$$

疑难问题辨析

分块初等行变换对左乘矩阵有何要求?

例 2.18 设 $\boldsymbol{A},\boldsymbol{B}$ 均为可逆矩阵，求分块下三角矩阵 $\begin{bmatrix}\boldsymbol{A} & \boldsymbol{0}\\ \boldsymbol{C} & \boldsymbol{B}\end{bmatrix}$ 的逆矩阵.

解 在例 2.13 中，用待定系数法证明了分块下三角矩阵是可逆矩阵，并求出其逆矩阵. 这里采用分块初等变换.

设 $\boldsymbol{A}$ 的阶数为 m，$\boldsymbol{B}$ 的阶数为 n. 对分块下三角矩阵做分块倍加行变换将其化为分块

对角矩阵,即

$$\begin{bmatrix} \boldsymbol{E}_m & \boldsymbol{0} \\ -\boldsymbol{C}\boldsymbol{A}^{-1} & \boldsymbol{E}_n \end{bmatrix}\begin{bmatrix} \boldsymbol{A} & \boldsymbol{0} \\ \boldsymbol{C} & \boldsymbol{B} \end{bmatrix}=\begin{bmatrix} \boldsymbol{A} & \boldsymbol{0} \\ \boldsymbol{0} & \boldsymbol{B} \end{bmatrix},$$

根据分块对角矩阵的性质得

$$\begin{aligned}\begin{bmatrix} \boldsymbol{A} & \boldsymbol{0} \\ \boldsymbol{C} & \boldsymbol{B} \end{bmatrix}^{-1} &= \begin{bmatrix} \boldsymbol{A} & \boldsymbol{0} \\ \boldsymbol{0} & \boldsymbol{B} \end{bmatrix}^{-1}\begin{bmatrix} \boldsymbol{E}_m & \boldsymbol{0} \\ -\boldsymbol{C}\boldsymbol{A}^{-1} & \boldsymbol{E}_n \end{bmatrix} \\ &= \begin{bmatrix} \boldsymbol{A}^{-1} & \boldsymbol{0} \\ \boldsymbol{0} & \boldsymbol{B}^{-1} \end{bmatrix}\begin{bmatrix} \boldsymbol{E}_m & \boldsymbol{0} \\ -\boldsymbol{C}\boldsymbol{A}^{-1} & \boldsymbol{E}_n \end{bmatrix} \\ &= \begin{bmatrix} \boldsymbol{A}^{-1} & \boldsymbol{0} \\ -\boldsymbol{B}^{-1}\boldsymbol{C}\boldsymbol{A}^{-1} & \boldsymbol{B}^{-1} \end{bmatrix}.\end{aligned}$$

□

2.5 矩阵的秩

本节将用矩阵的观点叙述线性方程组有解判别准则,为此引入矩阵的秩的概念.矩阵的秩是矩阵的一个重要数值特征,是反映矩阵本质属性的一个不变量.

2.5.1 矩阵秩的概念与计算

根据推论 2.2,任何矩阵总可以经过有限次初等变换化为等价标准形.现在的问题是:给定一个矩阵 $\boldsymbol{A}_{m\times n}$,其等价标准形唯一吗?

当 $\boldsymbol{A}=\boldsymbol{0}$ 时其等价标准形为 $\boldsymbol{0}_{m\times n}$.

当 $\boldsymbol{A}$ 可逆时其等价标准形为单位矩阵 $\boldsymbol{E}_n$.

下设 $\boldsymbol{A}$ 是非零不可逆矩阵.假若 $\boldsymbol{A}$ 有两个等价标准形:

$$\boldsymbol{F}_1=\begin{bmatrix} \boldsymbol{E}_r & \boldsymbol{0} \\ \boldsymbol{0} & \boldsymbol{0} \end{bmatrix}_{m\times n},\quad \boldsymbol{F}_2=\begin{bmatrix} \boldsymbol{E}_s & \boldsymbol{0} \\ \boldsymbol{0} & \boldsymbol{0} \end{bmatrix}_{m\times n}.$$

由推论 2.6 知,存在可逆矩阵 $\boldsymbol{P}_1,\boldsymbol{P}_2$ 和$\boldsymbol{Q}_1,\boldsymbol{Q}_2$,使得

$$\boldsymbol{P}_1\boldsymbol{A}\boldsymbol{Q}_1=\boldsymbol{F}_1,\quad \boldsymbol{P}_2\boldsymbol{A}\boldsymbol{Q}_2=\boldsymbol{F}_2,$$

从而有

$$\boldsymbol{P}_1^{-1}\boldsymbol{F}_1\boldsymbol{Q}_1^{-1}=\boldsymbol{A}=\boldsymbol{P}_2^{-1}\boldsymbol{F}_2\boldsymbol{Q}_2^{-1},$$

记 $\boldsymbol{B}=\boldsymbol{P}_2\boldsymbol{P}_1^{-1}\boldsymbol{F}_1$,则

$$\boldsymbol{B}=\boldsymbol{P}_2\boldsymbol{P}_1^{-1}\boldsymbol{F}_1=\boldsymbol{F}_2\boldsymbol{Q}_2^{-1}\boldsymbol{Q}_1.$$

因 $\boldsymbol{B}$ 是由$\boldsymbol{F}_1$ 经过有限次初等行变换得到的,故 $\boldsymbol{B}$ 至少有 r 个非零行、恰有 r 个非零列;而 $\boldsymbol{B}$ 也是由$\boldsymbol{F}_2$ 经过有限次初等列变换得到的,所以 $\boldsymbol{B}$ 恰有 s 个非零行、至少有 s 个非零列,于是 $r=s$.这说明矩阵 $\boldsymbol{A}_{m\times n}$ 的等价标准形是唯一的.从而有下面的定理.

定理 2.7 任何矩阵都有唯一的等价标准形. □

定义 2.13 称矩阵 $\boldsymbol{A}$ 的等价标准形中 1 的个数为 $\boldsymbol{A}$ 的**秩**,记作 rank $\boldsymbol{A}$.

显然,一个矩阵的秩是唯一确定的.并且

$$\operatorname{rank}\boldsymbol{0}=0,\quad \operatorname{rank}\boldsymbol{A}_{m\times n}\leqslant\min\{m,n\}.$$

下面的几个推论是显而易见的.

推论 2.8 初等变换不改变矩阵的等价标准形,从而不改变矩阵的秩. □

由此可知,矩阵的秩是初等变换或等价关系下的不变量.

推论 2.9 同型矩阵等价的充要条件是有相同的等价标准形,即有相同的秩. □

将全体 $m\times n$ 矩阵进行等价分类,使得每个等价类中的矩阵有相同的等价标准形.于是,全体 $m\times n$ 矩阵中等价类的个数就是不同等价标准形的个数,从而全体 $m\times n$ 矩阵可分成 $\min\{m,n\}+1$ 个等价类.

推论 2.10 n 阶矩阵 $\boldsymbol{A}$ 可逆的充要条件是 $\operatorname{rank}\boldsymbol{A}=n$. □

推论 2.11 设 $\boldsymbol{A}$ 为 $m\times n$ 矩阵,$\boldsymbol{P}$ 为 m 阶可逆矩阵,$\boldsymbol{Q}$ 为 n 阶可逆矩阵,则

$$\operatorname{rank}(\boldsymbol{PA})=\operatorname{rank}(\boldsymbol{AQ})=\operatorname{rank}(\boldsymbol{PAQ})=\operatorname{rank}\boldsymbol{A}.$$ □

推论 2.12 矩阵 $\boldsymbol{A}$ 经过初等行变换化为阶梯矩阵或最简阶梯矩阵 $\boldsymbol{B}$ 后,$\boldsymbol{B}$ 中非零行数就是 $\operatorname{rank}\boldsymbol{A}$. □

解题方法归纳

矩阵的幂

这个推论提供了用初等行变换求矩阵的秩的一个方法.

例 2.19 设

$$\boldsymbol{A}=\begin{bmatrix}3&2&0&5&0\\3&-2&3&6&-1\\2&0&1&5&-3\\1&6&-4&-1&4\end{bmatrix},$$

求 $\operatorname{rank}\boldsymbol{A}$.

解 对 $\boldsymbol{A}$ 做初等行变换,化为阶梯矩阵:

$$\boldsymbol{A}=\begin{bmatrix}3&2&0&5&0\\3&-2&3&6&-1\\2&0&1&5&-3\\1&6&-4&-1&4\end{bmatrix}\xrightarrow{r_1\leftrightarrow r_4}\begin{bmatrix}1&6&-4&-1&4\\3&-2&3&6&-1\\2&0&1&5&-3\\3&2&0&5&0\end{bmatrix}$$

$$\xrightarrow[\substack{r_3-2r_1\\ r_4-3r_1}]{r_2-r_4}\begin{bmatrix}1&6&-4&-1&4\\0&-4&3&1&-1\\0&-12&9&7&-11\\0&-16&12&8&-12\end{bmatrix}\xrightarrow[r_4-4r_2]{r_3-3r_2}\begin{bmatrix}1&6&-4&-1&4\\0&-4&3&1&-1\\0&0&0&4&-8\\0&0&0&4&-8\end{bmatrix}$$

$$\xrightarrow{r_4-r_3}\begin{bmatrix}1&6&-4&-1&4\\0&-4&3&1&-1\\0&0&0&4&-8\\0&0&0&0&0\end{bmatrix},$$

阶梯矩阵有三个非零行,故 $\operatorname{rank}\boldsymbol{A}=3$. □

例 2.20 已知矩阵

$$\boldsymbol{A}=\begin{bmatrix}1&3&-1&2\\2&-1&s&5\\1&t&-6&1\end{bmatrix}$$

的秩为 2,试确定 s 和 t 的值.

解 对 $\boldsymbol{A}$ 做初等行变换,化为阶梯矩阵:

$$\boldsymbol{A}=\begin{bmatrix}1 & 3 & -1 & 2\\ 2 & -1 & s & 5\\ 1 & t & -6 & 1\end{bmatrix}\xrightarrow[r_3-r_1]{r_2-2r_1}\begin{bmatrix}1 & 3 & -1 & 2\\ 0 & -7 & s+2 & 1\\ 0 & t-3 & -5 & -1\end{bmatrix}.$$

由 $\operatorname{rank}\boldsymbol{A}=2$ 知上式右端矩阵的第二行、第三行成比例,即

$$\frac{-7}{t-3}=\frac{s+2}{-5}=\frac{1}{-1},$$

解得 $s=3,t=10$. □

2.5.2 线性方程组有解判别准则

借用矩阵秩的概念,可以将定理 1.1 作如下推广.

定理 2.13 对于 n 元线性方程组 $\boldsymbol{Ax}=\boldsymbol{b}$,有下面结论成立:

(1) $\boldsymbol{Ax}=\boldsymbol{b}$ 无解的充要条件是 $\operatorname{rank}\boldsymbol{A}<\operatorname{rank}[\boldsymbol{A}\quad\boldsymbol{b}]$;

(2) $\boldsymbol{Ax}=\boldsymbol{b}$ 有唯一解的充要条件是 $\operatorname{rank}\boldsymbol{A}=\operatorname{rank}[\boldsymbol{A}\quad\boldsymbol{b}]=n$;

(3) $\boldsymbol{Ax}=\boldsymbol{b}$ 有无穷多解的充要条件是 $\operatorname{rank}\boldsymbol{A}=\operatorname{rank}[\boldsymbol{A}\quad\boldsymbol{b}]<n$.

证 因为 $\operatorname{rank}\boldsymbol{A}\leqslant n$,且由推论 2.12 知 $\operatorname{rank}\boldsymbol{A}\leqslant\operatorname{rank}[\boldsymbol{A}\quad\boldsymbol{b}]$,所以一个结论的必要性可以由其他两个结论的充分性推出.因此只需证明这三个结论的充分性.

设 $\operatorname{rank}\boldsymbol{A}=r$,不妨设增广矩阵 $\widetilde{\boldsymbol{A}}=[\boldsymbol{A}\quad\boldsymbol{b}]$经初等行变换化为最简阶梯矩阵

$$\widetilde{\boldsymbol{B}}=\begin{bmatrix}1 & 0 & \cdots & 0 & b_{11} & \cdots & b_{1,n-r} & d_1\\ 0 & 1 & \cdots & 0 & b_{21} & \cdots & b_{2,n-r} & d_2\\ \vdots & \vdots & & \vdots & \vdots & & \vdots & \vdots\\ 0 & 0 & \cdots & 1 & b_{r1} & \cdots & b_{r,n-r} & d_r\\ 0 & 0 & \cdots & 0 & 0 & \cdots & 0 & d_{r+1}\\ 0 & 0 & \cdots & 0 & 0 & \cdots & 0 & 0\\ \vdots & \vdots & & \vdots & \vdots & & \vdots & \vdots\\ 0 & 0 & \cdots & 0 & 0 & \cdots & 0 & 0\end{bmatrix}.$$

(1) 若 $\operatorname{rank}\boldsymbol{A}<\operatorname{rank}[\boldsymbol{A}\quad\boldsymbol{b}]$,则 $\widetilde{\boldsymbol{B}}$ 中的 $d_{r+1}=1$,由定理 1.1 和定理 1.2 知方程组无解.

(2) 若 $\operatorname{rank}\boldsymbol{A}=\operatorname{rank}[\boldsymbol{A}\quad\boldsymbol{b}]=r=n$,则 $\widetilde{\boldsymbol{B}}$ 中的 $d_{r+1}=0$,由定理 1.1 和定理 1.2 知方程组有唯一解.

(3) 若 $\operatorname{rank}\boldsymbol{A}=\operatorname{rank}[\boldsymbol{A}\quad\boldsymbol{b}]=r<n$,则 $\widetilde{\boldsymbol{B}}$ 中的 $d_{r+1}=0$,由定理 1.1 和定理 1.2 知方程组有无穷多解. □

疑难问题辨析

讨论矩阵方程有何意义?

推论 2.14 n 元齐次线性方程组 $\boldsymbol{Ax}=\boldsymbol{0}$ 有非零解的充要条件是$\operatorname{rank}\boldsymbol{A}<n$. □

下面讨论矩阵方程

$$\boldsymbol{AX}=\boldsymbol{B},$$

其中 $\boldsymbol{A}$ 为 $m\times n$ 矩阵,$\boldsymbol{B}$ 为 $m\times s$ 矩阵.如果将 $\boldsymbol{X}$ 和 $\boldsymbol{B}$ 按列分块为

$$X=[x_1\quad x_2\quad \cdots\quad x_s],\quad B=[b_1\quad b_2\quad \cdots\quad b_s],$$

则矩阵方程 $AX=B$ 有解当且仅当如下的 s 个线性方程组

$$Ax_j=b_j\quad (j=1,2,\cdots,s)$$

均有解，由定理 2.13 可知后者等价于

$$\operatorname{rank} A=\operatorname{rank}[A\quad b_j]\quad (j=1,2,\cdots,s).$$

上式表明：当初等行变换将 A 化为最简阶梯矩阵时，同样的初等行变换也将所有的

$$[A\quad b_j]\quad (j=1,2,\cdots,s)$$

化成了最简阶梯矩阵，并且它们的非零行数相等. 由此即得 $\operatorname{rank} A=\operatorname{rank}[A\quad B]$. 于是，可以将定理 2.13 推广为下述定理.

定理 2.15 矩阵方程 $AX=B$ 有解的充要条件是 $\operatorname{rank} A=\operatorname{rank}[A\quad B]$. □

根据定理 2.15 及其证明过程，可以给出解矩阵方程 $AX=B$ 的步骤：

(a) 对增广矩阵 $[A\quad B]$ 做初等行变换化为阶梯矩阵 $[A_1\quad B_1]$，若 $\operatorname{rank} A_1=\operatorname{rank}[A_1\quad B_1]$，则矩阵方程有解，否则矩阵方程无解.

(b) 当矩阵方程有解时，对阶梯矩阵 $[A_1\quad B_1]$ 做初等行变换化成最简阶梯矩阵 $[A_2\quad B_2]$.

(c) 设 $B_2=[\beta_1\quad \beta_2\quad \cdots\quad \beta_s]$，求出线性方程组 $A_2x_j=\beta_j$ 的通解 $(j=1,2,\cdots,s)$，从而得到矩阵方程的通解.

例 2.21 解矩阵方程

$$\begin{bmatrix}1 & -1 & -2\\ 2 & 1 & 5\\ 3 & 1 & 6\end{bmatrix}\begin{bmatrix}x_{11} & x_{12}\\ x_{21} & x_{22}\\ x_{31} & x_{32}\end{bmatrix}=\begin{bmatrix}1 & 0\\ 5 & 6\\ 7 & 8\end{bmatrix}.$$

解题方法归纳

矩阵方程

解 记

$$A=\begin{bmatrix}1 & -1 & -2\\ 2 & 1 & 5\\ 3 & 1 & 6\end{bmatrix},\quad B=\begin{bmatrix}1 & 0\\ 5 & 6\\ 7 & 8\end{bmatrix},\quad X=\begin{bmatrix}x_{11} & x_{12}\\ x_{21} & x_{22}\\ x_{31} & x_{32}\end{bmatrix},$$

则矩阵方程为 $AX=B$. 对增广矩阵 $[A\quad B]$ 做初等行变换，化为阶梯矩阵：

$$[A\quad B]=\left[\begin{array}{ccc:cc}1 & -1 & -2 & 1 & 0\\ 2 & 1 & 5 & 5 & 6\\ 3 & 1 & 6 & 7 & 8\end{array}\right]\to\begin{bmatrix}1 & -1 & -2 & 1 & 0\\ 0 & 3 & 9 & 3 & 6\\ 0 & 0 & 0 & 0 & 0\end{bmatrix}=C,$$

由于 $\operatorname{rank} A=\operatorname{rank}[A\quad B]$，所以矩阵方程有解. 进一步对矩阵 C 做初等行变换将其化成最简阶梯矩阵：

$$C\to\left[\begin{array}{ccc:cc}1 & 0 & 1 & 2 & 2\\ 0 & 1 & 3 & 1 & 2\\ 0 & 0 & 0 & 0 & 0\end{array}\right],$$

对应的两个同解线性方程组为

$$\begin{cases}x_{11}=-\ x_{31}+2,\\ x_{21}=-3x_{31}+1,\\ x_{31}=\quad x_{31},\end{cases}\qquad \begin{cases}x_{12}=-\ x_{32}+2,\\ x_{22}=-3x_{32}+2,\\ x_{32}=\quad x_{32},\end{cases}$$

分别令 $x_{31}=k$，$x_{32}=l$，得矩阵方程的通解

$$\begin{bmatrix}x_{11}\\x_{21}\\x_{31}\end{bmatrix}=k\begin{bmatrix}-1\\-3\\1\end{bmatrix}+\begin{bmatrix}2\\1\\0\end{bmatrix},\quad\begin{bmatrix}x_{12}\\x_{22}\\x_{32}\end{bmatrix}=l\begin{bmatrix}-1\\-3\\1\end{bmatrix}+\begin{bmatrix}2\\2\\0\end{bmatrix},$$

即

$$\begin{bmatrix}x_{11}&x_{12}\\x_{21}&x_{22}\\x_{31}&x_{32}\end{bmatrix}=k\begin{bmatrix}-1&0\\-3&0\\1&0\end{bmatrix}+l\begin{bmatrix}0&-1\\0&-3\\0&1\end{bmatrix}+\begin{bmatrix}2&2\\1&2\\0&0\end{bmatrix},$$

其中 k,l 为任意数. □

2.5.3 满秩矩阵

定义 2.14 设 $\boldsymbol{A}$ 为 $m\times n$ 矩阵,当 $\operatorname{rank}\boldsymbol{A}=m$ 时,称 $\boldsymbol{A}$ 为**行满秩矩阵**;当 $\operatorname{rank}\boldsymbol{A}=n$ 时,称 $\boldsymbol{A}$ 为**列满秩矩阵**;行满秩的方阵称为**满秩矩阵**.满秩矩阵就是可逆矩阵,不可逆方阵称为**降秩矩阵**.

定理 2.16 若 n 阶矩阵 $\boldsymbol{A},\boldsymbol{B}$ 满足 $\boldsymbol{AB}=\boldsymbol{E}$,则 $\boldsymbol{A}$ 和 $\boldsymbol{B}$ 都是满秩矩阵,且 $\boldsymbol{A}^{-1}=\boldsymbol{B}$.

证 由等式 $\boldsymbol{AB}=\boldsymbol{E}$ 可知矩阵方程 $\boldsymbol{AX}=\boldsymbol{E}$ 有解,从而由定理 2.15 得 $\operatorname{rank}\boldsymbol{A}=\operatorname{rank}[\boldsymbol{A}\quad\boldsymbol{E}]$.显然 $\operatorname{rank}[\boldsymbol{A}\quad\boldsymbol{E}]=n$,故 $\operatorname{rank}\boldsymbol{A}=n$,即 $\boldsymbol{A}$ 是满秩矩阵,于是 $\boldsymbol{A}^{-1}$ 存在.因此由 $\boldsymbol{AB}=\boldsymbol{E}$ 即知 $\boldsymbol{A}^{-1}=\boldsymbol{B}$,这说明 $\boldsymbol{B}$ 也是满秩矩阵. □

这个定理告诉我们,要验证 $\boldsymbol{B}$ 是 n 阶矩阵 $\boldsymbol{A}$ 的逆矩阵,只需验证 $\boldsymbol{AB}=\boldsymbol{E}$ 或 $\boldsymbol{BA}=\boldsymbol{E}$ 之一成立即可,从而简化了可逆矩阵的定义.

解题方法归纳

可交换矩阵

例 2.22 设 n 阶矩阵 $\boldsymbol{A},\boldsymbol{B}$ 满足 $\boldsymbol{AB}=2\boldsymbol{A}+\boldsymbol{B}$,证明 $\boldsymbol{A}-\boldsymbol{E}$ 是满秩矩阵,且 $\boldsymbol{A}$ 与 $\boldsymbol{B}$ 可交换.

证 由 $\boldsymbol{AB}=2\boldsymbol{A}+\boldsymbol{B}$ 得 $\boldsymbol{AB}-2\boldsymbol{A}-\boldsymbol{B}=\boldsymbol{0}$,从而 $(\boldsymbol{A}-\boldsymbol{E})(\boldsymbol{B}-2\boldsymbol{E})=2\boldsymbol{E}$,因此

$$(\boldsymbol{A}-\boldsymbol{E})\frac{1}{2}(\boldsymbol{B}-2\boldsymbol{E})=\boldsymbol{E},$$

故由定理 2.16 知 $\boldsymbol{A}-\boldsymbol{E}$ 是满秩矩阵,且

$$(\boldsymbol{A}-\boldsymbol{E})^{-1}=\frac{1}{2}(\boldsymbol{B}-2\boldsymbol{E}).$$

于是

$$(\boldsymbol{A}-\boldsymbol{E})\frac{1}{2}(\boldsymbol{B}-2\boldsymbol{E})=\frac{1}{2}(\boldsymbol{B}-2\boldsymbol{E})(\boldsymbol{A}-\boldsymbol{E}),$$

将上式两边展开,得 $\boldsymbol{AB}=\boldsymbol{BA}$,故 $\boldsymbol{A}$ 与 $\boldsymbol{B}$ 可交换. □

2.6 应用实例

本节将介绍矩阵在图论、计算机科学、密码学和现实生活中的应用.

2.6.1 图的邻接矩阵

图是一个数学概念,它有严格的数学定义.这里我们只给出图的一个直观的解释:由一些小圆圈以及某些小圆圈间的连线所构成的图形就称为**图**,小圆圈称为顶点,连线称为

边.如果连线带有指明方向的箭头,则称为**有向图**,带箭头的连线称为弧.例 2.2 中的四城市间的航线图 2.1 就是一个有向图.

设图 G 有 n 个顶点,令 a_{ij} 表示顶点 i 与顶点 j 之间的边的数目,则 n 阶矩阵

$$\boldsymbol{A}=\begin{bmatrix} a_{11} & a_{12} & \cdots & a_{1n} \\ a_{21} & a_{22} & \cdots & a_{2n} \\ \vdots & \vdots & & \vdots \\ a_{n1} & a_{n2} & \cdots & a_{nn} \end{bmatrix}$$

称为**图 G 的邻接矩阵**.对于 n 个顶点的有向图 G,令 a_{ij} 表示从顶点 i 到顶点 j 的弧的数目,则 n 阶矩阵 $\boldsymbol{A}=[a_{ij}]_{n\times n}$ 称为**有向图 G 的邻接矩阵**.图的邻接矩阵是对称矩阵,而有向图的邻接矩阵则不是.例 2.2 中的四阶矩阵

$$\boldsymbol{A}=\begin{bmatrix} 0 & 1 & 1 & 0 \\ 1 & 0 & 1 & 0 \\ 1 & 0 & 0 & 1 \\ 0 & 1 & 0 & 0 \end{bmatrix}$$

就是航线图 2.1 对应的邻接矩阵.从而

$$\boldsymbol{A}^2=\begin{bmatrix} 2 & 0 & 1 & 1 \\ 1 & 1 & 1 & 1 \\ 0 & 2 & 1 & 0 \\ 1 & 0 & 1 & 0 \end{bmatrix},\quad \boldsymbol{A}^3=\begin{bmatrix} 1 & 3 & 2 & 1 \\ 2 & 2 & 2 & 1 \\ 3 & 0 & 2 & 1 \\ 1 & 1 & 1 & 1 \end{bmatrix}.$$

参照图 2.1 不难看出:$\boldsymbol{A}^2$ 的(i,j)元表示从城市 i 经一次中转到城市 j 的航线总数,$\boldsymbol{A}^3$ 的(i,j)元表示从城市 i 经两次中转到城市 j 的航线总数.一般地,$\boldsymbol{A}^k$ 的(i,j)元表示从城市 i 经 $k-1$ 次中转到城市 j 的航线总数.可以证明,该结论对于任何图和有向图都成立.

特别地,$\boldsymbol{A}^k$ 的某个(i,i)元不为零则说明存在从城市 i 经 $k-1$ 次中转再回到城市 i 的循环航线,此时,称有向图 G 中**存在回路**.如果对一切 $k=1,2,\cdots,n$,$\boldsymbol{A}^k$ 的主对角元均为零,那么 n 个顶点的有向图 G 不存在回路.

2.6.2 计算机死锁问题

“死锁”是计算机系统运行中经常出现的问题,至今仍无法避免.计算机一般是多个进程同时工作,但是进程工作时需要申请一些资源,比如,进程 A 占用资源 R_1 且申请资源 R_2,进程 B 占用资源 R_2 且申请资源 R_1,于是进程 A 等待进程 B 释放资源 R_2,而进程 B 等待进程 A 释放资源 R_1,这就导致两个进程都无法工作,这就是“死锁”现象.计算机系统中的进程可以用有向图表示:以资源集$\{R_1,R_2,\cdots,R_n\}$为顶点集,当且仅当某个进程占用资源 R_i 同时又申请资源 R_j 时,连一条 R_i 到 R_j 的弧.于是系统是否产生死锁现象就等价于对应的有向图是否存在回路.

根据第 2.6.1 小节的讨论,可以给出判断 n 个顶点的有向图 G 是否存在回路的方法:先看有向图的邻接矩阵 $\boldsymbol{A}$ 中主对角元是否非零,若是,则 G 中存在回路;否则,计算$\boldsymbol{A}^2$,并观察其主对角元是否非零,若是,则 G 中存在回路;否则,计算$\boldsymbol{A}^3$……如

此下去,计算$\boldsymbol{A}^n$,并观察其主对角元是否非零,若是,则 G 中存在回路;否则 G 中不存在回路.

例 2.23　设在时刻 t,某计算机操作系统有三个进程 P_1,P_2,P_3 在工作,此时系统有四个资源 R_1,R_2,R_3,R_4,资源的分配情况为:P_1 占用 R_4 且申请 R_1,P_2 占用 R_1 且申请 R_2,R_3,P_3 占用 R_2 且申请 R_3,R_4.试判断时刻 t 系统是否产生死锁.

解　画出计算机系统的进程所对应的有向图 G,如图 2.2 所示.

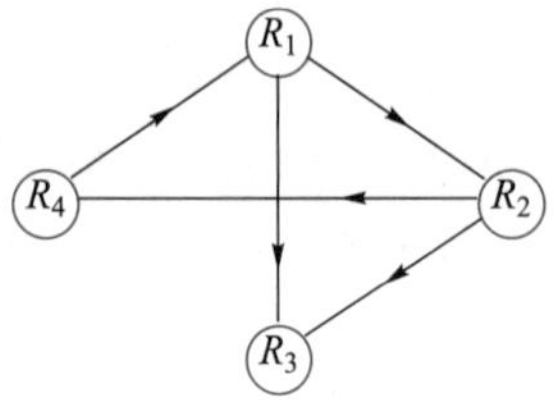

图 2.2　计算机系统的进程所对应的有向图

于是有向图 G 的邻接矩阵为

$$\boldsymbol{A}=\begin{bmatrix}0&1&1&0\\0&0&1&1\\0&0&0&0\\1&0&0&0\end{bmatrix}.$$

先计算 $\boldsymbol{A}^2$,发现其主对角元均为零,因此再计算 $\boldsymbol{A}^3$:

$$\boldsymbol{A}^2=\begin{bmatrix}0&0&1&1\\1&0&0&0\\0&0&0&0\\0&1&1&0\end{bmatrix},\quad \boldsymbol{A}^3=\begin{bmatrix}1&0&0&0\\0&1&1&0\\0&0&0&0\\0&0&1&1\end{bmatrix},$$

因 $\boldsymbol{A}^3$ 的主对角元不全为零,故有向图 G 存在回路,即时刻 t 系统会产生死锁. □

2.6.3　信息加密问题

信息加密是保密通信的一个首要问题,其基本原理是将 26 个英文字母与数字之间建立一一对应关系,可以随意定义这种对应关系,例如

字母	a	b	c	d	e	…	w	x	y	z	空格
数字	1	2	3	4	5	…	23	24	25	26	0

假若要传输的信息“it is a secret”,使用上述代码,则此信息的编码是 9,20,0,9,19,0,1,0,19,5,3,18,5,20,这是不加密的信息,即“明文”.即使别人不知道你定义的对应关系,也能从不加密的信息编码中数字出现的频率高低而猜出它代表哪个字母,因为英文中字母出现的频率是尽人皆知的,所以需要将明文加密成“密文”后再传送,让非法用户难以破译.具体方法是:首先将信息编码依次按列写成 n 阶矩阵 $\boldsymbol{A}$,不够则在最后加 0(这等价于在传输的信息后面加空格);再选取一个 n 阶矩阵 $\boldsymbol{P}$ 作为密钥矩阵,为了

使密文是整数数字，要求密钥矩阵的元都是整数，且它的逆矩阵的元也都是整数.上述信息明文可以写成四阶矩阵

$$\boldsymbol{A}=\begin{bmatrix}9&19&19&5\\20&0&5&20\\0&1&3&0\\9&0&18&0\end{bmatrix},$$

取密钥矩阵

$$\boldsymbol{P}=\begin{bmatrix}1&2&3&4\\2&3&1&2\\1&1&1&-1\\1&0&-2&-6\end{bmatrix},$$

则

$$\boldsymbol{P}^{-1}=\begin{bmatrix}22&-6&-26&17\\-17&5&20&-13\\-1&0&2&-1\\4&-1&-5&3\end{bmatrix},$$

作矩阵乘积

$$\boldsymbol{PA}=\begin{bmatrix}1&2&3&4\\2&3&1&2\\1&1&1&-1\\1&0&-2&-6\end{bmatrix}\begin{bmatrix}9&19&19&5\\20&0&5&20\\0&1&3&0\\9&0&18&0\end{bmatrix}=\begin{bmatrix}85&22&110&45\\96&39&92&70\\20&20&9&25\\-45&17&-95&5\end{bmatrix},$$

将矩阵 $\boldsymbol{PA}$ 的元作为“密文”：

85,22,110,45,96,39,92,70,20,20,9,25,−45,17,−95,5.

合法用户收到密文后，会用密钥矩阵的逆 $\boldsymbol{P}^{-1}$ 去左乘 $\boldsymbol{PA}$ 得到明文矩阵.

密钥矩阵可以由单位矩阵通过做有限次倍加变换或有限次对调变换来构造.

上面只介绍了加密传输的简单原理，现实中的信息加密方法不仅非常复杂，而且还要用到更多的数学知识.

2.6.4 职工培训问题

例 2.24 某试验性生产线每年一月份进行熟练工与非熟练工的人数统计，然后将 $\frac{1}{6}$ 熟练工支援其他生产部门，其缺额由招收的新非熟练工补齐，新、老非熟练工经过培训及实践至年终考核有 $\frac{2}{5}$ 成为熟练工，设第 n 年一月份统计的熟练工和老非熟练工所占百分比分别为 x_n 和 y_n，且 $x_1=\frac{1}{2}, y_1=\frac{1}{2}$.问：第三年一月份统计的熟练工和老非熟练工所占百分比各为多少？

解 由题意，得

$$\begin{cases} x_{n+1}=\frac{5}{6}x_n+\frac{2}{5}\left(\frac{1}{6}x_n+y_n\right), \\ y_{n+1}=\frac{3}{5}\left(\frac{1}{6}x_n+y_n\right), \end{cases}$$

化简得

$$\begin{cases} x_{n+1}=\frac{9}{10}x_n+\frac{2}{5}y_n, \\ y_{n+1}=\frac{1}{10}x_n+\frac{3}{5}y_n. \end{cases}$$

记

$$\boldsymbol{A}=\begin{bmatrix} \frac{9}{10} & \frac{2}{5} \\ \frac{1}{10} & \frac{3}{5} \end{bmatrix},$$

则

$$\begin{bmatrix} x_{n+1} \\ y_{n+1} \end{bmatrix}=\boldsymbol{A}\begin{bmatrix} x_n \\ y_n \end{bmatrix},$$

从而

$$\begin{bmatrix} x_{n+1} \\ y_{n+1} \end{bmatrix}=\boldsymbol{A}^n\begin{bmatrix} x_1 \\ y_1 \end{bmatrix}=\begin{bmatrix} \frac{9}{10} & \frac{2}{5} \\ \frac{1}{10} & \frac{3}{5} \end{bmatrix}^n\begin{bmatrix} \frac{1}{2} \\ \frac{1}{2} \end{bmatrix}.$$

特别地，有

$$\begin{bmatrix} x_3 \\ y_3 \end{bmatrix}=\begin{bmatrix} \frac{9}{10} & \frac{2}{5} \\ \frac{1}{10} & \frac{3}{5} \end{bmatrix}^2\begin{bmatrix} \frac{1}{2} \\ \frac{1}{2} \end{bmatrix}=\begin{bmatrix} \frac{17}{20} & \frac{12}{20} \\ \frac{3}{20} & \frac{8}{20} \end{bmatrix}\begin{bmatrix} \frac{1}{2} \\ \frac{1}{2} \end{bmatrix}=\frac{1}{40}\begin{bmatrix} 29 \\ 11 \end{bmatrix},$$

即第三年一月份统计的熟练工和非熟练工所占百分比为$\frac{29}{40}$和$\frac{11}{40}$.当 n 较大时，按上述方法求 x_n 和 y_n，将变得非常困难！ □

2.7 历史事件

我国数学家刘徽为《九章算术》中“方程”定义注“并列为行，故谓之方程”是说行列对齐，构成方形阵列，这里的“方形阵列”类似于现今的增广矩阵，因此可以说这是矩阵的雏形.

“矩阵”这个词是由英国数学家 James Joseph Sylvester（西尔维斯特）于 1850 年首先使用的，他是为了将矩形数表区别于第 3 章将要介绍的行列式而发明了这个术语.矩阵的英文单词 matrix 的原意是可以引起其他事物的源头.在历史上，行列式的出现早于矩阵，并且矩阵的许多基本性质（例如，矩阵的逆、矩阵的秩）也是在行列式的发展中建立起来的，但是逻辑上，矩阵的概念应先于行列式的概念.

英国数学家 Arthur Cayley(凯莱)一般被公认为是矩阵论的创立者,1855 年他首次把矩阵作为一个独立的数学概念提出来,并非常方便地使用矩阵表示线性方程组.1858 年,Cayley 发表了有关矩阵的第一篇论文《矩阵论的研究报告》,系统地阐述了关于矩阵的理论.文中定义了零矩阵、单位矩阵、矩阵的相等、矩阵的运算、矩阵的转置、矩阵的线性逆以及对称矩阵、反称矩阵等一系列基本概念,指出了矩阵加法满足交换律和结合律,矩阵乘法满足结合律但不满足交换律,并给出了求逆矩阵的一般方法.

1861 年,英国数学家 Henry John Stephen Smith(史密斯)引进了增广矩阵和非增广矩阵(即今天的系数矩阵)的概念.1867 年,英国数学家 Charles Dodgson(道奇森)证明了线性方程组有解的充要条件是增广矩阵与系数矩阵有相同的秩.当时 Dodgson 并没有提到秩的概念,而是用行列式来描述的.1879 年,德国数学家 Ferdinand Georg Frobenius(弗罗贝尼乌斯)正是受 Dodgson 论文的启发,将矩阵的秩定义为它的非零子式的最高阶数(见定理 3.15).

矩阵由最初作为一种工具经过两个多世纪的发展,现在已成为独立的一门数学分支——矩阵论.而矩阵论又可分为矩阵方程论、矩阵分解论和广义逆矩阵论等.矩阵及其理论现已广泛地应用于现代科技的各个领域.

习　题　2

(A)

1. 已知

$$\begin{bmatrix} a+2b & 2c+d \\ c-2d & 2a-b \end{bmatrix} = \begin{bmatrix} 4 & 4 \\ -3 & -2 \end{bmatrix},$$

求 a,b,c,d.

2. 设

$$\boldsymbol{A}=\begin{bmatrix} 5 & 2 & 3 \\ 2 & -3 & 4 \end{bmatrix},\quad \boldsymbol{B}=\begin{bmatrix} 2 & -1 & 1 & 0 \\ 0 & 2 & 2 & 2 \\ 3 & 0 & -1 & 3 \end{bmatrix},\quad \boldsymbol{C}=\begin{bmatrix} 1 & 0 & 2 \\ 2 & -3 & 0 \\ 0 & 0 & 3 \\ 2 & 1 & 0 \end{bmatrix},$$

验证 $\boldsymbol{A}(\boldsymbol{BC})=(\boldsymbol{AB})\boldsymbol{C}$.

3. 设 $\boldsymbol{A}=\begin{bmatrix} -2 & 3 \\ 2 & -3 \end{bmatrix}$, $\boldsymbol{B}=\begin{bmatrix} 3 & 6 \\ 2 & 4 \end{bmatrix}$,验证 $\boldsymbol{AB}=\boldsymbol{0}$.

4. 设 $\boldsymbol{A}=\begin{bmatrix} -2 & 3 \\ 2 & -3 \end{bmatrix}$, $\boldsymbol{B}=\begin{bmatrix} -1 & 3 \\ 2 & 0 \end{bmatrix}$,$\boldsymbol{C}=\begin{bmatrix} -4 & -3 \\ 0 & -4 \end{bmatrix}$,证明 $\boldsymbol{AB}=\boldsymbol{AC}$.

5. 已知 $\boldsymbol{A}=\begin{bmatrix} 1 & 2 \\ 0 & 1 \end{bmatrix}$,求一个不是数量矩阵的矩阵 $\boldsymbol{B}$,使得 $\boldsymbol{AB}=\boldsymbol{BA}$.

6. 设

$$\boldsymbol{A}=\begin{bmatrix} 1 & 2 & 1 \\ 2 & 1 & 1 \\ 1 & 1 & 2 \end{bmatrix},\quad \boldsymbol{B}=\begin{bmatrix} -1 & 1 & 0 \\ 1 & 3 & 1 \\ -1 & 0 & 1 \end{bmatrix},$$

求$(\boldsymbol{A}+\boldsymbol{B})^2-(\boldsymbol{A}^2+2\boldsymbol{AB}+\boldsymbol{B}^2)$.

7. 已知

$$\boldsymbol{A}=\begin{bmatrix}1&2&3\\2&1&4\end{bmatrix},\quad \boldsymbol{B}=\begin{bmatrix}1&0\\2&1\\3&2\end{bmatrix},$$

判断下列矩阵运算是否可以进行,如果可以,计算其结果.

(1) $\boldsymbol{A}+\boldsymbol{B}$;　　(2) $\boldsymbol{A}+\boldsymbol{B}^{\mathrm{T}}$;

(3) $(3\boldsymbol{A}-2\boldsymbol{B}^{\mathrm{T}})^{\mathrm{T}}$;　　(4) $\boldsymbol{AB}$;

(5) $(\boldsymbol{BA})^{\mathrm{T}}$.

8. 设

$$\boldsymbol{A}=\begin{bmatrix}a&b&c\\c&d&e\\e&e&f\end{bmatrix},$$

试求 $\boldsymbol{A}-\boldsymbol{A}^{\mathrm{T}}$,$\boldsymbol{A}+\boldsymbol{A}^{\mathrm{T}}$,$(\boldsymbol{A}+\boldsymbol{A}^{\mathrm{T}})^{\mathrm{T}}$.

9. 计算下列矩阵的幂:

(1) $\begin{bmatrix}\cos\theta&-\sin\theta\\\sin\theta&\cos\theta\end{bmatrix}^n$;　　(2) $\begin{bmatrix}0&1\\-1&0\end{bmatrix}^n$;

(3) $\begin{bmatrix}1&2&3\\0&1&2\\0&0&1\end{bmatrix}^n$;　　(4) $\begin{bmatrix}a&1&0&0\\0&a&1&0\\0&0&a&1\\0&0&0&a\end{bmatrix}^n$.

10. 设 $\boldsymbol{A}=\begin{bmatrix}1&-1\\2&3\end{bmatrix}$,计算 $g(\boldsymbol{A})$,其中多项式 $g(x)$分别为

(1) $g(x)=x^2-2x$;

(2) $g(x)=3x^3-2x^2+5x-4$.

11. 已知

$$\boldsymbol{A}=\begin{bmatrix}17&-6\\35&-12\end{bmatrix}=\begin{bmatrix}2&3\\5&7\end{bmatrix}\begin{bmatrix}2&0\\0&3\end{bmatrix}\begin{bmatrix}-7&3\\5&-2\end{bmatrix},$$

求$\boldsymbol{A}^{10}$.

12. 已知 $\boldsymbol{\alpha}=(1,2,3)^{\mathrm{T}}$,$\boldsymbol{\beta}=\left(1,\frac{1}{2},\frac{1}{3}\right)^{\mathrm{T}}$,设 $\boldsymbol{A}=\boldsymbol{\alpha}\boldsymbol{\beta}^{\mathrm{T}}$,求$\boldsymbol{A}^m$.

13. 如果 $\boldsymbol{A}=[a_{ij}]$为 n 阶矩阵,那么 $\boldsymbol{A}$ 的迹定义为 $\boldsymbol{A}$ 的主对角元之和,记作 $\operatorname{tr}\boldsymbol{A}$,即 $\operatorname{tr}\boldsymbol{A}=\sum_{i=1}^{n}a_{ii}$.证明

(1) $\operatorname{tr}(k\boldsymbol{A})=k\operatorname{tr}\boldsymbol{A}$,其中 k 为常数;

(2) $\operatorname{tr}(\boldsymbol{A}+\boldsymbol{B})=\operatorname{tr}\boldsymbol{A}+\operatorname{tr}\boldsymbol{B}$;

(3) $\operatorname{tr}(\boldsymbol{AB})=\operatorname{tr}(\boldsymbol{BA})$;

(4) $\operatorname{tr}(\boldsymbol{A}^{\mathrm{T}})=\operatorname{tr}\boldsymbol{A}$;

(5) $\mathrm{tr}(\boldsymbol{A}^{\mathrm{T}}\boldsymbol{A})\geqslant 0$(其中 $\boldsymbol{A}$ 为实矩阵).

14. 已知$\boldsymbol{A}^{-1}=\begin{bmatrix}2&3\\1&4\end{bmatrix}$,求 $\boldsymbol{A}$.

15. 设 n 阶矩阵 $\boldsymbol{A}$ 满足$\boldsymbol{A}^2-3\boldsymbol{A}+4\boldsymbol{E}=\boldsymbol{0}$,证明:$\boldsymbol{A}+3\boldsymbol{E}$ 可逆并求$(\boldsymbol{A}+3\boldsymbol{E})^{-1}$.

16. 已知

$$\boldsymbol{A}=\begin{bmatrix}1&0&1&0&0\\0&2&-1&0&0\\1&3&0&0&0\\0&0&0&-2&0\\0&0&0&0&-2\end{bmatrix},\quad \boldsymbol{B}=\begin{bmatrix}1&0&1&0&0\\0&2&0&0&0\\0&0&3&0&0\\0&0&0&1&3\\0&0&0&2&4\end{bmatrix},$$

用分块矩阵的乘法,计算 $\boldsymbol{AB}$.

17. 利用分块矩阵求下列矩阵的逆:

$$\boldsymbol{A}=\begin{bmatrix}5&2&0\\3&1&0\\0&0&-4\end{bmatrix},\quad \boldsymbol{B}=\begin{bmatrix}1&1&0&0\\2&3&0&0\\0&0&6&7\\0&0&1&1\end{bmatrix}.$$

18. 已知

$$\boldsymbol{A}=\begin{bmatrix}1&2&-1\\1&0&1\\4&-4&5\end{bmatrix},$$

且 $\boldsymbol{Ax}=3\boldsymbol{x},\boldsymbol{Ay}=\boldsymbol{y}$,求非零向量 $\boldsymbol{x}$ 及 $\boldsymbol{y}$.

19. 设 $\boldsymbol{A}$ 为 n 阶可逆矩阵,将 $\boldsymbol{A}$ 的第 i 行与第 j 行交换后得到 $\boldsymbol{B}$.

(1) 证明 $\boldsymbol{B}$ 可逆;

(2) 求 $\boldsymbol{A}\boldsymbol{B}^{-1}$.

20. 将矩阵

$$\boldsymbol{A}=\begin{bmatrix}1&-2&-1\\0&4&3\\0&1&1\end{bmatrix}$$

表示成初等矩阵的乘积.

21. 判断下列矩阵是否可逆,如果可逆,求其逆矩阵.

$$\boldsymbol{A}=\begin{bmatrix}1&2&-3\\1&-2&1\\5&-2&-3\end{bmatrix},\quad \boldsymbol{B}=\begin{bmatrix}1&1&2&1\\0&-2&0&0\\0&3&2&1\\1&2&1&-2\end{bmatrix}.$$

22. 已知

$$\boldsymbol{A}=\begin{bmatrix}1&1&0\\1&0&0\\1&2&a\end{bmatrix},$$

且 $\boldsymbol{A}$ 可逆，求 a 的所有可能取值及$\boldsymbol{A}^{-1}$.

23. 求满足 $\boldsymbol{AX}=\boldsymbol{A}+2\boldsymbol{X}$ 的矩阵 $\boldsymbol{X}$，其中

$$\boldsymbol{A}=\begin{bmatrix}4&2&3\\1&1&0\\-1&2&3\end{bmatrix}.$$

24. 求下列矩阵的秩：

(1) $\begin{bmatrix}3&-1&0\\-2&1&1\\2&-1&a\end{bmatrix}$；　　(2) $\begin{bmatrix}4&-2&1\\1&2&-2\\-1&8&-7\\2&14&-13\end{bmatrix}$.

25. 设 $\boldsymbol{A}$ 是 4×3 矩阵，$\operatorname{rank}\boldsymbol{A}=2$，

$$\boldsymbol{B}=\begin{bmatrix}1&0&2\\0&2&0\\-1&0&3\end{bmatrix},$$

求 $\operatorname{rank}(\boldsymbol{AB})$.

26. 已知

$$\boldsymbol{A}=\begin{bmatrix}0&-1&2&3\\2&3&4&5\\1&3&-1&2\\3&2&4&1\end{bmatrix},\quad \boldsymbol{B}=\begin{bmatrix}2&-1&0&1&4\\1&-2&1&4&-3\\5&-4&1&6&5\\-7&8&-3&-14&1\end{bmatrix},$$

(1) 将 $\boldsymbol{A},\boldsymbol{B}$ 化为阶梯矩阵和最简阶梯矩阵；

(2) 求 $\operatorname{rank}\boldsymbol{A}$；

(3) 求齐次线性方程组 $\boldsymbol{Ax}=\boldsymbol{0}$ 的解；

(4) 若 $\boldsymbol{B}$ 是某个非齐次线性方程组的增广矩阵，求该方程组的所有解.

27. 求解下列矩阵方程：

(1) $\begin{bmatrix}2&3\\0&-2\\-1&1\\3&-1\end{bmatrix}\boldsymbol{X}=\begin{bmatrix}-5&4\\6&-4\\-5&3\\9&-5\end{bmatrix}$；

(2) $\begin{bmatrix}1&2&-1\\1&1&2\\3&2&9\end{bmatrix}\boldsymbol{X}=\begin{bmatrix}1&2\\5&3\\19&10\end{bmatrix}$；

(3) $\begin{bmatrix}2&1\\3&2\end{bmatrix}\boldsymbol{X}=\boldsymbol{X}\begin{bmatrix}1&-2\\0&1\end{bmatrix}+\begin{bmatrix}1&2\\-3&4\end{bmatrix}$.

(B)

28. 设有两个非零矩阵 $\boldsymbol{\alpha}=(a_1,a_2,\cdots,a_n)^{\mathrm{T}},\boldsymbol{\beta}=(b_1,b_2,\cdots,b_n)^{\mathrm{T}}$.

(1) 计算 $\boldsymbol{\alpha}\boldsymbol{\beta}^{\mathrm{T}}$ 与$\boldsymbol{\alpha}^{\mathrm{T}}\boldsymbol{\beta}$；

(2) 求 $\operatorname{rank}(\boldsymbol{\alpha}\boldsymbol{\beta}^{\mathrm{T}})$；

(3) 设 $\boldsymbol{A}=\boldsymbol{E}-\boldsymbol{\alpha}\boldsymbol{\beta}^{\mathrm{T}}$，证明$\boldsymbol{A}^{\mathrm{T}}\boldsymbol{A}=\boldsymbol{E}-\boldsymbol{\alpha}\boldsymbol{\beta}^{\mathrm{T}}-\boldsymbol{\beta}\boldsymbol{\alpha}^{\mathrm{T}}+\boldsymbol{\beta}\boldsymbol{\beta}^{\mathrm{T}}$ 的充要条件是$\boldsymbol{\alpha}^{\mathrm{T}}\boldsymbol{\alpha}=1$.

29. 设 $\boldsymbol{A}$ 为 n 阶矩阵，证明：若对任意 n 维向量 $\boldsymbol{x}$，有 $\boldsymbol{x}^{\mathrm{T}}\boldsymbol{A}\boldsymbol{x}=0$，则 $\boldsymbol{A}$ 为反称矩阵.

30. 设有正整数 k，使得矩阵 $\boldsymbol{A}$ 满足$\boldsymbol{A}^k=\boldsymbol{0}$，证明 $\boldsymbol{E}-\boldsymbol{A}$ 可逆，并求$(\boldsymbol{E}-\boldsymbol{A})^{-1}$.

31. 设矩阵 $\boldsymbol{A}$ 满足$\boldsymbol{A}^2+\boldsymbol{A}-8\boldsymbol{E}=\boldsymbol{0}$.

(1) 证明 $\boldsymbol{A}-2\boldsymbol{E}$ 可逆；

(2) 解矩阵方程 $\boldsymbol{A}\boldsymbol{X}+2(\boldsymbol{A}+3\boldsymbol{E})^{-1}\boldsymbol{A}=2\boldsymbol{X}+2\boldsymbol{E}$.

32. 设 $\boldsymbol{A}$，$\boldsymbol{B}$ 为 n 阶矩阵，$\boldsymbol{A}\boldsymbol{B}+\boldsymbol{B}\boldsymbol{A}=\boldsymbol{E}$，证明$\boldsymbol{A}^3\boldsymbol{B}+\boldsymbol{B}\boldsymbol{A}^3=\boldsymbol{A}^2$.

33. 设 $\boldsymbol{A}$ 与 $\boldsymbol{B}$ 是同阶方阵，且 $\boldsymbol{A}$，$\boldsymbol{B}$，$\boldsymbol{A}+\boldsymbol{B}$ 均可逆，证明$\boldsymbol{A}^{-1}+\boldsymbol{B}^{-1}$可逆.

34. 设 $m\times n$ 矩阵 $\boldsymbol{A}$ 的秩为 r，$r\geqslant1$，证明：存在 $m\times r$ 列满秩矩阵 $\boldsymbol{B}$，$r\times n$ 行满秩矩阵 $\boldsymbol{C}$，使得 $\boldsymbol{A}=\boldsymbol{B}\boldsymbol{C}$.

35. (1) 设 $\boldsymbol{A}$，$\boldsymbol{B}$ 为可逆矩阵，证明$\begin{bmatrix}\boldsymbol{0} & \boldsymbol{A}\\ \boldsymbol{B} & \boldsymbol{0}\end{bmatrix}^{-1}=\begin{bmatrix}\boldsymbol{0} & \boldsymbol{B}^{-1}\\ \boldsymbol{A}^{-1} & \boldsymbol{0}\end{bmatrix}$；

(2) 求下列矩阵的逆矩阵：

$$\boldsymbol{A}=\begin{bmatrix}0 & a_1 & 0 & \cdots & 0\\ 0 & 0 & a_2 & \cdots & 0\\ \vdots & \vdots & \vdots & & \vdots\\ 0 & 0 & 0 & \cdots & a_{n-1}\\ a_n & 0 & 0 & \cdots & 0\end{bmatrix}(a_1a_2\cdots a_n\neq0),\quad \boldsymbol{B}=\begin{bmatrix}0 & 0 & 0 & 2 & -3\\ 0 & 0 & 0 & -5 & 7\\ 2 & 0 & 0 & 0 & 0\\ 1 & -3 & 5 & 0 & 0\\ 0 & 1 & -2 & 0 & 0\end{bmatrix}.$$

36. 设逆矩阵 $\boldsymbol{A}^{-1}$，$\boldsymbol{B}^{-1}$为已知，求分块矩阵 $\boldsymbol{P}=\begin{bmatrix}\boldsymbol{0} & \boldsymbol{A}\\ \boldsymbol{B} & \boldsymbol{C}\end{bmatrix}$的逆矩阵.

37. 设

$$\boldsymbol{A}=\begin{bmatrix}1 & 0 & 0\\ 1 & 1 & 0\\ 1 & 1 & 1\end{bmatrix},\quad \boldsymbol{B}=\begin{bmatrix}0 & 1 & 1\\ 1 & 0 & 1\\ 1 & 1 & 0\end{bmatrix},$$

试解矩阵方程

$$\boldsymbol{A}\boldsymbol{X}\boldsymbol{A}+\boldsymbol{B}\boldsymbol{X}\boldsymbol{B}=\boldsymbol{A}\boldsymbol{X}\boldsymbol{B}+\boldsymbol{B}\boldsymbol{X}\boldsymbol{A}+\boldsymbol{A}(\boldsymbol{A}-\boldsymbol{B}).$$

38. 设

$$\boldsymbol{A}=\begin{bmatrix}1 & 2 & -3 & -2\\ 0 & 1 & 2 & -3\\ 0 & 0 & 1 & 2\\ 0 & 0 & 0 & 1\end{bmatrix},\quad \boldsymbol{B}=\begin{bmatrix}1 & 2 & 0 & 1\\ 0 & 1 & 2 & 0\\ 0 & 0 & 1 & 2\\ 0 & 0 & 0 & 1\end{bmatrix},$$

试解矩阵方程

$$(2\boldsymbol{E}-\boldsymbol{B}^{-1}\boldsymbol{A})\boldsymbol{X}^{\mathrm{T}}=\boldsymbol{B}^{-1}.$$

39. 设

$$\boldsymbol{A}=\begin{bmatrix}1 & 0 & 0 & 0\\ -2 & 3 & 0 & 0\\ 0 & -4 & 5 & 0\\ 0 & 0 & -6 & 7\end{bmatrix},$$

$\boldsymbol{B}=(\boldsymbol{E}+\boldsymbol{A})^{-1}(\boldsymbol{E}-\boldsymbol{A})$，求$(\boldsymbol{E}+\boldsymbol{B})^{-1}$.

40. 设 a,b,c,d 是四个实数，证明$\begin{cases}a^2+b^2=1,\\c^2+d^2=1,\\ac+bd=0\end{cases}$成立的充要条件是$\begin{cases}a^2+c^2=1,\\b^2+d^2=1,\\ab+cd=0\end{cases}$成立.

41. 某公司对职工实行分批轮训.现有在岗职工 900 人，轮训职工 100 人.计划每年从在岗职工抽调 20%进行轮训，同时又有 70%轮训职工结业回到生产岗位.若职工总数保持不变，两年后在岗职工和轮训职工各有多少？

42. 某城市有 15 万具有本科以上学历的人，其中有 2 万人是教师，据调查，平均每年有 10%的人从教师职业转为其他职业，又有 1%的人从其他职业转为教师职业，试预测 5 年以后这 15 万人中有多少人在从事教师职业？

第 1,2 章单元测试题

第3章 行　列　式

行列式最早出现于线性方程组的求解，尽管如今已不再是线性代数的主体内容，但仍然是处理各种线性代数问题的有力工具，而且它在现代数学史上也曾发挥非常重要的作用.

本章首先从线性方程组的求解引出二阶和三阶行列式的定义，再递归定义 n 阶行列式，然后讨论行列式的性质和行列式的计算，最后从行列式的角度重新考察矩阵的逆和秩，并给出线性方程组的 Cramer（克拉默）法则.

3.1　n 阶行列式的概念

第 1 章介绍的消元法解决了线性方程组是否有解以及有解时如何求解的问题.第 2 章利用矩阵简化了线性方程组的求解过程及有解判别准则.

对于系数矩阵 $\boldsymbol{A}$ 可逆的线性方程组 $\boldsymbol{Ax}=\boldsymbol{b}$，它的解可以用向量公式表示为 $\boldsymbol{x}=\boldsymbol{A}^{-1}\boldsymbol{b}$.为了将这样一类线性方程组解中每个未知量的取值都用公式表达出来，这就导致了行列式的引入.

3.1.1　二阶行列式的定义

对于 2×2 线性方程组

$$\begin{cases}a_{11}x_1+a_{12}x_2=b_1,\\ a_{21}x_1+a_{22}x_2=b_2,\end{cases}\tag{3.1}$$

由“两调一除”法可知，当 $a_{11}a_{22}-a_{12}a_{21}\neq 0$ 时，方程组的系数矩阵

$$\boldsymbol{A}=\begin{bmatrix}a_{11} & a_{12}\\ a_{21} & a_{22}\end{bmatrix}$$

可逆.用消元法求得方程组(3.1)的解为

$$x_1=\frac{b_1a_{22}-a_{12}b_2}{a_{11}a_{22}-a_{12}a_{21}},\quad x_2=\frac{a_{11}b_2-b_1a_{21}}{a_{11}a_{22}-a_{12}a_{21}}.\tag{3.2}$$

上面两个式子的分母由 $\boldsymbol{A}$ 的四个元唯一确定.为了便于记忆，引进记号

$$\begin{vmatrix}a_{11} & a_{12}\\ a_{21} & a_{22}\end{vmatrix}=a_{11}a_{22}-a_{12}a_{21},$$

这是由排成二行二列的四个数表示的一个算式，称为**二阶行列式**，也称为**二阶矩阵 $\boldsymbol{A}$ 的行列式**，记作 $|\boldsymbol{A}|$ 或 $\det\boldsymbol{A}$.

借助行列式的记号，有

$$|\boldsymbol{A}_1|=\begin{vmatrix} b_1 & a_{12} \\ b_2 & a_{22} \end{vmatrix}=b_1a_{22}-a_{12}b_2,$$

$$|\boldsymbol{A}_2|=\begin{vmatrix} a_{11} & b_1 \\ a_{21} & b_2 \end{vmatrix}=a_{11}b_2-b_1a_{21},$$

从而(3.2)式可以改写为

$$x_1=\frac{|\boldsymbol{A}_1|}{|\boldsymbol{A}|},\quad x_2=\frac{|\boldsymbol{A}_2|}{|\boldsymbol{A}|}.$$

$|\boldsymbol{A}|$称为方程组(3.1)的**系数行列式**.这说明,当系数行列式不为零时,方程组(3.1)有唯一解,并且每个未知量的取值都可以用一个简洁的公式来表示.

3.1.2 三阶行列式的定义

用消元法解 3×3 线性方程组

$$\begin{cases} a_{11}x_1+a_{12}x_2+a_{13}x_3=b_1, \\ a_{21}x_1+a_{22}x_2+a_{23}x_3=b_2, \\ a_{31}x_1+a_{32}x_2+a_{33}x_3=b_3, \end{cases} \tag{3.3}$$

消去 x_2,x_3,得

$$\begin{aligned}&(a_{11}a_{22}a_{33}+a_{12}a_{23}a_{31}+a_{13}a_{21}a_{32}-a_{11}a_{23}a_{32}-a_{12}a_{21}a_{33}-a_{13}a_{22}a_{31})x_1\\ &=b_1a_{22}a_{33}+a_{12}a_{23}b_3+a_{13}b_2a_{32}-b_1a_{23}a_{32}-a_{12}b_2a_{33}-a_{13}a_{22}b_3.\end{aligned} \tag{3.4}$$

同样引进**三阶行列式**

$$\begin{aligned}|\boldsymbol{A}|&=\begin{vmatrix} a_{11} & a_{12} & a_{13} \\ a_{21} & a_{22} & a_{23} \\ a_{31} & a_{32} & a_{33} \end{vmatrix}\\ &=a_{11}a_{22}a_{33}+a_{12}a_{23}a_{31}+a_{13}a_{21}a_{32}-a_{11}a_{23}a_{32}-a_{12}a_{21}a_{33}-a_{13}a_{22}a_{31}.\end{aligned}$$

三阶行列式可按图 3.1 所示的**对角线法则**来记忆:实线连接的三个元的乘积取正号,虚线连接的三个元的乘积取负号.显然,二阶行列式也满足对角线法则.类似地,记

$$|\boldsymbol{A}_1|=\begin{vmatrix} b_1 & a_{12} & a_{13} \\ b_2 & a_{22} & a_{23} \\ b_3 & a_{32} & a_{33} \end{vmatrix},\quad |\boldsymbol{A}_2|=\begin{vmatrix} a_{11} & b_1 & a_{13} \\ a_{21} & b_2 & a_{23} \\ a_{31} & b_3 & a_{33} \end{vmatrix},\quad |\boldsymbol{A}_3|=\begin{vmatrix} a_{11} & a_{12} & b_1 \\ a_{21} & a_{22} & b_2 \\ a_{31} & a_{32} & b_3 \end{vmatrix}.$$

当方程组(3.3)的系数行列式$|\boldsymbol{A}|\neq 0$ 时,由(3.4)式即得

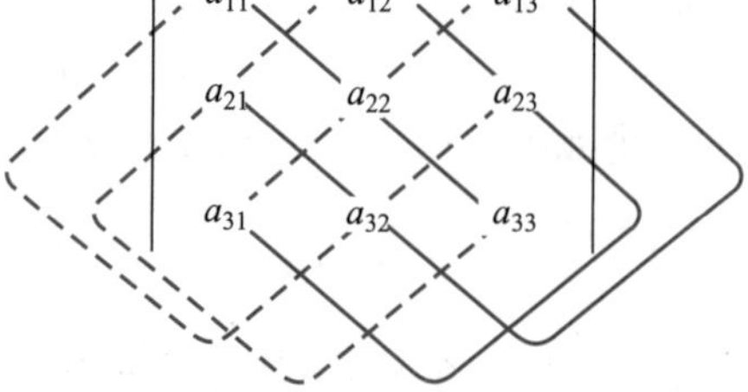

图 3.1 三阶行列式的对角线法则

$$x_1=\frac{|\boldsymbol{A}_1|}{|\boldsymbol{A}|};$$

由消元法同样求得

$$x_2=\frac{|\boldsymbol{A}_2|}{|\boldsymbol{A}|},\quad x_3=\frac{|\boldsymbol{A}_3|}{|\boldsymbol{A}|},$$

这就是线性方程组(3.3)的解中每个未知量的表达式.

3.1.3 n 阶行列式的定义

为了定义 n 阶行列式,我们规定一阶行列式 $|a_{11}|=a_{11}$.不难发现,二阶和三阶行列式具有共同的特性:二阶行列式可以用两个一阶行列式表示为

$$\begin{vmatrix} a_{11} & a_{12} \\ a_{21} & a_{22} \end{vmatrix}=a_{11}a_{22}+a_{12}(-1)a_{21}=a_{11}A_{11}+a_{12}A_{12},$$

这里记

$$M_{11}=|a_{22}|,\quad M_{12}=|a_{21}|,$$
$$A_{11}=(-1)^{1+1}M_{11},\quad A_{12}=(-1)^{1+2}M_{12};$$

三阶行列式可以用三个二阶行列式表示为

$$\begin{vmatrix} a_{11} & a_{12} & a_{13} \\ a_{21} & a_{22} & a_{23} \\ a_{31} & a_{32} & a_{33} \end{vmatrix}=a_{11}\begin{vmatrix} a_{22} & a_{23} \\ a_{32} & a_{33} \end{vmatrix}+a_{12}(-1)\begin{vmatrix} a_{21} & a_{23} \\ a_{31} & a_{33} \end{vmatrix}+a_{13}\begin{vmatrix} a_{21} & a_{22} \\ a_{31} & a_{32} \end{vmatrix}$$
$$=a_{11}A_{11}+a_{12}A_{12}+a_{13}A_{13},$$

这里记

$$M_{11}=\begin{vmatrix} a_{22} & a_{23} \\ a_{32} & a_{33} \end{vmatrix},\quad M_{12}=\begin{vmatrix} a_{21} & a_{23} \\ a_{31} & a_{33} \end{vmatrix},\quad M_{13}=\begin{vmatrix} a_{21} & a_{22} \\ a_{31} & a_{32} \end{vmatrix},$$
$$A_{11}=(-1)^{1+1}M_{11},\quad A_{12}=(-1)^{1+2}M_{12},\quad A_{13}=(-1)^{1+3}M_{13}.$$

上面的 M_{1j} 称为元 a_{1j} 的**余子式**,A_{1j} 称为元 a_{1j} 的**代数余子式**.由此可知,二阶、三阶行列式均可表示为第一行各元与其对应的代数余子式乘积之和.

于是,可以递归定义 n 阶行列式.

定义 3.1 设 n 阶矩阵 $\boldsymbol{A}=[a_{ij}]$,称

$$\begin{vmatrix} a_{11} & a_{12} & \cdots & a_{1n} \\ a_{21} & a_{22} & \cdots & a_{2n} \\ \vdots & \vdots & & \vdots \\ a_{n1} & a_{n2} & \cdots & a_{nn} \end{vmatrix}$$

为 **n 阶行列式**或 **n 阶矩阵 $\boldsymbol{A}$ 的行列式**,记作 $|\boldsymbol{A}|$ 或 $\det \boldsymbol{A}$.规定它是按下述运算法则得到的一个算式:

当 $n=1$ 时,$|\boldsymbol{A}|=|a_{11}|=a_{11}$;

当 $n\geqslant 2$ 时,

$$|\boldsymbol{A}|=a_{11}A_{11}+a_{12}A_{12}+\cdots+a_{1n}A_{1n}, \tag{3.5}$$

其中对一切 $j=1,2,\cdots,n$,有

$$A_{1j}=(-1)^{1+j}M_{1j},$$

$$M_{1j}=\begin{vmatrix} a_{21} & \cdots & a_{2,j-1} & a_{2,j+1} & \cdots & a_{2n} \\ a_{31} & \cdots & a_{3,j-1} & a_{3,j+1} & \cdots & a_{3n} \\ \vdots & & \vdots & \vdots & & \vdots \\ a_{n1} & \cdots & a_{n,j-1} & a_{n,j+1} & \cdots & a_{nn} \end{vmatrix}$$

是 $\boldsymbol{A}$ 中删去元 a_{1j} 所在的第一行和第 j 列后余下的元按原来相对位置组成的 $n-1$ 阶行列式,称 M_{1j} 为 a_{1j} **的余子式**,称 A_{1j} 为 a_{1j} **的代数余子式**.

式(3.5)称为行列式 $|\boldsymbol{A}|$ **按第一行展开**.

由定义可知,行列式是方阵的函数,是矩阵的一种运算.因此,照搬矩阵的概念,不难给出**行列式的元**、**主对角元**、**副对角元**和**对角行列式**、**三角行列式**、**转置行列式**、**分块对角行列式**、**分块三角行列式**的定义.还可以定义行列式的**对调行变换** $r_i\leftrightarrow r_j$,**倍乘行变换** kr_i,**倍加行变换** r_i+kr_j,以及**对调列变换** $c_i\leftrightarrow c_j$,**倍乘列变换** kc_i,**倍加列变换** c_i+kc_j.

但是,行列式与矩阵的差别是非常明显的:行列式是一个算式,一个行列式经过计算可求得其数值;而矩阵仅仅是一个数表,它的行数和列数可以不同.

例 3.1 计算 n 阶下三角行列式和 n 阶对角行列式.

解 将 n 阶下三角行列式按第一行展开,再将得到的 $n-1$ 阶下三角行列式按第一行展开……可得

$$\begin{vmatrix} a_{11} & & & \\ a_{21} & a_{22} & & \\ \vdots & \vdots & \ddots & \\ a_{n1} & a_{n2} & \cdots & a_{nn} \end{vmatrix}=a_{11}\begin{vmatrix} a_{22} & & & \\ a_{32} & a_{33} & & \\ \vdots & \vdots & \ddots & \\ a_{n2} & a_{n3} & \cdots & a_{nn} \end{vmatrix}=a_{11}a_{22}\begin{vmatrix} a_{33} & & & \\ a_{43} & a_{44} & & \\ \vdots & \vdots & \ddots & \\ a_{n3} & a_{n4} & \cdots & a_{nn} \end{vmatrix}$$

$$=\cdots=a_{11}a_{22}\cdots a_{nn}.$$

疑难问题辨析

对角线法则是否适用于任意阶行列式?

作为下三角行列式的特例,n 阶对角行列式

$$\begin{vmatrix} a_1 & & & \\ & a_2 & & \\ & & \ddots & \\ & & & a_n \end{vmatrix}=a_1a_2\cdots a_n.$$ □

根据定义,n 阶行列式可表示为 n 个 $n-1$ 阶行列式的代数和,$n-1$ 阶行列式可表示为 $n-1$ 个 $n-2$ 阶行列式的代数和,以此类推,最终 n 阶行列式可表示为一阶行列式的形式(称为 n 阶行列式的**完全展开式**),此时它是 $n!$ 个带正负号的项之和,每一项都是不同行不同列的 n 个元的乘积.

疑难问题辨析

如何确定行列式的完全展开式中每一项的正负号?

3.2 行列式的性质

由行列式的完全展开式可知,按定义计算 n 阶行列式需要做 $(n-1)n!$ 次乘法.例如,用定义计算 24 阶行列式需做 1.427×10^{25} 次乘法,即使对每秒运算亿亿次以上的天河二号超级计算机而言,这也是一个不小的挑战!因此必须深入讨论行列式的性质,设计出计算行列式的简便方法.

3.2.1 行列式按行展开法则

行列式的定义只规定可按第一行展开，那么行列式能否按其他的行展开呢？下面的定理给出了肯定的回答.

定理 3.1 设 n 阶矩阵 $\boldsymbol{A}=[a_{ij}]$，$n\geqslant 2$，则行列式 $|\boldsymbol{A}|$ **可按第** i **行展开**，即

$$|\boldsymbol{A}|=a_{i1}A_{i1}+a_{i2}A_{i2}+\cdots+a_{in}A_{in}\quad (i=1,2,\cdots,n),$$

其中 $A_{ij}=(-1)^{i+j}M_{ij}$，M_{ij} 是 $\boldsymbol{A}$ 中删去元 a_{ij} 所在的第 i 行和第 j 列后余下的元按原来的相对位置组成的 $n-1$ 阶行列式，称之为 a_{ij} 的**余子式**，A_{ij} 称为 a_{ij} 的**代数余子式**.

证 对行列式的阶数 n 用数学归纳法.$n=2$ 时，容易验证结论成立.

假设 $n\geqslant 3$，且所有 $n-1$ 阶行列式均可按任一行展开.

对于 n 阶行列式 $|\boldsymbol{A}|$，若 $i=1$，结论显然成立.下设 $i>1$.将每个余子式 M_{ij} $(j=1,2,\cdots,n)$ 均按第一行展开，并用 $\widetilde{M}_{jk}$ 表示在 $\boldsymbol{A}$ 中删去第一行和第 i 行以及第 j 列和第 k 列后的 $n-2$ 阶行列式，于是有

$$\begin{aligned}D&=a_{i1}A_{i1}+a_{i2}A_{i2}+a_{i3}A_{i3}+\cdots+a_{in}A_{in}\\&=a_{i1}(-1)^{i+1}M_{i1}+a_{i2}(-1)^{i+2}M_{i2}+a_{i3}(-1)^{i+3}M_{i3}+\cdots+a_{in}(-1)^{i+n}M_{in}\\&=a_{i1}(-1)^{i+1}[a_{12}(-1)^{1+1}\widetilde{M}_{12}+a_{13}(-1)^{1+2}\widetilde{M}_{13}+\cdots+a_{1n}(-1)^{1+(n-1)}\widetilde{M}_{1n}]+\\&\quad a_{i2}(-1)^{i+2}[a_{11}(-1)^{1+1}\widetilde{M}_{21}+a_{13}(-1)^{1+2}\widetilde{M}_{23}+\cdots+a_{1n}(-1)^{1+(n-1)}\widetilde{M}_{2n}]+\\&\quad a_{i3}(-1)^{i+3}[a_{11}(-1)^{1+1}\widetilde{M}_{31}+a_{12}(-1)^{1+2}\widetilde{M}_{32}+\cdots+a_{1n}(-1)^{1+(n-1)}\widetilde{M}_{3n}]+\cdots+\\&\quad a_{in}(-1)^{i+n}[a_{11}(-1)^{1+1}\widetilde{M}_{n1}+a_{12}(-1)^{1+2}\widetilde{M}_{n2}+\cdots+a_{1,n-1}(-1)^{1+(n-1)}\widetilde{M}_{n,n-1}].\end{aligned}$$

分别将上式中含 $a_{11},a_{12},\cdots,a_{1n}$ 的项合并，且注意到 $\widetilde{M}_{jk}=\widetilde{M}_{kj}$ $(j\neq k)$，得到

$$\begin{aligned}D=&a_{11}(-1)^{1+1}[a_{i2}(-1)^{(i-1)+1}\widetilde{M}_{12}+a_{i3}(-1)^{(i-1)+2}\widetilde{M}_{13}+\cdots+a_{in}(-1)^{(i-1)+(n-1)}\widetilde{M}_{1n}]+\\&a_{12}(-1)^{1+2}[a_{i1}(-1)^{(i-1)+1}\widetilde{M}_{21}+a_{i3}(-1)^{(i-1)+2}\widetilde{M}_{23}+\cdots+a_{in}(-1)^{(i-1)+(n-1)}\widetilde{M}_{2n}]+\cdots+\\&a_{1n}(-1)^{1+n}[a_{i1}(-1)^{(i-1)+1}\widetilde{M}_{n1}+a_{i2}(-1)^{(i-1)+2}\widetilde{M}_{n2}+\cdots+a_{i,n-1}(-1)^{(i-1)+(n-1)}\widetilde{M}_{n,n-1}].\end{aligned}$$

由归纳假设知，上式中括号内恰好分别是 $M_{11},M_{12},\cdots,M_{1n}$ 按第 $i-1$ 行展开，从而有

$$\begin{aligned}D&=a_{11}(-1)^{1+1}M_{11}+a_{12}(-1)^{1+2}M_{12}+\cdots+a_{1n}(-1)^{1+n}M_{1n}\\&=a_{11}A_{11}+a_{12}A_{12}+\cdots+a_{1n}A_{1n}=|\boldsymbol{A}|.\end{aligned}$$

□

例 3.2 计算 n 阶上三角行列式.

解 将 n 阶上三角行列式按最后一行展开，再将得到的 $n-1$ 阶上三角行列式按最后一行展开……得

$$\begin{vmatrix}a_{11}&a_{12}&\cdots&a_{1n}\\&a_{22}&\cdots&a_{2n}\\&&\ddots&\vdots\\&&&a_{nn}\end{vmatrix}=a_{nn}\begin{vmatrix}a_{11}&a_{12}&\cdots&a_{1,n-1}\\&a_{22}&\cdots&a_{2,n-1}\\&&\ddots&\vdots\\&&&a_{n-1,n-1}\end{vmatrix}$$

$$=a_{nn}a_{n-1,n-1}\begin{vmatrix} a_{11} & a_{12} & \cdots & a_{1,n-2} \\ & a_{22} & \cdots & a_{2,n-2} \\ & & \ddots & \vdots \\ & & & a_{n-2,n-2} \end{vmatrix}$$

$$=\cdots=a_{11}a_{22}\cdots a_{nn}.$$ □

例 3.1 和 3.2 得到的结果可以作为公式使用.

推论 3.2 若行列式有两行相同,则其值为零.

证 对行列式的阶数 n 用数学归纳法.当 $n=2$ 时,容易验证结论成立.

假设当 $n\geqslant 3$ 时,有两行相同的任何 $n-1$ 阶行列式均为零.

设 n 阶行列式 $|\boldsymbol{A}|$ 中第 i 行与第 j 行相同,将 $|\boldsymbol{A}|$ 按第 $k(k\neq i,j)$ 行展开,得

$$|\boldsymbol{A}|=a_{k1}(-1)^{k+1}M_{k1}+a_{k2}(-1)^{k+2}M_{k2}+\cdots+a_{kn}(-1)^{k+n}M_{kn},$$

且 $M_{kl}(l=1,2,\cdots,n)$ 都是两行相同的 $n-1$ 阶行列式,故由归纳假设知 $M_{kl}=0$,于是 $|\boldsymbol{A}|=0$. □

推论 3.3 设 n 阶矩阵 $\boldsymbol{A}=[a_{ij}]$,$n\geqslant 2$,则行列式 $|\boldsymbol{A}|$ 中任一行各元与另一行对应元的代数余子式乘积之和等于零,即

$$a_{i1}A_{j1}+a_{i2}A_{j2}+\cdots+a_{in}A_{jn}=0,\quad i\neq j.$$

证 将行列式 $|\boldsymbol{A}|$ 按第 j 行展开,有

$$a_{j1}A_{j1}+a_{j2}A_{j2}+\cdots+a_{jn}A_{jn}=\begin{vmatrix} a_{11} & a_{12} & \cdots & a_{1n} \\ \vdots & \vdots & & \vdots \\ a_{i1} & a_{i2} & \cdots & a_{in} \\ \vdots & \vdots & & \vdots \\ a_{j1} & a_{j2} & \cdots & a_{jn} \\ \vdots & \vdots & & \vdots \\ a_{n1} & a_{n2} & \cdots & a_{nn} \end{vmatrix},$$

将上式中 a_{jk} 换成 a_{ik} $(k=1,2,\cdots,n)$,可得

$$a_{i1}A_{j1}+a_{i2}A_{j2}+\cdots+a_{in}A_{jn}=\begin{vmatrix} a_{11} & a_{12} & \cdots & a_{1n} \\ \vdots & \vdots & & \vdots \\ a_{i1} & a_{i2} & \cdots & a_{in} \\ \vdots & \vdots & & \vdots \\ a_{i1} & a_{i2} & \cdots & a_{in} \\ \vdots & \vdots & & \vdots \\ a_{n1} & a_{n2} & \cdots & a_{nn} \end{vmatrix},$$

当 $i\neq j$ 时,上式右端行列式中第 i 行与第 j 行相同,故由推论 3.2 知其值为零. □

如果引入 Kronecker(克罗内克)符号

$$\delta_{ij}=\begin{cases}0, & i\neq j,\\ 1, & i=j,\end{cases}$$

则定理 3.1 和推论 3.3 可以合起来写成

$$\sum_{k=1}^{n}a_{ik}A_{jk}=a_{i1}A_{j1}+a_{i2}A_{j2}+\cdots+a_{in}A_{jn}=|\boldsymbol{A}|\delta_{ij}.$$

上式称为行列式**按行展开法则**.

例 3.3 设

$$|\boldsymbol{A}|=\begin{vmatrix}7&6&5&3&2\\2&3&2&2&3\\2&3&4&5&6\\1&4&1&1&4\\6&1&0&5&8\end{vmatrix},$$

求 $A_{31}+A_{33}+A_{34}$.

解 记 $\boldsymbol{A}=[a_{ij}]_{5\times5}$,则利用行列式按行展开法则可得

$$a_{21}A_{31}+a_{22}A_{32}+a_{23}A_{33}+a_{24}A_{34}+a_{25}A_{35}=0,$$
$$a_{41}A_{31}+a_{42}A_{32}+a_{43}A_{33}+a_{44}A_{34}+a_{45}A_{35}=0,$$

即

$$\begin{cases}2(A_{31}+A_{33}+A_{34})+3(A_{32}+A_{35})=0,\\(A_{31}+A_{33}+A_{34})+4(A_{32}+A_{35})=0,\end{cases}$$

把 $A_{31}+A_{33}+A_{34}$ 和 $A_{32}+A_{35}$ 看作两个未知量,解上述 2×2 齐次线性方程组,得

$$A_{31}+A_{33}+A_{34}=0.$$ □

3.2.2 行列式初等行变换的性质

定理 3.4 用数 k 乘行列式某一行等于用数 k 乘此行列式,即倍乘行变换只是放大或缩小行列式的值.

证 将行列式按乘以数 k 的那一行展开,即知结论成立. □

该定理也可叙述为:行列式中某一行的公因子可以提出来.

推论 3.5 若行列式的某两行成比例,则其值为零.

证 设行列式 $|\boldsymbol{A}|$ 的第 i 行是第 j 行的 k 倍,将 $|\boldsymbol{A}|$ 中第 i 行的公因子 k 提出来,得到的行列式中第 i 行与第 j 行相同,从而其值为零. □

推论 3.6 设 $\boldsymbol{A}$ 为 n 阶矩阵,k 为任意数,则 $|k\boldsymbol{A}|=k^n|\boldsymbol{A}|$.

证 提出行列式 $|k\boldsymbol{A}|$ 中每一行的公因子 k 即得结论. □

定理 3.7 若行列式的某一行的元都是两数之和:

$$|\boldsymbol{A}|=\begin{vmatrix}a_{11}&a_{12}&\cdots&a_{1n}\\a_{21}&a_{22}&\cdots&a_{2n}\\\vdots&\vdots&&\vdots\\a_{i1}+b_{i1}&a_{i2}+b_{i2}&\cdots&a_{in}+b_{in}\\\vdots&\vdots&&\vdots\\a_{n1}&a_{n2}&\cdots&a_{nn}\end{vmatrix},$$

则 $|\boldsymbol{A}|$ 等于下列两个行列式之和:

$$|\boldsymbol{A}|=\begin{vmatrix} a_{11} & a_{12} & \cdots & a_{1n} \\ a_{21} & a_{22} & \cdots & a_{2n} \\ \vdots & \vdots & & \vdots \\ a_{i1} & a_{i2} & \cdots & a_{in} \\ \vdots & \vdots & & \vdots \\ a_{n1} & a_{n2} & \cdots & a_{nn} \end{vmatrix}+\begin{vmatrix} a_{11} & a_{12} & \cdots & a_{1n} \\ a_{21} & a_{22} & \cdots & a_{2n} \\ \vdots & \vdots & & \vdots \\ b_{i1} & b_{i2} & \cdots & b_{in} \\ \vdots & \vdots & & \vdots \\ a_{n1} & a_{n2} & \cdots & a_{nn} \end{vmatrix}.$$

证 将行列式 $|\boldsymbol{A}|$ 按第 i 行展开，即知结论成立. □

定理 3.4 和定理 3.7 说明，行列式的数乘与加法完全不同于矩阵的数乘与加法!

定理 3.8 倍加行变换不改变行列式的值.

证 设将行列式 $|\boldsymbol{A}|$ 的第 j 行乘以数 k 加到第 i 行得到 $|\boldsymbol{A}_1|$，则由定理 3.7 和推论 3.5，有

$$|\boldsymbol{A}_1|=\begin{vmatrix} a_{11} & a_{12} & \cdots & a_{1n} \\ \vdots & \vdots & & \vdots \\ a_{i1}+ka_{j1} & a_{i2}+ka_{j2} & \cdots & a_{in}+ka_{jn} \\ \vdots & \vdots & & \vdots \\ a_{j1} & a_{j2} & \cdots & a_{jn} \\ \vdots & \vdots & & \vdots \\ a_{n1} & a_{n2} & \cdots & a_{nn} \end{vmatrix}$$

$$=\begin{vmatrix} a_{11} & a_{12} & \cdots & a_{1n} \\ \vdots & \vdots & & \vdots \\ a_{i1} & a_{i2} & \cdots & a_{in} \\ \vdots & \vdots & & \vdots \\ a_{j1} & a_{j2} & \cdots & a_{jn} \\ \vdots & \vdots & & \vdots \\ a_{n1} & a_{n2} & \cdots & a_{nn} \end{vmatrix}+\begin{vmatrix} a_{11} & a_{12} & \cdots & a_{1n} \\ \vdots & \vdots & & \vdots \\ ka_{j1} & ka_{j2} & \cdots & ka_{jn} \\ \vdots & \vdots & & \vdots \\ a_{j1} & a_{j2} & \cdots & a_{jn} \\ \vdots & \vdots & & \vdots \\ a_{n1} & a_{n2} & \cdots & a_{nn} \end{vmatrix}$$

$$=|\boldsymbol{A}|+0=|\boldsymbol{A}|.$$ □

定理 3.9 对调行变换使得行列式的值反号.

证 设 $\boldsymbol{A}=[a_{ij}]_{n\times n}$，对调行列式 $|\boldsymbol{A}|$ 的第 i 行与第 j 行所得行列式记为 $|\boldsymbol{A}_1|$，$i<j$，则由定理 3.8 和定理 3.4 可得

$$|\boldsymbol{A}_1|=\begin{vmatrix} a_{11} & a_{12} & \cdots & a_{1n} \\ \vdots & \vdots & & \vdots \\ a_{j1} & a_{j2} & \cdots & a_{jn} \\ \vdots & \vdots & & \vdots \\ a_{i1} & a_{i2} & \cdots & a_{in} \\ \vdots & \vdots & & \vdots \\ a_{n1} & a_{n2} & \cdots & a_{nn} \end{vmatrix}\xlongequal{r_j+r_i}\begin{vmatrix} a_{11} & a_{12} & \cdots & a_{1n} \\ \vdots & \vdots & & \vdots \\ a_{j1} & a_{j2} & \cdots & a_{jn} \\ \vdots & \vdots & & \vdots \\ a_{i1}+a_{j1} & a_{i2}+a_{j2} & \cdots & a_{in}+a_{jn} \\ \vdots & \vdots & & \vdots \\ a_{n1} & a_{n2} & \cdots & a_{nn} \end{vmatrix}$$

$$\xlongequal{r_i-r_j}\begin{vmatrix} a_{11} & a_{12} & \cdots & a_{1n} \\ \vdots & \vdots & & \vdots \\ -a_{i1} & -a_{i2} & \cdots & -a_{in} \\ \vdots & \vdots & & \vdots \\ a_{j1}+a_{i1} & a_{j2}+a_{i2} & \cdots & a_{jn}+a_{in} \\ \vdots & \vdots & & \vdots \\ a_{n1} & a_{n2} & \cdots & a_{nn} \end{vmatrix} \xlongequal{r_j+r_i} \begin{vmatrix} a_{11} & a_{12} & \cdots & a_{1n} \\ \vdots & \vdots & & \vdots \\ -a_{i1} & -a_{i2} & \cdots & -a_{in} \\ \vdots & \vdots & & \vdots \\ a_{j1} & a_{j2} & \cdots & a_{jn} \\ \vdots & \vdots & & \vdots \\ a_{n1} & a_{n2} & \cdots & a_{nn} \end{vmatrix}$$

$=-|\boldsymbol{A}|$. □

该定理的证明过程还表明,对调行变换可以通过倍加行变换和倍乘行变换来实现.

定理 3.4、3.8 和 3.9 统称为**行列式初等行变换的性质**.它提供了计算行列式的一种方法:先用初等行变换将行列式化成三角行列式,再计算主对角元之积.

例 3.4 计算五阶行列式

$$|\boldsymbol{A}|=\begin{vmatrix} 1 & -1 & 2 & -3 & 1 \\ -3 & 3 & -7 & 9 & -5 \\ 2 & 0 & 4 & -2 & 1 \\ 3 & -5 & 7 & -14 & 6 \\ 4 & -4 & 10 & -10 & 2 \end{vmatrix}.$$

解 $$|\boldsymbol{A}|=\begin{vmatrix} 1 & -1 & 2 & -3 & 1 \\ -3 & 3 & -7 & 9 & -5 \\ 2 & 0 & 4 & -2 & 1 \\ 3 & -5 & 7 & -14 & 6 \\ 4 & -4 & 10 & -10 & 2 \end{vmatrix} \xlongequal[\substack{r_4-3r_1\\ r_5-4r_1}]{\substack{r_2+3r_1\\ r_3-2r_1}} \begin{vmatrix} 1 & -1 & 2 & -3 & 1 \\ 0 & 0 & -1 & 0 & -2 \\ 0 & 2 & 0 & 4 & -1 \\ 0 & -2 & 1 & -5 & 3 \\ 0 & 0 & 2 & 2 & -2 \end{vmatrix}$$

$$\xlongequal{r_2\leftrightarrow r_4}-\begin{vmatrix} 1 & -1 & 2 & -3 & 1 \\ 0 & -2 & 1 & -5 & 3 \\ 0 & 2 & 0 & 4 & -1 \\ 0 & 0 & -1 & 0 & -2 \\ 0 & 0 & 2 & 2 & -2 \end{vmatrix} \xlongequal{r_3+r_2}-\begin{vmatrix} 1 & -1 & 2 & -3 & 1 \\ 0 & -2 & 1 & -5 & 3 \\ 0 & 0 & 1 & -1 & 2 \\ 0 & 0 & -1 & 0 & -2 \\ 0 & 0 & 2 & 2 & -2 \end{vmatrix}$$

$$\xlongequal[r_5-2r_3]{r_4+r_3}-\begin{vmatrix} 1 & -1 & 2 & -3 & 1 \\ 0 & -2 & 1 & -5 & 3 \\ 0 & 0 & 1 & -1 & 2 \\ 0 & 0 & 0 & -1 & 0 \\ 0 & 0 & 0 & 4 & -6 \end{vmatrix} \xlongequal{r_5+4r_4}-\begin{vmatrix} 1 & -1 & 2 & -3 & 1 \\ 0 & -2 & 1 & -5 & 3 \\ 0 & 0 & 1 & -1 & 2 \\ 0 & 0 & 0 & -1 & 0 \\ 0 & 0 & 0 & 0 & -6 \end{vmatrix}$$

$=-(-2)(-1)(-6)=12$. □

3.2.3 行列式中行列地位的对称性

根据行列式初等行变换的性质、矩阵初等行变换与初等矩阵的关系,不难验证:

$$|\boldsymbol{P}(i,j)|=-1,\quad |\boldsymbol{P}(i(k))|=k,\quad |\boldsymbol{P}(i,j(k))|=1,$$

即任何初等矩阵的行列式均不为零.于是对于任意 n 阶初等矩阵 $\boldsymbol{P}$ 和任意 n 阶矩阵 $\boldsymbol{B}$,均有 $|\boldsymbol{P}^{\mathrm{T}}|=|\boldsymbol{P}|$,及

$$|\boldsymbol{PB}|=|\boldsymbol{P}||\boldsymbol{B}|. \tag{3.6}$$

定理 3.10　行列式与它的转置行列式相等,即转置运算不改变行列式的值.

证　对 n 阶矩阵 $\boldsymbol{A}$ 做初等行变换化为最简阶梯矩阵 $\boldsymbol{H}$,则 $\boldsymbol{H}$ 也可以经有限次初等行变换化为 $\boldsymbol{A}$,于是存在初等矩阵 $\boldsymbol{P}_1,\boldsymbol{P}_2,\cdots,\boldsymbol{P}_l$,使得 $\boldsymbol{A}=\boldsymbol{P}_1\boldsymbol{P}_2\cdots\boldsymbol{P}_l\boldsymbol{H}$.

若 $\boldsymbol{A}$ 不可逆,则由推论 2.12 知 $\boldsymbol{H}$ 的最后一行是零行,故 $|\boldsymbol{H}|=0$.从而由(3.6)式得

$$|\boldsymbol{A}|=|\boldsymbol{P}_1||\boldsymbol{P}_2|\cdots|\boldsymbol{P}_l||\boldsymbol{H}|=0.$$

显然,当 $\boldsymbol{A}$ 不可逆时,$\boldsymbol{A}^{\mathrm{T}}$ 也不可逆,因此 $|\boldsymbol{A}^{\mathrm{T}}|=0$.所以 $|\boldsymbol{A}^{\mathrm{T}}|=|\boldsymbol{A}|$.

若 $\boldsymbol{A}$ 可逆,则由定理 2.4 知 $\boldsymbol{H}=\boldsymbol{E}_n$,于是由(3.6)式得

$$\begin{aligned}|\boldsymbol{A}^{\mathrm{T}}|&=|\boldsymbol{P}_l^{\mathrm{T}}\cdots\boldsymbol{P}_2^{\mathrm{T}}\boldsymbol{P}_1^{\mathrm{T}}|=|\boldsymbol{P}_l^{\mathrm{T}}|\cdots|\boldsymbol{P}_2^{\mathrm{T}}||\boldsymbol{P}_1^{\mathrm{T}}|\\&=|\boldsymbol{P}_l|\cdots|\boldsymbol{P}_2||\boldsymbol{P}_1|=|\boldsymbol{P}_1\boldsymbol{P}_2\cdots\boldsymbol{P}_l|=|\boldsymbol{A}|.\end{aligned}$$

□

由定理 3.10 的证明过程立即得到:方阵 $\boldsymbol{A}$ 可逆的充要条件是 $|\boldsymbol{A}|\neq0$.

该定理还表明,行列式中行与列的地位是对称的,凡是行具有的性质列也同样具有,反之亦真.因此,只要将第 3.2.1 小节和第 3.2.2 小节中全部定理及推论用"列"替代"行",就可以得到行列式的**按列展开法则**、**初等列变换性质**,以后统称为行列式的**按行(列)展开法则**、**初等变换性质**.

疑难问题辨析

行列式的初等变换与矩阵的初等变换有何异同?

3.2.4　行列式的乘积法则

尽管行列式的线性运算与矩阵的线性运算大不相同,但是对于初等矩阵和同阶的方阵来说,行列式的乘法与方阵乘法却在(3.6)式中得到惊人的统一.

事实上,(3.6)式还能推广到任意两个同阶的方阵,即有下面的定理.

定理 3.11**(行列式的乘积法则)**　对任何 n 阶矩阵 $\boldsymbol{A}$ 和 $\boldsymbol{B}$,均有

$$|\boldsymbol{AB}|=|\boldsymbol{A}||\boldsymbol{B}|.$$

证　对于矩阵 $\boldsymbol{A}$,必有初等矩阵 $\boldsymbol{P}_1,\boldsymbol{P}_2,\cdots,\boldsymbol{P}_l$ 和最简阶梯矩阵 $\boldsymbol{H}$,使得

$$\boldsymbol{A}=\boldsymbol{P}_1\boldsymbol{P}_2\cdots\boldsymbol{P}_l\boldsymbol{H}.$$

若 $\boldsymbol{A}$ 不可逆,则 $\boldsymbol{H}$ 的最后一行是零行,从而 $\boldsymbol{HB}$ 的最后一行是零行,故 $|\boldsymbol{H}|=0$,$|\boldsymbol{HB}|=0$,于是由(3.6)式得

$$|\boldsymbol{A}|=|\boldsymbol{P}_1||\boldsymbol{P}_2|\cdots|\boldsymbol{P}_l||\boldsymbol{H}|=0,$$
$$|\boldsymbol{AB}|=|\boldsymbol{P}_1||\boldsymbol{P}_2|\cdots|\boldsymbol{P}_l||\boldsymbol{HB}|=0,$$

即 $|\boldsymbol{AB}|=|\boldsymbol{A}||\boldsymbol{B}|$.

若 $\boldsymbol{A}$ 可逆,则 $\boldsymbol{H}=\boldsymbol{E}_n$,从而由(3.6)式得

$$\begin{aligned}|\boldsymbol{AB}|&=|\boldsymbol{P}_1||\boldsymbol{P}_2|\cdots|\boldsymbol{P}_l||\boldsymbol{B}|\\&=(|\boldsymbol{P}_1||\boldsymbol{P}_2|\cdots|\boldsymbol{P}_l|)|\boldsymbol{B}|\\&=|\boldsymbol{A}||\boldsymbol{B}|.\end{aligned}$$

□

众所周知,三角行列式等于主对角元之积.那么,分块三角行列式是否也有类似的性质呢?

对于任意 m 阶矩阵 $\boldsymbol{A}$ 和任意 n 阶矩阵 $\boldsymbol{B}$,有

$$\begin{vmatrix} \boldsymbol{A} & \boldsymbol{0} \\ \boldsymbol{C} & \boldsymbol{E}_n \end{vmatrix} = |\boldsymbol{A}|, \quad \begin{vmatrix} \boldsymbol{E}_m & \boldsymbol{0} \\ \boldsymbol{C} & \boldsymbol{B} \end{vmatrix} = |\boldsymbol{B}|. \tag{3.7}$$

这只要应用按行(列)展开法则,将第一个分块下三角行列式依次按第 $m+n$ 列、第 $m+n-1$ 列……第 $m+1$ 列展开,将第二个分块下三角行列式依次按第一行、第二行……第 m 行展开,即得(3.7)式.

因此由行列式的乘积法则和(3.7)式,可得

$$\begin{vmatrix} \boldsymbol{A} & \boldsymbol{0} \\ \boldsymbol{C} & \boldsymbol{B} \end{vmatrix} = \left| \begin{bmatrix} \boldsymbol{A} & \boldsymbol{0} \\ \boldsymbol{C} & \boldsymbol{E}_n \end{bmatrix} \begin{bmatrix} \boldsymbol{E}_m & \boldsymbol{0} \\ \boldsymbol{0} & \boldsymbol{B} \end{bmatrix} \right| = \begin{vmatrix} \boldsymbol{A} & \boldsymbol{0} \\ \boldsymbol{C} & \boldsymbol{E}_n \end{vmatrix} \begin{vmatrix} \boldsymbol{E}_m & \boldsymbol{0} \\ \boldsymbol{0} & \boldsymbol{B} \end{vmatrix} = |\boldsymbol{A}||\boldsymbol{B}|.$$

根据上式及定理 3.10 即得

$$\begin{vmatrix} \boldsymbol{A} & \boldsymbol{D} \\ \boldsymbol{0} & \boldsymbol{B} \end{vmatrix} = |\boldsymbol{A}||\boldsymbol{B}|.$$

于是有下面的推论.

推论 3.12 对于任意 m 阶矩阵 $\boldsymbol{A}$ 和任意 n 阶矩阵 $\boldsymbol{B}$,总有

$$\begin{vmatrix} \boldsymbol{A} & \boldsymbol{0} \\ \boldsymbol{C} & \boldsymbol{B} \end{vmatrix} = |\boldsymbol{A}||\boldsymbol{B}|, \begin{vmatrix} \boldsymbol{A} & \boldsymbol{D} \\ \boldsymbol{0} & \boldsymbol{B} \end{vmatrix} = |\boldsymbol{A}||\boldsymbol{B}|.$$ □

根据推论 3.12 以及定理 3.10 后面的说明可知:分块对角矩阵

$$\boldsymbol{A} = \mathrm{diag}(\boldsymbol{A}_1, \boldsymbol{A}_2, \cdots, \boldsymbol{A}_s)$$

可逆的充要条件是所有子块 $\boldsymbol{A}_1, \boldsymbol{A}_2, \cdots, \boldsymbol{A}_s$ 都可逆,并且当 $\boldsymbol{A}$ 可逆时,有

$$\boldsymbol{A}^{-1} = \mathrm{diag}(\boldsymbol{A}_1^{-1}, \boldsymbol{A}_2^{-1}, \cdots, \boldsymbol{A}_s^{-1}).$$

例 3.5 计算行列式

$$|\boldsymbol{A}| = \begin{vmatrix} 1 & 2 & 3 & 4 & 5 & 6 \\ 7 & 6 & 5 & 4 & 3 & 2 \\ 0 & 0 & 1 & 2 & 0 & 0 \\ 0 & 0 & 3 & 4 & 0 & 0 \\ 0 & 0 & 5 & 6 & 7 & 8 \\ 0 & 0 & 9 & 8 & 7 & 6 \end{vmatrix}.$$

解 先将 $|\boldsymbol{A}|$ 分块,再应用推论 3.12,得

$$|\boldsymbol{A}| = \left|\begin{array}{cc:cccc} 1 & 2 & 3 & 4 & 5 & 6 \\ 7 & 6 & 5 & 4 & 3 & 2 \\ \hdashline 0 & 0 & 1 & 2 & 0 & 0 \\ 0 & 0 & 3 & 4 & 0 & 0 \\ 0 & 0 & 5 & 6 & 7 & 8 \\ 0 & 0 & 9 & 8 & 7 & 6 \end{array}\right| = \begin{vmatrix} 1 & 2 \\ 7 & 6 \end{vmatrix} \left|\begin{array}{cc:cc} 1 & 2 & 0 & 0 \\ 3 & 4 & 0 & 0 \\ \hdashline 5 & 6 & 7 & 8 \\ 9 & 8 & 7 & 6 \end{array}\right|$$

$$= (-8)\begin{vmatrix} 1 & 2 \\ 3 & 4 \end{vmatrix} \begin{vmatrix} 7 & 8 \\ 7 & 6 \end{vmatrix} = (-8)(-2)(-14) = -224.$$ □

3.3 行列式的计算

行列式的计算是行列式理论的核心问题，这里我们归纳几种典型的方法——降阶法、三角化方法、归纳法、升阶法、递推法、分拆法.

3.3.1 降阶法

应用初等变换使得行列式中某行或某列的零元尽可能多，然后按该行或该列展开，化为低阶行列式来计算.

例 3.6 计算四阶行列式

$$|\boldsymbol{A}|=\begin{vmatrix}6 & -1 & 3 & 32\\ 5 & -3 & 3 & 27\\ 3 & -1 & -1 & 17\\ 4 & -1 & 3 & 19\end{vmatrix}.$$

解 $$|\boldsymbol{A}|\xlongequal{c_4-5c_1}\begin{vmatrix}6 & -1 & 3 & 2\\ 5 & -3 & 3 & 2\\ 3 & -1 & -1 & 2\\ 4 & -1 & 3 & -1\end{vmatrix}\xlongequal[i=1,2,3]{r_i+2r_4}\begin{vmatrix}14 & -3 & 9 & 0\\ 13 & -5 & 9 & 0\\ 11 & -3 & 5 & 0\\ 4 & -1 & 3 & -1\end{vmatrix}$$

$$=(-1)(-1)^{4+4}\begin{vmatrix}14 & -3 & 9\\ 13 & -5 & 9\\ 11 & -3 & 5\end{vmatrix}\xlongequal{r_2-r_3}-2\begin{vmatrix}14 & -3 & 9\\ 1 & -1 & 2\\ 11 & -3 & 5\end{vmatrix}$$

$$\xlongequal[r_3-11r_2]{r_1-14r_2}-2\begin{vmatrix}0 & 11 & -19\\ 1 & -1 & 2\\ 0 & 8 & -17\end{vmatrix}=(-2)(-1)^{2+1}\begin{vmatrix}11 & -19\\ 8 & -17\end{vmatrix}$$

$$=-70.$$ □

例 3.7 计算 n 阶行列式

$$|\boldsymbol{A}|=\begin{vmatrix}x & y & & & \\ & x & y & & \\ & & \ddots & \ddots & \\ & & & x & y\\ y & & & & x\end{vmatrix}.$$

解 将 $|\boldsymbol{A}|$ 按第 n 行展开，得

$$|\boldsymbol{A}|=y(-1)^{n+1}\begin{vmatrix}y & & & & \\ x & y & & & \\ & x & \ddots & & \\ & & \ddots & y & \\ & & & x & y\end{vmatrix}_{n-1}+x(-1)^{n+n}\begin{vmatrix}x & y & & & \\ & x & y & & \\ & & \ddots & \ddots & \\ & & & x & y\\ & & & & x\end{vmatrix}_{n-1}$$

$$=y(-1)^{n+1}y^{n-1}+x(-1)^{n+n}x^{n-1}=x^n-(-y)^n.$$ □

3.3.2 三角化方法

根据定理 2.1,任何行列式总可以只经过有限次初等行变换化为三角行列式,因此从理论上讲,应用行列式的初等行变换可以计算任何行列式.同样,利用行列式的初等列变换也能计算行列式.

例 3.8 计算 n 阶行列式

$$|\boldsymbol{A}|=\begin{vmatrix} a & b & b & \cdots & b \\ b & a & b & \cdots & b \\ b & b & a & \cdots & b \\ \vdots & \vdots & \vdots & & \vdots \\ b & b & b & \cdots & a \end{vmatrix}.$$

解
$$|\boldsymbol{A}| \xlongequal{c_1+c_2+\cdots+c_n} \begin{vmatrix} a+(n-1)b & b & b & \cdots & b \\ a+(n-1)b & a & b & \cdots & b \\ a+(n-1)b & b & a & \cdots & b \\ \vdots & \vdots & \vdots & & \vdots \\ a+(n-1)b & b & b & \cdots & a \end{vmatrix}$$

$$=[a+(n-1)b]\begin{vmatrix} 1 & b & b & \cdots & b \\ 1 & a & b & \cdots & b \\ 1 & b & a & \cdots & b \\ \vdots & \vdots & \vdots & & \vdots \\ 1 & b & b & \cdots & a \end{vmatrix}$$

$$\xlongequal[i=2,3,\cdots,n]{r_i-r_1}[a+(n-1)b]\begin{vmatrix} 1 & b & b & \cdots & b \\ & a-b & & & \\ & & a-b & & \\ & & & \ddots & \\ & & & & a-b \end{vmatrix}$$

$$=[a+(n-1)b](a-b)^{n-1}.$$ □

例 3.9 计算行列式

$$|\boldsymbol{A}|=\begin{vmatrix} a_1+b & a_2 & \cdots & a_n \\ a_1 & a_2+b & \cdots & a_n \\ \vdots & \vdots & & \vdots \\ a_1 & a_2 & \cdots & a_n+b \end{vmatrix}.$$

解
$$|\boldsymbol{A}| \xlongequal[i=2,3,\cdots,n]{r_i-r_1} \begin{vmatrix} a_1+b & a_2 & \cdots & a_n \\ -b & b & \cdots & 0 \\ \vdots & \vdots & & \vdots \\ -b & 0 & \cdots & b \end{vmatrix}$$

$$\xlongequal{c_1+c_2+\cdots+c_n}\begin{vmatrix} a_1+a_2+\cdots+a_n+b & a_2 & \cdots & a_n \\ 0 & b & \cdots & 0 \\ \vdots & \vdots & & \vdots \\ 0 & 0 & \cdots & b \end{vmatrix}$$

$$=(a_1+a_2+\cdots+a_n+b)b^{n-1}.$$ □

3.3.3 归纳法

直接计算 n 阶行列式有时会苦于无从下手，但若计算其低阶行列式，则有可能会发现某种规律，进而猜想 k 阶行列式符合这种规律，然后证明 $k+1$ 阶行列式也符合此规律，这就是数学归纳法的思想.

例 3.10 证明 Vandermonde(范德蒙德)行列式

$$V_n=\begin{vmatrix} 1 & 1 & \cdots & 1 \\ x_1 & x_2 & \cdots & x_n \\ x_1^2 & x_2^2 & \cdots & x_n^2 \\ \vdots & \vdots & & \vdots \\ x_1^{n-1} & x_2^{n-1} & \cdots & x_n^{n-1} \end{vmatrix}=\prod_{1\leqslant j<i\leqslant n}(x_i-x_j).$$

证 对 V_n 的阶数 n 用数学归纳法.因为

$$V_2=\begin{vmatrix} 1 & 1 \\ x_1 & x_2 \end{vmatrix}=x_2-x_1=\prod_{1\leqslant j<i\leqslant 2}(x_i-x_j),$$

所以 $n=2$ 时，等式成立.

假设等式对 $n-1$ 阶 Vandermonde 行列式 V_{n-1} 成立，则

$$V_n\xlongequal[i=n,n-1,\cdots,2]{r_i-x_1r_{i-1}}\begin{vmatrix} 1 & 1 & 1 & \cdots & 1 \\ 0 & x_2-x_1 & x_3-x_1 & \cdots & x_n-x_1 \\ 0 & x_2(x_2-x_1) & x_3(x_3-x_1) & \cdots & x_n(x_n-x_1) \\ \vdots & \vdots & \vdots & & \vdots \\ 0 & x_2^{n-2}(x_2-x_1) & x_3^{n-2}(x_3-x_1) & \cdots & x_n^{n-2}(x_n-x_1) \end{vmatrix}$$

$$=\begin{vmatrix} x_2-x_1 & x_3-x_1 & \cdots & x_n-x_1 \\ x_2(x_2-x_1) & x_3(x_3-x_1) & \cdots & x_n(x_n-x_1) \\ \vdots & \vdots & & \vdots \\ x_2^{n-2}(x_2-x_1) & x_3^{n-2}(x_3-x_1) & \cdots & x_n^{n-2}(x_n-x_1) \end{vmatrix}_{n-1}$$

$$=(x_2-x_1)(x_3-x_1)\cdots(x_n-x_1)\begin{vmatrix} 1 & 1 & \cdots & 1 \\ x_2 & x_3 & \cdots & x_n \\ \vdots & \vdots & & \vdots \\ x_2^{n-2} & x_3^{n-2} & \cdots & x_n^{n-2} \end{vmatrix}_{n-1},$$

上式右端行列式是关于 $x_2,x_3,\cdots,x_n$ 的 $n-1$ 阶 Vandermonde 行列式，根据归纳假设有

$$V_n=(x_2-x_1)(x_3-x_1)\cdots(x_n-x_1)\prod_{2\leqslant j<i\leqslant n}(x_i-x_j)=\prod_{1\leqslant j<i\leqslant n}(x_i-x_j),$$

所以等式对所有 $n\geqslant 2$ 都成立. □

3.3.4 升阶法

为了便于应用行列式的性质，有时需要在原行列式中添加一行一列，即把行列式的阶数增加 1，这就是所谓的升阶法.一般来说，升阶必须给计算带来方便，而且要求升阶后的行列式与原来的行列式相等.

例 3.11 计算行列式

$$|\boldsymbol{A}|=\begin{vmatrix} 2^n-2 & 2^{n-1}-2 & \cdots & 2^3-2 & 2 \\ 3^n-3 & 3^{n-1}-3 & \cdots & 3^3-3 & 6 \\ \vdots & \vdots & & \vdots & \vdots \\ n^n-n & n^{n-1}-n & \cdots & n^3-n & n^2-n \end{vmatrix}.$$

解 把 $n-1$ 阶行列式 $|\boldsymbol{A}|$ 升阶，得到 n 阶行列式

$$|\boldsymbol{A}|=\begin{vmatrix} 1 & 1 & 1 & \cdots & 1 & 1 \\ 0 & 2^n-2 & 2^{n-1}-2 & \cdots & 2^3-2 & 2 \\ 0 & 3^n-3 & 3^{n-1}-3 & \cdots & 3^3-3 & 6 \\ \vdots & \vdots & \vdots & & \vdots & \vdots \\ 0 & n^n-n & n^{n-1}-n & \cdots & n^3-n & n^2-n \end{vmatrix}_n$$

$$\xlongequal[i=2,3,\cdots,n]{r_i+ir_1}\begin{vmatrix} 1 & 1 & 1 & \cdots & 1 & 1 \\ 2 & 2^n & 2^{n-1} & \cdots & 2^3 & 2^2 \\ 3 & 3^n & 3^{n-1} & \cdots & 3^3 & 3^2 \\ \vdots & \vdots & \vdots & & \vdots & \vdots \\ n & n^n & n^{n-1} & \cdots & n^3 & n^2 \end{vmatrix}_n$$

$$=n!\begin{vmatrix} 1 & 1 & 1 & \cdots & 1 & 1 \\ 1 & 2^{n-1} & 2^{n-2} & \cdots & 2^2 & 2 \\ 1 & 3^{n-1} & 3^{n-2} & \cdots & 3^2 & 3 \\ \vdots & \vdots & \vdots & & \vdots & \vdots \\ 1 & n^{n-1} & n^{n-2} & \cdots & n^2 & n \end{vmatrix}_n.$$

将上述最后一个行列式第二列依次与第 $3,4,\cdots,n$ 列对调，再将新行列式第二列依次与第 $3,4,\cdots,n-1$ 列对调，再将新行列式第二列依次与第 $3,4,\cdots,n-2$ 列对调……得到转置的 Vandermonde 行列式

$$|\boldsymbol{A}|=(-1)^{\frac{(n-1)(n-2)}{2}}n!\begin{vmatrix} 1 & 1 & 1 & \cdots & 1 & 1 \\ 1 & 2 & 2^2 & \cdots & 2^{n-2} & 2^{n-1} \\ 1 & 3 & 3^2 & \cdots & 3^{n-2} & 3^{n-1} \\ \vdots & \vdots & \vdots & & \vdots & \vdots \\ 1 & n & n^2 & \cdots & n^{n-2} & n^{n-1} \end{vmatrix}_n=(-1)^{\frac{(n-1)(n-2)}{2}}\prod_{k=1}^{n}k!.$$ □

3.3.5 递推法

利用按行(列)展开法则，将 n 阶行列式化成形式相同的 $n-1$ 阶行列式，从而建立递推关系，反复应用这个递推关系便可求出 n 阶行列式.

例 3.12 计算 n 阶行列式

$$D_n=\begin{vmatrix} a+b & ab & & & \\ 1 & a+b & ab & & \\ & \ddots & \ddots & \ddots & \\ & & 1 & a+b & ab \\ & & & 1 & a+b \end{vmatrix}.$$

解 将 D_n 按第一行展开,得

$$D_n=(a+b)\begin{vmatrix} a+b & ab & & & \\ 1 & a+b & ab & & \\ & \ddots & \ddots & \ddots & \\ & & 1 & a+b & ab \\ & & & 1 & a+b \end{vmatrix}_{n-1}-ab\begin{vmatrix} 1 & ab & & & \\ 0 & a+b & ab & & \\ & \ddots & \ddots & \ddots & \\ & & 1 & a+b & ab \\ & & & 1 & a+b \end{vmatrix}_{n-1}$$

$$=(a+b)D_{n-1}-ab\begin{vmatrix} a+b & ab & & & \\ 1 & a+b & ab & & \\ & \ddots & \ddots & \ddots & \\ & & 1 & a+b & ab \\ & & & 1 & a+b \end{vmatrix}_{n-2}$$

$$=(a+b)D_{n-1}-abD_{n-2},$$

从而

$$\begin{aligned} D_n-aD_{n-1}&=b(D_{n-1}-aD_{n-2})\\ &=b^2(D_{n-2}-aD_{n-3})=\cdots=b^{n-2}(D_2-aD_1), \end{aligned}$$

因 $D_1=a+b$, $D_2=a^2+ab+b^2$,故

$$D_n-aD_{n-1}=b^n.$$

于是

$$\begin{aligned} D_n&=aD_{n-1}+b^n=a(aD_{n-2}+b^{n-1})+b^n\\ &=a^2D_{n-2}+ab^{n-1}+b^n\\ &=a^3D_{n-3}+a^2b^{n-2}+ab^{n-1}+b^n\\ &=\cdots=a^{n-1}D_1+a^{n-2}b^2+\cdots+ab^{n-1}+b^n\\ &=a^n+a^{n-1}b+a^{n-2}b^2+\cdots+ab^{n-1}+b^n. \end{aligned}$$

□

3.3.6 分拆法

分拆法是指利用行列式的性质将复杂的行列式分解为简单的行列式之和或积.

例 3.13 计算 n 阶行列式

$$D_n=\begin{vmatrix} x & y & y & \cdots & y \\ z & x & y & \cdots & y \\ z & z & x & \cdots & y \\ \vdots & \vdots & \vdots & & \vdots \\ z & z & z & \cdots & x \end{vmatrix}.$$

解 先将 D_n 的最后一行拆开，得

$$D_n=\begin{vmatrix} x & y & y & \cdots & y \\ z & x & y & \cdots & y \\ z & z & x & \cdots & y \\ \vdots & \vdots & \vdots & & \vdots \\ z & z & z & \cdots & z \end{vmatrix}+\begin{vmatrix} x & y & y & \cdots & y \\ z & x & y & \cdots & y \\ z & z & x & \cdots & y \\ \vdots & \vdots & \vdots & & \vdots \\ 0 & 0 & 0 & \cdots & x-z \end{vmatrix},$$

将上式第一个行列式中第 n 行提取因子 z，然后将第 n 行乘 $-y$ 加到其他各行，得下三角行列式；将上式第二个行列式按第 n 行展开，于是得到

$$D_n=z(x-y)^{n-1}+(x-z)D_{n-1}.$$

将 y 与 z 互换，行列式 D_n 不变，从而有

$$D_n=y(x-z)^{n-1}+(x-y)D_{n-1}.$$

当 $y\neq z$ 时，联立上述两式，解得

$$D_n=\frac{z(x-y)^n-y(x-z)^n}{z-y}.$$

当 $y=z$ 时，由例 3.8 的结果知

$$D_n=[x+(n-1)y](x-y)^{n-1}.$$ □

例 3.14 计算行列式

$$|\boldsymbol{A}|=\begin{vmatrix} a_1^2+1 & a_1a_2+1 & \cdots & a_1a_n+1 \\ a_2a_1+1 & a_2^2+1 & \cdots & a_2a_n+1 \\ \vdots & \vdots & & \vdots \\ a_na_1+1 & a_na_2+1 & \cdots & a_n^2+1 \end{vmatrix}.$$

解 细心观察可以发现，当 $n\geqslant 3$ 时，有

$$\boldsymbol{A}=\begin{bmatrix} a_1 & 1 \\ a_2 & 1 \\ \vdots & \vdots \\ a_n & 1 \end{bmatrix}\begin{bmatrix} a_1 & a_2 & \cdots & a_n \\ 1 & 1 & \cdots & 1 \end{bmatrix}=\begin{bmatrix} a_1 & 1 & 0 & \cdots & 0 \\ a_2 & 1 & 0 & \cdots & 0 \\ \vdots & \vdots & \vdots & & \vdots \\ a_n & 1 & 0 & \cdots & 0 \end{bmatrix}\begin{bmatrix} a_1 & a_2 & \cdots & a_n \\ 1 & 1 & \cdots & 1 \\ 0 & 0 & \cdots & 0 \\ \vdots & \vdots & & \vdots \\ 0 & 0 & \cdots & 0 \end{bmatrix},$$

从而由行列式乘积法则可知，当 $n\geqslant 3$ 时，$|\boldsymbol{A}|=0$.

当 $n=1$ 时，显然 $|\boldsymbol{A}|=a_1^2+1$.

当 $n=2$ 时，有

$$|\boldsymbol{A}|=\begin{vmatrix} a_1^2+1 & a_1a_2+1 \\ a_2a_1+1 & a_2^2+1 \end{vmatrix}=(a_1-a_2)^2.$$ □

3.4 行列式的运用

第 2.2.5 小节从矩阵乘法的角度定义了矩阵的逆，第 2.5.1 小节从等价标准形的角度引进了矩阵的秩.本节我们用行列式的观点重新审视矩阵的逆和秩，并且回答第 3.1 节开头所提出的线性方程组解的表示问题，以展现行列式的精彩与魅力.

3.4.1 伴随矩阵与矩阵的逆

求二阶矩阵 $\boldsymbol{A}=[a_{ij}]$ 的逆矩阵的“两调一除”法，可以用行列式及其代数余子式表示为

$$\boldsymbol{A}^{-1}=\frac{1}{a_{11}a_{22}-a_{12}a_{21}}\begin{bmatrix}a_{22} & -a_{12}\\ -a_{21} & a_{11}\end{bmatrix}=\frac{1}{|\boldsymbol{A}|}\begin{bmatrix}A_{11} & A_{21}\\ A_{12} & A_{22}\end{bmatrix}.$$

为了将二阶逆矩阵的这种表达式推广到 n 阶矩阵，我们给予上式右端的矩阵一个名称.

定义 3.2 设 $\boldsymbol{A}=[a_{ij}]$ 为 n 阶矩阵，$n\geqslant 2$，$\boldsymbol{A}$ 中各元 a_{ij} 的代数余子式 A_{ij} 所构成的如下矩阵

$$\begin{bmatrix}A_{11} & A_{21} & \cdots & A_{n1}\\ A_{12} & A_{22} & \cdots & A_{n2}\\ \vdots & \vdots & & \vdots\\ A_{1n} & A_{2n} & \cdots & A_{nn}\end{bmatrix}$$

称为 $\boldsymbol{A}$ 的**伴随矩阵**，记作 $\boldsymbol{A}^*$.

解题方法归纳

代数余子式

定理 3.13 设 $\boldsymbol{A}$ 为 n 阶矩阵，则当 $n\geqslant 2$ 时，有

$$\boldsymbol{A}\boldsymbol{A}^*=\boldsymbol{A}^*\boldsymbol{A}=|\boldsymbol{A}|\boldsymbol{E}.$$

进一步，$\boldsymbol{A}$ 为可逆矩阵的充要条件是 $|\boldsymbol{A}|\neq 0$，且当 $n\geqslant 2$ 时，有

$$\boldsymbol{A}^{-1}=\frac{1}{|\boldsymbol{A}|}\boldsymbol{A}^*.$$

证 设 $\boldsymbol{A}=[a_{ij}]_{n\times n}$，$n\geqslant 2$，则由行列式按行展开法则有

$$\boldsymbol{A}\boldsymbol{A}^*=\begin{bmatrix}a_{11} & a_{12} & \cdots & a_{1n}\\ a_{21} & a_{22} & \cdots & a_{2n}\\ \vdots & \vdots & & \vdots\\ a_{n1} & a_{n2} & \cdots & a_{nn}\end{bmatrix}\begin{bmatrix}A_{11} & A_{21} & \cdots & A_{n1}\\ A_{12} & A_{22} & \cdots & A_{n2}\\ \vdots & \vdots & & \vdots\\ A_{1n} & A_{2n} & \cdots & A_{nn}\end{bmatrix}$$

$$=\begin{bmatrix}|\boldsymbol{A}| & & & \\ & |\boldsymbol{A}| & & \\ & & \ddots & \\ & & & |\boldsymbol{A}|\end{bmatrix}=|\boldsymbol{A}|\boldsymbol{E}.$$

同理可证 $\boldsymbol{A}^*\boldsymbol{A}=|\boldsymbol{A}|\boldsymbol{E}$，所以 $\boldsymbol{A}\boldsymbol{A}^*=\boldsymbol{A}^*\boldsymbol{A}=|\boldsymbol{A}|\boldsymbol{E}$.

定理的第二部分由定理 3.10 后面的说明以及定理的第一部分即得. □

当 $|\boldsymbol{A}|\neq 0$ 时，称 $\boldsymbol{A}$ 为**非奇异矩阵**，否则称 $\boldsymbol{A}$ 为**奇异矩阵**.因此，$\boldsymbol{A}$ 为可逆矩阵当且仅当 $\boldsymbol{A}$ 为非奇异矩阵.

该定理表明，方阵的行列式不仅是刻画矩阵是否可逆的重要工具，它还为求逆矩阵提供了不同于初等变换法的另一种方法，称为**伴随矩阵法**.

例 3.15 求矩阵

$$\boldsymbol{A}=\begin{bmatrix}1 & 2 & 3\\ 2 & 2 & 1\\ 3 & 4 & 3\end{bmatrix}$$

的逆矩阵.

解 因为$|\boldsymbol{A}|=2\neq0$,所以$\boldsymbol{A}$可逆.计算出$|\boldsymbol{A}|$中各元的代数余子式:

$$A_{11}=2,\quad A_{12}=-3,\quad A_{13}=2,$$
$$A_{21}=6,\quad A_{22}=-6,\quad A_{23}=2,$$
$$A_{31}=-4,\quad A_{32}=5,\quad A_{33}=-2,$$

于是

$$\boldsymbol{A}^{-1}=\frac{1}{|\boldsymbol{A}|}\boldsymbol{A}^{*}=\frac{1}{2}\begin{bmatrix}2&6&-4\\-3&-6&5\\2&2&-2\end{bmatrix}.$$ □

例 3.16 设$\boldsymbol{A}$是三阶可逆矩阵,且$|\boldsymbol{A}|=a$,求行列式$|(2\boldsymbol{A})^{-1}+\boldsymbol{A}^{*}|$.

解 因$\boldsymbol{A}$可逆,故$|\boldsymbol{A}|=a\neq0$,且

$$(2\boldsymbol{A})^{-1}=\frac{1}{2}\boldsymbol{A}^{-1},\quad \boldsymbol{A}^{*}=|\boldsymbol{A}|\boldsymbol{A}^{-1}=a\boldsymbol{A}^{-1},$$

从而

$$\begin{aligned}|(2\boldsymbol{A})^{-1}+\boldsymbol{A}^{*}|&=\left|\frac{1}{2}\boldsymbol{A}^{-1}+a\boldsymbol{A}^{-1}\right|=\left|\left(\frac{1}{2}+a\right)\boldsymbol{A}^{-1}\right|\\&=\left(\frac{1}{2}+a\right)^{3}|\boldsymbol{A}^{-1}|=\left(\frac{1}{2}+a\right)^{3}\frac{1}{a}=\frac{(1+2a)^{3}}{8a}.\end{aligned}$$ □

3.4.2 Cramer 法则

在第 3.1.1 小节和第 3.1.2 小节中,针对系数行列式非零的2×2和3×3线性方程组,我们已经用行列式的比值给出了解中每个未知量的取值.下面将给出$n\times n$线性方程组

$$\boldsymbol{Ax}=\boldsymbol{b} \tag{3.8}$$

的解的类似表示式.

定理 3.14(Cramer 法则) 如果$n\times n$线性方程组(3.8)的系数行列式$|\boldsymbol{A}|\neq0$,则方程组(3.8)有唯一的解

$$x_1=\frac{|\boldsymbol{A}_1|}{|\boldsymbol{A}|},x_2=\frac{|\boldsymbol{A}_2|}{|\boldsymbol{A}|},\cdots,x_n=\frac{|\boldsymbol{A}_n|}{|\boldsymbol{A}|},$$

其中$|\boldsymbol{A}_j|$ $(j=1,2,\cdots,n)$是用常数项向量$\boldsymbol{b}$替代$\boldsymbol{A}$中的第j列得到的行列式.

证 由于$|\boldsymbol{A}|\neq0$,所以$\boldsymbol{A}$的逆矩阵$\boldsymbol{A}^{-1}$存在,因此线性方程组(3.8)有唯一解$\boldsymbol{x}=\boldsymbol{A}^{-1}\boldsymbol{b}$,即

$$\begin{bmatrix}x_1\\x_2\\\vdots\\x_n\end{bmatrix}=\boldsymbol{A}^{-1}\boldsymbol{b}=\frac{1}{|\boldsymbol{A}|}\boldsymbol{A}^{*}\boldsymbol{b}=\frac{1}{|\boldsymbol{A}|}\begin{bmatrix}A_{11}&A_{21}&\cdots&A_{n1}\\A_{12}&A_{22}&\cdots&A_{n2}\\\vdots&\vdots&&\vdots\\A_{1n}&A_{2n}&\cdots&A_{nn}\end{bmatrix}\begin{bmatrix}b_1\\b_2\\\vdots\\b_n\end{bmatrix},$$

其中$\boldsymbol{A}^{*}$是$\boldsymbol{A}$的伴随矩阵,A_{ij}是$\boldsymbol{A}$的代数余子式$(i,j=1,2,\cdots,n)$.

将行列式$|\boldsymbol{A}_j|$按第j列展开,得

$$|\boldsymbol{A}_j| = b_1A_{1j} + b_2A_{2j} + \cdots + b_nA_{nj},$$

从而

$$x_j = \frac{1}{|\boldsymbol{A}|}(b_1A_{1j} + b_2A_{2j} + \cdots + b_nA_{nj}) = \frac{|\boldsymbol{A}_j|}{|\boldsymbol{A}|}, \quad j=1,2,\cdots,n. \qquad \square$$

由定理 2.13 即知，方程组(3.8)有唯一解的充要条件是系数行列式 $|\boldsymbol{A}| \neq 0$.从而 $n \times n$ 齐次线性方程组 $\boldsymbol{Ax}=\boldsymbol{0}$ 有非零解的充要条件是系数行列式 $|\boldsymbol{A}|=0$.

Cramer 法则既给出了系数行列式不为零的线性方程组的解的一个简洁表达式，也提供了一种求解方法.不过用该方法求解方程组的计算量要比消元法大得多，因此 Cramer 法则重要的是它的理论价值.

例 3.17 已知三个平面的方程分别为

$$x+y+z=a+b+c,$$
$$ax+by+cz=a^2+b^2+c^2,$$
$$bcx+cay+abz=3abc,$$

试问 a,b,c 满足什么条件时，三个平面交于一点？请求出它们的交点.

解 三个平面交于一点等价于线性方程组

$$\begin{cases} x+ \ y+ \ z=a+b+c, \\ ax+ \ by+ \ cz=a^2+b^2+c^2, \\ bcx+ cay+ abz=3abc \end{cases}$$

有唯一解，该方程组的系数行列式

$$|\boldsymbol{A}| = \begin{vmatrix} 1 & 1 & 1 \\ a & b & c \\ bc & ca & ab \end{vmatrix} \xlongequal[c_2-c_1]{c_3-c_2} \begin{vmatrix} 1 & 0 & 0 \\ a & b-a & c-b \\ bc & c(a-b) & a(b-c) \end{vmatrix}$$

$$= \begin{vmatrix} b-a & c-b \\ c(a-b) & a(b-c) \end{vmatrix} = (b-a)(c-b)\begin{vmatrix} 1 & 1 \\ -c & -a \end{vmatrix}$$

$$=(a-b)(b-c)(c-a),$$

由 Cramer 法则知，当 a,b,c 互不相等时，$|\boldsymbol{A}| \neq 0$，方程组有唯一解.并且

$$|\boldsymbol{A}_1| = \begin{vmatrix} a+b+c & 1 & 1 \\ a^2+b^2+c^2 & b & c \\ 3abc & ca & ab \end{vmatrix} \xlongequal{c_1-bc_2-cc_3} \begin{vmatrix} a & 1 & 1 \\ a^2 & b & c \\ abc & ca & ab \end{vmatrix}$$

$$= a\begin{vmatrix} 1 & 1 & 1 \\ a & b & c \\ bc & ca & ab \end{vmatrix} = a|\boldsymbol{A}|,$$

同理得

$$|\boldsymbol{A}_2| = \begin{vmatrix} 1 & a+b+c & 1 \\ a & a^2+b^2+c^2 & c \\ bc & 3abc & ab \end{vmatrix} = b|\boldsymbol{A}|, \quad |\boldsymbol{A}_3| = \begin{vmatrix} 1 & 1 & a+b+c \\ a & b & a^2+b^2+c^2 \\ bc & ca & 3abc \end{vmatrix} = c|\boldsymbol{A}|,$$

因此方程组的解为

$$x=\frac{|\boldsymbol{A}_1|}{|\boldsymbol{A}|}=a,\quad y=\frac{|\boldsymbol{A}_2|}{|\boldsymbol{A}|}=b,\quad z=\frac{|\boldsymbol{A}_3|}{|\boldsymbol{A}|}=c,$$

即三个平面的交点为(a,b,c). □

3.4.3 矩阵的子式与秩

在$m\times n$矩阵$\boldsymbol{A}$中任意选定k行和k列,位于这些选定的行和列交叉处的k^2个元按原来的相对位置所组成的k阶行列式,称为$\boldsymbol{A}$的一个k阶**子式**.在$\boldsymbol{A}$中选定第$i_1,i_2,\cdots,i_k$行和第$i_1,i_2,\cdots,i_k$列所构成的k阶子式称为$\boldsymbol{A}$的一个k阶**主子式**.$\boldsymbol{A}$的前k行k列元构成的主子式称为$\boldsymbol{A}$的k阶**顺序主子式**.

例如,在矩阵

$$\boldsymbol{A}=\begin{bmatrix}1&2&3&4&5\\2&3&4&1&6\\3&4&1&2&7\\4&1&2&3&8\end{bmatrix}$$

中,选定第一、三行和第二、四列,组成$\boldsymbol{A}$的一个二阶子式为

$$\begin{vmatrix}2&4\\4&2\end{vmatrix}=-12;$$

$\boldsymbol{A}$的三阶顺序主子式为

$$\begin{vmatrix}1&2&3\\2&3&4\\3&4&1\end{vmatrix}=4.$$

假如阶梯矩阵$\boldsymbol{A}$有r个非零行,那么$\boldsymbol{A}$的秩等于r,并且$\boldsymbol{A}$有一个r阶子式不为零,而所有的$r+1$阶子式全为零,于是$\boldsymbol{A}$中阶数大于r的子式都为零,因此阶梯矩阵$\boldsymbol{A}$的秩等于$\boldsymbol{A}$中非零子式的最高阶数.如果规定零矩阵的非零子式的最高阶数为零,那么对一般的矩阵也有同样的结论.

定理 3.15 矩阵$\boldsymbol{A}$的秩等于$\boldsymbol{A}$的非零子式的最高阶数.

疑难问题辨析

如何理解和应用非零子式求矩阵的秩?

证 矩阵$\boldsymbol{A}$中非零子式的最高阶数是唯一确定的,记为$t(\boldsymbol{A})$.不妨设$\boldsymbol{A}\neq\boldsymbol{0}$.

首先证明:若$\boldsymbol{A}$经一次初等行变换变为$\boldsymbol{B}$,则$t(\boldsymbol{B})=t(\boldsymbol{A})$.

设$t(\boldsymbol{A})=t$,D是$\boldsymbol{B}$中任意一个$t+1$阶子式.

(1) 若$\boldsymbol{A}$经对调行变换$r_i\leftrightarrow r_j$得到$\boldsymbol{B}$,则D或者是$\boldsymbol{A}$的$t+1$阶子式,或者是由$\boldsymbol{A}$的一个$t+1$阶子式经过一些行的对调得到的,从而$D=0$.

(2) 若$\boldsymbol{A}$经倍乘行变换kr_i得到$\boldsymbol{B}$,则D或者是$\boldsymbol{A}$的$t+1$阶子式,或者是由$\boldsymbol{A}$的一个$t+1$阶子式中某一行乘k得到的,因此$D=0$.

(3) 若$\boldsymbol{A}$经倍加行变换r_i+kr_j得到$\boldsymbol{B}$.

(i) 当D不含$\boldsymbol{A}$的第i行元素时,D是$\boldsymbol{A}$的$t+1$阶子式,即$D=0$.

(ii) 当D含$\boldsymbol{A}$的第i行和第j行元素时,D是由$\boldsymbol{A}$的一个$t+1$阶子式中某行的k倍加到另一行得到的,故$D=0$.

(iii) 当D含$\boldsymbol{A}$的第i行但不含第j行元素时,有

$$D=\begin{vmatrix} \vdots \\ \boldsymbol{\alpha}_i+k\,\boldsymbol{\alpha}_j \\ \vdots \end{vmatrix}=\begin{vmatrix} \vdots \\ \boldsymbol{\alpha}_i \\ \vdots \end{vmatrix}+k\begin{vmatrix} \vdots \\ \boldsymbol{\alpha}_j \\ \vdots \end{vmatrix},$$

上式右端第一个行列式是 $\boldsymbol{A}$ 的 $t+1$ 阶子式，即为零；而第二个行列式是由 $\boldsymbol{A}$ 的一个 $t+1$ 阶子式经过一些行的对调得到的，故为零，所以 $D=0$.

综上所述，$\boldsymbol{B}$ 中任意一个 $t+1$ 阶子式均为零，于是 $t(\boldsymbol{B})\leqslant t=t(\boldsymbol{A})$.

由于 $\boldsymbol{B}$ 也可经一次初等行变换得到 $\boldsymbol{A}$，所以由上知 $t(\boldsymbol{A})\leqslant t(\boldsymbol{B})$. 因此 $t(\boldsymbol{B})=t(\boldsymbol{A})$，即一次初等行变换不改变矩阵中非零子式的最高阶数. 从而有限次初等行变换也不改变矩阵中非零子式的最高阶数.

再证 $\operatorname{rank}\boldsymbol{A}=t(\boldsymbol{A})$.

因为 $\boldsymbol{A}$ 经过有限次初等行变换可化为阶梯矩阵 $\boldsymbol{C}$，而有限次初等变换不改变矩阵的秩，所以 $\operatorname{rank}\boldsymbol{A}=\operatorname{rank}\boldsymbol{C}=t(\boldsymbol{C})$.

由已证结果知 $t(\boldsymbol{A})=t(\boldsymbol{C})$，因此 $\operatorname{rank}\boldsymbol{A}=t(\boldsymbol{A})$. □

这个定理既给出了矩阵秩的等价定义，还提供了求矩阵秩的另一种方法.

例 3.18 求矩阵 $\boldsymbol{A}$ 的秩，其中

$$\boldsymbol{A}=\begin{bmatrix} 1 & 3 & 1 & -6 \\ 0 & 1 & 2 & -2 \\ -2 & -3 & 4 & 6 \end{bmatrix}.$$

解 由于 $\boldsymbol{A}$ 的第二列与第四列成比例，所以同时含有这两列元的三阶子式为零，因而只需要考虑 $\boldsymbol{A}$ 的两个三阶子式，经计算

$$\begin{vmatrix} 1 & 3 & 1 \\ 0 & 1 & 2 \\ -2 & -3 & 4 \end{vmatrix}=0,\quad \begin{vmatrix} 1 & 1 & -6 \\ 0 & 2 & -2 \\ -2 & 4 & 6 \end{vmatrix}=0.$$

又因为二阶子式 $\begin{vmatrix} 1 & 3 \\ 0 & 1 \end{vmatrix}=1\neq 0$，所以 $\operatorname{rank}\boldsymbol{A}=2$. □

3.4.4 矩阵秩的性质

解题方法归纳

伴随矩阵

下面给出矩阵秩的性质，有些是显而易见的，有些在第 2.5.1 小节已经提及.

(1) $0\leqslant\operatorname{rank}\boldsymbol{A}_{m\times n}\leqslant\min\{m,n\}$.

(2) $\operatorname{rank}\boldsymbol{A}^{\mathrm{T}}=\operatorname{rank}\boldsymbol{A}$.

(3) 若 $\boldsymbol{P},\boldsymbol{Q}$ 是可逆矩阵，则

$$\operatorname{rank}(\boldsymbol{PA})=\operatorname{rank}(\boldsymbol{AQ})=\operatorname{rank}(\boldsymbol{PAQ})=\operatorname{rank}\boldsymbol{A}.$$

(4) 若 $\boldsymbol{A},\boldsymbol{B}$ 为同型矩阵，则 $\boldsymbol{A}\cong\boldsymbol{B}$ 当且仅当 $\operatorname{rank}\boldsymbol{A}=\operatorname{rank}\boldsymbol{B}$.

(5) $\operatorname{rank}\begin{bmatrix} \boldsymbol{A} & \boldsymbol{0} \\ \boldsymbol{0} & \boldsymbol{B} \end{bmatrix}=\operatorname{rank}\boldsymbol{A}+\operatorname{rank}\boldsymbol{B}$.

(6) $\operatorname{rank}\begin{bmatrix} \boldsymbol{A} & \boldsymbol{0} \\ \boldsymbol{C} & \boldsymbol{B} \end{bmatrix}\geqslant\operatorname{rank}\boldsymbol{A}+\operatorname{rank}\boldsymbol{B}$.

(7) $\max\{\operatorname{rank}\boldsymbol{A},\operatorname{rank}\boldsymbol{B}\}\leqslant\operatorname{rank}[\boldsymbol{A}\quad\boldsymbol{B}]\leqslant\operatorname{rank}\boldsymbol{A}+\operatorname{rank}\boldsymbol{B}$.

(8) $\operatorname{rank}\boldsymbol{A}-\operatorname{rank}\boldsymbol{B}\leqslant\operatorname{rank}(\boldsymbol{A}+\boldsymbol{B})\leqslant\operatorname{rank}\boldsymbol{A}+\operatorname{rank}\boldsymbol{B}$.

(9) Sylvester 不等式：设 $\boldsymbol{A}$ 为 $m\times n$ 矩阵，$\boldsymbol{B}$ 为 $n\times s$ 矩阵，则

$$\operatorname{rank}\boldsymbol{A}+\operatorname{rank}\boldsymbol{B}-n\leqslant\operatorname{rank}(\boldsymbol{AB})\leqslant\min\{\operatorname{rank}\boldsymbol{A},\operatorname{rank}\boldsymbol{B}\};$$

特别地，当$\boldsymbol{A}_{m\times n}\boldsymbol{B}_{n\times s}=\boldsymbol{0}$ 时，有 $\operatorname{rank}\boldsymbol{A}+\operatorname{rank}\boldsymbol{B}\leqslant n$.

只需证明性质(5)—(9).

首先证明性质(5).对分块矩阵

$$\boldsymbol{D}=\begin{bmatrix}\boldsymbol{A} & \boldsymbol{0}\\ \boldsymbol{0} & \boldsymbol{B}\end{bmatrix}$$

做初等行变换化为阶梯矩阵$\boldsymbol{D}_1$，则矩阵 $\boldsymbol{A}$，$\boldsymbol{B}$ 分别化为阶梯矩阵$\boldsymbol{A}_1$，$\boldsymbol{B}_1$，于是$\boldsymbol{D}_1$ 的非零行数等于$\boldsymbol{A}_1$ 与$\boldsymbol{B}_1$ 的非零行数之和，即

$$\operatorname{rank}\boldsymbol{D}=\operatorname{rank}\boldsymbol{A}+\operatorname{rank}\boldsymbol{B}.$$

其次证明性质(6).当 $\boldsymbol{A}$ 有一个 s 阶非零子式，$\boldsymbol{B}$ 有一个 t 阶非零子式时，由推论 3.12 可知，分块矩阵$\begin{bmatrix}\boldsymbol{A} & \boldsymbol{0}\\ \boldsymbol{C} & \boldsymbol{B}\end{bmatrix}$必有一个 $s+t$ 阶非零子式，于是

$$\operatorname{rank}\begin{bmatrix}\boldsymbol{A} & \boldsymbol{0}\\ \boldsymbol{C} & \boldsymbol{B}\end{bmatrix}\geqslant\operatorname{rank}\boldsymbol{A}+\operatorname{rank}\boldsymbol{B}.$$

再证明性质(7).对分块矩阵$[\boldsymbol{A}\quad\boldsymbol{B}]$做初等行变换化为阶梯矩阵$[\boldsymbol{A}_1\quad\boldsymbol{B}_1]$，则 $\boldsymbol{A}_1$ 的非零行数不会超过$[\boldsymbol{A}_1\quad\boldsymbol{B}_1]$的非零行数，因此 $\operatorname{rank}\boldsymbol{A}\leqslant\operatorname{rank}[\boldsymbol{A}\quad\boldsymbol{B}]$.同理可得 $\operatorname{rank}\boldsymbol{B}\leqslant\operatorname{rank}[\boldsymbol{A}\quad\boldsymbol{B}]$.于是

$$\max\{\operatorname{rank}\boldsymbol{A},\operatorname{rank}\boldsymbol{B}\}\leqslant\operatorname{rank}[\boldsymbol{A}\quad\boldsymbol{B}].$$

应用分块倍加行变换可得

$$\begin{bmatrix}\boldsymbol{A} & \boldsymbol{0}\\ \boldsymbol{0} & \boldsymbol{B}\end{bmatrix}\to\begin{bmatrix}\boldsymbol{A} & \boldsymbol{B}\\ \boldsymbol{0} & \boldsymbol{B}\end{bmatrix},$$

从而由性质(5)知

$$\operatorname{rank}\boldsymbol{A}+\operatorname{rank}\boldsymbol{B}=\operatorname{rank}\begin{bmatrix}\boldsymbol{A} & \boldsymbol{0}\\ \boldsymbol{0} & \boldsymbol{B}\end{bmatrix}=\operatorname{rank}\begin{bmatrix}\boldsymbol{A} & \boldsymbol{B}\\ \boldsymbol{0} & \boldsymbol{B}\end{bmatrix}\geqslant\operatorname{rank}[\boldsymbol{A}\quad\boldsymbol{B}].$$

然后证明性质(8).应用分块倍加列变换可得

$$[\boldsymbol{A}\quad\boldsymbol{B}]\to[\boldsymbol{A}+\boldsymbol{B}\quad\boldsymbol{B}],$$

所以由性质(7)知

$$\operatorname{rank}\boldsymbol{A}+\operatorname{rank}\boldsymbol{B}\geqslant\operatorname{rank}[\boldsymbol{A}\quad\boldsymbol{B}]=\operatorname{rank}[\boldsymbol{A}+\boldsymbol{B}\quad\boldsymbol{B}]\geqslant\operatorname{rank}(\boldsymbol{A}+\boldsymbol{B}).$$

由上式还可得到

$$\operatorname{rank}(\boldsymbol{A}+\boldsymbol{B})+\operatorname{rank}(-\boldsymbol{B})\geqslant\operatorname{rank}\{(\boldsymbol{A}+\boldsymbol{B})-\boldsymbol{B}\},$$

即

$$\operatorname{rank}(\boldsymbol{A}+\boldsymbol{B})+\operatorname{rank}\boldsymbol{B}\geqslant\operatorname{rank}\boldsymbol{A},$$

综上所述，得

$$\operatorname{rank}\boldsymbol{A}-\operatorname{rank}\boldsymbol{B}\leqslant\operatorname{rank}(\boldsymbol{A}+\boldsymbol{B})\leqslant\operatorname{rank}\boldsymbol{A}+\operatorname{rank}\boldsymbol{B}.$$

最后证明性质(9).记 $\boldsymbol{C}=\boldsymbol{AB}$，则矩阵方程 $\boldsymbol{AX}=\boldsymbol{C}$ 有解，于是由定理 2.15 知 $\operatorname{rank}\boldsymbol{A}=\operatorname{rank}[\boldsymbol{A}\quad\boldsymbol{C}]$.因 $\operatorname{rank}\boldsymbol{C}\leqslant\operatorname{rank}[\boldsymbol{A}\quad\boldsymbol{C}]$，故

$$\operatorname{rank}(\boldsymbol{AB})=\operatorname{rank}\boldsymbol{C}\leqslant\operatorname{rank}\boldsymbol{A}.$$

根据性质(2)及上式又得

$$\operatorname{rank}(\boldsymbol{AB})=\operatorname{rank}((\boldsymbol{AB})^{\mathrm{T}})=\operatorname{rank}(\boldsymbol{B}^{\mathrm{T}}\boldsymbol{A}^{\mathrm{T}})\leqslant\operatorname{rank}\boldsymbol{B}^{\mathrm{T}}=\operatorname{rank}\boldsymbol{B},$$

所以

$$\operatorname{rank}(\boldsymbol{AB})\leqslant\min\{\operatorname{rank}\boldsymbol{A},\operatorname{rank}\boldsymbol{B}\}.$$

应用分块初等变换可得

$$\begin{bmatrix}\boldsymbol{AB} & \boldsymbol{0}\\ \boldsymbol{0} & \boldsymbol{E}_n\end{bmatrix}\to\begin{bmatrix}\boldsymbol{AB} & \boldsymbol{A}\\ \boldsymbol{0} & \boldsymbol{E}_n\end{bmatrix}\to\begin{bmatrix}\boldsymbol{0} & \boldsymbol{A}\\ -\boldsymbol{B} & \boldsymbol{E}_n\end{bmatrix}\to\begin{bmatrix}\boldsymbol{0} & \boldsymbol{A}\\ \boldsymbol{B} & \boldsymbol{E}_n\end{bmatrix}\to\begin{bmatrix}\boldsymbol{A} & \boldsymbol{0}\\ \boldsymbol{E}_n & \boldsymbol{B}\end{bmatrix},$$

于是由性质(5)和(6)可知

$$\operatorname{rank}(\boldsymbol{AB})+n=\operatorname{rank}\begin{bmatrix}\boldsymbol{AB} & \boldsymbol{0}\\ \boldsymbol{0} & \boldsymbol{E}_n\end{bmatrix}=\operatorname{rank}\begin{bmatrix}\boldsymbol{A} & \boldsymbol{0}\\ \boldsymbol{E}_n & \boldsymbol{B}\end{bmatrix}\geqslant\operatorname{rank}\boldsymbol{A}+\operatorname{rank}\boldsymbol{B}.$$

解题方法归纳

矩阵的秩

例 3.19 设 n 阶矩阵 $\boldsymbol{A}$ 满足 $\boldsymbol{A}^2=\boldsymbol{A}$，证明 $\operatorname{rank}\boldsymbol{A}+\operatorname{rank}(\boldsymbol{E}-\boldsymbol{A})=n$.

证 由 $\boldsymbol{A}^2=\boldsymbol{A}$ 有 $\boldsymbol{A}(\boldsymbol{E}-\boldsymbol{A})=\boldsymbol{0}$，根据性质(9)得

$$\operatorname{rank}\boldsymbol{A}+\operatorname{rank}(\boldsymbol{E}-\boldsymbol{A})\leqslant n.$$

又 $\boldsymbol{A}+(\boldsymbol{E}-\boldsymbol{A})=\boldsymbol{E}$，由性质(8)知

$$n=\operatorname{rank}\boldsymbol{E}\leqslant\operatorname{rank}\boldsymbol{A}+\operatorname{rank}(\boldsymbol{E}-\boldsymbol{A}),$$

因此

$$\operatorname{rank}\boldsymbol{A}+\operatorname{rank}(\boldsymbol{E}-\boldsymbol{A})=n.$$ □

从本节的讨论可以看出，行列式让人们观察问题有了新的视角，求解问题有了新的手段.尽管与初等变换相比，求矩阵的逆、解 $n\times n$ 线性方程组以及计算矩阵的秩，在计算量上行列式毫无优势可言，但行列式将在第 5 章计算矩阵的特征值时扮演着不可或缺的角色.

3.5 应用实例

本节首先给出行列式的几何意义，然后将行列式应用于分式方程、平面方程和 Fibonacci(斐波那契)数.

3.5.1 行列式的几何意义

例 3.20 将二阶实矩阵 $\boldsymbol{A}=[a_{ij}]$ 按列分块为 $[\boldsymbol{\alpha}\ \ \boldsymbol{\beta}]$，证明：以列向量 $\boldsymbol{\alpha},\boldsymbol{\beta}$ 为邻边的平行四边形(见图 3.2)的面积等于矩阵 $\boldsymbol{A}$ 的行列式的绝对值 $|\det\boldsymbol{A}|$.

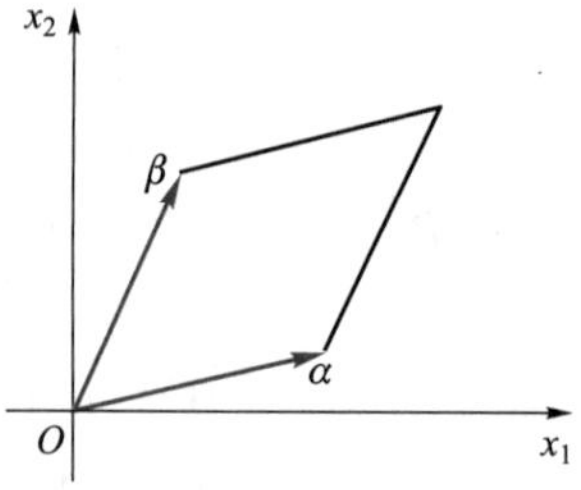

图 3.2 以 $\boldsymbol{\alpha},\boldsymbol{\beta}$ 为邻边的平行四边形

证 当 $\boldsymbol{A}$ 为对角矩阵时，以 $\boldsymbol{\alpha},\boldsymbol{\beta}$ 为邻边的平行四边形变成矩形(见图 3.3)，且

$$|\det \boldsymbol{A}| = \left|\det \begin{bmatrix} a_{11} & 0 \\ 0 & a_{22} \end{bmatrix}\right| = |a_{11}a_{22}|,$$

所以结论成立.

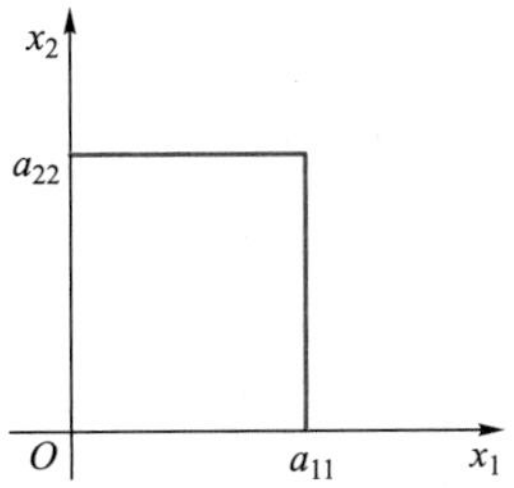

图 3.3 以二阶对角矩阵的列向量为邻边的矩形

当 $\boldsymbol{A}$ 为任意的二阶实矩阵时，对 $\boldsymbol{A}$ 做对调列变换和倍加列变换可以将其化为对角矩阵，这两种初等变换不会改变 $|\det \boldsymbol{A}|$.由于对调列变换不会改变平行四边形，故不改变面积，所以只需证明倍加列变换也不改变平行四边形的面积，即：

对任意实数 k，以 $\boldsymbol{\alpha},\boldsymbol{\beta}$ 为邻边的平行四边形的面积等于以 $\boldsymbol{\alpha},\boldsymbol{\beta}+k\boldsymbol{\alpha}$ 为邻边的平行四边形的面积.

不妨设 $\boldsymbol{\alpha}\neq\boldsymbol{0},\boldsymbol{\beta}\neq\boldsymbol{0}$，且 $\boldsymbol{\beta}$ 不是 $\boldsymbol{\alpha}$ 的倍数，否则这两个平行四边形的面积均为零.由图 3.4 可以看出：在这两个平行四边形中，$\boldsymbol{\alpha}$ 是它们的公共底边，并且它们与 $\boldsymbol{\alpha}$ 平行的对边在同一条直线上，从而它们公共底边上的高相等，于是两个平行四边形的面积相等. □

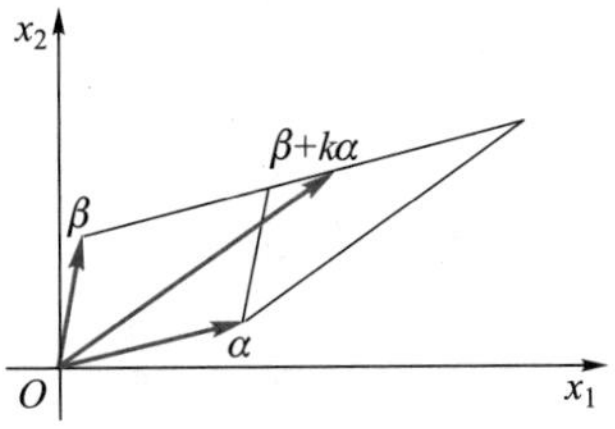

图 3.4 两个等面积的平行四边形

例 3.21 将三阶实矩阵 $\boldsymbol{A}=[a_{ij}]$按列分块为$[\boldsymbol{\alpha} \quad \boldsymbol{\beta} \quad \boldsymbol{\gamma}]$，证明：以列向量 $\boldsymbol{\alpha},\boldsymbol{\beta},\boldsymbol{\gamma}$ 为棱的平行六面体(见图 3.5)的体积等于矩阵 $\boldsymbol{A}$ 的行列式的绝对值$|\det \boldsymbol{A}|$.

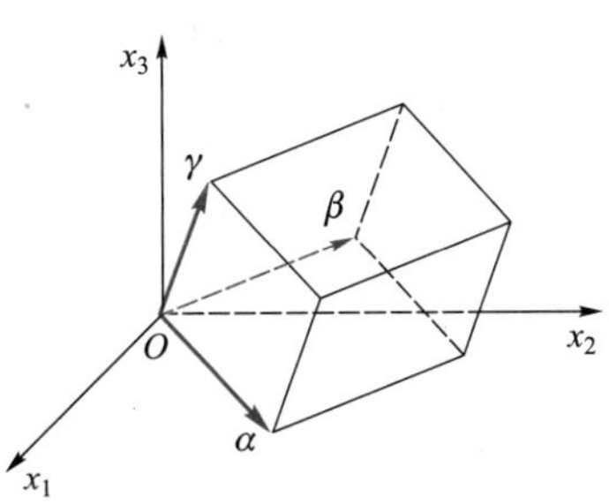

图 3.5 以 $\boldsymbol{\alpha},\boldsymbol{\beta},\boldsymbol{\gamma}$ 为棱的平行六面体

证 当 $\boldsymbol{A}$ 为对角矩阵时，以 $\boldsymbol{\alpha},\boldsymbol{\beta},\boldsymbol{\gamma}$ 为棱的平行六面体变成长方体(见图 3.6)，且

$$|\det \boldsymbol{A}|=\left|\det\begin{bmatrix}a_{11} & & \\ & a_{22} & \\ & & a_{33}\end{bmatrix}\right|=|a_{11}a_{22}a_{33}|,$$

结论成立.

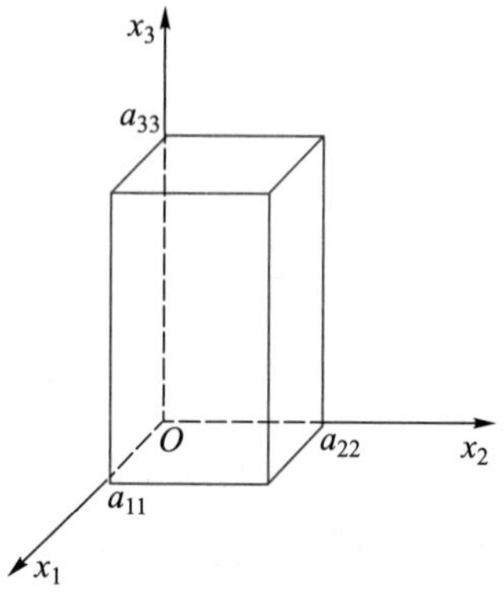

图 3.6 以三阶对角矩阵的列向量为棱的平行六面体

当 $\boldsymbol{A}$ 为任意的三阶实矩阵时，与例 3.20 类似，只需证明如下论断：

对任意实数 k，以 $\boldsymbol{\alpha},\boldsymbol{\beta},\boldsymbol{\gamma}$ 为棱的平行六面体的体积等于以 $\boldsymbol{\alpha},\boldsymbol{\beta},\boldsymbol{\gamma}+k\boldsymbol{\alpha}$ 为棱的平行六面体的体积.

由图 3.7 可以看出：两个平行六面体的公共底面是以 $\boldsymbol{\alpha},\boldsymbol{\beta}$ 为邻边的平行四边形，并且它们的平行于公共底面的对面在同一个平面上，从而它们公共底面上的高相等，于是上述论断成立. □

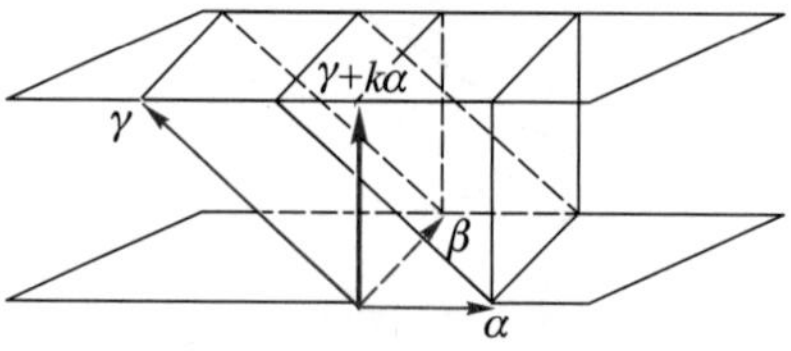

图 3.7 两个等体积的平行六面体

一般地，当 $n>3$ 时，n 阶实矩阵 $\boldsymbol{A}=[\boldsymbol{\alpha}_1\quad \boldsymbol{\alpha}_2\quad \cdots\quad \boldsymbol{\alpha}_n]$ 的行列式的绝对值 $|\det \boldsymbol{A}|$ 等于以 $\boldsymbol{\alpha}_1,\boldsymbol{\alpha}_2,\cdots,\boldsymbol{\alpha}_n$ 为棱所构成的超平行多面体的体积.

3.5.2 分式方程与平面方程

例 3.22 解分式方程 $\dfrac{x^2+7x-10}{x^2+7x+10}=\dfrac{x^2+10}{x^2-10}$.

解 在定义域内，上述方程等价于

$$\begin{vmatrix}x^2+7x-10 & x^2+10\\ x^2+7x+10 & x^2-10\end{vmatrix}=0,$$

将行列式的第二列乘(-1)加到第一列,得

$$\begin{vmatrix} 7x-20 & x^2+10 \\ 7x+20 & x^2-10 \end{vmatrix}=0,$$

再将第一行乘(-1)加到第二行,然后第二行除以 20,得

$$\begin{vmatrix} 7x-20 & x^2+10 \\ 2 & -1 \end{vmatrix}=0,$$

即

$$2x^2+7x=0,$$

解得 $x_1=0, x_2=-\dfrac{7}{2}$,均在原方程的定义域内,从而都是原方程的解. □

例 3.23 求通过空间中三点(1,1,1),(2,3,-1),(3,-1,-1)的平面方程.

解 设平面方程为

$$Ax+By+Cz+D=0,$$

代入三点(1,1,1),(2,3,-1),(3,-1,-1)和平面上任意一点(x,y,z),得

$$\begin{cases} A+B+C+D=0, \\ 2A+3B-C+D=0, \\ 3A-B-C+D=0, \\ xA+yB+zC+D=0, \end{cases}$$

则上述关于 A,B,C,D 的四元线性方程组有非零解,从而它的系数行列式

$$\begin{vmatrix} 1 & 1 & 1 & 1 \\ 2 & 3 & -1 & 1 \\ 3 & -1 & -1 & 1 \\ x & y & z & 1 \end{vmatrix}=0,$$

而

$$\begin{vmatrix} 1 & 1 & 1 & 1 \\ 2 & 3 & -1 & 1 \\ 3 & -1 & -1 & 1 \\ x & y & z & 1 \end{vmatrix} \xlongequal[i=1,2,3]{c_i-c_4} \begin{vmatrix} 0 & 0 & 0 & 1 \\ 1 & 2 & -2 & 1 \\ 2 & -2 & -2 & 1 \\ x-1 & y-1 & z-1 & 1 \end{vmatrix}$$

$$=(-1)^{1+4}\begin{vmatrix} 1 & 2 & -2 \\ 2 & -2 & -2 \\ x-1 & y-1 & z-1 \end{vmatrix}$$

$$=2\begin{vmatrix} 1 & 2 & -2 \\ -1 & 1 & 1 \\ x-1 & y-1 & z-1 \end{vmatrix} \xlongequal{r_1+r_2} 2\begin{vmatrix} 0 & 3 & -1 \\ -1 & 1 & 1 \\ x-1 & y-1 & z-1 \end{vmatrix}$$

$$\xlongequal{c_2+3c_3} 2\begin{vmatrix} 0 & 0 & -1 \\ -1 & 4 & 1 \\ x-1 & y+3z-4 & z-1 \end{vmatrix}$$

$$=(-1)(-1)^{1+3}2\begin{vmatrix}-1 & 4\\ x-1 & y+3z-4\end{vmatrix}$$

$$=2(4x+y+3z-8),$$

故所求的平面方程

$$4x+y+3z-8=0.$$

□

3.5.3 Fibonacci 数

例 3.24 Fibonacci 数.1202 年,意大利数学家 Leonardo Fibonacci 提出了有趣的兔子问题:某人在一处四周有围墙的地方养了一对新出生的小兔.假定每对小兔出生两个月就长成大兔,而一对大兔每月生一对小兔,并且不考虑兔子死去的情况.第 n 个月后兔子的对数 $F(n)$ 称为 Fibonacci **数**.

(1) 求 Fibonacci 数的递推关系式;

(2) 证明:Fibonacci 数可表示为

$$F(n)=\begin{vmatrix}1 & -1 & 0 & \cdots & 0 & 0\\ 1 & 1 & -1 & \cdots & 0 & 0\\ 0 & 1 & 1 & \cdots & 0 & 0\\ \vdots & \vdots & \vdots & & \vdots & \vdots\\ 0 & 0 & 0 & \cdots & 1 & -1\\ 0 & 0 & 0 & \cdots & 1 & 1\end{vmatrix};$$

(3) 求 Fibonacci 数的通项公式.

解 (1) 第一个月后兔子的对数是 1.第二个月后兔子的对数等于第一个月后的一对大兔与新生的一对小兔,共 2 对.第三个月后兔子的对数等于第二个月后的两对兔子,加上第一个月后的一对大兔生的一对小兔,共 3 对.第 n 个月后兔子的对数 $F(n)$ 等于第 $n-1$ 个月后的 $F(n-1)$ 对兔子,加上第 $n-2$ 个月后的 $F(n-2)$ 对大兔新生的 $F(n-2)$ 对小兔,从而

$$F(n)=F(n-1)+F(n-2)\ (n\geqslant 3),\quad F(1)=1,\quad F(2)=2.$$

得到数列

$$1,2,3,5,8,13,21,34,\cdots.$$

(2) 记上述 n 阶行列式为 D_n,将其按第一行展开,得

$$D_n=D_{n-1}+(-1)^{1+2}(-1)D_{n-2}=D_{n-1}+D_{n-2},\quad n\geqslant 3.$$

并且 $D_1=1,D_2=2$.因此 $F(n)=D_n$.

(3) 令 $a+b=1,ab=-1$,则 a,b 是一元二次方程

$$x^2-x-1=0$$

的两个根:

$$a=\frac{1+\sqrt{5}}{2},\quad b=\frac{1-\sqrt{5}}{2}.$$

于是

$$F(n)=\begin{vmatrix} a+b & ab & 0 & \cdots & 0 & 0 \\ 1 & a+b & ab & \cdots & 0 & 0 \\ 0 & 1 & a+b & \cdots & 0 & 0 \\ \vdots & \vdots & \vdots & & \vdots & \vdots \\ 0 & 0 & 0 & \cdots & a+b & ab \\ 0 & 0 & 0 & \cdots & 1 & a+b \end{vmatrix},$$

根据例 3.12,即得

$$F(n)=\frac{a^{n+1}-b^{n+1}}{a-b}=\frac{1}{\sqrt{5}}\left[\left(\frac{1+\sqrt{5}}{2}\right)^{n+1}-\left(\frac{1-\sqrt{5}}{2}\right)^{n+1}\right]. \qquad \square$$

3.6 历史事件

行列式起源于解线性方程组的需要.1683 年,日本数学家关孝和在著作《解伏题之法》中首次提出了行列式的概念和算法,西方对行列式的研究则始于 Leibniz 于 1693 年 4 月 28 日写给 L'Hospital 的信,这封信 1850 年才正式发表.而行列式的现在的这种记号是 1841 年由 Cayley 给出的.

1750 年,瑞士数学家 Gabriel Cramer 在他的《代数曲线分析引论》中发表了用行列式解 $n\times n$ 线性方程组的方法,后来被称为 Cramer 法则;同时还提到行列式或许能应用于解析几何.应该指出,英国数学家 Colin Maclaurin(麦克劳林)在 1729 年也得到过这个法则.1764 年,法国数学家 Étienne Bézout(贝祖)讨论了齐次线性方程组有非零解的充要条件.

1772 年,法国数学家 Alexandre-Théophile Vandermonde 不仅把行列式应用于解线性方程组,而且对行列式理论本身进行了开创性研究,给出了用二阶子式和它的余子式来展开行列式的方法,他是将行列式理论与线性方程组求解相分离的第一人.为此人们将例 3.10 中的行列式冠以他的名字,不过在他公开发表的作品中没有找到这个行列式.同年,法国数学家、天文家 Pierre-Simon Laplace(拉普拉斯)将 Vandermonde 的方法推广到一般情形,后来被人们称为 Laplace 展开定理(即行列式按行(列)展开法则的推广形式).

1773 年,法国数学家、力学家、天文学家 Joseph-Louis Lagrange(拉格朗日)针对三阶行列式给出了行列式的乘法法则;1812 年,法国数学家 Augustin-Louis Cauchy(柯西)给出了用行列式计算四面体和平行六面体的体积的公式(这与 Cramer 所猜测的行列式在解析几何中的应用不谋而合);1815 年 Cauchy 给出了矩阵乘积的行列式公式(即行列式乘积法则的推广形式),法国数学家 Jacques P. M. Binet(比内)在 1812 年曾叙述过该定理但没有给出令人满意的证明,后来人们称之为 Binet-Cauchy 公式;1825 年,Heinrich F. Scherk(舍克)给出了行列式的几个新的性质,包含行列式的倍乘变换和倍加变换的性质.

1840 年,Sylvester 得到了 n 次和 m 次代数方程有公共解的充要条件是它们的系数构成的一个特殊的 $m+n$ 阶行列式等于零,后被 Cauchy 给出了完整的证明.1884 年,Sylvester 首先证明了所谓的 Sylvester 不等式.

1841年，德国数学家 Carl Gustav Jacob Jacobi（雅可比）引进了函数行列式的概念，给出了函数行列式的求导公式；在偏微分方程的研究中，他引进了“Jacobi 行列式”，并应用在多重积分的变量变换和函数组的相关性研究中.

从 Cauchy 发现行列式在解析几何中的应用之后，行列式持续了近百年的鼎盛时期.如今，虽然行列式的数值意义已经不大，但是它仍在线性代数的一些应用中起着重要的作用.

习 题 3

(A)

1. 计算下列行列式：

(1) $\begin{vmatrix} 1 & 4 & 2 \\ 3 & 5 & 1 \\ 2 & 1 & 6 \end{vmatrix}$； (2) $\begin{vmatrix} 0 & 3 & 0 \\ 2 & 0 & 0 \\ 0 & 0 & -5 \end{vmatrix}$；

(3) $\begin{vmatrix} -4 & 2 & 0 & 0 \\ 2 & 3 & 1 & 0 \\ 3 & 1 & 0 & 2 \\ 1 & 3 & 0 & 3 \end{vmatrix}$； (4) $\begin{vmatrix} 2 & 0 & 1 & 4 \\ 3 & 2 & -4 & -2 \\ 2 & 3 & -1 & 0 \\ 11 & 8 & -4 & 6 \end{vmatrix}$.

2. 计算下列行列式：

(1) $\begin{vmatrix} -ab & ac & ae \\ bd & -cd & de \\ bf & cf & -ef \end{vmatrix}$； (2) $\begin{vmatrix} a & 1 & 0 & 0 \\ -1 & b & 1 & 0 \\ 0 & -1 & c & 1 \\ 0 & 0 & -1 & d \end{vmatrix}$；

(3) $\begin{vmatrix} a^2 & (a+1)^2 & (a+2)^2 & (a+3)^2 \\ b^2 & (b+1)^2 & (b+2)^2 & (b+3)^2 \\ c^2 & (c+1)^2 & (c+2)^2 & (c+3)^2 \\ d^2 & (d+1)^2 & (d+2)^2 & (d+3)^2 \end{vmatrix}$；

(4) $\begin{vmatrix} 1-a & a & 0 & 0 & 0 \\ -1 & 1-a & a & 0 & 0 \\ 0 & -1 & 1-a & a & 0 \\ 0 & 0 & -1 & 1-a & a \\ 0 & 0 & 0 & -1 & 1-a \end{vmatrix}$.

3. 计算下列行列式：

(1) $\begin{vmatrix} \lambda-1 & 2 \\ 3 & \lambda-2 \end{vmatrix}$；

(2) $|\lambda \boldsymbol{E}-\boldsymbol{A}|$，其中 $\boldsymbol{A}=\begin{bmatrix} -1 & 0 & 1 \\ -2 & 0 & -1 \\ 0 & 0 & 1 \end{bmatrix}$.

4. 假设

$$\begin{vmatrix} a_1 & b_1 & c_1 \\ a_2 & b_2 & c_2 \\ a_3 & b_3 & c_3 \end{vmatrix}=5,$$

计算下列矩阵的行列式：

(1) $\begin{bmatrix} \frac{1}{2}a_1 & \frac{1}{2}b_1 & \frac{1}{2}c_1 \\ a_2 & b_2 & c_2 \\ a_3 & b_3 & c_3 \end{bmatrix}$；　(2) $\begin{bmatrix} a_1-b_1 & a_2-b_2 & a_3-b_3 \\ 3b_1 & 3b_2 & 3b_3 \\ 2c_1 & 2c_2 & 2c_3 \end{bmatrix}$.

5. 设

$$|\boldsymbol{A}|=\begin{vmatrix} 3 & -5 & 2 & 1 \\ 1 & 1 & 0 & -5 \\ -1 & 3 & 1 & 3 \\ 2 & -4 & -1 & -3 \end{vmatrix},$$

求 $A_{11}+A_{12}+A_{13}+A_{14}$.

6. 设四阶矩阵 $\boldsymbol{A}=[\boldsymbol{\alpha} \quad \boldsymbol{\gamma}_2 \quad \boldsymbol{\gamma}_3 \quad \boldsymbol{\gamma}_4]$，$\boldsymbol{B}=[\boldsymbol{\beta} \quad \boldsymbol{\gamma}_2 \quad \boldsymbol{\gamma}_3 \quad \boldsymbol{\gamma}_4]$，且 $|\boldsymbol{A}|=|\boldsymbol{B}|=1$，求行列式 $|\boldsymbol{A}+\boldsymbol{B}|$ 的值.

7. 设

$$\boldsymbol{A}=\begin{bmatrix} 1 & -2 & 3 \\ -2 & 3 & 1 \\ 0 & 1 & 0 \end{bmatrix}, \quad \boldsymbol{B}=\begin{bmatrix} 1 & 0 & 2 \\ 3 & -2 & 5 \\ 2 & 1 & 3 \end{bmatrix},$$

验证 $|\boldsymbol{AB}|=|\boldsymbol{A}||\boldsymbol{B}|$.

8. 已知 $|\boldsymbol{A}|=-4$，计算：

(1) $|\boldsymbol{A}^2|$；　(2) $|\boldsymbol{A}^4|$；　(3) $|\boldsymbol{A}^{-1}|$.

9. 设 $\boldsymbol{A}$ 是四阶矩阵，且 $|\boldsymbol{A}|=5$，计算：

(1) $|\boldsymbol{A}^{-1}|$；　(2) $|2\boldsymbol{A}|$；　(3) $|2\boldsymbol{A}^{-1}|$；　(4) $|(2\boldsymbol{A})^{-1}|$.

10. 计算下列 n 阶行列式：

(1) $\begin{vmatrix} 1 & 1 & 1 & \cdots & 1 \\ 1 & 2-x & 1 & \cdots & 1 \\ 1 & 1 & 3-x & \cdots & 1 \\ \vdots & \vdots & \vdots & & \vdots \\ 1 & 1 & 1 & \cdots & n-x \end{vmatrix}$；

(2) $\begin{vmatrix} 1 & b_1 & & & \\ -1 & 1-b_1 & b_2 & & \\ & -1 & 1-b_2 & \ddots & \\ & & \ddots & \ddots & b_{n-1} \\ & & & -1 & 1-b_{n-1} \end{vmatrix}$；

(3) $\begin{vmatrix} x & -1 & 0 & \cdots & 0 & 0 \\ 0 & x & -1 & \cdots & 0 & 0 \\ \vdots & \vdots & \vdots & & \vdots & \vdots \\ 0 & 0 & 0 & \cdots & x & -1 \\ a_n & a_{n-1} & a_{n-2} & \cdots & a_2 & x+a_1 \end{vmatrix}$;

(4) $\begin{vmatrix} 5 & 3 & & & \\ 2 & 5 & 3 & & \\ & 2 & \ddots & \ddots & \\ & & \ddots & \ddots & 3 \\ & & & 2 & 5 \end{vmatrix}$.

11. 设 $\boldsymbol{A}=\begin{bmatrix} -2 & 3 & 0 \\ 4 & 1 & -3 \\ 3 & -2 & 1 \end{bmatrix}$.

(1) 求伴随矩阵 $\boldsymbol{A}^*$；　(2) 计算 $|\boldsymbol{A}|$；　(3) 验证 $\boldsymbol{A}\boldsymbol{A}^*=\boldsymbol{A}^*\boldsymbol{A}=|\boldsymbol{A}|\boldsymbol{E}$.

12. 设 $\boldsymbol{A},\boldsymbol{B}$ 为 n 阶矩阵，且 $|\boldsymbol{A}|=2$，$|\boldsymbol{B}|=-3$，计算 $|\boldsymbol{A}^{-1}\boldsymbol{B}^{\mathrm{T}}|$ 和 $|2\boldsymbol{A}^*\boldsymbol{B}^{-1}|$.

13. 用伴随矩阵法判断下列矩阵是否可逆，如果可逆，计算其逆矩阵.

(1) $\begin{bmatrix} 3 & 2 \\ -3 & 4 \end{bmatrix}$；　(2) $\begin{bmatrix} 1 & 2 & -3 \\ -4 & -5 & 2 \\ -1 & 1 & -7 \end{bmatrix}$；

(3) $\begin{bmatrix} 1 & 2 & -1 \\ 1 & -2 & 0 \\ 2 & 1 & -1 \end{bmatrix}$；　(4) $\begin{bmatrix} 1 & 0 & -2 & -1 \\ 2 & 0 & 1 & 2 \\ -2 & 1 & 2 & -1 \\ 0 & 1 & 0 & -1 \end{bmatrix}$.

14. 利用 Cramer 法则判断下列齐次线性方程组是否有非零解.

(1) $\begin{cases} x_1-2x_2+x_3=0, \\ 2x_1+3x_2+x_3=0, \\ 3x_1+x_2+2x_3=0; \end{cases}$

(2) $\begin{cases} x_1+x_2+2x_3+x_4=0, \\ 2x_1-x_2+x_3-x_4=0, \\ 3x_1+x_2+2x_3+3x_4=0, \\ 2x_1-x_2-x_3+x_4=0. \end{cases}$

15. 利用 Cramer 法则求解下列非齐次线性方程组：

(1) $\begin{cases} 2x_1+x_2+x_3=6, \\ 3x_1+2x_2-2x_3=-2, \\ x_1+x_2+2x_3=4; \end{cases}$

(2) $\begin{cases} x_1 + x_2 + x_3 - 2x_4 = -4, \\ 2x_2 + x_3 + 3x_4 = 4, \\ 2x_1 + x_2 - x_3 + 2x_4 = 5, \\ x_1 - x_2 + x_4 = 4. \end{cases}$

16. 设

$$\boldsymbol{A} = \begin{bmatrix} k & 1 & 1 & 1 \\ 1 & k & 1 & 1 \\ 1 & 1 & k & 1 \\ 1 & 1 & 1 & k \end{bmatrix},$$

且 rank $\boldsymbol{A} = 3$，求 k.

(B)

17. 计算四阶行列式

$$\begin{vmatrix} a & b & c & d \\ b & -a & d & -c \\ c & -d & -a & b \\ d & c & -b & -a \end{vmatrix}.$$

18. 计算四阶行列式

$$\begin{vmatrix} 1 & 1 & 1 & 1 \\ x_1 & x_2 & x_3 & x_4 \\ 2x_1^2-1 & 2x_2^2-1 & 2x_3^2-1 & 2x_4^2-1 \\ 4x_1^3-3x_1 & 4x_2^3-3x_2 & 4x_3^3-3x_3 & 4x_4^3-3x_4 \end{vmatrix}.$$

19. 计算四阶行列式

$$\begin{vmatrix} (a_1+b_1)^3 & (a_1+b_2)^3 & (a_1+b_3)^3 & (a_1+b_4)^3 \\ (a_2+b_1)^3 & (a_2+b_2)^3 & (a_2+b_3)^3 & (a_2+b_4)^3 \\ (a_3+b_1)^3 & (a_3+b_2)^3 & (a_3+b_3)^3 & (a_3+b_4)^3 \\ (a_4+b_1)^3 & (a_4+b_2)^3 & (a_4+b_3)^3 & (a_4+b_4)^3 \end{vmatrix}.$$

20. 计算行列式

$$\begin{vmatrix} 1 & a_1 & a_1^2 & \cdots & a_1^{n-2} & a_1^{n-1}+\dfrac{x}{a_1} \\ 1 & a_2 & a_2^2 & \cdots & a_2^{n-2} & a_2^{n-1}+\dfrac{x}{a_2} \\ \vdots & \vdots & \vdots & & \vdots & \vdots \\ 1 & a_n & a_n^2 & \cdots & a_n^{n-2} & a_n^{n-1}+\dfrac{x}{a_n} \end{vmatrix}.$$

21. 设 n 阶矩阵

$$A=\begin{bmatrix}1 & a & \cdots & a\\ a & 1 & \ddots & \vdots\\ \vdots & \ddots & \ddots & a\\ a & \cdots & a & 1\end{bmatrix}$$

的秩为 $n-1$，且 $n\geqslant 3$，求参数 a.

22. 设 $\boldsymbol{A}$ 是 n 阶矩阵，满足 $\boldsymbol{A}\boldsymbol{A}^{\mathrm{T}}=\boldsymbol{E}$，$|\boldsymbol{A}|<0$，求 $|\boldsymbol{A}+\boldsymbol{E}|$.

23. 对三阶矩阵 $\boldsymbol{A}$ 的伴随矩阵 $\boldsymbol{A}^*$，先交换第一行和第三行，然后将第二列的 -2 倍加到第三列，得到 $-\boldsymbol{E}$，求 $\boldsymbol{A}$.

24. 设 $\boldsymbol{A},\boldsymbol{B}$ 均为二阶矩阵，$\boldsymbol{A}^*,\boldsymbol{B}^*$ 分别为 $\boldsymbol{A},\boldsymbol{B}$ 的伴随矩阵，若 $|\boldsymbol{A}|=2$，$|\boldsymbol{B}|=3$，求分块矩阵 $\begin{bmatrix}\boldsymbol{0} & \boldsymbol{A}\\ \boldsymbol{B} & \boldsymbol{0}\end{bmatrix}$ 的伴随矩阵.

25. 设 $\boldsymbol{A},\boldsymbol{B},\boldsymbol{C},\boldsymbol{D}$ 都是 n 阶矩阵，$\boldsymbol{A}$ 可逆，$\boldsymbol{AC}=\boldsymbol{CA}$，证明：

$$\begin{vmatrix}\boldsymbol{A} & \boldsymbol{B}\\ \boldsymbol{C} & \boldsymbol{D}\end{vmatrix}=|\boldsymbol{AD}-\boldsymbol{CB}|.$$

26. 设 $\boldsymbol{A}$ 的伴随矩阵

$$\boldsymbol{A}^*=\begin{bmatrix}1 & 0 & 0 & 0\\ 0 & 1 & 0 & 0\\ 1 & 0 & 1 & 0\\ 0 & -3 & 0 & 8\end{bmatrix},$$

且 $\boldsymbol{AB}\boldsymbol{A}^{-1}=\boldsymbol{B}\boldsymbol{A}^{-1}+3\boldsymbol{E}$，求矩阵 $\boldsymbol{B}$.

27. 设 $\boldsymbol{A}$ 为 n 阶可逆矩阵，$n\geqslant 2$，$\boldsymbol{A}$ 的每一行各元之和都等于 k，证明 $k\neq 0$，且 $\boldsymbol{A}$ 的伴随矩阵 $\boldsymbol{A}^*$ 的每一行各元之和都等于 $\dfrac{|\boldsymbol{A}|}{k}$.

28. 求 n 阶矩阵 $\boldsymbol{A}$ 中所有代数余子式之和，其中

$$\boldsymbol{A}=\begin{bmatrix}1 & 1 & 1 & \cdots & 1\\ 0 & 2 & 2 & \cdots & 2\\ 0 & 0 & 3 & \cdots & 3\\ \vdots & \vdots & \vdots & & \vdots\\ 0 & 0 & 0 & \cdots & n\end{bmatrix}.$$

29. 设有方程组

$$\begin{cases}(a+3)x_1+x_2+2x_3=a,\\ ax_1+(a-1)x_2+x_3=a,\\ 3(a+1)x_1+ax_2+(a+3)x_3=3,\end{cases}$$

讨论 a 取何值时，方程组无解、有唯一解、有无穷多解，当有无穷多解时求出通解.

30. 设 $\boldsymbol{A},\boldsymbol{B}$ 均为 n 阶矩阵，且 $\boldsymbol{ABA}=\boldsymbol{B}^{-1}$，证明

$$\operatorname{rank}(\boldsymbol{E}-\boldsymbol{AB})+\operatorname{rank}(\boldsymbol{E}+\boldsymbol{AB})=n.$$

31. 设 $\boldsymbol{A}$ 为 n 阶矩阵,$n\geqslant 2$,$\boldsymbol{A}^*$ 是 $\boldsymbol{A}$ 的伴随矩阵,证明

$$\operatorname{rank}\boldsymbol{A}^*=\begin{cases}n, & \operatorname{rank}\boldsymbol{A}=n,\\ 1, & \operatorname{rank}\boldsymbol{A}=n-1,\\ 0, & \operatorname{rank}\boldsymbol{A}<n-1.\end{cases}$$

32. 求由下列给定的平面上四个点所确定的四边形的面积.

(1) $(1,-1),(-2,1),(5,6),(2,8)$;

(2) $(0,0),(1,4),(2,-5),(3,0)$.

33. 求由下列给定的空间中四个点所确定的平行六面体的体积.

(1) 一个顶点为原点,与它相邻的三个顶点为$(0,-1,1),(0,2,1),(-3,0,0)$;

(2) 一个顶点为$(1,1,1)$,与它相邻的三个顶点为$(2,1,-1),(2,3,5),(8,2,1)$.

34. 设平面上不在同一直线上的三点为(x_i,y_i),$i=1,2,3$,证明:通过这三点的圆方程为

$$\begin{vmatrix}x^2+y^2 & x & y & 1\\ x_1^2+y_1^2 & x_1 & y_1 & 1\\ x_2^2+y_2^2 & x_2 & y_2 & 1\\ x_3^2+y_3^2 & x_3 & y_3 & 1\end{vmatrix}=0.$$

35. 设 n 阶行列式 $\det\boldsymbol{A}$ 的元都是变量 t 的可微函数,证明行列式的微分

$$\frac{\mathrm{d}(\det\boldsymbol{A})}{\mathrm{d}t}=\det\boldsymbol{A}_1+\det\boldsymbol{A}_2+\cdots+\det\boldsymbol{A}_n,$$

其中$\boldsymbol{A}_i$ $(i=1,2,\cdots,n)$是对矩阵 $\boldsymbol{A}$ 的第 i 行求导、而其余各行不变所得到的矩阵.

第 3 章单元测试题

第 4 章　向量空间与线性空间

向量空间起源于对线性方程组解的研究，具有非常广泛的应用.线性空间是向量空间的推广，它是线性代数研究的最基本的几何对象，也是近代数学中最重要的基本概念之一，还是刻画客观世界中线性问题的一个重要数学模型.

本章首先讨论向量组的线性相关性和秩，并给出线性方程组解的结构，其次定义 n 维向量空间，然后介绍 n 维 Euclid(欧几里得)空间和 Gram-Schmidt(格拉姆一施密特)正交化方法，最后介绍线性空间及其线性变换.

4.1　向量组及其线性相关性

线性方程组的解可以视为列向量，因此，为了更清楚地了解线性方程组解集的结构，就必须研究向量的基本性质以及向量之间的关系.

4.1.1　n 维向量

在第 2.1 节中已经指出，列向量就是列矩阵，行向量就是行矩阵.我们将列向量

$$\begin{bmatrix} a_1 \\ a_2 \\ \vdots \\ a_n \end{bmatrix}$$

和行向量

$$(a_1, a_2, \cdots, a_n)$$

统称为 n **维向量**，$a_i(i=1,2,\cdots,n)$称为向量的第 i 个**分量**.换句话说，n 维向量就是 n 个有序的数所组成的数组.

显然，列向量和行向量是两个不同的向量.当未说明是行向量还是列向量时，都当作列向量.

分量全为零的向量称为**零向量**，记作 $\mathbf{0}$.分量不全为零的向量称为**非零向量**.分量全为实数的向量称为**实向量**，分量为复数的向量称为**复向量**.全体 n 维实向量的集合记作 $\mathbb{R}^n$，全体 n 维复向量的集合记作 $\mathbb{C}^n$.用 $\mathbb{F}^n$ 代表 $\mathbb{R}^n$ 或者 $\mathbb{C}^n$.

在解析几何中，向量是既有大小又有方向的量，并将可平行移动的有向线段作为向量的几何表示；而平面向量、空间向量的代数表示则分别是两个实数、三个实数组成的有序数组，即平面向量就是二维实向量、空间向量就是三维实向量.因此，n 维向量是平面向量和空间向量的推广.

向量还有其物理意义，例如，力、位移、速度、加速度都可以用向量来刻画.

因为向量也是矩阵，所以矩阵的线性运算及其运算法则都适合于列向量和行向量.具体地说，对于 $\boldsymbol{\alpha}=(a_1,a_2,\cdots,a_n)^{\mathrm{T}}$，$\boldsymbol{\beta}=(b_1,b_2,\cdots,b_n)^{\mathrm{T}}\in\mathbb{F}^n$，$k\in\mathbb{F}$，有

$$\boldsymbol{\alpha}+\boldsymbol{\beta}=(a_1+b_1,a_2+b_2,\cdots,a_n+b_n)^{\mathrm{T}},$$

$$k\boldsymbol{\alpha}=(ka_1,ka_2,\cdots,ka_n)^{\mathrm{T}},$$

并且向量的加法与数乘也满足矩阵的线性运算的八条运算规律(见第 2.2.1 小节).

例 4.1　设向量

$$\boldsymbol{\alpha}=\begin{bmatrix}1\\0\\a\end{bmatrix},\boldsymbol{\beta}=\begin{bmatrix}3\\-2\\1\end{bmatrix},\boldsymbol{\gamma}=\begin{bmatrix}b\\4\\3\end{bmatrix}$$

满足 $5\boldsymbol{\alpha}+c\boldsymbol{\beta}-\boldsymbol{\gamma}=\mathbf{0}$，求常数 a,b,c.

解　将 $\boldsymbol{\alpha},\boldsymbol{\beta},\boldsymbol{\gamma}$ 代入 $5\boldsymbol{\alpha}+c\boldsymbol{\beta}-\boldsymbol{\gamma}=\mathbf{0}$，得

$$5\begin{bmatrix}1\\0\\a\end{bmatrix}+c\begin{bmatrix}3\\-2\\1\end{bmatrix}-\begin{bmatrix}b\\4\\3\end{bmatrix}=\begin{bmatrix}0\\0\\0\end{bmatrix},$$

即

$$\begin{bmatrix}5\\0\\5a\end{bmatrix}+\begin{bmatrix}3c\\-2c\\c\end{bmatrix}-\begin{bmatrix}b\\4\\3\end{bmatrix}=\begin{bmatrix}0\\0\\0\end{bmatrix},$$

从而有

$$\begin{cases}5+3c-b=0,\\-2c-4=0,\\5a+c-3=0,\end{cases}$$

解得 $a=1,b=-1,c=-2$. □

4.1.2　向量组的线性表示

若干个同维数的列向量(或同维数的行向量)所构成的组叫做向量组.

对于 $n\times m$ 矩阵 $\boldsymbol{A}=[a_{ij}]$，它的全部列

$$\boldsymbol{\alpha}_j=(a_{1j},a_{2j},\cdots,a_{nj})^{\mathrm{T}},j=1,2,\cdots,m$$

是一个含 m 个 n 维列向量的向量组，称为 $\boldsymbol{A}$ 的**列向量组**；$\boldsymbol{A}$ 的全部行

$$\boldsymbol{\beta}_i^{\mathrm{T}}=(a_{i1},a_{i2},\cdots,a_{im}),i=1,2,\cdots,n$$

是一个含 n 个 m 维行向量的向量组，称为 $\boldsymbol{A}$ 的**行向量组**.

反之，m 个 n 维列向量 $\boldsymbol{\alpha}_1,\boldsymbol{\alpha}_2,\cdots,\boldsymbol{\alpha}_m$ 可以构成 $n\times m$ 矩阵

$$\boldsymbol{A}=[\boldsymbol{\alpha}_1\quad\boldsymbol{\alpha}_2\quad\cdots\quad\boldsymbol{\alpha}_m];$$

m 个 n 维行向量 $\boldsymbol{\beta}_1^{\mathrm{T}},\boldsymbol{\beta}_2^{\mathrm{T}},\cdots,\boldsymbol{\beta}_m^{\mathrm{T}}$ 可以构成 $m\times n$ 矩阵

$$\boldsymbol{B}=\begin{bmatrix}\boldsymbol{\beta}_1^{\mathrm{T}}\\\boldsymbol{\beta}_2^{\mathrm{T}}\\\vdots\\\boldsymbol{\beta}_m^{\mathrm{T}}\end{bmatrix}.$$

综上所述,含有有限个向量的向量组与矩阵是一一对应的.

设 $n\times m$ 矩阵 $\boldsymbol{A}$ 的列向量组为 $\boldsymbol{\alpha}_1,\boldsymbol{\alpha}_2,\cdots,\boldsymbol{\alpha}_m$,则方程组 $\boldsymbol{Ax}=\boldsymbol{b}$ 等价于

$$\boldsymbol{\alpha}_1x_1+\boldsymbol{\alpha}_2x_2+\cdots+\boldsymbol{\alpha}_mx_m=\boldsymbol{b},$$

于是,$\boldsymbol{Ax}=\boldsymbol{b}$ 有解当且仅当存在一组数 $c_1,c_2,\cdots,c_m$,使得

$$c_1\boldsymbol{\alpha}_1+c_2\boldsymbol{\alpha}_2+\cdots+c_m\boldsymbol{\alpha}_m=\boldsymbol{b},$$

即常数项向量 $\boldsymbol{b}$ 可以由系数矩阵 $\boldsymbol{A}$ 的列向量组的线性运算来表示.这启发我们给出下面的定义.

定义 4.1 给定向量 $\boldsymbol{\beta}$ 和向量组 $\boldsymbol{\alpha}_1,\boldsymbol{\alpha}_2,\cdots,\boldsymbol{\alpha}_m$,若存在一组数 $k_1,k_2,\cdots,k_m$,使得

$$\boldsymbol{\beta}=k_1\boldsymbol{\alpha}_1+k_2\boldsymbol{\alpha}_2+\cdots+k_m\boldsymbol{\alpha}_m,$$

则称 $\boldsymbol{\beta}$ 可由向量组 $\boldsymbol{\alpha}_1,\boldsymbol{\alpha}_2,\cdots,\boldsymbol{\alpha}_m$ **线性表示**,或称 $\boldsymbol{\beta}$ 为向量组 $\boldsymbol{\alpha}_1,\boldsymbol{\alpha}_2,\cdots,\boldsymbol{\alpha}_m$ 的**线性组合**,$k_1,k_2,\cdots,k_m$ 称为该**线性组合的系数**.

根据定理 2.13,立即得到下述结论.

定理 4.1 设有 n 维向量组 $\boldsymbol{\alpha}_1,\boldsymbol{\alpha}_2,\cdots,\boldsymbol{\alpha}_m$ 和 n 维向量 $\boldsymbol{b}$,且 $\boldsymbol{A}=[\boldsymbol{\alpha}_1\quad\boldsymbol{\alpha}_2\quad\cdots\quad\boldsymbol{\alpha}_m]$,则下列三个命题等价:

(1) 向量 $\boldsymbol{b}$ 可由向量组 $\boldsymbol{\alpha}_1,\boldsymbol{\alpha}_2,\cdots,\boldsymbol{\alpha}_m$ 线性表示;

(2) 线性方程组 $\boldsymbol{Ax}=\boldsymbol{b}$ 有解;

(3) $\operatorname{rank}\boldsymbol{A}=\operatorname{rank}[\boldsymbol{A}\quad\boldsymbol{b}]$. □

推论 4.2 向量 $\boldsymbol{b}$ 可由向量组 $\boldsymbol{\alpha}_1,\boldsymbol{\alpha}_2,\cdots,\boldsymbol{\alpha}_m$ 线性表示且表示式是唯一的当且仅当 $\operatorname{rank}\boldsymbol{A}=\operatorname{rank}[\boldsymbol{A}\quad\boldsymbol{b}]=m$. □

例 4.2 n 维向量组

$$\boldsymbol{e}_1=\begin{bmatrix}1\\0\\\vdots\\0\end{bmatrix},\boldsymbol{e}_2=\begin{bmatrix}0\\1\\\vdots\\0\end{bmatrix},\cdots,\boldsymbol{e}_n=\begin{bmatrix}0\\0\\\vdots\\1\end{bmatrix}$$

称为**基本向量组**.证明 $\mathbb{F}^n$ 中任意向量都可由基本向量组 $\boldsymbol{e}_1,\boldsymbol{e}_2,\cdots,\boldsymbol{e}_n$ 线性表示.

证 因为对一切 $\boldsymbol{\alpha}=(a_1,a_2,\cdots,a_n)^{\mathrm{T}}\in\mathbb{F}^n$,有

$$\begin{bmatrix}a_1\\a_2\\\vdots\\a_n\end{bmatrix}=a_1\begin{bmatrix}1\\0\\\vdots\\0\end{bmatrix}+a_2\begin{bmatrix}0\\1\\\vdots\\0\end{bmatrix}+\cdots+a_n\begin{bmatrix}0\\0\\\vdots\\1\end{bmatrix},$$

即 $\boldsymbol{\alpha}=a_1\boldsymbol{e}_1+a_2\boldsymbol{e}_2+\cdots+a_n\boldsymbol{e}_n$,所以 $\boldsymbol{\alpha}$ 可由基本向量组 $\boldsymbol{e}_1,\boldsymbol{e}_2,\cdots,\boldsymbol{e}_n$ 线性表示. □

例 4.3 设

$$\boldsymbol{\alpha}_1=\begin{bmatrix}1\\0\\0\\3\end{bmatrix},\boldsymbol{\alpha}_2=\begin{bmatrix}1\\1\\-1\\2\end{bmatrix},\boldsymbol{\alpha}_3=\begin{bmatrix}1\\2\\-2\\1\end{bmatrix},\boldsymbol{\beta}=\begin{bmatrix}0\\1\\-1\\-1\end{bmatrix},$$

问 $\boldsymbol{\beta}$ 是否可由向量组 $\boldsymbol{\alpha}_1,\boldsymbol{\alpha}_2,\boldsymbol{\alpha}_3$ 线性表示?如果可以,请写出表示式.

解　记 $\boldsymbol{A}=[\boldsymbol{\alpha}_1\quad \boldsymbol{\alpha}_2\quad \boldsymbol{\alpha}_3]$，对矩阵 $[\boldsymbol{A}\quad \boldsymbol{\beta}]$ 做初等行变换，化为最简阶梯矩阵：

$$[\boldsymbol{A}\quad \boldsymbol{\beta}]=\begin{bmatrix}1&1&1&0\\0&1&2&1\\0&-1&-2&-1\\3&2&1&-1\end{bmatrix}\to\begin{bmatrix}1&0&-1&-1\\0&1&2&1\\0&0&0&0\\0&0&0&0\end{bmatrix},$$

所以 $\operatorname{rank}\boldsymbol{A}=\operatorname{rank}[\boldsymbol{A}\quad \boldsymbol{\beta}]=2$，故 $\boldsymbol{\beta}$ 可由向量组 $\boldsymbol{\alpha}_1,\boldsymbol{\alpha}_2,\boldsymbol{\alpha}_3$ 线性表示.由最简阶梯矩阵，可得 $\boldsymbol{Ax}=\boldsymbol{\beta}$ 的同解方程组

$$\begin{cases}x_1=\quad x_3-1,\\x_2=-2x_3+1,\end{cases}$$

求得方程组 $\boldsymbol{Ax}=\boldsymbol{\beta}$ 的通解为

$$\begin{bmatrix}x_1\\x_2\\x_3\end{bmatrix}=\begin{bmatrix}c-1\\-2c+1\\c\end{bmatrix},$$

从而得表示式

$$\boldsymbol{\beta}=(c-1)\boldsymbol{\alpha}_1+(-2c+1)\boldsymbol{\alpha}_2+c\boldsymbol{\alpha}_3,$$

其中 c 可取任意数. □

4.1.3　向量组的线性相关性

设 $n\times m$ 矩阵 $\boldsymbol{A}$ 的列向量组为 $\boldsymbol{\alpha}_1,\boldsymbol{\alpha}_2,\cdots,\boldsymbol{\alpha}_m$，则齐次方程组 $\boldsymbol{Ax}=\boldsymbol{0}$ 等价于

$$\boldsymbol{\alpha}_1x_1+\boldsymbol{\alpha}_2x_2+\cdots+\boldsymbol{\alpha}_mx_m=\boldsymbol{0},$$

从而 $\boldsymbol{Ax}=\boldsymbol{0}$ 有非零解当且仅当存在一组不全为零的数 $c_1,c_2,\cdots,c_m$，使得

$$c_1\boldsymbol{\alpha}_1+c_2\boldsymbol{\alpha}_2+\cdots+c_m\boldsymbol{\alpha}_m=\boldsymbol{0}.$$

为了刻画系数矩阵 $\boldsymbol{A}$ 的列向量组的这样一种重要属性，我们给出下面的定义.

定义 4.2　给定向量组 $\boldsymbol{\alpha}_1,\boldsymbol{\alpha}_2,\cdots,\boldsymbol{\alpha}_m$，若存在一组不全为零的数 $k_1,k_2,\cdots,k_m$，使得

$$k_1\boldsymbol{\alpha}_1+k_2\boldsymbol{\alpha}_2+\cdots+k_m\boldsymbol{\alpha}_m=\boldsymbol{0},$$

则称向量组 $\boldsymbol{\alpha}_1,\boldsymbol{\alpha}_2,\cdots,\boldsymbol{\alpha}_m$ **线性相关**，否则称向量组 $\boldsymbol{\alpha}_1,\boldsymbol{\alpha}_2,\cdots,\boldsymbol{\alpha}_m$ **线性无关**.

容易知道，向量组 $\boldsymbol{\alpha}_1,\boldsymbol{\alpha}_2,\cdots,\boldsymbol{\alpha}_m$ 线性无关等价于只有 $k_1=k_2=\cdots=k_m=0$ 时，才有 $k_1\boldsymbol{\alpha}_1+k_2\boldsymbol{\alpha}_2+\cdots+k_m\boldsymbol{\alpha}_m=\boldsymbol{0}$.

一个向量组是否线性相关称为该向量组的**线性相关性**.

根据推论 2.14，立即得到线性相关性的一些判别准则.

定理 4.3　设矩阵 $\boldsymbol{A}=[\boldsymbol{\alpha}_1\quad \boldsymbol{\alpha}_2\quad \cdots\quad \boldsymbol{\alpha}_m]$，则下列三个命题等价：

(1) 向量组 $\boldsymbol{\alpha}_1,\boldsymbol{\alpha}_2,\cdots,\boldsymbol{\alpha}_m$ 线性相关；

(2) 齐次线性方程组 $\boldsymbol{Ax}=\boldsymbol{0}$ 有非零解；

(3) $\operatorname{rank}\boldsymbol{A}<m$，即 $\boldsymbol{A}$ 的秩小于向量组所含向量的个数 m.

显而易见，下列三个命题也等价：

(1) 向量组 $\boldsymbol{\alpha}_1,\boldsymbol{\alpha}_2,\cdots,\boldsymbol{\alpha}_m$ 线性无关；

(2) 齐次线性方程组 $\boldsymbol{Ax}=\mathbf{0}$ 只有零解；

(3) $\operatorname{rank}\boldsymbol{A}=m$，即 $\boldsymbol{A}$ 的秩等于向量组所含向量的个数 m. □

一个向量 $\boldsymbol{\alpha}$ 线性相关的充要条件是 $\boldsymbol{\alpha}=\mathbf{0}$.向量组 $\boldsymbol{\alpha}_1,\boldsymbol{\alpha}_2$ 线性相关的充要条件是 $\boldsymbol{\alpha}_1$，$\boldsymbol{\alpha}_2$ 对应分量成比例.从几何上讲，$\mathbb{R}^2$ 或 $\mathbb{R}^3$ 中两个向量线性相关等价于这两个向量共线；$\mathbb{R}^3$ 中三个向量线性相关等价于这三个向量共面(见图 4.1).

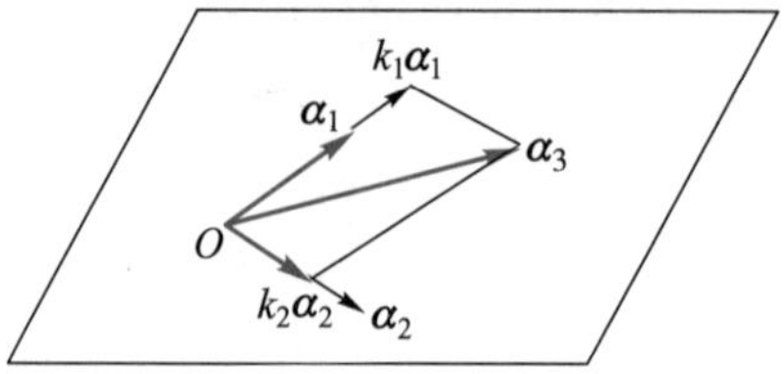

图 4.1 $\mathbb{R}^3$ 中向量 $\boldsymbol{\alpha}_1,\boldsymbol{\alpha}_2,\boldsymbol{\alpha}_3$ 共面

利用定理 4.3，可以将推论 4.2 用线性相关的观点重新叙述如下.

推论 4.4 向量 $\boldsymbol{\beta}$ 可由向量组 $\boldsymbol{\alpha}_1,\boldsymbol{\alpha}_2,\cdots,\boldsymbol{\alpha}_m$ 线性表示且表示式是唯一的当且仅当向量组 $\boldsymbol{\alpha}_1,\boldsymbol{\alpha}_2,\cdots,\boldsymbol{\alpha}_m$ 线性无关而向量组 $\boldsymbol{\alpha}_1,\boldsymbol{\alpha}_2,\cdots,\boldsymbol{\alpha}_m,\boldsymbol{\beta}$ 线性相关. □

例 4.4 证明 n 维基本向量组 $\boldsymbol{e}_1,\boldsymbol{e}_2,\cdots,\boldsymbol{e}_n$ 线性无关.

证 因为 n 维基本向量组构成 n 阶单位矩阵 $\boldsymbol{E}=[\boldsymbol{e}_1\ \ \boldsymbol{e}_2\ \ \cdots\ \ \boldsymbol{e}_n]$，而 $\operatorname{rank}\boldsymbol{E}=n$，即 $\boldsymbol{E}$ 的秩等于向量组所含向量个数，所以由定理 4.3 知，$\boldsymbol{e}_1,\boldsymbol{e}_2,\cdots,\boldsymbol{e}_n$ 线性无关. □

例 4.5 讨论下述向量组的线性相关性：

$$\boldsymbol{\alpha}_1=\begin{bmatrix}1\\2\\2\\1\end{bmatrix},\boldsymbol{\alpha}_2=\begin{bmatrix}2\\1\\5\\-1\end{bmatrix},\boldsymbol{\alpha}_3=\begin{bmatrix}0\\3\\-1\\3\end{bmatrix},\boldsymbol{\alpha}_4=\begin{bmatrix}1\\0\\4\\-1\end{bmatrix}.$$

解 记 $\boldsymbol{A}=[\boldsymbol{\alpha}_1\ \ \boldsymbol{\alpha}_2\ \ \boldsymbol{\alpha}_3\ \ \boldsymbol{\alpha}_4]$，对 $\boldsymbol{A}$ 做初等行变换，化为阶梯矩阵：

$$\boldsymbol{A}=\begin{bmatrix}1&2&0&1\\2&1&3&0\\2&5&-1&4\\1&-1&3&-1\end{bmatrix}\to\begin{bmatrix}1&2&0&1\\0&1&-1&2\\0&0&0&4\\0&0&0&0\end{bmatrix},$$

即知 $\operatorname{rank}\boldsymbol{A}=3<4$，因此向量组 $\boldsymbol{\alpha}_1,\boldsymbol{\alpha}_2,\boldsymbol{\alpha}_3,\boldsymbol{\alpha}_4$ 线性相关. □

由定理 4.3 还可以得到下面的推论.

推论 4.5 对于 n 维向量组 $\boldsymbol{\alpha}_1,\boldsymbol{\alpha}_2,\cdots,\boldsymbol{\alpha}_m$，如果 $m>n$，那么 $\boldsymbol{\alpha}_1,\boldsymbol{\alpha}_2,\cdots,\boldsymbol{\alpha}_m$ 必定线性相关.

证 记 $\boldsymbol{A}=[\boldsymbol{\alpha}_1\ \ \boldsymbol{\alpha}_2\ \ \cdots\ \ \boldsymbol{\alpha}_m]$，因 $\operatorname{rank}\boldsymbol{A}\leqslant n$，故由 $m>n$ 得 $\operatorname{rank}\boldsymbol{A}<m$，所以由定理 4.3 知 $\boldsymbol{\alpha}_1,\boldsymbol{\alpha}_2,\cdots,\boldsymbol{\alpha}_m$ 线性相关. □

该推论的逆命题不成立，例如，在例 4.5 中向量组 $\boldsymbol{\alpha}_1,\boldsymbol{\alpha}_2,\boldsymbol{\alpha}_3,\boldsymbol{\alpha}_4$ 线性相关，但向量组的向量个数等于向量的维数.

我们将一个向量组中的一部分向量构成的向量组称为该向量组的**部分组**.因此，任何一个向量组都是它自己的部分组.

推论 4.6　若一个向量组线性无关，则它的每个部分组都线性无关；若一个向量组的某个部分组线性相关，则该向量组线性相关.

证　设向量组 $\boldsymbol{\alpha}_1,\boldsymbol{\alpha}_2,\cdots,\boldsymbol{\alpha}_m$ 线性无关，任取它的一个部分组 $\boldsymbol{\alpha}_{i_1},\boldsymbol{\alpha}_{i_2},\cdots,\boldsymbol{\alpha}_{i_s}$，记矩阵 $\boldsymbol{A}=[\boldsymbol{\alpha}_1\quad\boldsymbol{\alpha}_2\quad\cdots\quad\boldsymbol{\alpha}_m]$，$\boldsymbol{B}=[\boldsymbol{\alpha}_{i_1}\quad\boldsymbol{\alpha}_{i_2}\quad\cdots\quad\boldsymbol{\alpha}_{i_s}]$，则由第 3.4.4 小节矩阵秩的性质(7)即得

$$\operatorname{rank}\boldsymbol{A}\leqslant\operatorname{rank}\boldsymbol{B}+m-s.$$

又由定理 4.3 知 $\operatorname{rank}\boldsymbol{A}=m$，故 $\operatorname{rank}\boldsymbol{B}\geqslant s$，因此由定理 4.3 知部分组 $\boldsymbol{\alpha}_{i_1},\boldsymbol{\alpha}_{i_2},\cdots,\boldsymbol{\alpha}_{i_s}$ 线性无关.这就证明了推论的第一部分.

推论的第二部分是第一部分的逆否命题.　□

显然，推论 4.6 的逆命题成立.

设有 n 维向量组

$$(\text{Ⅰ}):\boldsymbol{\alpha}_1,\boldsymbol{\alpha}_2,\cdots,\boldsymbol{\alpha}_m,$$

将(Ⅰ)中每个向量添加 s 个分量($s\geqslant1$，且添加分量的位置对每个向量都完全一致)，得到 $n+s$ 维向量组

$$(\text{Ⅱ}):\boldsymbol{\beta}_1,\boldsymbol{\beta}_2,\cdots,\boldsymbol{\beta}_m,$$

则称向量组(Ⅱ)为向量组(Ⅰ)的**升维组**，也称向量组(Ⅰ)为向量组(Ⅱ)的**降维组**.

推论 4.7　若一个向量组线性无关，则它的升维组也线性无关；若一个向量组线性相关，则它的降维组也线性相关.

证　推论的第二部分是第一部分的逆否命题，因此只需证明第一部分.

设向量组 $\boldsymbol{\alpha}_1,\boldsymbol{\alpha}_2,\cdots,\boldsymbol{\alpha}_m$ 的升维组为 $\boldsymbol{\beta}_1,\boldsymbol{\beta}_2,\cdots,\boldsymbol{\beta}_m$.记矩阵 $\boldsymbol{A}=[\boldsymbol{\alpha}_1\quad\boldsymbol{\alpha}_2\quad\cdots\quad\boldsymbol{\alpha}_m]$，$\boldsymbol{B}=[\boldsymbol{\beta}_1\quad\boldsymbol{\beta}_2\quad\cdots\quad\boldsymbol{\beta}_m]$，显然 $\operatorname{rank}\boldsymbol{A}\leqslant\operatorname{rank}\boldsymbol{B}$.若向量组 $\boldsymbol{\alpha}_1,\boldsymbol{\alpha}_2,\cdots,\boldsymbol{\alpha}_m$ 线性无关，则由定理 4.3 知 $\operatorname{rank}\boldsymbol{A}=m$，从而 $\operatorname{rank}\boldsymbol{B}\geqslant m$.但 $\operatorname{rank}\boldsymbol{B}\leqslant m$，故 $\operatorname{rank}\boldsymbol{B}=m$，于是由定理 4.3 知 $\boldsymbol{\beta}_1,\boldsymbol{\beta}_2,\cdots,\boldsymbol{\beta}_m$ 线性无关.　□

该推论的逆命题不成立.例如，向量组 $\begin{bmatrix}1\\0\end{bmatrix},\begin{bmatrix}0\\0\end{bmatrix}$ 线性相关，但它的升维组

$$\begin{bmatrix}1\\0\\0\end{bmatrix},\begin{bmatrix}0\\0\\1\end{bmatrix}$$

线性无关.

例 4.6　已知向量组 $\boldsymbol{\alpha}_1,\boldsymbol{\alpha}_2,\cdots,\boldsymbol{\alpha}_m$ 线性无关，$m\geqslant2$，设

$$\boldsymbol{\beta}_1=\boldsymbol{\alpha}_1+\boldsymbol{\alpha}_2,\boldsymbol{\beta}_2=\boldsymbol{\alpha}_2+\boldsymbol{\alpha}_3,\cdots,\boldsymbol{\beta}_{m-1}=\boldsymbol{\alpha}_{m-1}+\boldsymbol{\alpha}_m,\boldsymbol{\beta}_m=\boldsymbol{\alpha}_m+\boldsymbol{\alpha}_1,$$

讨论向量组 $\boldsymbol{\beta}_1,\boldsymbol{\beta}_2,\cdots,\boldsymbol{\beta}_m$ 的线性相关性.

解　假设 $k_1\boldsymbol{\beta}_1+k_2\boldsymbol{\beta}_2+\cdots+k_m\boldsymbol{\beta}_m=\boldsymbol{0}$，则由已知条件有

$$k_1(\boldsymbol{\alpha}_1+\boldsymbol{\alpha}_2)+k_2(\boldsymbol{\alpha}_2+\boldsymbol{\alpha}_3)+\cdots+k_m(\boldsymbol{\alpha}_m+\boldsymbol{\alpha}_1)=\boldsymbol{0},$$

即

$$(k_1+k_m)\boldsymbol{\alpha}_1+(k_1+k_2)\boldsymbol{\alpha}_2+\cdots+(k_{m-1}+k_m)\boldsymbol{\alpha}_m=\boldsymbol{0},$$

由于 $\boldsymbol{\alpha}_1,\boldsymbol{\alpha}_2,\cdots,\boldsymbol{\alpha}_m$ 线性无关，所以

$$\begin{cases}k_1 & & & +k_m & =0, \\ k_1+k_2 & & & & =0, \\ & \cdots\cdots\cdots\cdots & & & \\ & & k_{m-1} & +k_m & =0,\end{cases}$$

这等价于

$$\begin{bmatrix}1 & 0 & \cdots & 0 & 1 \\ 1 & 1 & \cdots & 0 & 0 \\ \vdots & \vdots & & \vdots & \vdots \\ 0 & 0 & \cdots & 1 & 0 \\ 0 & 0 & \cdots & 1 & 1\end{bmatrix}\begin{bmatrix}k_1 \\ k_2 \\ \vdots \\ k_{m-1} \\ k_m\end{bmatrix}=\begin{bmatrix}0 \\ 0 \\ \vdots \\ 0 \\ 0\end{bmatrix}.$$

将上述齐次线性方程组的系数行列式 D_m 按第一行展开，得到 $D_m=1+(-1)^{m+1}$. 当 m 为奇数时，$D_m=2$，上述方程组只有零解，故 $\boldsymbol{\beta}_1,\boldsymbol{\beta}_2,\cdots,\boldsymbol{\beta}_m$ 线性无关；当 m 为偶数时，$D_m=0$，上述方程组有非零解，故 $\boldsymbol{\beta}_1,\boldsymbol{\beta}_2,\cdots,\boldsymbol{\beta}_m$ 线性相关. □

下面的定理指出了线性相关与线性表示之间的内在联系.

定理 4.8 (1) 向量组 $\boldsymbol{\alpha}_1,\boldsymbol{\alpha}_2,\cdots,\boldsymbol{\alpha}_m(m\geqslant 2)$ 线性相关的充要条件是该向量组中至少有一个向量能由其余 $m-1$ 个向量线性表示.

(2) 向量组 $\boldsymbol{\alpha}_1,\boldsymbol{\alpha}_2,\cdots,\boldsymbol{\alpha}_m(m\geqslant 2)$ 线性无关的充要条件是该向量组中任意一个向量都不能由其余 $m-1$ 个向量线性表示.

证 因为(2)是(1)的逆否命题，所以只需证明(1).

必要性.设向量组 $\boldsymbol{\alpha}_1,\boldsymbol{\alpha}_2,\cdots,\boldsymbol{\alpha}_m$ 线性相关，则有一组不全为零的数 $k_1,k_2,\cdots,k_m$，使得

$$k_1\boldsymbol{\alpha}_1+k_2\boldsymbol{\alpha}_2+\cdots+k_m\boldsymbol{\alpha}_m=\mathbf{0},$$

不妨设 $k_1\neq 0$，从而

$$\boldsymbol{\alpha}_1=\frac{-k_2}{k_1}\boldsymbol{\alpha}_2+\cdots+\frac{-k_m}{k_1}\boldsymbol{\alpha}_m,$$

即 $\boldsymbol{\alpha}_1$ 可由向量组 $\boldsymbol{\alpha}_2,\cdots,\boldsymbol{\alpha}_m$ 线性表示.

充分性.设向量组 $\boldsymbol{\alpha}_1,\boldsymbol{\alpha}_2,\cdots,\boldsymbol{\alpha}_m$ 中至少有一个向量能由其余 $m-1$ 个向量线性表示，不妨设 $\boldsymbol{\alpha}_m$ 可由 $\boldsymbol{\alpha}_1,\boldsymbol{\alpha}_2,\cdots,\boldsymbol{\alpha}_{m-1}$ 线性表示，即有

$$\boldsymbol{\alpha}_m=k_1\boldsymbol{\alpha}_1+k_2\boldsymbol{\alpha}_2+\cdots+k_{m-1}\boldsymbol{\alpha}_{m-1},$$

于是

$$k_1\boldsymbol{\alpha}_1+k_2\boldsymbol{\alpha}_2+\cdots+k_{m-1}\boldsymbol{\alpha}_{m-1}+(-1)\boldsymbol{\alpha}_m=\mathbf{0},$$

故向量组 $\boldsymbol{\alpha}_1,\boldsymbol{\alpha}_2,\cdots,\boldsymbol{\alpha}_m$ 线性相关. □

这个定理揭示了线性相关的含义：线性相关的向量之间有线性表示关系，线性无关的向量之间则无线性表示关系.

需要说明的是，向量组 $\boldsymbol{\alpha}_1,\boldsymbol{\alpha}_2,\cdots,\boldsymbol{\alpha}_m(m\geqslant 2)$ 线性相关时，并非每个向量都是其余向量的线性组合.例如，向量组

$$\boldsymbol{\alpha}_1=\begin{bmatrix}1 \\ 0\end{bmatrix},\boldsymbol{\alpha}_2=\begin{bmatrix}0 \\ 0\end{bmatrix}$$

线性相关,虽然 $\boldsymbol{\alpha}_2$ 能由 $\boldsymbol{\alpha}_1$ 线性表示,但 $\boldsymbol{\alpha}_1$ 不能由 $\boldsymbol{\alpha}_2$ 线性表示.

根据定理 1.2,方程组的初等变换不改变方程组的解集.将此应用于矩阵的初等变换即得下面的结论.

定理 4.9　矩阵的初等行变换不改变列向量之间的线性相关性和线性组合关系;矩阵的初等列变换不改变行向量之间的线性相关性和线性组合关系.

疑难问题辨析

何谓向量之间有相同的线性相关性和线性组合关系?

证　设矩阵 $\boldsymbol{A}$ 经过有限次初等行变换化为矩阵 $\boldsymbol{B}$.

任取 $\boldsymbol{A}$ 的 s 个列向量,构成的矩阵记为 $\boldsymbol{A}_1$,$\boldsymbol{B}$ 中对应的 s 个列向量构成的矩阵记为 $\boldsymbol{B}_1$,则由定理 1.2 知,齐次方程组 $\boldsymbol{A}_1\boldsymbol{x}=\boldsymbol{0}$ 与 $\boldsymbol{B}_1\boldsymbol{x}=\boldsymbol{0}$ 同解,从而根据定理 4.3,$\boldsymbol{A}_1$ 的列向量组与 $\boldsymbol{B}_1$ 的列向量组或者同为线性相关或者同为线性无关,即具有相同的线性相关性.

设 $\boldsymbol{A}$ 的第 j 列 $\boldsymbol{\alpha}_j$ 可以由其余各列线性表示,记 $\boldsymbol{B}$ 的第 j 列为 $\boldsymbol{\beta}_j$,并用 $\boldsymbol{A}_2$ 和 $\boldsymbol{B}_2$ 分别表示 $\boldsymbol{A}$ 和 $\boldsymbol{B}$ 中除第 j 列外的其余各列构成的矩阵,则方程组 $\boldsymbol{A}_2\boldsymbol{y}=\boldsymbol{\alpha}_j$ 有解,于是由定理 1.2 知,方程组 $\boldsymbol{B}_2\boldsymbol{y}=\boldsymbol{\beta}_j$ 有同样的解,即 $\boldsymbol{\beta}_j$ 可由 $\boldsymbol{B}_2$ 的列向量的同样的线性组合来表示.这表明,$\boldsymbol{A}$ 的某些列向量与 $\boldsymbol{B}$ 的对应列向量具有相同的线性组合关系.

对矩阵 $\boldsymbol{A}$ 做初等列变换等价于对转置矩阵 $\boldsymbol{A}^{\mathrm{T}}$ 做初等行变换,由上知,这不改变 $\boldsymbol{A}^{\mathrm{T}}$ 的列向量即 $\boldsymbol{A}$ 的行向量的线性相关性和线性组合关系. □

显而易见,矩阵的初等行变换可能会改变行向量之间的线性相关性和线性组合关系,矩阵的初等列变换可能会改变列向量之间的线性相关性和线性组合关系.

4.2　向量组的秩

从第 2.5.2 小节可以看出,矩阵的秩在线性方程组的求解以及有解判别中发挥了很大的作用.同样,矩阵的秩在第 4.1 节讨论向量组的线性组合和线性相关性时也扮演了重要的角色.本节我们将介绍向量组的秩.

4.2.1　等价向量组

第 4.1 节介绍的线性表示是指一个向量由一组向量线性表示,现在要将其推广为一组向量由另一组向量线性表示.

定义 4.3　设有两个 n 维向量组

$$(\mathrm{I}):\boldsymbol{\alpha}_1,\boldsymbol{\alpha}_2,\cdots,\boldsymbol{\alpha}_r;\quad (\mathrm{II}):\boldsymbol{\beta}_1,\boldsymbol{\beta}_2,\cdots,\boldsymbol{\beta}_s.$$

若向量组(Ⅱ)中每个向量都可由向量组(Ⅰ)线性表示,则称向量组(Ⅱ)可由向量组(Ⅰ)**线性表示**.若向量组(Ⅰ)和向量组(Ⅱ)能相互线性表示,则称向量组(Ⅰ)与向量组(Ⅱ)**等价**.

容易验证,向量组的等价具有下面的性质:

(1) 自反性:任意向量组与自身等价;

(2) 对称性:若向量组(Ⅰ)与向量组(Ⅱ)等价,则向量组(Ⅱ)与向量组(Ⅰ)等价;

(3) 传递性:若向量组(Ⅰ)与向量组(Ⅱ)等价,向量组(Ⅱ)与向量组(Ⅲ)等价,则向量组(Ⅰ)与向量组(Ⅲ)等价.

设 n 维向量组 $\boldsymbol{\beta}_1,\boldsymbol{\beta}_2,\cdots,\boldsymbol{\beta}_s$ 能由 n 维向量组 $\boldsymbol{\alpha}_1,\boldsymbol{\alpha}_2,\cdots,\boldsymbol{\alpha}_r$ 线性表示为

$$\begin{cases}\boldsymbol{\beta}_1=k_{11}\boldsymbol{\alpha}_1+k_{21}\boldsymbol{\alpha}_2+\cdots+k_{r1}\boldsymbol{\alpha}_r,\\ \boldsymbol{\beta}_2=k_{12}\boldsymbol{\alpha}_1+k_{22}\boldsymbol{\alpha}_2+\cdots+k_{r2}\boldsymbol{\alpha}_r,\\ \qquad\cdots\cdots\cdots\cdots\\ \boldsymbol{\beta}_s=k_{1s}\boldsymbol{\alpha}_1+k_{2s}\boldsymbol{\alpha}_2+\cdots+k_{rs}\boldsymbol{\alpha}_r,\end{cases}$$

则用矩阵形式可表示为

$$[\boldsymbol{\beta}_1\quad\boldsymbol{\beta}_2\quad\cdots\quad\boldsymbol{\beta}_s]=[\boldsymbol{\alpha}_1\quad\boldsymbol{\alpha}_2\quad\cdots\quad\boldsymbol{\alpha}_r]\begin{bmatrix}k_{11}&k_{12}&\cdots&k_{1s}\\k_{21}&k_{22}&\cdots&k_{2s}\\\vdots&\vdots&&\vdots\\k_{r1}&k_{r2}&\cdots&k_{rs}\end{bmatrix}.$$

若记

$$\boldsymbol{A}=[\boldsymbol{\alpha}_1\quad\boldsymbol{\alpha}_2\quad\cdots\quad\boldsymbol{\alpha}_r],\boldsymbol{B}=[\boldsymbol{\beta}_1\quad\boldsymbol{\beta}_2\quad\cdots\quad\boldsymbol{\beta}_s],\boldsymbol{K}=[k_{ij}]_{r\times s},$$

则 $\boldsymbol{B}=\boldsymbol{AK}$,称 $\boldsymbol{K}$ 为这一线性表示的系数矩阵,简称为**表示系数矩阵**.

反之,若存在矩阵关系 $\boldsymbol{B}=\boldsymbol{AK}$,则 $\boldsymbol{B}$ 的列向量组能由 $\boldsymbol{A}$ 的列向量组线性表示,$\boldsymbol{K}$ 为表示系数矩阵;同样,$\boldsymbol{B}$ 的行向量组也能由 $\boldsymbol{K}$ 的行向量组线性表示,此时 $\boldsymbol{A}$ 为表示系数矩阵.

综上所述,向量组$\boldsymbol{\beta}_1,\boldsymbol{\beta}_2,\cdots,\boldsymbol{\beta}_s$ 能由向量组 $\boldsymbol{\alpha}_1,\boldsymbol{\alpha}_2,\cdots,\boldsymbol{\alpha}_r$ 线性表示的充要条件是矩阵方程 $\boldsymbol{AX}=\boldsymbol{B}$ 有解;向量组$\boldsymbol{\beta}_1,\boldsymbol{\beta}_2,\cdots,\boldsymbol{\beta}_s$ 与向量组 $\boldsymbol{\alpha}_1,\boldsymbol{\alpha}_2,\cdots,\boldsymbol{\alpha}_r$ 等价的充要条件是矩阵方程 $\boldsymbol{AX}=\boldsymbol{B}$ 与 $\boldsymbol{BY}=\boldsymbol{A}$ 均有解.于是由定理 2.15 立即得到

疑难问题辨析

矩阵等价与向量组等价有何联系?

定理 4.10　设矩阵 $\boldsymbol{A}=[\boldsymbol{\alpha}_1\quad\boldsymbol{\alpha}_2\quad\cdots\quad\boldsymbol{\alpha}_r]$,$\boldsymbol{B}=[\boldsymbol{\beta}_1\quad\boldsymbol{\beta}_2\quad\cdots\quad\boldsymbol{\beta}_s]$,则

(1) 向量组$\boldsymbol{\beta}_1,\boldsymbol{\beta}_2,\cdots,\boldsymbol{\beta}_s$ 能由向量组 $\boldsymbol{\alpha}_1,\boldsymbol{\alpha}_2,\cdots,\boldsymbol{\alpha}_r$ 线性表示的充要条件是

$$\operatorname{rank}\boldsymbol{A}=\operatorname{rank}[\boldsymbol{A}\quad\boldsymbol{B}];$$

(2) 向量组 $\boldsymbol{\alpha}_1,\boldsymbol{\alpha}_2,\cdots,\boldsymbol{\alpha}_r$ 与向量组$\boldsymbol{\beta}_1,\boldsymbol{\beta}_2,\cdots,\boldsymbol{\beta}_s$ 等价的充要条件是

$$\operatorname{rank}\boldsymbol{A}=\operatorname{rank}\boldsymbol{B}=\operatorname{rank}[\boldsymbol{A}\quad\boldsymbol{B}].$$ □

例 4.7　已知向量

$$\boldsymbol{\alpha}_1=\begin{bmatrix}1\\1\\1\\-2\end{bmatrix},\boldsymbol{\alpha}_2=\begin{bmatrix}2\\0\\-2\\-16\end{bmatrix};\boldsymbol{\beta}_1=\begin{bmatrix}1\\2\\3\\4\end{bmatrix},\boldsymbol{\beta}_2=\begin{bmatrix}-1\\0\\1\\8\end{bmatrix},\boldsymbol{\beta}_3=\begin{bmatrix}2\\1\\0\\1\end{bmatrix},$$

试判断向量组 $\boldsymbol{\alpha}_1,\boldsymbol{\alpha}_2$ 是否能由向量组$\boldsymbol{\beta}_1,\boldsymbol{\beta}_2,\boldsymbol{\beta}_3$ 线性表示,向量组$\boldsymbol{\beta}_1,\boldsymbol{\beta}_2,\boldsymbol{\beta}_3$ 是否能由向量组 $\boldsymbol{\alpha}_1,\boldsymbol{\alpha}_2$ 线性表示.

解　记矩阵 $\boldsymbol{A}=[\boldsymbol{\alpha}_1\quad\boldsymbol{\alpha}_2]$,$\boldsymbol{B}=[\boldsymbol{\beta}_1\quad\boldsymbol{\beta}_2\quad\boldsymbol{\beta}_3]$,对矩阵$[\boldsymbol{A}\quad\boldsymbol{B}]$做初等行变换,化为阶梯矩阵:

$$[\boldsymbol{A}\quad\boldsymbol{B}]=\left[\begin{array}{cc:ccc}1&2&1&-1&2\\1&0&2&0&1\\1&-2&3&1&0\\-2&-16&4&8&1\end{array}\right]\to\left[\begin{array}{cc:ccc}1&2&1&-1&2\\0&-2&1&1&-1\\0&0&0&0&11\\0&0&0&0&0\end{array}\right]=\boldsymbol{C},$$

观察矩阵 $\boldsymbol{C}$ 可知 $\operatorname{rank}[\boldsymbol{A}\quad\boldsymbol{B}]=3$,$\operatorname{rank}\boldsymbol{A}=2$,$\operatorname{rank}\boldsymbol{B}=3$.根据定理 4.9 和定理 4.10,向量组 $\boldsymbol{\alpha}_1,\boldsymbol{\alpha}_2$ 能由向量组$\boldsymbol{\beta}_1,\boldsymbol{\beta}_2,\boldsymbol{\beta}_3$ 线性表示,但是向量组$\boldsymbol{\beta}_1,\boldsymbol{\beta}_2,\boldsymbol{\beta}_3$ 不能由向量组 $\boldsymbol{\alpha}_1$,

$\boldsymbol{\alpha}_2$ 线性表示. □

推论 4.11 若向量组 $\boldsymbol{\beta}_1,\boldsymbol{\beta}_2,\cdots,\boldsymbol{\beta}_s$ 能由向量组 $\boldsymbol{\alpha}_1,\boldsymbol{\alpha}_2,\cdots,\boldsymbol{\alpha}_r$ 线性表示,且 $s>r$,则向量组 $\boldsymbol{\beta}_1,\boldsymbol{\beta}_2,\cdots,\boldsymbol{\beta}_s$ 线性相关.

证 令 $\boldsymbol{A}=[\boldsymbol{\alpha}_1\quad\boldsymbol{\alpha}_2\quad\cdots\quad\boldsymbol{\alpha}_r]$,$\boldsymbol{B}=[\boldsymbol{\beta}_1\quad\boldsymbol{\beta}_2\quad\cdots\quad\boldsymbol{\beta}_s]$,因为向量组 $\boldsymbol{\beta}_1,\boldsymbol{\beta}_2,\cdots,\boldsymbol{\beta}_s$ 可由向量组 $\boldsymbol{\alpha}_1,\boldsymbol{\alpha}_2,\cdots,\boldsymbol{\alpha}_r$ 线性表示,所以由定理 4.10 得 $\operatorname{rank}\boldsymbol{A}=\operatorname{rank}[\boldsymbol{A}\quad\boldsymbol{B}]$,从而

$$\operatorname{rank}\boldsymbol{B}\leqslant\operatorname{rank}[\boldsymbol{A}\quad\boldsymbol{B}]=\operatorname{rank}\boldsymbol{A}\leqslant r<s.$$

于是由定理 4.3 知向量组 $\boldsymbol{\beta}_1,\boldsymbol{\beta}_2,\cdots,\boldsymbol{\beta}_s$ 线性相关. □

该推论的逆否命题为

推论 4.12 若向量组 $\boldsymbol{\beta}_1,\boldsymbol{\beta}_2,\cdots,\boldsymbol{\beta}_s$ 能由向量组 $\boldsymbol{\alpha}_1,\boldsymbol{\alpha}_2,\cdots,\boldsymbol{\alpha}_r$ 线性表示,且 $\boldsymbol{\beta}_1,\boldsymbol{\beta}_2,\cdots,\boldsymbol{\beta}_s$ 线性无关,则 $s\leqslant r$. □

由此立即得到下面的结论.

推论 4.13 若两个线性无关的向量组等价,则它们所含向量个数相等. □

4.2.2 向量组的极大线性无关组与秩

显然,任一含非零向量的向量组必定包含线性无关的部分组.那么人们自然会问:对于一个给定的向量组,它的线性无关的部分组中最多包含多少个向量?如何求这样的线性无关的部分组?

定义 4.4 设向量组(Ⅰ)的一个部分组 $\boldsymbol{\alpha}_1,\boldsymbol{\alpha}_2,\cdots,\boldsymbol{\alpha}_r$ 满足

(1) $\boldsymbol{\alpha}_1,\boldsymbol{\alpha}_2,\cdots,\boldsymbol{\alpha}_r$ 线性无关;

(2) 向量组(Ⅰ)中任何 $r+1$ 个向量都线性相关,

则称 $\boldsymbol{\alpha}_1,\boldsymbol{\alpha}_2,\cdots,\boldsymbol{\alpha}_r$ 是向量组(Ⅰ)的一个**极大线性无关组**,数 r 称为向量组(Ⅰ)的**秩**.

只含零向量的向量组没有极大线性无关组,规定它的秩为 0.

显然,向量组的极大线性无关组就是向量组中包含向量最多的线性无关部分组;向量组的秩是向量组中线性无关向量的最大个数,故向量组的秩是唯一确定的.

因为任意 $n+1$ 个 n 维向量必定线性相关,所以 $\mathbb{F}^n$ 中任意 n 个线性无关的向量都是 $\mathbb{F}^n$ 的极大线性无关向量组.特别地,n 维基本向量组是 $\mathbb{F}^n$ 的一个极大线性无关向量组.这说明,一个向量组的极大线性无关组不一定是唯一的.

首先来研究极大线性无关组在向量组中的作用.

定理 4.14 向量组(Ⅰ)的部分组 $\boldsymbol{\alpha}_1,\boldsymbol{\alpha}_2,\cdots,\boldsymbol{\alpha}_r$ 为(Ⅰ)的极大线性无关组当且仅当

疑难问题辨析

如何理解向量组的极大线性无关组和秩?

(1) $\boldsymbol{\alpha}_1,\boldsymbol{\alpha}_2,\cdots,\boldsymbol{\alpha}_r$ 线性无关;

(2) 向量组(Ⅰ)中任何向量都可由向量组 $\boldsymbol{\alpha}_1,\boldsymbol{\alpha}_2,\cdots,\boldsymbol{\alpha}_r$ 线性表示.

证 必要性.对于向量组(Ⅰ)中任一向量 $\boldsymbol{\beta}$,由定义 4.4 知 $r+1$ 个向量 $\boldsymbol{\alpha}_1,\boldsymbol{\alpha}_2,\cdots,\boldsymbol{\alpha}_r,\boldsymbol{\beta}$ 线性相关,而 $\boldsymbol{\alpha}_1,\boldsymbol{\alpha}_2,\cdots,\boldsymbol{\alpha}_r$ 线性无关,于是由推论 4.4 知 $\boldsymbol{\beta}$ 可由向量组 $\boldsymbol{\alpha}_1,\boldsymbol{\alpha}_2,\cdots,\boldsymbol{\alpha}_r$ 线性表示.

充分性.任取向量组(Ⅰ)的 $r+1$ 个向量 $\boldsymbol{\beta}_1,\boldsymbol{\beta}_2,\cdots,\boldsymbol{\beta}_{r+1}$,则向量组 $\boldsymbol{\beta}_1,\boldsymbol{\beta}_2,\cdots,\boldsymbol{\beta}_{r+1}$ 可由向量组 $\boldsymbol{\alpha}_1,\boldsymbol{\alpha}_2,\cdots,\boldsymbol{\alpha}_r$ 线性表示,根据推论 4.11 即知,$\boldsymbol{\beta}_1,\boldsymbol{\beta}_2,\cdots,\boldsymbol{\beta}_{r+1}$ 线性相关. □

这个定理实际上是极大线性无关组的等价定义,它说明向量组中的每个向量均可由极大线性无关组线性表示.

由于一个向量组的部分组总可以由该向量组线性表示，所以由定理 4.14 知，一个向量组与其极大线性无关组是等价的.从而根据向量组等价的对称性和传递性，一个向量组的任何两个极大线性无关组都是等价的.

再来考察两个向量组的秩之间的关系.

推论 4.15　若向量组(Ⅱ)可由向量组(Ⅰ)线性表示，则向量组(Ⅱ)的秩不超过向量组(Ⅰ)的秩.

证　设向量组(Ⅰ)的秩为 r，它的一个极大线性无关组为 $\boldsymbol{\alpha}_1,\boldsymbol{\alpha}_2,\cdots,\boldsymbol{\alpha}_r$；向量组(Ⅱ)的秩为 s，它的一个极大线性无关组为 $\boldsymbol{\beta}_1,\boldsymbol{\beta}_2,\cdots,\boldsymbol{\beta}_s$.因为向量组 $\boldsymbol{\beta}_1,\boldsymbol{\beta}_2,\cdots,\boldsymbol{\beta}_s$ 可由向量组(Ⅱ)线性表示，向量组(Ⅱ)可由向量组(Ⅰ)线性表示，由定理 4.14 知，向量组(Ⅰ)可由向量组 $\boldsymbol{\alpha}_1,\boldsymbol{\alpha}_2,\cdots,\boldsymbol{\alpha}_r$ 线性表示，所以向量组 $\boldsymbol{\beta}_1,\boldsymbol{\beta}_2,\cdots,\boldsymbol{\beta}_s$ 可由向量组 $\boldsymbol{\alpha}_1,\boldsymbol{\alpha}_2,\cdots,\boldsymbol{\alpha}_r$ 线性表示，于是由推论 4.12 知 $s\leqslant r$. □

根据该推论即知，等价向量组的秩相等.但是，秩相等的向量组不一定等价，例如，对于向量

$$\boldsymbol{\alpha}_1=\begin{bmatrix}1\\0\\0\end{bmatrix},\boldsymbol{\alpha}_2=\begin{bmatrix}0\\1\\0\end{bmatrix},\boldsymbol{\beta}_1=\begin{bmatrix}0\\1\\0\end{bmatrix},\ \boldsymbol{\beta}_2=\begin{bmatrix}0\\0\\1\end{bmatrix},$$

则向量组 $\boldsymbol{\alpha}_1,\boldsymbol{\alpha}_2$ 和向量组 $\boldsymbol{\beta}_1,\ \boldsymbol{\beta}_2$ 的秩都等于 2，而向量组 $\boldsymbol{\alpha}_1,\boldsymbol{\alpha}_2$ 与向量组 $\boldsymbol{\beta}_1,\ \boldsymbol{\beta}_2$ 不等价.

称矩阵 $\boldsymbol{A}$ 的列向量组的秩为 $\boldsymbol{A}$ 的**列秩**，$\boldsymbol{A}$ 的行向量组的秩为 $\boldsymbol{A}$ 的**行秩**.

最后来建立矩阵的秩与它的列秩、行秩之间的联系.

解题方法归纳

线性相关性

定理 4.16　矩阵的秩等于它的列秩，也等于它的行秩.

证　设 $\operatorname{rank}\boldsymbol{A}=r$，对 $\boldsymbol{A}$ 做初等行变换化为最简阶梯矩阵 $\boldsymbol{B}$，则由推论 2.12 知 $\boldsymbol{B}$ 有 r 个非零行，其中 r 个主元所在的 r 个列向量是线性无关的基本向量，且 $\boldsymbol{B}$ 的每个列向量都可由上述 r 个基本列向量线性表示，故 $\boldsymbol{B}$ 的列秩为 r.根据定理 4.9，初等行变换不改变矩阵的列秩，所以 $\boldsymbol{A}$ 的列秩也为 r，从而 $\boldsymbol{A}$ 的秩等于 $\boldsymbol{A}$ 的列秩.

由于 $\operatorname{rank}\boldsymbol{A}=\operatorname{rank}(\boldsymbol{A}^{\mathrm{T}})$，且由上知 $\boldsymbol{A}^{\mathrm{T}}$ 的秩等于 $\boldsymbol{A}^{\mathrm{T}}$ 的列秩，即 $\boldsymbol{A}$ 的行秩，所以 $\boldsymbol{A}$ 的秩等于 $\boldsymbol{A}$ 的行秩. □

根据定理 4.16，初等变换不改变矩阵的列向量组的秩，也不改变矩阵的行向量组的秩.

利用定理 4.16 和定理 4.9，可以给出用初等行变换求列向量组 $\boldsymbol{\alpha}_1,\boldsymbol{\alpha}_2,\cdots,\boldsymbol{\alpha}_s$ 的秩与极大线性无关组以及将其余向量用极大线性无关组来线性表示的方法.

(a) 对矩阵 $\boldsymbol{A}=[\boldsymbol{\alpha}_1\ \ \boldsymbol{\alpha}_2\ \ \cdots\ \ \boldsymbol{\alpha}_s]$ 做初等行变换化为阶梯矩阵 $\boldsymbol{B}=[\boldsymbol{\beta}_1\ \ \boldsymbol{\beta}_2\ \ \cdots\ \ \boldsymbol{\beta}_s]$，则 $\boldsymbol{B}$ 的非零行数 r 就是 $\boldsymbol{A}$ 的秩，从而由定理 4.16 知向量组 $\boldsymbol{\alpha}_1,\boldsymbol{\alpha}_2,\cdots,\boldsymbol{\alpha}_s$ 的秩为 r；

(b) $\boldsymbol{B}$ 的 r 个主元所在的列向量 $\boldsymbol{\beta}_{i_1},\boldsymbol{\beta}_{i_2},\cdots,\boldsymbol{\beta}_{i_r}$ 就是向量组 $\boldsymbol{\beta}_1,\boldsymbol{\beta}_2,\cdots,\boldsymbol{\beta}_s$ 的一个极大线性无关组，从而根据定理 4.9，向量组 $\boldsymbol{\alpha}_{i_1},\boldsymbol{\alpha}_{i_2},\cdots,\boldsymbol{\alpha}_{i_r}$ 是向量组 $\boldsymbol{\alpha}_1,\boldsymbol{\alpha}_2,\cdots,\boldsymbol{\alpha}_s$ 的一个极大线性无关组；

(c) 再对 $\boldsymbol{B}$ 做初等行变换得到最简阶梯矩阵 $\boldsymbol{C}=[\boldsymbol{\gamma}_1\ \ \ \boldsymbol{\gamma}_2\ \ \ \cdots\ \ \ \boldsymbol{\gamma}_s]$，则 $\boldsymbol{C}$ 的 r 个主元所在的列向量 $\boldsymbol{\gamma}_{i_1},\boldsymbol{\gamma}_{i_2},\cdots,\boldsymbol{\gamma}_{i_r}$ 均为基本向量，它们是向量组 $\boldsymbol{\gamma}_1,\boldsymbol{\gamma}_2,\cdots,\boldsymbol{\gamma}_s$ 的一个极大线性无关组，而 $\boldsymbol{C}$ 中其他任何列向量 $\boldsymbol{\gamma}_j$ 都可以很容易地表示为 $\boldsymbol{\gamma}_{i_1},\boldsymbol{\gamma}_{i_2},\cdots,\boldsymbol{\gamma}_{i_r}$ 的线性组合：

$$\boldsymbol{\gamma}_j=k_{j1}\boldsymbol{\gamma}_{i1}+k_{j2}\boldsymbol{\gamma}_{i2}+\cdots+k_{jr}\boldsymbol{\gamma}_{i_r},$$

于是由定理 4.9 可知，$\boldsymbol{\alpha}_j$ 可以由极大线性无关组 $\boldsymbol{\alpha}_{i1},\boldsymbol{\alpha}_{i2},\cdots,\boldsymbol{\alpha}_{i_r}$ 线性表示为

$$\boldsymbol{\alpha}_j=k_{j1}\boldsymbol{\alpha}_{i1}+k_{j2}\boldsymbol{\alpha}_{i2}+\cdots+k_{jr}\boldsymbol{\alpha}_{i_r}.$$

对于行向量组，只需将其转置成为列向量组，就可以用初等行变换求出向量组的秩与极大线性无关组以及由极大线性无关组来线性表示其余向量.

例 4.8　设有向量组

$$\boldsymbol{\alpha}_1=\begin{bmatrix}1\\2\\3\\4\end{bmatrix},\boldsymbol{\alpha}_2=\begin{bmatrix}2\\3\\4\\5\end{bmatrix},\boldsymbol{\alpha}_3=\begin{bmatrix}3\\4\\5\\6\end{bmatrix},\boldsymbol{\alpha}_4=\begin{bmatrix}4\\5\\6\\7\end{bmatrix}.$$

(1) 求该向量组的秩与极大线性无关组；

(2) 将向量组中其余向量表示成极大线性无关组的线性组合.

解　(1) 对矩阵 $\boldsymbol{A}=[\boldsymbol{\alpha}_1\quad\boldsymbol{\alpha}_2\quad\boldsymbol{\alpha}_3\quad\boldsymbol{\alpha}_4]$ 做初等行变换，化为阶梯矩阵：

$$\boldsymbol{A}=\begin{bmatrix}1&2&3&4\\2&3&4&5\\3&4&5&6\\4&5&6&7\end{bmatrix}\to\begin{bmatrix}1&1&1&1\\0&1&2&3\\0&0&0&0\\0&0&0&0\end{bmatrix}=\boldsymbol{B}=[\boldsymbol{\beta}_1\quad\boldsymbol{\beta}_2\quad\boldsymbol{\beta}_3\quad\boldsymbol{\beta}_4],$$

观察矩阵 $\boldsymbol{B}$ 可得，向量组 $\boldsymbol{\beta}_1,\boldsymbol{\beta}_2,\boldsymbol{\beta}_3,\boldsymbol{\beta}_4$ 的秩为 2，$\boldsymbol{\beta}_1,\boldsymbol{\beta}_2$ 是它的一个极大线性无关组，从而向量组 $\boldsymbol{\alpha}_1,\boldsymbol{\alpha}_2,\boldsymbol{\alpha}_3,\boldsymbol{\alpha}_4$ 的秩为 2，$\boldsymbol{\alpha}_1,\boldsymbol{\alpha}_2$ 是它的一个极大线性无关组.

(2) 再对阶梯矩阵 $\boldsymbol{B}$ 做初等行变换，化为最简阶梯矩阵：

$$\boldsymbol{B}=\begin{bmatrix}1&1&1&1\\0&1&2&3\\0&0&0&0\\0&0&0&0\end{bmatrix}\to\begin{bmatrix}1&0&-1&-2\\0&1&2&3\\0&0&0&0\\0&0&0&0\end{bmatrix}=\boldsymbol{C}=[\boldsymbol{\gamma}_1\quad\boldsymbol{\gamma}_2\quad\boldsymbol{\gamma}_3\quad\boldsymbol{\gamma}_4],$$

观察矩阵 $\boldsymbol{C}$ 可得

$$\boldsymbol{\gamma}_3=-\boldsymbol{\gamma}_1+2\boldsymbol{\gamma}_2,\boldsymbol{\gamma}_4=-2\boldsymbol{\gamma}_1+3\boldsymbol{\gamma}_2,$$

于是

$$\boldsymbol{\alpha}_3=-\boldsymbol{\alpha}_1+2\boldsymbol{\alpha}_2,\boldsymbol{\alpha}_4=-2\boldsymbol{\alpha}_1+3\boldsymbol{\alpha}_2.$$ □

例 4.9　已知向量组

$$\boldsymbol{\alpha}_1=\begin{bmatrix}1\\2\\-3\end{bmatrix},\boldsymbol{\alpha}_2=\begin{bmatrix}3\\0\\1\end{bmatrix},\boldsymbol{\alpha}_3=\begin{bmatrix}9\\6\\-7\end{bmatrix}\quad 与\quad\boldsymbol{\beta}_1=\begin{bmatrix}0\\1\\-1\end{bmatrix},\boldsymbol{\beta}_2=\begin{bmatrix}a\\1\\0\end{bmatrix},\boldsymbol{\beta}_3=\begin{bmatrix}b\\2\\1\end{bmatrix}$$

有相同的秩，且 $\boldsymbol{\beta}_2$ 可由 $\boldsymbol{\alpha}_1,\boldsymbol{\alpha}_2,\boldsymbol{\alpha}_3$ 线性表示，试确定 a,b 的值.

解　对矩阵 $[\boldsymbol{\alpha}_1\quad\boldsymbol{\alpha}_2\quad\boldsymbol{\alpha}_3\quad\boldsymbol{\beta}_2]$ 做初等行变换化为阶梯矩阵：

$$\begin{bmatrix}1&3&9&a\\2&0&6&1\\-3&1&-7&0\end{bmatrix}\to\begin{bmatrix}1&3&9&a\\0&-6&-12&1-2a\\0&0&0&5-a\end{bmatrix},$$

由上知 $\mathrm{rank}[\boldsymbol{\alpha}_1\quad\boldsymbol{\alpha}_2\quad\boldsymbol{\alpha}_3]=2$，而 $\boldsymbol{\beta}_2$ 可由 $\boldsymbol{\alpha}_1,\boldsymbol{\alpha}_2,\boldsymbol{\alpha}_3$ 线性表示，故

$$\operatorname{rank}[\boldsymbol{\alpha}_1\quad\boldsymbol{\alpha}_2\quad\boldsymbol{\alpha}_3\quad\boldsymbol{\beta}_2]=\operatorname{rank}[\boldsymbol{\alpha}_1\quad\boldsymbol{\alpha}_2\quad\boldsymbol{\alpha}_3]=2,$$

于是 $a=5$.

再对矩阵$[\boldsymbol{\beta}_1\quad\boldsymbol{\beta}_2\quad\boldsymbol{\beta}_3]$做初等行变换化为阶梯矩阵：

$$\begin{bmatrix}0&5&b\\1&1&2\\-1&0&1\end{bmatrix}\rightarrow\begin{bmatrix}1&1&2\\0&1&3\\0&0&b-15\end{bmatrix},$$

因为

$$\operatorname{rank}[\boldsymbol{\beta}_1\quad\boldsymbol{\beta}_2\quad\boldsymbol{\beta}_3]=\operatorname{rank}[\boldsymbol{\alpha}_1\quad\boldsymbol{\alpha}_2\quad\boldsymbol{\alpha}_3]=2,$$

所以 $b=15$. □

4.3 线性方程组解的结构

第 1 章介绍了用初等变换解线性方程组的消元法，并给出解的三种情况.第 2 章用矩阵的观点讨论了线性方程组的求解及有解判别准则.第 3 章利用行列式研究了系数行列式非零的 $n\times n$ 线性方程组解的表达式.

我们将线性方程组的解构成的列向量称为该方程组的**解向量**或**解**.于是，本节应用向量的线性相关性理论来研究线性方程组解集的结构.

4.3.1 齐次线性方程组解的结构

首先给出 $m\times n$ 齐次线性方程组

$$\boldsymbol{Ax}=\boldsymbol{0} \tag{4.1}$$

解的一个简单性质.

定理 4.17 齐次线性方程组(4.1)中任何两个解向量的线性组合都是方程组(4.1)的解向量，即方程组(4.1)的解对向量加法和数乘是封闭的.

证 任取齐次线性方程组(4.1)的两个解向量 $\boldsymbol{\xi}_1,\boldsymbol{\xi}_2$，以及两个数 k_1,k_2，则

$$\boldsymbol{A}(k_1\boldsymbol{\xi}_1+k_2\boldsymbol{\xi}_2)=k_1\boldsymbol{A\xi}_1+k_2\boldsymbol{A\xi}_2=\boldsymbol{0}+\boldsymbol{0}=\boldsymbol{0},$$

故 $k_1\boldsymbol{\xi}_1+k_2\boldsymbol{\xi}_2$ 是方程组(4.1)的解向量. □

齐次线性方程组(4.1)的解集记作

$$N(\boldsymbol{A})=\{\boldsymbol{x}\,|\,\boldsymbol{Ax}=\boldsymbol{0}\}.$$

$N(\boldsymbol{A})$可视作一个 n 维向量组，它的极大线性无关组称为齐次线性方程组(4.1)的**基础解系**.一个齐次线性方程组可以有无穷多个基础解系.

疑难问题辨析

不同基础解系之间有何关系？

若$\boldsymbol{\xi}_1,\boldsymbol{\xi}_2,\cdots,\boldsymbol{\xi}_s$ 是齐次线性方程组(4.1)的一个基础解系，则方程组(4.1)的任一解都可由基础解系$\boldsymbol{\xi}_1,\boldsymbol{\xi}_2,\cdots,\boldsymbol{\xi}_s$ 线性表示；又由定理 4.17 知，基础解系$\boldsymbol{\xi}_1,\boldsymbol{\xi}_2,\cdots,\boldsymbol{\xi}_s$ 的任何线性组合都是方程组(4.1)的解.因此

$$k_1\boldsymbol{\xi}_1+k_2\boldsymbol{\xi}_2+\cdots+k_s\boldsymbol{\xi}_s\ (k_1,k_2,\cdots,k_s\text{ 为任意数})$$

便是齐次线性方程组的通解.

剩下的问题是，齐次线性方程组(4.1)的一个基础解系中含多少个解向量？如何求其基础解系？

下述定理回答了第一个问题.

解题方法归纳

有关AB=0

定理 4.18 $m\times n$ 齐次线性方程组(4.1)的每个基础解系都含 $n-\operatorname{rank}\boldsymbol{A}$ 个解向量.

证 当 $\operatorname{rank}\boldsymbol{A}=n$ 时,齐次线性方程组(4.1)只有零解,即基础解系含零个解向量.下设 $\operatorname{rank}\boldsymbol{A}=r<n$,且不妨设 $\boldsymbol{A}$ 的前 r 个列向量线性无关,对 $\boldsymbol{A}$ 进行初等行变换,化为最简阶梯矩阵:

$$\boldsymbol{A}\to\begin{bmatrix}1&0&\cdots&0&b_{11}&b_{12}&\cdots&b_{1,n-r}\\0&1&\cdots&0&b_{21}&b_{22}&\cdots&b_{2,n-r}\\\vdots&\vdots&&\vdots&\vdots&\vdots&&\vdots\\0&0&\cdots&1&b_{r1}&b_{r2}&\cdots&b_{r,n-r}\\0&0&\cdots&0&0&0&\cdots&0\\\vdots&\vdots&&\vdots&\vdots&\vdots&&\vdots\\0&\cdots&\cdots&0&0&0&\cdots&0\end{bmatrix},$$

取 $x_{r+1},x_{r+2},\cdots,x_n$ 为自由未知量,得到同解方程组

$$\begin{cases}x_1=-b_{11}x_{r+1}-b_{12}x_{r+2}-\cdots-b_{1,n-r}x_n,\\x_2=-b_{21}x_{r+1}-b_{22}x_{r+2}-\cdots-b_{2,n-r}x_n,\\\cdots\cdots\cdots\cdots\\x_r=-b_{r1}x_{r+1}-b_{r2}x_{r+2}-\cdots-b_{r,n-r}x_n,\end{cases}$$

显然,该方程组的通解为

$$\begin{bmatrix}x_1\\x_2\\\vdots\\x_r\\x_{r+1}\\x_{r+2}\\\vdots\\x_n\end{bmatrix}=x_{r+1}\begin{bmatrix}-b_{11}\\-b_{21}\\\vdots\\-b_{r1}\\1\\0\\\vdots\\0\end{bmatrix}+x_{r+2}\begin{bmatrix}-b_{12}\\-b_{22}\\\vdots\\-b_{r2}\\0\\1\\\vdots\\0\end{bmatrix}+\cdots+x_n\begin{bmatrix}-b_{1,n-r}\\-b_{2,n-r}\\\vdots\\-b_{r,n-r}\\0\\0\\\vdots\\1\end{bmatrix},$$

依次令 $x_{r+1}=k_1,x_{r+2}=k_2,\cdots,x_n=k_{n-r}$($k_1,k_2,\cdots,k_{n-r}$ 为任意数),且将上式右端的 $n-r$ 个列向量依次记为$\boldsymbol{\xi}_1,\boldsymbol{\xi}_2,\cdots,\boldsymbol{\xi}_{n-r}$,于是方程组(4.1)的通解为

$$\boldsymbol{x}=k_1\boldsymbol{\xi}_1+k_2\boldsymbol{\xi}_2+\cdots+k_{n-r}\boldsymbol{\xi}_{n-r},$$

即方程组(4.1)的任何解向量都可由$\boldsymbol{\xi}_1,\boldsymbol{\xi}_2,\cdots,\boldsymbol{\xi}_{n-r}$线性表示.

易知,上述的向量$\boldsymbol{\xi}_i$($i=1,2,\cdots,n-r$)是自由未知量 x_{r+i}取 1、其余自由未知量均取 0 代入同解方程组所得到的,从而是方程组(4.1)的解向量.

由于矩阵$[\boldsymbol{\xi}_1\quad\boldsymbol{\xi}_2\quad\cdots\quad\boldsymbol{\xi}_{n-r}]$的后 $n-r$ 行构成 $n-r$ 阶单位矩阵,所以矩阵$[\boldsymbol{\xi}_1\quad\boldsymbol{\xi}_2\quad\cdots\quad\boldsymbol{\xi}_{n-r}]$的秩为 $n-r$,故$\boldsymbol{\xi}_1,\boldsymbol{\xi}_2,\cdots,\boldsymbol{\xi}_{n-r}$线性无关.

这就证明了$\boldsymbol{\xi}_1,\boldsymbol{\xi}_2,\cdots,\boldsymbol{\xi}_{n-r}$是方程组(4.1)的基础解系. □

该定理表明,齐次线性方程组(4.1)的解集 $N(\boldsymbol{A})$的秩等于 $n-\operatorname{rank}\boldsymbol{A}$.

上面的证明过程提供了用初等行变换求齐次线性方程组(4.1)的基础解系的一种方法,这就回答了第二个问题.求 n 元齐次线性方程组的基础解系的步骤可归纳如下:

(a) 对系数矩阵做初等行变换化为最简阶梯矩阵(设有 r 个非零行),从而得到同解方程组.

(b) 依次让 $n-r$ 个自由未知量中的一个取 1、其余的取 0,代入同解方程组得到基本未知量的取值,从而求得齐次线性方程组(4.1)的基础解系.

例 4.10 求齐次线性方程组

$$\begin{cases} x_1-x_2+2x_3+x_4=0, \\ 2x_1-x_2+x_3+3x_4=0, \\ 3x_1-x_2+5x_4=0 \end{cases}$$

的基础解系与通解.

解 对方程组的系数矩阵做初等行变换,化为最简阶梯矩阵:

$$\begin{bmatrix} 1 & -1 & 2 & 1 \\ 2 & -1 & 1 & 3 \\ 3 & -1 & 0 & 5 \end{bmatrix} \to \begin{bmatrix} 1 & 0 & -1 & 2 \\ 0 & 1 & -3 & 1 \\ 0 & 0 & 0 & 0 \end{bmatrix},$$

得到同解方程组

$$\begin{cases} x_1=x_3-2x_4, \\ x_2=3x_3-x_4, \end{cases}$$

令

$$\begin{bmatrix} x_3 \\ x_4 \end{bmatrix}=\begin{bmatrix} 1 \\ 0 \end{bmatrix}, \begin{bmatrix} 0 \\ 1 \end{bmatrix},$$

对应地有

$$\begin{bmatrix} x_1 \\ x_2 \end{bmatrix}=\begin{bmatrix} 1 \\ 3 \end{bmatrix}, \begin{bmatrix} -2 \\ -1 \end{bmatrix},$$

从而求得原方程组的一个基础解系

$$\boldsymbol{\xi}_1=\begin{bmatrix} 1 \\ 3 \\ 1 \\ 0 \end{bmatrix}, \boldsymbol{\xi}_2=\begin{bmatrix} -2 \\ -1 \\ 0 \\ 1 \end{bmatrix}.$$

所以原方程组的通解为

$$\boldsymbol{x}=k_1\boldsymbol{\xi}_1+k_2\boldsymbol{\xi}_2,$$

即

$$\begin{bmatrix} x_1 \\ x_2 \\ x_3 \\ x_4 \end{bmatrix}=k_1\begin{bmatrix} 1 \\ 3 \\ 1 \\ 0 \end{bmatrix}+k_2\begin{bmatrix} -2 \\ -1 \\ 0 \\ 1 \end{bmatrix},$$

其中 k_1,k_2 为任意数. □

例 4.11 设 $\boldsymbol{A}\in\mathbb{R}^{m\times n}$,证明 $\operatorname{rank}(\boldsymbol{A}^{\mathrm{T}}\boldsymbol{A})=\operatorname{rank}\boldsymbol{A}$.

证　考虑两个实系数齐次线性方程组 $\boldsymbol{A}\boldsymbol{x}=\boldsymbol{0}$ 和 $\boldsymbol{A}^{\mathrm{T}}\boldsymbol{A}\boldsymbol{x}=\boldsymbol{0}$.

解题方法归纳

证明 $\boldsymbol{A}=\boldsymbol{0}$

若实向量 $\boldsymbol{\xi}$ 是方程组 $\boldsymbol{A}\boldsymbol{x}=\boldsymbol{0}$ 的解，则有 $\boldsymbol{A}^{\mathrm{T}}(\boldsymbol{A}\boldsymbol{\xi})=\boldsymbol{0}$，即 $\boldsymbol{\xi}$ 是方程组 $\boldsymbol{A}^{\mathrm{T}}\boldsymbol{A}\boldsymbol{x}=\boldsymbol{0}$ 的一个解.

若实向量 $\boldsymbol{\xi}$ 是方程组 $\boldsymbol{A}^{\mathrm{T}}\boldsymbol{A}\boldsymbol{x}=\boldsymbol{0}$ 的解，则有 $\boldsymbol{\xi}^{\mathrm{T}}\boldsymbol{A}^{\mathrm{T}}\boldsymbol{A}\boldsymbol{\xi}=0$，即 $(\boldsymbol{A}\boldsymbol{\xi})^{\mathrm{T}}(\boldsymbol{A}\boldsymbol{\xi})=0$.记实向量 $\boldsymbol{A}\boldsymbol{\xi}=(a_1,a_2,\cdots,a_m)^{\mathrm{T}}$，得

$$(\boldsymbol{A}\boldsymbol{\xi})^{\mathrm{T}}(\boldsymbol{A}\boldsymbol{\xi})=a_1^2+a_2^2+\cdots+a_m^2=0.$$

从而 $a_i=0(i=1,2,\cdots,m)$，即 $\boldsymbol{A}\boldsymbol{\xi}=\boldsymbol{0}$，故 $\boldsymbol{\xi}$ 是方程组 $\boldsymbol{A}\boldsymbol{x}=\boldsymbol{0}$ 的一个解.

综上可知，方程组 $\boldsymbol{A}\boldsymbol{x}=\boldsymbol{0}$ 与 $\boldsymbol{A}^{\mathrm{T}}\boldsymbol{A}\boldsymbol{x}=\boldsymbol{0}$ 有相同的实数解，即有 $N(\boldsymbol{A})=N(\boldsymbol{A}^{\mathrm{T}}\boldsymbol{A})$.又由定理 4.18 知，$N(\boldsymbol{A})$ 的秩等于 $n-\operatorname{rank}\boldsymbol{A}$，$N(\boldsymbol{A}^{\mathrm{T}}\boldsymbol{A})$ 的秩等于 $n-\operatorname{rank}(\boldsymbol{A}^{\mathrm{T}}\boldsymbol{A})$，因此

$$n-\operatorname{rank}\boldsymbol{A}=n-\operatorname{rank}(\boldsymbol{A}^{\mathrm{T}}\boldsymbol{A}),$$

于是 $\operatorname{rank}(\boldsymbol{A}^{\mathrm{T}}\boldsymbol{A})=\operatorname{rank}\boldsymbol{A}$.　□

需要指出的是，例 4.11 中，若 $\boldsymbol{A}\in\mathbb{C}^{m\times n}$，结论不一定成立.例如，当 $\boldsymbol{A}=\begin{bmatrix}1 & \mathrm{i}\\ -\mathrm{i} & 1\end{bmatrix}$ 时，$\boldsymbol{A}^{\mathrm{T}}\boldsymbol{A}=\boldsymbol{0}$，故 $\operatorname{rank}(\boldsymbol{A}^{\mathrm{T}}\boldsymbol{A})=0$，$\operatorname{rank}\boldsymbol{A}=1$，即 $\operatorname{rank}(\boldsymbol{A}^{\mathrm{T}}\boldsymbol{A})\neq\operatorname{rank}\boldsymbol{A}$.

4.3.2　非齐次线性方程组解的结构

对于 $m\times n$ 非齐次线性方程组

$$\boldsymbol{A}\boldsymbol{x}=\boldsymbol{b}\ (\boldsymbol{b}\neq\boldsymbol{0}),\tag{4.2}$$

齐次线性方程组

$$\boldsymbol{A}\boldsymbol{x}=\boldsymbol{0}\tag{4.3}$$

称为非齐次线性方程组(4.2)的**导出方程组**.

设 $\boldsymbol{\eta}_1,\boldsymbol{\eta}_2,\cdots,\boldsymbol{\eta}_s$ 是非齐次线性方程组(4.2)的 s 个解，则对任意数 $k_1,k_2,\cdots,k_s$，均有

$$\begin{aligned}\boldsymbol{A}(k_1\boldsymbol{\eta}_1+k_2\boldsymbol{\eta}_2+\cdots+k_s\boldsymbol{\eta}_s)&=k_1\boldsymbol{A}\boldsymbol{\eta}_1+k_2\boldsymbol{A}\boldsymbol{\eta}_2+\cdots+k_s\boldsymbol{A}\boldsymbol{\eta}_s\\&=(k_1+k_2+\cdots+k_s)\boldsymbol{b},\end{aligned}$$

由此得到下面两个性质.

(1) 当 $k_1+k_2+\cdots+k_s=1$ 时，$k_1\boldsymbol{\eta}_1+k_2\boldsymbol{\eta}_2+\cdots+k_s\boldsymbol{\eta}_s$ 是非齐次线性方程组(4.2)的解.

(2) 当 $k_1+k_2+\cdots+k_s=0$ 时，$k_1\boldsymbol{\eta}_1+k_2\boldsymbol{\eta}_2+\cdots+k_s\boldsymbol{\eta}_s$ 是导出方程组(4.3)的解.特别地，$\boldsymbol{\eta}_1-\boldsymbol{\eta}_2$ 是导出方程组(4.3)的解.

性质(1)表明，非齐次线性方程组的解对向量加法和数乘是不封闭的.

定理 4.19　设 $\boldsymbol{\eta}$ 是非齐次线性方程组(4.2)的一个特解，$\boldsymbol{\xi}_1,\boldsymbol{\xi}_2,\cdots,\boldsymbol{\xi}_{n-r}$ 是导出方程组(4.3)的基础解系，则非齐次线性方程组(4.2)的通解为

$$\boldsymbol{x}=k_1\boldsymbol{\xi}_1+k_2\boldsymbol{\xi}_2+\cdots+k_{n-r}\boldsymbol{\xi}_{n-r}+\boldsymbol{\eta},$$

其中 $k_1,k_2,\cdots,k_{n-r}$ 为任意数.

解题方法归纳

两个线性方程组的公共解

证　设 $\boldsymbol{x}$ 是非齐次线性方程组(4.2)的任何一个解，则 $\boldsymbol{x}-\boldsymbol{\eta}$ 是导出方程组(4.3)的解，从而可由方程组(4.3)的基础解系线性表示，即

$$\boldsymbol{x}-\boldsymbol{\eta}=k_1\boldsymbol{\xi}_1+k_2\boldsymbol{\xi}_2+\cdots+k_{n-r}\boldsymbol{\xi}_{n-r},$$

因此

$$\boldsymbol{x}=k_1\boldsymbol{\xi}_1+k_2\boldsymbol{\xi}_2+\cdots+k_{n-r}\boldsymbol{\xi}_{n-r}+\boldsymbol{\eta}.$$ □

例 4.12　求下列非齐次线性方程组的通解

$$\begin{cases} x_1-x_2+2x_3+x_4=1, \\ 2x_1-x_2+x_3+2x_4=3, \\ 3x_1-x_2+4x_4=5, \\ x_1-x_3+x_4=2. \end{cases}$$

解　对方程组的增广矩阵做初等行变换，化为最简阶梯矩阵：

$$[\boldsymbol{A}\quad \boldsymbol{b}]=\left[\begin{array}{cccc:c} 1 & -1 & 2 & 1 & 1 \\ 2 & -1 & 1 & 2 & 3 \\ 3 & -1 & 0 & 4 & 5 \\ 1 & 0 & -1 & 1 & 2 \end{array}\right] \to \left[\begin{array}{cccc:c} 1 & 0 & -1 & 0 & 2 \\ 0 & 1 & -3 & 0 & 1 \\ 0 & 0 & 0 & 1 & 0 \\ 0 & 0 & 0 & 0 & 0 \end{array}\right],$$

由于 $\operatorname{rank}\boldsymbol{A}=\operatorname{rank}[\boldsymbol{A}\quad \boldsymbol{b}]=3$，所以方程组有解.由最简阶梯矩阵得到同解方程组

$$\begin{cases} x_1=x_3+2, \\ x_2=3x_3+1, \\ x_4=0, \end{cases}$$

求得原方程组的通解

$$\begin{cases} x_1=x_3+2, \\ x_2=3x_3+1, \\ x_3=x_3+0, \\ x_4=0, \end{cases}$$

或

$$\begin{bmatrix} x_1 \\ x_2 \\ x_3 \\ x_4 \end{bmatrix}=k\begin{bmatrix} 1 \\ 3 \\ 1 \\ 0 \end{bmatrix}+\begin{bmatrix} 2 \\ 1 \\ 0 \\ 0 \end{bmatrix},$$

其中 k 为任意数. □

例 4.13　问 λ 取何值时，线性方程组

$$\begin{cases} x_1+x_2+\lambda x_3=-1, \\ -x_1+\lambda x_2+x_3=\lambda^2, \\ \lambda x_1-x_2+x_3=1 \end{cases}$$

有唯一解、有无穷多解、无解？并在有无穷多解时求其通解.

解　因为方程组的系数矩阵 $\boldsymbol{A}$ 的行列式

$$\begin{vmatrix} 1 & 1 & \lambda \\ -1 & \lambda & 1 \\ \lambda & -1 & 1 \end{vmatrix}=-(\lambda+1)^2(\lambda-2),$$

所以当 $\lambda\neq-1$ 且 $\lambda\neq2$ 时，方程组有唯一解.

当 $\lambda=-1$ 时，对方程组的增广矩阵 $\widetilde{\boldsymbol{A}}$ 做初等行变换化为最简阶梯矩阵：

$$\begin{bmatrix}1&1&-1&-1\\-1&-1&1&1\\-1&-1&1&1\end{bmatrix}\to\begin{bmatrix}1&1&-1&-1\\0&0&0&0\\0&0&0&0\end{bmatrix},$$

由 $\operatorname{rank}\boldsymbol{A}=\operatorname{rank}\widetilde{\boldsymbol{A}}=1$ 知，方程组有无穷多解，得同解方程 $x_1=-x_2+x_3-1$，求得方程组的通解

$$\begin{cases}x_1=-x_2+x_3-1,\\x_2=\quad x_2\qquad+0,\\x_3=\qquad\quad x_3+0,\end{cases}$$

或

$$\begin{bmatrix}x_1\\x_2\\x_3\end{bmatrix}=k\begin{bmatrix}-1\\1\\0\end{bmatrix}+l\begin{bmatrix}1\\0\\1\end{bmatrix}+\begin{bmatrix}-1\\0\\0\end{bmatrix},k,l\text{ 为任意数}.$$

当 $\lambda=2$ 时，对方程组的增广矩阵 $\widetilde{\boldsymbol{A}}$ 做初等行变换化为阶梯矩阵：

$$\begin{bmatrix}1&1&2&-1\\-1&2&1&4\\2&-1&1&1\end{bmatrix}\to\begin{bmatrix}1&1&2&-1\\0&3&3&3\\0&0&0&6\end{bmatrix},$$

因 $\operatorname{rank}\boldsymbol{A}=2$，$\operatorname{rank}\widetilde{\boldsymbol{A}}=3$，故方程组无解. □

例 4.14　假设在四阶矩阵 $\boldsymbol{A}=[\boldsymbol{\alpha}_1\quad\boldsymbol{\alpha}_2\quad\boldsymbol{\alpha}_3\quad\boldsymbol{\alpha}_4]$ 中，$\boldsymbol{\alpha}_2,\boldsymbol{\alpha}_3,\boldsymbol{\alpha}_4$ 线性无关，且 $\boldsymbol{\alpha}_1=2\boldsymbol{\alpha}_2-\boldsymbol{\alpha}_3$. 若 $\boldsymbol{\beta}=\boldsymbol{\alpha}_1+\boldsymbol{\alpha}_2+\boldsymbol{\alpha}_3+\boldsymbol{\alpha}_4$，求线性方程组 $\boldsymbol{A}\boldsymbol{x}=\boldsymbol{\beta}$ 的通解.

解　记 $\boldsymbol{x}=(x_1,x_2,x_3,x_4)^{\mathrm{T}}$，将非齐次线性方程组 $\boldsymbol{A}\boldsymbol{x}=\boldsymbol{\beta}$ 写成向量形式

$$x_1\boldsymbol{\alpha}_1+x_2\boldsymbol{\alpha}_2+x_3\boldsymbol{\alpha}_3+x_4\boldsymbol{\alpha}_4=\boldsymbol{\alpha}_1+\boldsymbol{\alpha}_2+\boldsymbol{\alpha}_3+\boldsymbol{\alpha}_4,$$

即知 $\boldsymbol{\eta}=(1,1,1,1)^{\mathrm{T}}$ 是 $\boldsymbol{A}\boldsymbol{x}=\boldsymbol{\beta}$ 的一个特解.

再考虑导出方程组 $\boldsymbol{A}\boldsymbol{x}=\boldsymbol{0}$ 的通解. 由于 $\boldsymbol{\alpha}_2,\boldsymbol{\alpha}_3,\boldsymbol{\alpha}_4$ 线性无关，所以 $\boldsymbol{\alpha}_1$ 可由 $\boldsymbol{\alpha}_2,\boldsymbol{\alpha}_3$ 线性表示，因此 $\operatorname{rank}\boldsymbol{A}=3$，从而 $\boldsymbol{A}\boldsymbol{x}=\boldsymbol{0}$ 的基础解系只含一个解向量. 因为 $\boldsymbol{\alpha}_1=2\boldsymbol{\alpha}_2-\boldsymbol{\alpha}_3$，即 $\boldsymbol{\alpha}_1-2\boldsymbol{\alpha}_2+\boldsymbol{\alpha}_3=\boldsymbol{0}$，亦即

$$[\boldsymbol{\alpha}_1\quad\boldsymbol{\alpha}_2\quad\boldsymbol{\alpha}_3\quad\boldsymbol{\alpha}_4]\begin{bmatrix}1\\-2\\1\\0\end{bmatrix}=\boldsymbol{0},$$

所以 $\boldsymbol{\xi}=(1,-2,1,0)^{\mathrm{T}}$ 是导出方程组 $\boldsymbol{A}\boldsymbol{x}=\boldsymbol{0}$ 的一个基础解系.

于是非齐次方程组 $\boldsymbol{A}\boldsymbol{x}=\boldsymbol{\beta}$ 的通解为

$$\boldsymbol{x}=k\boldsymbol{\xi}+\boldsymbol{\eta}=k\begin{bmatrix}1\\-2\\1\\0\end{bmatrix}+\begin{bmatrix}1\\1\\1\\1\end{bmatrix},$$

其中 k 为任意数. □

在例 4.14 中,也可以用另一种方法求导出方程组 $\boldsymbol{Ax}=\mathbf{0}$ 的基础解系.将$\boldsymbol{\alpha}_1=2\boldsymbol{\alpha}_2-\boldsymbol{\alpha}_3$ 代入方程组 $\boldsymbol{Ax}=\mathbf{0}$,得

$$\begin{aligned}\boldsymbol{Ax}&=x_1\boldsymbol{\alpha}_1+x_2\boldsymbol{\alpha}_2+x_3\boldsymbol{\alpha}_3+x_4\boldsymbol{\alpha}_4\\&=x_1(2\boldsymbol{\alpha}_2-\boldsymbol{\alpha}_3)+x_2\boldsymbol{\alpha}_2+x_3\boldsymbol{\alpha}_3+x_4\boldsymbol{\alpha}_4\\&=(2x_1+x_2)\boldsymbol{\alpha}_2+(-x_1+x_3)\boldsymbol{\alpha}_3+x_4\boldsymbol{\alpha}_4=\mathbf{0},\end{aligned}$$

因为 $\boldsymbol{\alpha}_2,\boldsymbol{\alpha}_3,\boldsymbol{\alpha}_4$ 线性无关,所以有

$$\begin{cases}2x_1+x_2=0,\\-x_1+x_3=0,\\x_4=0,\end{cases}$$

解得一个基础解系 $\boldsymbol{\xi}=(1,-2,1,0)^{\mathrm{T}}$.

4.4 向量空间

在第 4.1 和第 4.2 节中,我们介绍了 n 维向量,讨论了向量组的线性相关性,本节将从总体上研究向量的性质.

4.4.1 向量空间的概念

由定理 4.17 知,齐次线性方程组 $\boldsymbol{Ax}=\mathbf{0}$ 的解集 $N(\boldsymbol{A})$对向量的加法和数乘都是封闭的.而且$\mathbb{R}^n$中向量的加法和数乘也满足封闭性.数学上,把关于线性运算封闭的向量的非空集合称为向量空间.

定义 4.5 设 V 为$\mathbb{F}$上某些 n 维向量构成的非空集合,若 V 关于加法及数乘两种运算都封闭,即

(1) 对任意 $\boldsymbol{\alpha},\boldsymbol{\beta}\in V$,有 $\boldsymbol{\alpha}+\boldsymbol{\beta}\in V$;

(2) 对任意 $\boldsymbol{\alpha}\in V$ 及任意 $k\in\mathbb{F}$,有 $k\boldsymbol{\alpha}\in V$,

则称 V 为$\mathbb{F}$上的**向量空间**.若$\mathbb{F}=\mathbb{R}$,则称 V 为**实向量空间**;若$\mathbb{F}=\mathbb{C}$,则称 V 为**复向量空间**.

向量空间 V 中一定包含零向量.$\{\mathbf{0}\}$是向量空间,称为**零空间**.

显然,$\mathbb{R}^n$是实向量空间,$\mathbb{C}^n$是复向量空间.

齐次线性方程组的解集是向量空间,称为**解空间**.非齐次线性方程组的解集不是向量空间.

例 4.15 判别下列集合是否为向量空间:

(1) $V_1=\{(0,x_2,x_3,\cdots,x_n)^{\mathrm{T}}\mid x_2,x_3,\cdots,x_n\in\mathbb{F}\}$;

(2) $V_2=\{(1,x_2,x_3,\cdots,x_n)^{\mathrm{T}}\mid x_2,x_3,\cdots,x_n\in\mathbb{F}\}$.

解 (1) V_1 是向量空间,事实上,对任意 $\boldsymbol{\alpha}=(0,a_2,a_3,\cdots,a_n)^{\mathrm{T}}$, $\boldsymbol{\beta}=(0,b_2,b_3,\cdots,b_n)^{\mathrm{T}}\in V_1$,以及任意 $k\in\mathbb{F}$,有

$$\boldsymbol{\alpha}+\boldsymbol{\beta}=(0,a_2+b_2,a_3+b_3,\cdots,a_n+b_n)^{\mathrm{T}}\in V_1,$$
$$k\boldsymbol{\alpha}=(0,ka_2,ka_3,\cdots,ka_n)^{\mathrm{T}}\in V_1.$$

(2) V_2 不是向量空间,这是因为,$\boldsymbol{\alpha}=(1,0,0,\cdots,0)^{\mathrm{T}}\in V_2$,但 $2\boldsymbol{\alpha}=(2,0,0,\cdots,0)^{\mathrm{T}}\notin V_2$. □

正如集合有子集,向量空间也有子空间.

定义 4.6 设 V,W 为两个向量空间,若 $W\subseteq V$,则称 W 是 V 的**子空间**.

容易知道,W 是向量空间 V 的子空间等价于 W 是 V 的非空子集,且 W 关于加法和数乘是封闭的.

例如,对于任何向量空间 V,$\{\boldsymbol{0}\}$和 V 都是 V 的子空间,称为**平凡子空间**,其他的子空间称为**非平凡子空间**.由 n 维实向量所组成的任何向量空间都是$\mathbb{R}^n$的子空间.

例 4.16 设 $\boldsymbol{\alpha}_1,\boldsymbol{\alpha}_2,\cdots,\boldsymbol{\alpha}_m\in\mathbb{F}^n$,证明集合

$$V=\{k_1\boldsymbol{\alpha}_1+k_2\boldsymbol{\alpha}_2+\cdots+k_m\boldsymbol{\alpha}_m\mid k_1,k_2,\cdots,k_m\in\mathbb{F}\}$$

是$\mathbb{F}^n$的子空间.称 V 为由 $\boldsymbol{\alpha}_1,\boldsymbol{\alpha}_2,\cdots,\boldsymbol{\alpha}_m$ **生成的向量空间**,记作 $\mathrm{span}(\boldsymbol{\alpha}_1,\boldsymbol{\alpha}_2,\cdots,\boldsymbol{\alpha}_m)$.

证 显然 V 是$\mathbb{F}^n$的非空子集,并且对任意 $\boldsymbol{x}=k_1\boldsymbol{\alpha}_1+k_2\boldsymbol{\alpha}_2+\cdots+k_m\boldsymbol{\alpha}_m$,$\boldsymbol{y}=l_1\boldsymbol{\alpha}_1+l_2\boldsymbol{\alpha}_2+\cdots+l_m\boldsymbol{\alpha}_m\in V$,以及任意 $k\in\mathbb{F}$,有

$$\boldsymbol{x}+\boldsymbol{y}=(k_1+l_1)\boldsymbol{\alpha}_1+(k_2+l_2)\boldsymbol{\alpha}_2+\cdots+(k_m+l_m)\boldsymbol{\alpha}_m\in V,$$

$$k\boldsymbol{x}=kk_1\boldsymbol{\alpha}_1+kk_2\boldsymbol{\alpha}_2+\cdots+kk_m\boldsymbol{\alpha}_m\in V,$$

因此 V 是$\mathbb{F}^n$的子空间. □

齐次线性方程组的解空间就是由其基础解系生成的向量空间.

4.4.2 向量空间的基与维数

若将向量空间 V 看作向量组,则 V 的极大线性无关组 $\boldsymbol{\alpha}_1,\boldsymbol{\alpha}_2,\cdots,\boldsymbol{\alpha}_r$ 与 V 是等价的,从而

$$V=\mathrm{span}(\boldsymbol{\alpha}_1,\boldsymbol{\alpha}_2,\cdots,\boldsymbol{\alpha}_r).$$

但是,当 $s<r$ 时,V 中任何 s 个向量 $\boldsymbol{\beta}_1,\boldsymbol{\beta}_2,\cdots,\boldsymbol{\beta}_s$ 都不能生成 V.这是因为,若

$$V=\mathrm{span}(\boldsymbol{\beta}_1,\boldsymbol{\beta}_2,\cdots,\boldsymbol{\beta}_s),$$

则向量组 $\boldsymbol{\alpha}_1,\boldsymbol{\alpha}_2,\cdots,\boldsymbol{\alpha}_r$ 能被向量组 $\boldsymbol{\beta}_1,\boldsymbol{\beta}_2,\cdots,\boldsymbol{\beta}_s$ 线性表示,从而由推论 4.11 知,$\boldsymbol{\alpha}_1,\boldsymbol{\alpha}_2,\cdots,\boldsymbol{\alpha}_r$ 线性相关,此为矛盾.这表明,极大线性无关组不仅能生成向量空间 V,而且所含的向量最少.因此,极大线性无关组决定了向量空间的结构.于是就有下面的定义.

定义 4.7 设 V 是向量空间,若存在 $\boldsymbol{\alpha}_1,\boldsymbol{\alpha}_2,\cdots,\boldsymbol{\alpha}_r\in V$,使得

(1) $\boldsymbol{\alpha}_1,\boldsymbol{\alpha}_2,\cdots,\boldsymbol{\alpha}_r$ 线性无关;

(2) V 中任何向量都可由向量组 $\boldsymbol{\alpha}_1,\boldsymbol{\alpha}_2,\cdots,\boldsymbol{\alpha}_r$ 线性表示,

则称 $\boldsymbol{\alpha}_1,\boldsymbol{\alpha}_2,\cdots,\boldsymbol{\alpha}_r$ 为向量空间 V 的一个**基**,r 称为 V 的**维数**,记作 $\dim V$,并称 V 为 r **维向量空间**.

疑难问题辨析

如何理解向量空间的维数?

零空间$\{\boldsymbol{0}\}$没有基,规定它的维数为 0.

n 维基本向量组$\boldsymbol{e}_1,\boldsymbol{e}_2,\cdots,\boldsymbol{e}_n$ 是$\mathbb{F}^n$的一个基,称为$\mathbb{F}^n$的**自然基**,即知 $\dim\ \mathbb{F}^n=n$,所以称$\mathbb{R}^n$和$\mathbb{C}^n$为 n **维向量空间**.

向量空间的维数与它的向量的维数是两个不同的概念.比如,例 4.15 中的向量空间 V_1 是 $n-1$ 维的,V_1 中的向量却是 n 维的.n 维向量构成的任何向量空间 V 都是$\mathbb{F}^n$的子空间,所以 V 中线性无关的向量个数不会超过 n,因此$\dim V\leqslant n$.

向量组 $\boldsymbol{\alpha}_1,\boldsymbol{\alpha}_2,\cdots,\boldsymbol{\alpha}_m$ 的一个极大线性无关组就是向量空间 $\mathrm{span}(\boldsymbol{\alpha}_1,\boldsymbol{\alpha}_2,\cdots,\boldsymbol{\alpha}_m)$的一个基,向量组 $\boldsymbol{\alpha}_1,\boldsymbol{\alpha}_2,\cdots,\boldsymbol{\alpha}_m$ 的秩就是 $\mathrm{span}(\boldsymbol{\alpha}_1,\boldsymbol{\alpha}_2,\cdots,\boldsymbol{\alpha}_m)$的维数.

设 V 是 r 维向量空间,则 V 中任意 r 个线性无关的向量都是 V 的一个基.

根据定义 4.7,向量空间 V 的基具有双重属性:基是 V 中含向量最多的线性无关组——极大性,也是所有能生成 V 的向量组中含向量最少者——极小性.

设 $\boldsymbol{\alpha}_1,\boldsymbol{\alpha}_2,\cdots,\boldsymbol{\alpha}_r$ 是向量空间 V 的一个基,则 V 中任一向量 $\boldsymbol{\beta}$ 都可以由 $\boldsymbol{\alpha}_1,\boldsymbol{\alpha}_2,\cdots,\boldsymbol{\alpha}_r$ 线性表示为

$$\boldsymbol{\beta}=x_1\boldsymbol{\alpha}_1+x_2\boldsymbol{\alpha}_2+\cdots+x_r\boldsymbol{\alpha}_r,$$

并且上述表示式唯一.把线性组合的系数构成的向量$(x_1,x_2,\cdots,x_r)^{\mathrm{T}}$ 称为 $\boldsymbol{\beta}$ 在基 $\boldsymbol{\alpha}_1,\boldsymbol{\alpha}_2,\cdots,\boldsymbol{\alpha}_r$ 下的**坐标**.

记矩阵 $\boldsymbol{A}=[\boldsymbol{\alpha}_1\quad\boldsymbol{\alpha}_2\quad\cdots\quad\boldsymbol{\alpha}_r]$,则求向量 $\boldsymbol{\beta}$ 在基 $\boldsymbol{\alpha}_1,\boldsymbol{\alpha}_2,\cdots,\boldsymbol{\alpha}_r$ 下的坐标等价于求线性方程组 $\boldsymbol{Ax}=\boldsymbol{\beta}$ 的解.

例 4.17　设有向量

$$\boldsymbol{\alpha}_1=\begin{bmatrix}1\\0\\1\\2\end{bmatrix},\boldsymbol{\alpha}_2=\begin{bmatrix}0\\1\\1\\0\end{bmatrix},\boldsymbol{\alpha}_3=\begin{bmatrix}-1\\2\\1\\0\end{bmatrix},\boldsymbol{\alpha}_4=\begin{bmatrix}2\\0\\1\\0\end{bmatrix};\boldsymbol{\beta}=\begin{bmatrix}3\\-1\\1\\4\end{bmatrix}.$$

(1) 证明 $\boldsymbol{\alpha}_1,\boldsymbol{\alpha}_2,\boldsymbol{\alpha}_3,\boldsymbol{\alpha}_4$ 是$\mathbb{R}^4$的一个基;

(2) 求向量 $\boldsymbol{\beta}$ 在基 $\boldsymbol{\alpha}_1,\boldsymbol{\alpha}_2,\boldsymbol{\alpha}_3,\boldsymbol{\alpha}_4$ 下的坐标.

证　对矩阵$[\boldsymbol{\alpha}_1\quad\boldsymbol{\alpha}_2\quad\boldsymbol{\alpha}_3\quad\boldsymbol{\alpha}_4\quad\boldsymbol{\beta}]$做初等行变换,化为最简阶梯矩阵:

$$[\boldsymbol{\alpha}_1\quad\boldsymbol{\alpha}_2\quad\boldsymbol{\alpha}_3\quad\boldsymbol{\alpha}_4\quad\boldsymbol{\beta}]=\begin{bmatrix}1&0&-1&2&3\\0&1&2&0&-1\\1&1&1&1&1\\2&0&0&0&4\end{bmatrix}\to\begin{bmatrix}1&0&0&0&2\\0&1&0&0&-3\\0&0&1&0&1\\0&0&0&1&1\end{bmatrix}=\boldsymbol{B},$$

因为初等行变换不改变列向量组的线性相关性和线性组合关系,所以由矩阵 $\boldsymbol{B}$ 可知 $\boldsymbol{\alpha}_1,\boldsymbol{\alpha}_2,\boldsymbol{\alpha}_3,\boldsymbol{\alpha}_4$ 线性无关,故它是$\mathbb{R}^4$的一个基,并且 $\boldsymbol{\beta}$ 在基 $\boldsymbol{\alpha}_1,\boldsymbol{\alpha}_2,\boldsymbol{\alpha}_3,\boldsymbol{\alpha}_4$ 下的坐标为$(2,-3,1,1)^{\mathrm{T}}$. □

4.4.3　基变换与坐标变换

在例 4.17 中,向量 $\boldsymbol{\beta}$ 在基 $\boldsymbol{\alpha}_1,\boldsymbol{\alpha}_2,\boldsymbol{\alpha}_3,\boldsymbol{\alpha}_4$ 下的坐标为$(2,-3,1,1)^{\mathrm{T}}$;而 $\boldsymbol{\beta}$ 在自然基 $\boldsymbol{e}_1,\boldsymbol{e}_2,\boldsymbol{e}_3,\boldsymbol{e}_4$ 下的坐标就是 $\boldsymbol{\beta}$ 本身,即$(3,-1,1,4)^{\mathrm{T}}$.这说明,同一个向量在不同的基下的坐标是不同的.那么不同的基下的坐标之间有怎样的关系呢?

设 $\boldsymbol{\alpha}_1,\boldsymbol{\alpha}_2,\cdots,\boldsymbol{\alpha}_r$ 与 $\boldsymbol{\beta}_1,\boldsymbol{\beta}_2,\cdots,\boldsymbol{\beta}_r$ 是 r 维向量空间 V 的两个基,则向量组$\boldsymbol{\beta}_1,\boldsymbol{\beta}_2,\cdots,\boldsymbol{\beta}_r$ 可由基 $\boldsymbol{\alpha}_1,\boldsymbol{\alpha}_2,\cdots,\boldsymbol{\alpha}_r$ 线性表示,设矩阵形式的表示式为

$$[\boldsymbol{\beta}_1\quad\boldsymbol{\beta}_2\quad\cdots\quad\boldsymbol{\beta}_r]=[\boldsymbol{\alpha}_1\quad\boldsymbol{\alpha}_2\quad\cdots\quad\boldsymbol{\alpha}_r]\begin{bmatrix}c_{11}&c_{12}&\cdots&c_{1r}\\c_{21}&c_{22}&\cdots&c_{2r}\\\vdots&\vdots&&\vdots\\c_{r1}&c_{r2}&\cdots&c_{rr}\end{bmatrix},\tag{4.4}$$

称 r 阶矩阵 $\boldsymbol{C}=[c_{ij}]$为由基 $\boldsymbol{\alpha}_1,\boldsymbol{\alpha}_2,\cdots,\boldsymbol{\alpha}_r$ 到基$\boldsymbol{\beta}_1,\boldsymbol{\beta}_2,\cdots,\boldsymbol{\beta}_r$ 的**过渡矩阵**，称(4.4)式为由 $\boldsymbol{\alpha}_1,\boldsymbol{\alpha}_2,\cdots,\boldsymbol{\alpha}_r$ 到 $\boldsymbol{\beta}_1,\boldsymbol{\beta}_2,\cdots,\boldsymbol{\beta}_r$ 的**基变换公式**.

由于$\boldsymbol{\beta}_1,\boldsymbol{\beta}_2,\cdots,\boldsymbol{\beta}_r$ 线性无关，所以过渡矩阵 $\boldsymbol{C}$ 可逆，且$\boldsymbol{C}^{-1}$为由基 $\boldsymbol{\beta}_1,\boldsymbol{\beta}_2,\cdots,\boldsymbol{\beta}_r$ 到基 $\boldsymbol{\alpha}_1,\boldsymbol{\alpha}_2,\cdots,\boldsymbol{\alpha}_r$ 的过渡矩阵.还不难看出，$\boldsymbol{C}$ 的第 j 列是$\boldsymbol{\beta}_j$ 在基 $\boldsymbol{\alpha}_1,\boldsymbol{\alpha}_2,\cdots,\boldsymbol{\alpha}_r$ 下的坐标，$j=1,2,\cdots,r$.从而由坐标的唯一性知，过渡矩阵 $\boldsymbol{C}$ 由两个基唯一确定.

记矩阵

$$\boldsymbol{A}=[\boldsymbol{\alpha}_1\quad\boldsymbol{\alpha}_2\quad\cdots\quad\boldsymbol{\alpha}_r],\boldsymbol{B}=[\boldsymbol{\beta}_1\quad\boldsymbol{\beta}_2\quad\cdots\quad\boldsymbol{\beta}_r],$$

则过渡矩阵 $\boldsymbol{C}$ 满足 $\boldsymbol{B}=\boldsymbol{AC}$，所以求过渡矩阵 $\boldsymbol{C}$ 相当于解矩阵方程 $\boldsymbol{AX}=\boldsymbol{B}$.

下面的定理给出了同一向量在不同基下的坐标之间的关系.

定理 4.20 设在向量空间 V 中，由基 $\boldsymbol{\alpha}_1,\boldsymbol{\alpha}_2,\cdots,\boldsymbol{\alpha}_r$ 到基 $\boldsymbol{\beta}_1,\boldsymbol{\beta}_2,\cdots,\boldsymbol{\beta}_r$ 的过渡矩阵为 $\boldsymbol{C}$，则 V 中任何向量 $\boldsymbol{\alpha}$ 在基 $\boldsymbol{\alpha}_1,\boldsymbol{\alpha}_2,\cdots,\boldsymbol{\alpha}_r$ 下的坐标 $\boldsymbol{x}$ 和在基 $\boldsymbol{\beta}_1,\boldsymbol{\beta}_2,\cdots,\boldsymbol{\beta}_r$ 下的坐标 $\boldsymbol{y}$，满足

$$\boldsymbol{x}=\boldsymbol{Cy}\quad\text{或}\quad\boldsymbol{y}=\boldsymbol{C}^{-1}\boldsymbol{x}.\tag{4.5}$$

称(4.5)式为向量 $\boldsymbol{\alpha}$ 在基 $\boldsymbol{\alpha}_1,\boldsymbol{\alpha}_2,\cdots,\boldsymbol{\alpha}_r$ 与基 $\boldsymbol{\beta}_1,\boldsymbol{\beta}_2,\cdots,\boldsymbol{\beta}_r$ 下的**坐标变换公式**.

证 因为$[\boldsymbol{\beta}_1\quad\boldsymbol{\beta}_2\quad\cdots\quad\boldsymbol{\beta}_r]=[\boldsymbol{\alpha}_1\quad\boldsymbol{\alpha}_2\quad\cdots\quad\boldsymbol{\alpha}_r]\boldsymbol{C}$，所以

$$[\boldsymbol{\alpha}_1\quad\boldsymbol{\alpha}_2\quad\cdots\quad\boldsymbol{\alpha}_r]\boldsymbol{x}=\boldsymbol{\alpha}=[\boldsymbol{\beta}_1\quad\boldsymbol{\beta}_2\quad\cdots\quad\boldsymbol{\beta}_r]\boldsymbol{y}=[\boldsymbol{\alpha}_1\quad\boldsymbol{\alpha}_2\quad\cdots\quad\boldsymbol{\alpha}_r]\boldsymbol{Cy},$$

根据向量在基下坐标的唯一性，可知 $\boldsymbol{x}=\boldsymbol{Cy}$. □

这个定理的逆命题也成立：如果向量空间 V 中任一向量在两个基下的坐标变换公式为(4.5)式，那么这两个基的基变换公式必为(4.4)式.这是因为，由$\boldsymbol{x}=\boldsymbol{Cy}$ 得

$$[\boldsymbol{\beta}_1\quad\boldsymbol{\beta}_2\quad\cdots\quad\boldsymbol{\beta}_r]\boldsymbol{y}=[\boldsymbol{\alpha}_1\quad\boldsymbol{\alpha}_2\quad\cdots\quad\boldsymbol{\alpha}_r]\boldsymbol{x}=[\boldsymbol{\alpha}_1\quad\boldsymbol{\alpha}_2\quad\cdots\quad\boldsymbol{\alpha}_r]\boldsymbol{Cy},$$

即对任意向量 $\boldsymbol{y}$，都有

$$([\boldsymbol{\beta}_1\quad\boldsymbol{\beta}_2\quad\cdots\quad\boldsymbol{\beta}_r]-[\boldsymbol{\alpha}_1\quad\boldsymbol{\alpha}_2\quad\cdots\quad\boldsymbol{\alpha}_r]\boldsymbol{C})\boldsymbol{y}=\boldsymbol{0},$$

让 $\boldsymbol{y}$ 取基本向量$\boldsymbol{e}_i(i=1,2,\cdots,r)$，则有

$$([\boldsymbol{\beta}_1\quad\boldsymbol{\beta}_2\quad\cdots\quad\boldsymbol{\beta}_r]-[\boldsymbol{\alpha}_1\quad\boldsymbol{\alpha}_2\quad\cdots\quad\boldsymbol{\alpha}_r]\boldsymbol{C})\boldsymbol{e}_i=\boldsymbol{0},i=1,2,\cdots,r,$$

于是

$$([\boldsymbol{\beta}_1\quad\boldsymbol{\beta}_2\quad\cdots\quad\boldsymbol{\beta}_r]-[\boldsymbol{\alpha}_1\quad\boldsymbol{\alpha}_2\quad\cdots\quad\boldsymbol{\alpha}_r]\boldsymbol{C})\boldsymbol{E}=\boldsymbol{0},$$

故有基变换公式(4.4)式.

例 4.18 已知$\mathbb{R}^3$中两个基：

$$\boldsymbol{\alpha}_1=\begin{bmatrix}1\\1\\1\end{bmatrix},\boldsymbol{\alpha}_2=\begin{bmatrix}1\\0\\-1\end{bmatrix},\boldsymbol{\alpha}_3=\begin{bmatrix}1\\0\\1\end{bmatrix};\boldsymbol{\beta}_1=\begin{bmatrix}1\\2\\1\end{bmatrix},\boldsymbol{\beta}_2=\begin{bmatrix}2\\3\\4\end{bmatrix},\boldsymbol{\beta}_3=\begin{bmatrix}3\\4\\3\end{bmatrix}.$$

求由基 $\boldsymbol{\alpha}_1,\boldsymbol{\alpha}_2,\boldsymbol{\alpha}_3$ 到基$\boldsymbol{\beta}_1,\boldsymbol{\beta}_2,\boldsymbol{\beta}_3$ 的过渡矩阵和基变换公式.

解 记矩阵 $\boldsymbol{A}=[\boldsymbol{\alpha}_1\quad\boldsymbol{\alpha}_2\quad\boldsymbol{\alpha}_3]$，$\boldsymbol{B}=[\boldsymbol{\beta}_1\quad\boldsymbol{\beta}_2\quad\boldsymbol{\beta}_3]$，矩阵方程 $\boldsymbol{AX}=\boldsymbol{B}$ 的解便是过渡矩阵 $\boldsymbol{C}$.为此，对矩阵$[\boldsymbol{A}\quad\boldsymbol{B}]$做初等行变换：

$$[\boldsymbol{A}\quad\boldsymbol{B}]=\left[\begin{array}{ccc:ccc}1&1&1&1&2&3\\1&0&0&2&3&4\\1&-1&1&1&4&3\end{array}\right]\to\left[\begin{array}{ccc:ccc}1&0&0&2&3&4\\0&1&0&0&-1&0\\0&0&1&-1&0&-1\end{array}\right],$$

于是过渡矩阵

$$C=\begin{bmatrix}2&3&4\\0&-1&0\\-1&0&-1\end{bmatrix},$$

基变换公式为$[\boldsymbol{\beta}_1\quad\boldsymbol{\beta}_2\quad\boldsymbol{\beta}_3]=[\boldsymbol{\alpha}_1\quad\boldsymbol{\alpha}_2\quad\boldsymbol{\alpha}_3]\boldsymbol{C}$,即

$$\begin{cases}\boldsymbol{\beta}_1=2\boldsymbol{\alpha}_1\qquad-\boldsymbol{\alpha}_3,\\ \boldsymbol{\beta}_2=3\boldsymbol{\alpha}_1-\boldsymbol{\alpha}_2,\\ \boldsymbol{\beta}_3=4\boldsymbol{\alpha}_1\qquad-\boldsymbol{\alpha}_3.\end{cases}$$ □

例 4.19 已知向量空间 V 有两个基:$\boldsymbol{\alpha}_1,\boldsymbol{\alpha}_2,\cdots,\boldsymbol{\alpha}_r$ 与$\boldsymbol{\beta}_1,\boldsymbol{\beta}_2,\cdots,\boldsymbol{\beta}_r$,且 V 中任一向量 $\boldsymbol{\alpha}$ 分别在基 $\boldsymbol{\alpha}_1,\boldsymbol{\alpha}_2,\cdots,\boldsymbol{\alpha}_r$ 和基 $\boldsymbol{\beta}_1,\boldsymbol{\beta}_2,\cdots,\boldsymbol{\beta}_r$ 下的坐标$(x_1,x_2,\cdots,x_r)^{\mathrm{T}}$ 和$(y_1,y_2,\cdots,y_r)^{\mathrm{T}}$满足

$$\begin{cases}y_1=x_1,\\ y_2=x_1+x_2,\\ \cdots\cdots\cdots\cdots\\ y_r=x_1+x_2+\cdots+x_r,\end{cases}$$

求由基 $\boldsymbol{\alpha}_1,\boldsymbol{\alpha}_2,\cdots,\boldsymbol{\alpha}_r$ 到基 $\boldsymbol{\beta}_1,\boldsymbol{\beta}_2,\cdots,\boldsymbol{\beta}_r$ 的过渡矩阵 $\boldsymbol{C}$.

解 由条件得

$$\begin{bmatrix}y_1\\y_2\\y_3\\\vdots\\y_r\end{bmatrix}=\begin{bmatrix}1&0&0&\cdots&0\\1&1&0&\cdots&0\\1&1&1&\cdots&0\\\vdots&\vdots&\vdots&&\vdots\\1&1&1&\cdots&1\end{bmatrix}\begin{bmatrix}x_1\\x_2\\x_3\\\vdots\\x_r\end{bmatrix},$$

即有

$$\boldsymbol{C}^{-1}=\begin{bmatrix}1&0&0&\cdots&0\\1&1&0&\cdots&0\\1&1&1&\cdots&0\\\vdots&\vdots&\vdots&&\vdots\\1&1&1&\cdots&1\end{bmatrix},$$

从而

$$\boldsymbol{C}=\begin{bmatrix}1&0&0&\cdots&0\\1&1&0&\cdots&0\\1&1&1&\cdots&0\\\vdots&\vdots&\vdots&&\vdots\\1&1&1&\cdots&1\end{bmatrix}^{-1}=\begin{bmatrix}1&&&&\\-1&1&&&\\&-1&1&&\\&&\ddots&\ddots&\\&&&-1&1\end{bmatrix}.$$ □

4.5 n 维 Euclid 空间

众所周知,几何空间$\mathbb{R}^3$中的向量具有长度和夹角,而且都可以通过向量的数量积来描述.本节我们将数量积的概念推广到向量空间$\mathbb{R}^n$,引入内积的概念.

4.5.1 向量的内积

定义 4.8 设有两个 n 维实向量

$$\boldsymbol{\alpha}=\begin{bmatrix}a_1\\a_2\\\vdots\\a_n\end{bmatrix},\boldsymbol{\beta}=\begin{bmatrix}b_1\\b_2\\\vdots\\b_n\end{bmatrix},$$

记

$$\langle\boldsymbol{\alpha},\boldsymbol{\beta}\rangle=a_1b_1+a_2b_2+\cdots+a_nb_n,$$

称之为向量 $\boldsymbol{\alpha}$ 与 $\boldsymbol{\beta}$ 的**内积**.定义了内积的向量空间 $\mathbb{R}^n$ 称为 n **维 Euclid 空间**.

两个列向量 $\boldsymbol{\alpha}$ 与 $\boldsymbol{\beta}$ 的内积可表示为 $\langle\boldsymbol{\alpha},\boldsymbol{\beta}\rangle=\boldsymbol{\alpha}^{\mathrm{T}}\boldsymbol{\beta}=\boldsymbol{\beta}^{\mathrm{T}}\boldsymbol{\alpha}$.

根据定义容易验证,内积满足下列性质($\boldsymbol{\alpha},\boldsymbol{\beta},\boldsymbol{\gamma}\in\mathbb{R}^n,k,l\in\mathbb{R}$):

(1) **对称性**:$\langle\boldsymbol{\alpha},\boldsymbol{\beta}\rangle=\langle\boldsymbol{\beta},\boldsymbol{\alpha}\rangle$;

(2) **线性性**:$\langle k\boldsymbol{\alpha}+l\boldsymbol{\beta},\boldsymbol{\gamma}\rangle=k\langle\boldsymbol{\alpha},\boldsymbol{\gamma}\rangle+l\langle\boldsymbol{\beta},\boldsymbol{\gamma}\rangle$;

(3) **非负性**:$\langle\boldsymbol{\alpha},\boldsymbol{\alpha}\rangle\geqslant0$;当且仅当 $\boldsymbol{\alpha}=\mathbf{0}$ 时 $\langle\boldsymbol{\alpha},\boldsymbol{\alpha}\rangle=0$.

仿照三维向量,利用内积可以定义 $\mathbb{R}^n$ 中向量的长度及两个向量间的夹角.

定义 4.9 设有 n 维实向量 $\boldsymbol{\alpha}=(a_1,a_2,\cdots,a_n)^{\mathrm{T}}$,记

$$\|\boldsymbol{\alpha}\|=\sqrt{\langle\boldsymbol{\alpha},\boldsymbol{\alpha}\rangle}=\sqrt{a_1^2+a_2^2+\cdots+a_n^2},$$

称之为向量 $\boldsymbol{\alpha}$ 的**长度**(或**范数**).

长度为 1 的向量称为**单位向量**.当 $\boldsymbol{\alpha}\neq\mathbf{0}$ 时,称 $\dfrac{\boldsymbol{\alpha}}{\|\boldsymbol{\alpha}\|}$ 为 $\boldsymbol{\alpha}$ 的**单位化**.

不难验证,长度满足下列性质($\boldsymbol{\alpha},\boldsymbol{\beta}\in\mathbb{R}^n,k\in\mathbb{R}$):

(1) **非负性**:$\|\boldsymbol{\alpha}\|\geqslant0$;当且仅当 $\boldsymbol{\alpha}=\mathbf{0}$ 时 $\|\boldsymbol{\alpha}\|=0$;

(2) **齐次性**:$\|k\boldsymbol{\alpha}\|=|k|\,\|\boldsymbol{\alpha}\|$;

(3) Cauchy-Schwarz(柯西-施瓦茨)**不等式**:$|\langle\boldsymbol{\alpha},\boldsymbol{\beta}\rangle|\leqslant\|\boldsymbol{\alpha}\|\,\|\boldsymbol{\beta}\|$;

(4) **三角不等式**:$\|\boldsymbol{\alpha}+\boldsymbol{\beta}\|\leqslant\|\boldsymbol{\alpha}\|+\|\boldsymbol{\beta}\|$.

疑难问题辨析

Cauchy-Schwarz不等式中等号何时成立.

这里只证性质(3)和(4).

若 $\boldsymbol{\alpha}=\mathbf{0}$,性质(3)显然成立.下设 $\boldsymbol{\alpha}\neq\mathbf{0}$,则对任意 $t\in\mathbb{R}$,有

$$0\leqslant\langle t\boldsymbol{\alpha}+\boldsymbol{\beta},t\boldsymbol{\alpha}+\boldsymbol{\beta}\rangle=\|\boldsymbol{\alpha}\|^2t^2+2\langle\boldsymbol{\alpha},\boldsymbol{\beta}\rangle t+\|\boldsymbol{\beta}\|^2.$$

上式右端是 t 的二次多项式,其函数值恒非负,所以它的判别式不大于零,即

$$4\langle\boldsymbol{\alpha},\boldsymbol{\beta}\rangle^2-4\|\boldsymbol{\alpha}\|^2\|\boldsymbol{\beta}\|^2\leqslant0,$$

即得性质(3).

因为由性质(3)有

$$\begin{aligned}\|\boldsymbol{\alpha}+\boldsymbol{\beta}\|^2&=\langle\boldsymbol{\alpha}+\boldsymbol{\beta},\boldsymbol{\alpha}+\boldsymbol{\beta}\rangle=\|\boldsymbol{\alpha}\|^2+\|\boldsymbol{\beta}\|^2+2\langle\boldsymbol{\alpha},\boldsymbol{\beta}\rangle\\&\leqslant\|\boldsymbol{\alpha}\|^2+\|\boldsymbol{\beta}\|^2+2\|\boldsymbol{\alpha}\|\,\|\boldsymbol{\beta}\|\\&=(\|\boldsymbol{\alpha}\|+\|\boldsymbol{\beta}\|)^2,\end{aligned}$$

所以性质(4)成立.

定义 4.10 设 $\boldsymbol{\alpha}$ 和 $\boldsymbol{\beta}$ 是两个 n 维实向量，且 $\boldsymbol{\alpha}\neq\mathbf{0},\boldsymbol{\beta}\neq\mathbf{0}$，称

$$\theta=\arccos\frac{\langle\boldsymbol{\alpha},\boldsymbol{\beta}\rangle}{\|\boldsymbol{\alpha}\|\,\|\boldsymbol{\beta}\|}\quad(0\leqslant\theta\leqslant\pi)$$

为向量 $\boldsymbol{\alpha}$ 与 $\boldsymbol{\beta}$ 的**夹角**.

若 $\langle\boldsymbol{\alpha},\boldsymbol{\beta}\rangle=0$，则称向量 $\boldsymbol{\alpha}$ 与 $\boldsymbol{\beta}$ **正交**.显然，零向量与任何同维向量都正交.

4.5.2 正交向量组

定义 4.11 设 $\boldsymbol{\alpha}_i\in\mathbb{R}^n,\boldsymbol{\alpha}_i\neq\mathbf{0},i=1,2,\cdots,m$.若 $\boldsymbol{\alpha}_1,\boldsymbol{\alpha}_2,\cdots,\boldsymbol{\alpha}_m$ 两两正交，则称 $\boldsymbol{\alpha}_1,\boldsymbol{\alpha}_2,\cdots,\boldsymbol{\alpha}_m$ 为**正交向量组**；若还有 $\|\boldsymbol{\alpha}_i\|=1(i=1,2,\cdots,m)$，则称 $\boldsymbol{\alpha}_1,\boldsymbol{\alpha}_2,\cdots,\boldsymbol{\alpha}_m$ 为**标准正交向量组**.

下面讨论正交向量组的性质.

定理 4.21 设 $\boldsymbol{\alpha}_1,\boldsymbol{\alpha}_2,\cdots,\boldsymbol{\alpha}_m$ 为 Euclid 空间 $\mathbb{R}^n$ 的正交向量组，则

(1) **勾股定理**：$\|\boldsymbol{\alpha}_1+\boldsymbol{\alpha}_2+\cdots+\boldsymbol{\alpha}_m\|^2=\|\boldsymbol{\alpha}_1\|^2+\|\boldsymbol{\alpha}_2\|^2+\cdots+\|\boldsymbol{\alpha}_m\|^2$；

(2) $\boldsymbol{\alpha}_1,\boldsymbol{\alpha}_2,\cdots,\boldsymbol{\alpha}_m$ 线性无关；

(3) 当 $m<n$ 时，存在 $\boldsymbol{\alpha}\in\mathbb{R}^n$，使得 $\boldsymbol{\alpha}_1,\boldsymbol{\alpha}_2,\cdots,\boldsymbol{\alpha}_m,\boldsymbol{\alpha}$ 为正交向量组.

证 (1) 由内积的线性性，有

$$\begin{aligned}\|\boldsymbol{\alpha}_1+\boldsymbol{\alpha}_2+\cdots+\boldsymbol{\alpha}_m\|^2&=\left\langle\sum_{i=1}^m\boldsymbol{\alpha}_i,\sum_{j=1}^m\boldsymbol{\alpha}_j\right\rangle\\&=\sum_{i=1}^m\sum_{j=1}^m\langle\boldsymbol{\alpha}_i,\boldsymbol{\alpha}_j\rangle=\sum_{i=1}^m\langle\boldsymbol{\alpha}_i,\boldsymbol{\alpha}_i\rangle\\&=\|\boldsymbol{\alpha}_1\|^2+\|\boldsymbol{\alpha}_2\|^2+\cdots+\|\boldsymbol{\alpha}_m\|^2.\end{aligned}$$

(2) 设有一组数 $k_1,k_2,\cdots,k_m$，使得

$$\sum_{i=1}^m k_i\boldsymbol{\alpha}_i=\mathbf{0},$$

上式两边与 $\boldsymbol{\alpha}_j(j=1,2,\cdots,m)$ 作内积，得

$$\left\langle\sum_{i=1}^m k_i\boldsymbol{\alpha}_i,\boldsymbol{\alpha}_j\right\rangle=\sum_{i=1}^m k_i\langle\boldsymbol{\alpha}_i,\boldsymbol{\alpha}_j\rangle=0.$$

由 $\langle\boldsymbol{\alpha}_i,\boldsymbol{\alpha}_j\rangle=0(i\neq j)$，得

$$k_j\langle\boldsymbol{\alpha}_j,\boldsymbol{\alpha}_j\rangle=k_j\|\boldsymbol{\alpha}_j\|^2=0,$$

从而由 $\langle\boldsymbol{\alpha}_j,\boldsymbol{\alpha}_j\rangle=\|\boldsymbol{\alpha}_j\|^2>0$ 知

$$k_j=0,j=1,2,\cdots,m,$$

即 $\boldsymbol{\alpha}_1,\boldsymbol{\alpha}_2,\cdots,\boldsymbol{\alpha}_m$ 线性无关.

(3) 记矩阵

$$\boldsymbol{A}=\begin{bmatrix}\boldsymbol{\alpha}_1^{\mathrm{T}}\\\boldsymbol{\alpha}_2^{\mathrm{T}}\\\vdots\\\boldsymbol{\alpha}_m^{\mathrm{T}}\end{bmatrix},$$

由(2)知 $\boldsymbol{A}$ 的行向量组 $\boldsymbol{\alpha}_1^{\mathrm{T}},\boldsymbol{\alpha}_2^{\mathrm{T}},\cdots,\boldsymbol{\alpha}_m^{\mathrm{T}}$ 线性无关，即 $\operatorname{rank}\boldsymbol{A}=m<n$.于是齐次线性方程组

$\boldsymbol{Ax}=\boldsymbol{0}$ 有非零解 $\boldsymbol{\alpha}$，即 $\boldsymbol{\alpha}\neq\boldsymbol{0}$，且 $\boldsymbol{A\alpha}=\boldsymbol{0}$，从而

$$\boldsymbol{\alpha}_i^{\mathrm{T}}\boldsymbol{\alpha}=0,i=1,2,\cdots,m,$$

故 $\boldsymbol{\alpha}_1,\boldsymbol{\alpha}_2,\cdots,\boldsymbol{\alpha}_m,\boldsymbol{\alpha}$ 为正交向量组. □

由定理 4.21(2)知，线性无关概念是正交概念的推广.

从定理 4.21(3)可以看出，Euclid 空间 $\mathbb{R}^n$ 中一定存在 n 个向量组成的正交向量组，它们构成 $\mathbb{R}^n$ 的一个基，称为**正交基**.每个向量都是单位向量的正交基就称为**标准正交基**.

Euclid 空间 $\mathbb{R}^n$ 中基本向量组成的自然基就是它的标准正交基.

例 4.20　设 $\boldsymbol{\alpha}_1,\boldsymbol{\alpha}_2,\cdots,\boldsymbol{\alpha}_n$ 是 Euclid 空间 $\mathbb{R}^n$ 的一个标准正交基，证明：$\mathbb{R}^n$ 中任一向量 $\boldsymbol{\beta}$ 在基 $\boldsymbol{\alpha}_1,\boldsymbol{\alpha}_2,\cdots,\boldsymbol{\alpha}_n$ 下的坐标的第 j 个分量为 $\langle\boldsymbol{\beta},\boldsymbol{\alpha}_j\rangle$，$j=1,2,\cdots,n$.

证　设向量 $\boldsymbol{\beta}$ 在基 $\boldsymbol{\alpha}_1,\boldsymbol{\alpha}_2,\cdots,\boldsymbol{\alpha}_n$ 下的坐标为 $(x_1,x_2,\cdots,x_n)^{\mathrm{T}}$，则 $\boldsymbol{\beta}=\sum\limits_{i=1}^{n}x_i\boldsymbol{\alpha}_i$，从而由 $\boldsymbol{\alpha}_1,\boldsymbol{\alpha}_2,\cdots,\boldsymbol{\alpha}_n$ 为标准正交基可知

$$\langle\boldsymbol{\beta},\boldsymbol{\alpha}_j\rangle=\left\langle\sum_{i=1}^{n}x_i\boldsymbol{\alpha}_i,\boldsymbol{\alpha}_j\right\rangle=\sum_{i=1}^{n}x_i\langle\boldsymbol{\alpha}_i,\boldsymbol{\alpha}_j\rangle=x_j.$$ □

由例 4.20 可以看出，标准正交基具有良好的性质，而且它的应用也极为广泛.那么能否将一个基化为标准正交基？更一般地，如何将一个线性无关向量组化为与之相关联的标准正交向量组呢？

设 $\boldsymbol{\alpha}_1,\boldsymbol{\alpha}_2,\cdots,\boldsymbol{\alpha}_m$ 是 Euclid 空间 $\mathbb{R}^n$ 中线性无关向量组，取

$$\boldsymbol{\beta}_1=\boldsymbol{\alpha}_1,$$

显然向量组 $\boldsymbol{\beta}_1$ 与向量组 $\boldsymbol{\alpha}_1$ 等价.

令 $\boldsymbol{\beta}_2=\boldsymbol{\alpha}_2+k\boldsymbol{\beta}_1$，为使 $\langle\boldsymbol{\beta}_2,\boldsymbol{\beta}_1\rangle=0$，必有 $k=-\dfrac{\langle\boldsymbol{\alpha}_2,\boldsymbol{\beta}_1\rangle}{\langle\boldsymbol{\beta}_1,\boldsymbol{\beta}_1\rangle}$，则 $\boldsymbol{\beta}_2\neq\boldsymbol{0}$，否则 $\boldsymbol{\beta}_1,\boldsymbol{\alpha}_2$ 线性相关，矛盾.所以取

$$\boldsymbol{\beta}_2=\boldsymbol{\alpha}_2-\frac{\langle\boldsymbol{\alpha}_2,\boldsymbol{\beta}_1\rangle}{\langle\boldsymbol{\beta}_1,\boldsymbol{\beta}_1\rangle}\boldsymbol{\beta}_1,$$

此时 $\boldsymbol{\beta}_1,\boldsymbol{\beta}_2$ 是正交向量组，且与向量组 $\boldsymbol{\alpha}_1,\boldsymbol{\alpha}_2$ 等价.

令 $\boldsymbol{\beta}_3=\boldsymbol{\alpha}_3+k_1\boldsymbol{\beta}_1+k_2\boldsymbol{\beta}_2$，为使 $\langle\boldsymbol{\beta}_3,\boldsymbol{\beta}_1\rangle=0$，$\langle\boldsymbol{\beta}_3,\boldsymbol{\beta}_2\rangle=0$，必有

$$k_1=-\frac{\langle\boldsymbol{\alpha}_3,\boldsymbol{\beta}_1\rangle}{\langle\boldsymbol{\beta}_1,\boldsymbol{\beta}_1\rangle},\quad k_2=-\frac{\langle\boldsymbol{\alpha}_3,\boldsymbol{\beta}_2\rangle}{\langle\boldsymbol{\beta}_2,\boldsymbol{\beta}_2\rangle},$$

同理 $\boldsymbol{\beta}_3\neq\boldsymbol{0}$.所以取

$$\boldsymbol{\beta}_3=\boldsymbol{\alpha}_3-\frac{\langle\boldsymbol{\alpha}_3,\boldsymbol{\beta}_1\rangle}{\langle\boldsymbol{\beta}_1,\boldsymbol{\beta}_1\rangle}\boldsymbol{\beta}_1-\frac{\langle\boldsymbol{\alpha}_3,\boldsymbol{\beta}_2\rangle}{\langle\boldsymbol{\beta}_2,\boldsymbol{\beta}_2\rangle}\boldsymbol{\beta}_2,$$

此时 $\boldsymbol{\beta}_1,\boldsymbol{\beta}_2,\boldsymbol{\beta}_3$ 是正交向量组，且与向量组 $\boldsymbol{\alpha}_1,\boldsymbol{\alpha}_2,\boldsymbol{\alpha}_3$ 等价.

一般地，取

$$\boldsymbol{\beta}_j=\boldsymbol{\alpha}_j-\sum_{i=1}^{j-1}\frac{\langle\boldsymbol{\alpha}_j,\boldsymbol{\beta}_i\rangle}{\langle\boldsymbol{\beta}_i,\boldsymbol{\beta}_i\rangle}\boldsymbol{\beta}_i,\quad j=2,3,\cdots,m,$$

此时 $\boldsymbol{\beta}_1,\boldsymbol{\beta}_2,\cdots,\boldsymbol{\beta}_m$ 是正交向量组，且与向量组 $\boldsymbol{\alpha}_1,\boldsymbol{\alpha}_2,\cdots,\boldsymbol{\alpha}_m$ 等价.

再将 $\boldsymbol{\beta}_1,\boldsymbol{\beta}_2,\cdots,\boldsymbol{\beta}_m$ 单位化，即取

$$\boldsymbol{\gamma}_j=\frac{\boldsymbol{\beta}_j}{\|\boldsymbol{\beta}_j\|},\quad j=1,2,\cdots,m.$$

上面介绍的方法称为 Gram-Schmidt **正交化方法**.将线性无关向量组化为正交向量组的过程称为**正交化**,将线性无关向量组化为标准正交向量组的过程称为**标准正交化**.

例 4.21 设 $\boldsymbol{\alpha}_1=(1,2,3)^{\mathrm{T}}$,试将 $\boldsymbol{\alpha}_1$ 扩充为$\mathbb{R}^3$的一个正交基 $\boldsymbol{\alpha}_1,\boldsymbol{\alpha}_2,\boldsymbol{\alpha}_3$.

解 要求的 $\boldsymbol{\alpha}_2,\boldsymbol{\alpha}_3$ 应当是线性方程 $\boldsymbol{\alpha}_1^{\mathrm{T}}\boldsymbol{x}=0$ 即

$$x_1+2x_2+3x_3=0$$

的解,求得它的基础解系为

$$\boldsymbol{\xi}_1=\begin{bmatrix}-2\\1\\0\end{bmatrix},\quad \boldsymbol{\xi}_2=\begin{bmatrix}-3\\0\\1\end{bmatrix},$$

$\boldsymbol{\xi}_1$ 和 $\boldsymbol{\xi}_2$ 都与$\boldsymbol{\alpha}_1$ 正交.

再将向量组$\boldsymbol{\xi}_1,\boldsymbol{\xi}_2$ 正交化.取

$$\boldsymbol{\alpha}_2=\boldsymbol{\xi}_1,$$

$$\boldsymbol{\alpha}_3=\boldsymbol{\xi}_2-\frac{\langle\boldsymbol{\xi}_2,\boldsymbol{\alpha}_2\rangle}{\langle\boldsymbol{\alpha}_2,\boldsymbol{\alpha}_2\rangle}\boldsymbol{\alpha}_2=\begin{bmatrix}-3\\0\\1\end{bmatrix}-\frac{6}{5}\begin{bmatrix}-2\\1\\0\end{bmatrix}=\frac{1}{5}\begin{bmatrix}-3\\-6\\5\end{bmatrix},$$

于是得$\mathbb{R}^3$的一个正交基

$$\boldsymbol{\alpha}_1=\begin{bmatrix}1\\2\\3\end{bmatrix},\boldsymbol{\alpha}_2=\begin{bmatrix}-2\\1\\0\end{bmatrix},\boldsymbol{\alpha}_3=\frac{1}{5}\begin{bmatrix}-3\\-6\\5\end{bmatrix}.$$ □

4.5.3 正交矩阵

定义 4.12 若 $\boldsymbol{A}$ 为 n 阶实矩阵,且满足 $\boldsymbol{A}^{\mathrm{T}}\boldsymbol{A}=\boldsymbol{E}$,则称 $\boldsymbol{A}$ 为**正交矩阵**.

易知单位矩阵是正交矩阵,二阶矩阵

$$\begin{bmatrix}\frac{1}{\sqrt{2}} & \frac{1}{\sqrt{2}}\\ -\frac{1}{\sqrt{2}} & \frac{1}{\sqrt{2}}\end{bmatrix}$$

也是正交矩阵.

由定义可知,对于正交矩阵 $\boldsymbol{A}$,有 $\boldsymbol{A}^{-1}=\boldsymbol{A}^{\mathrm{T}}$.

不难验证,正交矩阵具有下列性质:

(1) 若 $\boldsymbol{A}$ 为正交矩阵,则 $|\boldsymbol{A}|=1$ 或 -1;

(2) 若 $\boldsymbol{A}$ 为正交矩阵,则 $\boldsymbol{A}^{\mathrm{T}},\boldsymbol{A}^{-1},\boldsymbol{A}^*$ 都是正交矩阵;

(3) 若 $\boldsymbol{A},\boldsymbol{B}$ 为 n 阶正交矩阵,则 $\boldsymbol{AB}$ 也是正交矩阵.

将 n 阶实矩阵$\boldsymbol{A}$ 按列分块为$\boldsymbol{A}=[\boldsymbol{\alpha}_1\quad\boldsymbol{\alpha}_2\quad\cdots\quad\boldsymbol{\alpha}_n]$,则

$$A^TA=\begin{bmatrix}\alpha_1^T\\ \alpha_2^T\\ \vdots\\ \alpha_n^T\end{bmatrix}[\alpha_1\quad \alpha_2\quad \cdots\quad \alpha_n]=\begin{bmatrix}\alpha_1^T\alpha_1 & \alpha_1^T\alpha_2 & \cdots & \alpha_1^T\alpha_n\\ \alpha_2^T\alpha_1 & \alpha_2^T\alpha_2 & \cdots & \alpha_2^T\alpha_n\\ \vdots & \vdots & & \vdots\\ \alpha_n^T\alpha_1 & \alpha_n^T\alpha_2 & \cdots & \alpha_n^T\alpha_n\end{bmatrix}.$$

因此 $A^TA=E$ 当且仅当对一切的 $i,j=1,2,\cdots,n$，有

$$\langle \alpha_i,\alpha_j\rangle=\alpha_i^T\alpha_j=\begin{cases}1, i=j,\\ 0, i\neq j,\end{cases}$$

即 A 的列向量组 $\alpha_1,\alpha_2,\cdots,\alpha_n$ 为标准正交向量组.考虑到 $A^TA=E$ 与 $AA^T=E$ 等价，所以该结论对行向量组也成立.于是有下面定理.

定理 4.22 n 阶实矩阵 A 为正交矩阵的充要条件是 A 的列向量组或行向量组为标准正交向量组. □

例 4.22 设 α 为单位向量，证明 $H=E-2\alpha\alpha^T$ 既是实对称矩阵，也是正交矩阵.

证 因为 α 为实向量，且

$$H^T=(E-2\alpha\alpha^T)^T=E^T-2(\alpha\alpha^T)^T=E-2\alpha\alpha^T=H,$$

所以 H 是实对称矩阵.因 α 为单位向量，故 $\alpha^T\alpha=1$，从而

$$\begin{aligned}H^TH&=H^2=(E-2\alpha\alpha^T)^2\\&=E-4\alpha\alpha^T+4(\alpha\alpha^T)(\alpha\alpha^T)\\&=E-4\alpha\alpha^T+4\alpha(\alpha^T\alpha)\alpha^T\\&=E-4\alpha\alpha^T+4\alpha\alpha^T=E,\end{aligned}$$

于是 A 为正交矩阵. □

4.6 线性空间及其线性变换

线性空间与线性变换是线性代数中两个重要的概念和研究对象，它的内容极为丰富，本节扼要地介绍其基本知识.

4.6.1 线性空间的概念

我们知道，在向量空间中，向量的加法和数乘不仅具有封闭性，而且还满足交换律和结合律等八条运算规律.由线性运算的封闭性和八条运算规律，就可以抽象出线性空间的概念.

定义 4.13 设 V 是一个非空集合，在 V 上定义了一种叫做**加法**的运算：对任何 α，$\beta\in V$，有 $\alpha+\beta\in V$；在 $\mathbb{F}$ 与 V 的元素之间定义了一种叫做**数乘**的运算：对任何 $\alpha\in V$ 与任何 $k\in\mathbb{F}$，有 $k\alpha\in V$.如果这两种运算还满足下面八条运算规律($\alpha,\beta,\gamma\in V,k,l\in\mathbb{F}$)：

(1) 交换律：$\alpha+\beta=\beta+\alpha$；

(2) 结合律：$(\alpha+\beta)+\gamma=\alpha+(\beta+\gamma)$；

(3) 存在零元素 $0\in V$，使得对任何 $\alpha\in V$，有 $\alpha+0=\alpha$；

(4) 对任何 $\alpha\in V$，都存在负元素 $\beta\in V$，使得 $\alpha+\beta=0$；

(5) 对任何 $\alpha\in V$，都有 $1\alpha=\alpha$；

(6) 结合律：$k(l\alpha)=(kl)\alpha$；

(7) 分配律：$(k+l)\alpha=k\alpha+l\alpha$；

(8) 分配律：$k(\alpha+\beta)=k\alpha+k\beta$，

疑难问题辨析

如何理解线性空间?

则称 V 是$\mathbb{F}$上的**线性空间**，简称 V 为线性空间.上述的加法和数乘统称为**线性运算**.有的教材也将线性空间中的元素称为向量，将线性空间称为向量空间.若$\mathbb{F}=\mathbb{R}$，则称 V 为**实线性空间**；若$\mathbb{F}=\mathbb{C}$，则称 V 为**复线性空间**.

首先指出线性空间的两条性质：

(1) 线性空间中的零元素是唯一；

(2) 任一元素 α 的负元素是唯一的，记作 $-\alpha$.

这是因为，若 θ 也是零元素，则有

$$\theta=\theta+0=0+\theta=0,$$

即零元素唯一；若 β,γ 都是 α 的负元素，则

$$\beta=\beta+0=\beta+(\alpha+\gamma)=(\beta+\alpha)+\gamma=0+\gamma=\gamma,$$

故 α 的负元素唯一.

任何一个向量空间按照向量的加法和数乘构成线性空间.这也说明线性空间确实是向量空间的推广.

$m\times n$ 矩阵的全体$\mathbb{F}^{m\times n}$按照矩阵加法和数乘成为线性空间，称为 $m\times n$ **矩阵空间**.

例 4.23 闭区间$[a,b]$上所有连续实函数的集合记为 $C[a,b]$.对任意 $f,g\in C[a,b]$及任意 $k\in\mathbb{R}$，函数的加法和数乘函数定义为

$$(f+g)(x)=f(x)+g(x),\ x\in[a,b],$$

$$(kf)(x)=kf(x),\ x\in[a,b],$$

由连续函数的运算性质知 $C[a,b]$构成$\mathbb{R}$上的线性空间，其中零元素是零函数（其函数值恒为零），f 的负元素是 $-f$.

闭区间$[a,b]$上全体实系数多项式的集合记为 $P[a,b]$，$[a,b]$上所有次数不超过 n 的实系数多项式的集合记为 $P_n[a,b]$.按照 $C[a,b]$中的线性运算，$P[a,b]$和$P_n[a,b]$成为$\mathbb{R}$上的线性空间. □

但是，$[a,b]$上所有次数为 n 的实系数多项式的集合按照函数的加法和数乘函数并不构成线性空间，因为对函数加法和数乘均不具有封闭性.

线性空间是集合与线性运算的结合.检验一个集合及其运算是否构成线性空间，应当仔细验证两种运算的封闭性和八条运算规律.以上没有一一验证是为了节约篇幅，建议读者自行验证.

4.6.2 线性子空间

仿照向量空间的子空间，下面定义线性空间的子空间.

定义 4.14 设 V 是线性空间，W 是 V 的一个非空子集，若 W 关于 V 的线性运算是封闭的，则称 W 是 V 的**线性子空间**，简称为 V 的**子空间**.

易知，关于线性空间 V 的线性运算，V 的子空间 W 本身也是线性空间.

线性空间 V 及只含零元素的线性空间$\{0\}$都是 V 的子空间，称为**平凡子空间**.

由例 4.23 知，$P_n[a,b]$是 $P[a,b]$的子空间，$P[a,b]$是 $C[a,b]$的子空间.

例 4.24　全体 n 阶实对称矩阵的集合是$\mathbb{R}^{n\times n}$的子空间，称为 n **阶实对称矩阵空间**.

证　设 $\boldsymbol{A},\boldsymbol{B}$ 是 n 阶实对称矩阵，$k\in\mathbb{R}$，则

$$(\boldsymbol{A}+\boldsymbol{B})^{\mathrm{T}}=\boldsymbol{A}^{\mathrm{T}}+\boldsymbol{B}^{\mathrm{T}}=\boldsymbol{A}+\boldsymbol{B},(k\boldsymbol{A})^{\mathrm{T}}=k\boldsymbol{A}^{\mathrm{T}}=k\boldsymbol{A},$$

故结论成立. □

下面的例子是容易验证的.

例 4.25　设 $\alpha_1,\alpha_2,\cdots,\alpha_m$ 是线性空间 V 中的 m 个元素，则

$$\left\{\sum_{i=1}^{m}k_i\alpha_i \mid k_i\in\mathbb{F},i=1,2,\cdots,m\right\}$$

是 V 的子空间，称为由 $\alpha_1,\alpha_2,\cdots,\alpha_m$ **生成的子空间**，记作 $\operatorname{span}(\alpha_1,\alpha_2,\cdots,\alpha_m)$. □

例 4.26　设 V 是线性空间，W_1,W_2 是 V 的两个子空间，则 W_1 与 W_2 的交 $W_1\cap W_2$ 是 V 的子空间. □

一般来说，两个子空间的并不再是子空间，例如，平面$\mathbb{R}^2$上的两坐标轴

$$W_1=\{(x,0)^{\mathrm{T}}\mid x\in\mathbb{R}\},W_2=\{(0,y)^{\mathrm{T}}\mid y\in\mathbb{R}\}$$

都是$\mathbb{R}^2$的子空间，但是它们的并 $W_1\cup W_2$ 就不是$\mathbb{R}^2$的子空间.

例 4.27　设 V 是线性空间，W_1,W_2 是 V 的两个子空间，则 W_1 与 W_2 的和

$$W_1+W_2=\{\alpha+\beta\mid\alpha\in W_1,\beta\in W_2\}$$

是 V 的子空间. □

4.6.3　线性空间的基、维数与坐标

线性空间是向量空间的推广，因此向量组的线性组合、线性相关、线性无关和极大线性无关组等概念，可以照搬到线性空间中来，并且与之相关的结论仍然成立.

例 4.28　证明：定义在闭区间$[a,b]$上的函数组

$$1,x,x^2,\cdots,x^n$$

是 $P_n[a,b]$中线性无关的元素组.

证　设有一组数 $k_0,k_1,k_2,\cdots,k_n$，使得

$$k_0+k_1x+k_2x^2+\cdots+k_nx^n=0,$$

则在$[a,b]$中取 $n+1$ 个相异的数 $a_0,a_1,a_2,\cdots,a_n$，并依次在上式中令 $x=a_0,a_1,a_2,\cdots,a_n$，得

$$\begin{cases}k_0+a_0k_1+a_0^2k_2+\cdots+a_0^nk_n=0,\\ k_0+a_1k_1+a_1^2k_2+\cdots+a_1^nk_n=0,\\ \qquad\cdots\cdots\cdots\cdots\\ k_0+a_nk_1+a_n^2k_2+\cdots+a_n^nk_n=0,\end{cases}$$

这是以 $k_0,k_1,k_2,\cdots,k_n$ 为未知量的齐次线性方程组，它的系数行列式为

$$D=\begin{vmatrix}1&a_0&a_0^2&\cdots&a_0^n\\1&a_1&a_1^2&\cdots&a_1^n\\\vdots&\vdots&\vdots&&\vdots\\1&a_n&a_n^2&\cdots&a_n^n\end{vmatrix}=\prod_{0\leqslant j<i\leqslant n}(a_i-a_j).$$

由 $a_0,a_1,a_2,\cdots,a_n$ 互异知 $D\neq 0$,从而上述齐次线性方程组只有零解,即$k_0=k_1=k_2=\cdots=k_n=0$,所以 $P_n[a,b]$中函数组 $1,x,x^2,\cdots,x^n$ 线性无关. □

定义 4.15 在线性空间 V 中,若存在 n 个元素 $\alpha_1,\alpha_2,\cdots,\alpha_n$,使得

(1) $\alpha_1,\alpha_2,\cdots,\alpha_n$ 线性无关;

(2) V 中任何元素都可由元素组 $\alpha_1,\alpha_2,\cdots,\alpha_n$ 线性表示,

则称 $\alpha_1,\alpha_2,\cdots,\alpha_n$ 为线性空间 V 的一个**基**,n 称为 V 的**维数**,记作 $\dim V$.称 V 为 n **维线性空间**,也称 V 为**有限维线性空间**.不是有限维的线性空间就称为是**无限维的**.

规定线性空间$\{0\}$的维数为 0.

显然,若 $\alpha_1,\alpha_2,\cdots,\alpha_n$ 是线性空间 V 的一个基,则 $V=\text{span}(\alpha_1,\alpha_2,\cdots,\alpha_n)$.

例 4.29 $m\times n$ 基本矩阵 $\boldsymbol{E}_{ij}(i=1,2,\cdots,m;j=1,2,\cdots,n)$的全体构成$\mathbb{F}^{m\times n}$的一个基,称为$\mathbb{F}^{m\times n}$的**自然基**.因此 $\dim\mathbb{F}^{m\times n}=mn$. □

例 4.30 n 阶矩阵

$$\boldsymbol{E}_{ij}+\boldsymbol{E}_{ji}(1\leqslant i<j\leqslant n),\boldsymbol{E}_{ii}(i=1,2,\cdots,n)$$

构成 n 阶实对称矩阵空间的一个基,因此该空间的维数是$\frac{1}{2}n(n+1)$. □

设 $\alpha_1,\alpha_2,\cdots,\alpha_n$ 是线性空间 V 的一个基,则 V 中任一元素 β 都可以由$\alpha_1,\alpha_2,\cdots,\alpha_n$唯一地线性表示为

$$\beta=x_1\alpha_1+x_2\alpha_2+\cdots+x_n\alpha_n=(\alpha_1,\alpha_2,\cdots,\alpha_n)\begin{bmatrix}x_1\\x_2\\\vdots\\x_n\end{bmatrix},$$

向量$(x_1,x_2,\cdots,x_n)^{\mathrm{T}}$ 称为 β 在基 $\alpha_1,\alpha_2,\cdots,\alpha_n$ 下的**坐标**.虽然对一般的线性空间,上式中$(\alpha_1,\alpha_2,\cdots,\alpha_n)$已不再是矩阵,但上式右端仍可视为矩阵乘法.

例 4.31 由例 4.28 知,闭区间$[a,b]$上的函数组

$$1,x,x^2,\cdots,x^n$$

构成线性空间 $P_n[a,b]$的一个基,因此 $\dim(P_n[a,b])=n+1$.

任意 n 次实系数多项式

$$f(x)=a_0+a_1x+\cdots+a_{n-1}x^{n-1}+a_nx^n,$$

在这个基下的坐标为$(a_0,a_1,\cdots,a_n)^{\mathrm{T}}$. □

容易知道,$P[a,b]$和 $C[a,b]$均为无限维线性空间.

在 n 维线性空间中,任意 n 个线性无关的元素都可作为它的一个基.

设 $\alpha_1,\alpha_2,\cdots,\alpha_n$ 与$\beta_1,\beta_2,\cdots,\beta_n$ 是 n 维线性空间 V 的两个基,则元素组$\beta_1,\beta_2,\cdots,\beta_n$可由基$\alpha_1,\alpha_2,\cdots,\alpha_n$ 线性表示,设为

$$(\beta_1,\beta_2,\cdots,\beta_n)=(\alpha_1,\alpha_2,\cdots,\alpha_n)\begin{bmatrix}c_{11}&c_{12}&\cdots&c_{1n}\\c_{21}&c_{22}&\cdots&c_{2n}\\\vdots&\vdots&&\vdots\\c_{n1}&c_{n2}&\cdots&c_{nn}\end{bmatrix},$$

称 n 阶矩阵 $\boldsymbol{C}=[c_{ij}]$为由基 $\alpha_1,\alpha_2,\cdots,\alpha_n$ 到基 $\beta_1,\beta_2,\cdots,\beta_n$ 的**过渡矩阵**.不难看出,$\boldsymbol{C}$ 的第 j 列是 β_j 在基 $\alpha_1,\alpha_2,\cdots,\alpha_n$ 下的坐标,$j=1,2,\cdots,n$.

类似于定理 4.20,V 中元素 α 在基 $\alpha_1,\alpha_2,\cdots,\alpha_n$ 下的坐标 $\boldsymbol{x}$ 和在基 $\beta_1,\beta_2,\cdots,\beta_n$ 下的坐标 $\boldsymbol{y}$,满足坐标变换公式

$$\boldsymbol{x}=\boldsymbol{C}\boldsymbol{y}.$$

若元素 α 在基 $\alpha_1,\alpha_2,\cdots,\alpha_n$ 下的坐标 $\boldsymbol{x}=\boldsymbol{0}$,则 $\alpha=0$,于是由坐标的唯一性得:零元素在基 $\beta_1,\beta_2,\cdots,\beta_n$ 下的坐标 $\boldsymbol{y}=\boldsymbol{0}$,即知齐次方程组 $\boldsymbol{C}\boldsymbol{y}=\boldsymbol{0}$只有零解,故过渡矩阵 $\boldsymbol{C}$ 可逆,且$\boldsymbol{C}^{-1}$是由基 $\beta_1,\beta_2,\cdots,\beta_n$ 到基 $\alpha_1,\alpha_2,\cdots,\alpha_n$ 的过渡矩阵.

4.6.4 线性变换

在第 2.2.2 小节中,我们通过推广线性函数,定义了从变量 $x_1,x_2,\cdots,x_n$ 到变量 $y_1,y_2,\cdots,y_m$ 的线性映射

$$\boldsymbol{y}=\boldsymbol{A}\boldsymbol{x},$$

其中 $\boldsymbol{A}\in\mathbb{F}^{m\times n}$,$\boldsymbol{x}=(x_1,x_2,\cdots,x_n)^{\mathrm{T}}$,$\boldsymbol{y}=(y_1,y_2,\cdots,y_m)^{\mathrm{T}}$.这其实是向量空间$\mathbb{F}^n$到$\mathbb{F}^m$的一个映射 T,它具有如下性质:对任何 $\boldsymbol{x}_1,\boldsymbol{x}_2\in\mathbb{F}^n$及任何 $k\in\mathbb{F}$,有

$$T(\boldsymbol{x}_1+\boldsymbol{x}_2)=\boldsymbol{A}(\boldsymbol{x}_1+\boldsymbol{x}_2)=\boldsymbol{A}\boldsymbol{x}_1+\boldsymbol{A}\boldsymbol{x}_2=T(\boldsymbol{x}_1)+T(\boldsymbol{x}_2),$$
$$T(k\boldsymbol{x}_1)=\boldsymbol{A}(k\boldsymbol{x}_1)=k\boldsymbol{A}\boldsymbol{x}_1=kT(\boldsymbol{x}_1),$$

即映射 T 保持向量的线性运算不变.这就是将 T 称为线性映射的原因.

利用线性映射的本质特点,可以将其推广到线性空间中来.

定义 4.16 设 U 和 V 是$\mathbb{F}$上的两个线性空间,T 是 U 到 V 的映射.如果映射 T 保持线性运算:对任何 $\alpha,\beta\in U$ 及任何 $k\in\mathbb{F}$,有

$$T(\alpha+\beta)=T(\alpha)+T(\beta),T(k\alpha)=kT(\alpha),$$

则称 T 为 U 到 V 的一个**线性映射**.当 $U=V$ 时,称 T 为 V 上的一个**线性变换**.

这里我们只讨论线性变换.

由此即知,从变量 $x_1,x_2,\cdots,x_n$ 到变量 $y_1,y_2,\cdots,y_n$ 的线性变换其实就是$\mathbb{F}^n$上的线性变换.

例 4.32 设 V 是$\mathbb{F}$上的线性空间,$k\in\mathbb{F}$,在 V 上定义变换 T:

$$T(\alpha)=k\alpha,\alpha\in V,$$

则容易验证 T 是 V 上一个线性变换,称之为由数 k 决定的**数乘变换**.

当 $k=0$ 时,称 T 为**零变换**;当 $k=1$ 时,称 T 为**恒等变换**. □

例 4.33 定义 $P[a,b]$上的微分运算 D:对任意 $f(x)\in P[a,b]$,有

$$D(f(x))=\frac{\mathrm{d}f(x)}{\mathrm{d}x}.$$

由微分运算的线性性即知,D 是 $P[a,b]$上一个线性变换. □

线性空间 V 上的线性变换 T 具有如下性质:

(1) $T(0)=0,T(-\alpha)=-T(\alpha)$;

(2) $T(k_1\alpha_1+k_2\alpha_2+\cdots+k_m\alpha_m)=k_1T(\alpha_1)+k_2T(\alpha_2)+\cdots+k_mT(\alpha_m)$;

(3) 若 $\alpha_1,\alpha_2,\cdots,\alpha_m$ 线性相关,则 $T(\alpha_1),T(\alpha_2),\cdots,T(\alpha_m)$也线性相关.

只证明性质(3).

因 $\alpha_1,\alpha_2,\cdots,\alpha_m$ 线性相关,则存在不全为零的数 $k_1,k_2,\cdots,k_m$,使得

$$k_1\alpha_1+k_2\alpha_2+\cdots+k_m\alpha_m=0,$$

从而由性质(1)和(2)有

$$k_1T(\alpha_1)+k_2T(\alpha_2)+\cdots+k_mT(\alpha_m)=T(k_1\alpha_1+k_2\alpha_2+\cdots+k_m\alpha_m)=0,$$

因此 $T(\alpha_1),T(\alpha_2),\cdots,T(\alpha_m)$线性相关.

需要指出的是,性质(3)的逆命题不成立,例如,零变换把任何一个线性无关的元素组都变成线性相关的元素组.

根据第 2.2.2 小节及上面的讨论可知,向量空间$\mathbb{F}^n$上的线性变换与 n 阶矩阵一一对应.下面将这个结果推广到 n 维线性空间中来.

设 $\alpha_1,\alpha_2,\cdots,\alpha_n$ 是$\mathbb{F}$上 n 维线性空间 V 的一个基,$\boldsymbol{A}$ 是n 阶矩阵,则可以定义 V 上的一个变换 T:对 V 中任意元素 $\alpha=\sum\limits_{i=1}^{n}x_i\alpha_i$,有

$$T(\alpha)=(\alpha_1,\alpha_2,\cdots,\alpha_n)\boldsymbol{A}\begin{bmatrix}x_1\\x_2\\\vdots\\x_n\end{bmatrix},$$

即,像 $T(\alpha)$的坐标等于矩阵 $\boldsymbol{A}$ 左乘原像α 的坐标.不难验证 T 是 V 上的线性变换.

反过来,设 $\alpha_1,\alpha_2,\cdots,\alpha_n$ 是$\mathbb{F}$上 n 维线性空间 V 的一个基,T 是 V 上任一线性变换,则基的像 $T(\alpha_1),T(\alpha_2),\cdots,T(\alpha_n)$可由基 $\alpha_1,\alpha_2,\cdots,\alpha_n$ 线性表示,设为

$$(T(\alpha_1),T(\alpha_2),\cdots,T(\alpha_n))=(\alpha_1,\alpha_2,\cdots,\alpha_n)\begin{bmatrix}a_{11}&a_{12}&\cdots&a_{1n}\\a_{21}&a_{22}&\cdots&a_{2n}\\\vdots&\vdots&&\vdots\\a_{n1}&a_{n2}&\cdots&a_{nn}\end{bmatrix},$$

记 n 阶矩阵 $\boldsymbol{A}=[a_{ij}]$,$T(\alpha_1,\alpha_2,\cdots,\alpha_n)=(T(\alpha_1),T(\alpha_2),\cdots,T(\alpha_n))$,于是有

$$T(\alpha_1,\alpha_2,\cdots,\alpha_n)=(\alpha_1,\alpha_2,\cdots,\alpha_n)\boldsymbol{A},$$

$\boldsymbol{A}$ 称为**线性变换 T 在基 $\alpha_1,\alpha_2,\cdots,\alpha_n$ 下的矩阵**.$\boldsymbol{A}$ 的第 j 列是 $T(\alpha_j)$在基$\alpha_1,\alpha_2,\cdots,\alpha_n$ 下的坐标,$j=1,2,\cdots,n$,因此由坐标的唯一性可知,在给定的基下,线性变换的矩阵 $\boldsymbol{A}$ 是唯一确定的.

疑难问题辨析

如何理解线性变换及其运算?

综上所述,若给定 n 维线性空间 V 的一个基,则 V 上的线性变换 T 与 n 阶矩阵 $\boldsymbol{A}$ 是一一对应的.

设 V 是 n 维线性空间,则 V 上由数 k 决定的数乘变换在任何一个基下的矩阵均为数量矩阵 $k\boldsymbol{E}_n$.因此,n 维线性空间上的数乘变换与 n 阶数量矩阵一一对应.特别地,n 维线性空间上的零变换对应于 n 阶零矩阵,恒等变换对应于 n 阶单位矩阵.

例 4.34 设$\boldsymbol{A}=\begin{bmatrix}a&b\\c&d\end{bmatrix}\in\mathbb{R}^{2\times2}$,定义$\mathbb{R}^{2\times2}$上线性变换 T:对一切$\boldsymbol{X}\in\mathbb{R}^{2\times2}$,有 $T(\boldsymbol{X})=\boldsymbol{A}\boldsymbol{X}$.求 T 在自然基$\boldsymbol{E}_{11},\boldsymbol{E}_{12},\boldsymbol{E}_{21},\boldsymbol{E}_{22}$下的矩阵.

解 因为

$$T(\boldsymbol{E}_{11})=\boldsymbol{A}\boldsymbol{E}_{11}=\begin{bmatrix}a & b\\ c & d\end{bmatrix}\begin{bmatrix}1 & 0\\ 0 & 0\end{bmatrix}=\begin{bmatrix}a & 0\\ c & 0\end{bmatrix}=a\boldsymbol{E}_{11}+c\boldsymbol{E}_{21},$$

$$T(\boldsymbol{E}_{12})=\boldsymbol{A}\boldsymbol{E}_{12}=\begin{bmatrix}a & b\\ c & d\end{bmatrix}\begin{bmatrix}0 & 1\\ 0 & 0\end{bmatrix}=\begin{bmatrix}0 & a\\ 0 & c\end{bmatrix}=a\boldsymbol{E}_{12}+c\boldsymbol{E}_{22},$$

$$T(\boldsymbol{E}_{21})=\boldsymbol{A}\boldsymbol{E}_{21}=\begin{bmatrix}a & b\\ c & d\end{bmatrix}\begin{bmatrix}0 & 0\\ 1 & 0\end{bmatrix}=\begin{bmatrix}b & 0\\ d & 0\end{bmatrix}=b\boldsymbol{E}_{11}+d\boldsymbol{E}_{21},$$

$$T(\boldsymbol{E}_{22})=\boldsymbol{A}\boldsymbol{E}_{22}=\begin{bmatrix}a & b\\ c & d\end{bmatrix}\begin{bmatrix}0 & 0\\ 0 & 1\end{bmatrix}=\begin{bmatrix}0 & b\\ 0 & d\end{bmatrix}=b\boldsymbol{E}_{12}+d\boldsymbol{E}_{22},$$

所以

$$T(\boldsymbol{E}_{11},\boldsymbol{E}_{12},\boldsymbol{E}_{21},\boldsymbol{E}_{22})=(\boldsymbol{E}_{11},\boldsymbol{E}_{12},\boldsymbol{E}_{21},\boldsymbol{E}_{22})\begin{bmatrix}a & 0 & b & 0\\ 0 & a & 0 & b\\ c & 0 & d & 0\\ 0 & c & 0 & d\end{bmatrix},$$

因此线性变换 T 在自然基下的矩阵为

$$\begin{bmatrix}a & 0 & b & 0\\ 0 & a & 0 & b\\ c & 0 & d & 0\\ 0 & c & 0 & d\end{bmatrix}.$$

□

由定义可知，一个线性变换在不同的基下的矩阵一般是不相同的，那么这些不同的矩阵之间会有什么关系呢？

设 n 维线性空间 V 的两个基 $\alpha_1,\alpha_2,\cdots,\alpha_n$ 和 $\beta_1,\beta_2,\cdots,\beta_n$ 具有关系

$$(\beta_1,\beta_2,\cdots,\beta_n)=(\alpha_1,\alpha_2,\cdots,\alpha_n)\boldsymbol{C}.$$

又设 T 是 n 维线性空间 V 上的线性变换，T 在这两个基下的矩阵分别为 $\boldsymbol{A},\boldsymbol{B}$，即

$$T(\alpha_1,\alpha_2,\cdots,\alpha_n)=(\alpha_1,\alpha_2,\cdots,\alpha_n)\boldsymbol{A},$$
$$T(\beta_1,\beta_2,\cdots,\beta_n)=(\beta_1,\beta_2,\cdots,\beta_n)\boldsymbol{B},$$

则

$$\begin{aligned}T(\beta_1,\beta_2,\cdots,\beta_n)&=T((\alpha_1,\alpha_2,\cdots,\alpha_n)\boldsymbol{C})=T(\alpha_1,\alpha_2,\cdots,\alpha_n)\boldsymbol{C}\\ &=(\alpha_1,\alpha_2,\cdots,\alpha_n)\boldsymbol{AC}=(\beta_1,\beta_2,\cdots,\beta_n)\boldsymbol{C}^{-1}\boldsymbol{AC},\end{aligned}$$

所以

$$\boldsymbol{B}=\boldsymbol{C}^{-1}\boldsymbol{AC}.$$

例 4.35 设线性空间 $P_3[a,b]$ 上的线性变换 T：对一切 $f(x)\in P_3[a,b]$，有

$$T(f(x))=\frac{\mathrm{d}f(x)}{\mathrm{d}x}+f(x),$$

求 T 分别在基 $1,x,x^2,x^3$ 和基 $1,x-1,(x-1)^2,(x-1)^3$ 下的矩阵.

解 容易求出

$$T(1)=1=(1,x,x^2,x^3)\begin{bmatrix}1\\0\\0\\0\end{bmatrix},$$

$$T(x)=1+x=(1,x,x^2,x^3)\begin{bmatrix}1\\1\\0\\0\end{bmatrix},$$

$$T(x^2)=2x+x^2=(1,x,x^2,x^3)\begin{bmatrix}0\\2\\1\\0\end{bmatrix},$$

$$T(x^3)=3x^2+x^3=(1,x,x^2,x^3)\begin{bmatrix}0\\0\\3\\1\end{bmatrix},$$

因此 T 在基 $1,x,x^2,x^3$ 下的矩阵为

$$\boldsymbol{A}=\begin{bmatrix}1&1&0&0\\0&1&2&0\\0&0&1&3\\0&0&0&1\end{bmatrix}.$$

不难算得，由基 $1,x,x^2,x^3$ 到基 $1,x-1,(x-1)^2,(x-1)^3$ 的过渡矩阵为

$$\boldsymbol{C}=\begin{bmatrix}1&-1&1&-1\\0&1&-2&3\\0&0&1&-3\\0&0&0&1\end{bmatrix},$$

从而 T 在基 $1,x-1,(x-1)^2,(x-1)^3$ 下的矩阵为

$$\boldsymbol{B}=\boldsymbol{C}^{-1}\boldsymbol{A}\boldsymbol{C}=\begin{bmatrix}1&1&1&1\\0&1&2&3\\0&0&1&3\\0&0&0&1\end{bmatrix}\begin{bmatrix}1&1&0&0\\0&1&2&0\\0&0&1&3\\0&0&0&1\end{bmatrix}\begin{bmatrix}1&-1&1&-1\\0&1&-2&3\\0&0&1&-3\\0&0&0&1\end{bmatrix}$$

$$=\begin{bmatrix}1&1&0&0\\0&1&2&0\\0&0&1&3\\0&0&0&1\end{bmatrix}.$$

当然，也可以用求 $\boldsymbol{A}$ 的方法来求 $\boldsymbol{B}$. □

4.7 应用实例

本节将介绍线性组合、向量长度、线性空间中基的一些应用，以及$\mathbb{R}^2$上线性变换的几何表示和$\mathbb{R}^2$中点的齐次坐标.

4.7.1 阅读问题

例 4.36 设 $n+1$ 个学生读 n 种不同的书，规定每人至少读其中一种书，证明：这 $n+1$个学生中必能找出甲、乙两组不同的学生，使得甲组学生读书的种类与乙组学生读书的种类完全相同.

解 用 n 维行向量 $\boldsymbol{\alpha}_i=(a_{i1},a_{i2},\cdots,a_{in})$记第 i 个学生的阅读记录($i=1,2,\cdots,n+1$)：若第 i 个学生读过第 j 种书，则 $a_{ij}=1$，否则 $a_{ij}=0$.显然这 $n+1$ 个 n 维行向量 $\boldsymbol{\alpha}_1$，$\boldsymbol{\alpha}_2,\cdots,\boldsymbol{\alpha}_{n+1}$必线性相关，即存在不全为零的数 $k_1,k_2,\cdots,k_{n+1}$，使得

$$k_1\boldsymbol{\alpha}_1+k_2\boldsymbol{\alpha}_2+\cdots+k_{n+1}\boldsymbol{\alpha}_{n+1}=\mathbf{0}.$$

由于 $a_{ij}=0$ 或 1，且$\boldsymbol{\alpha}_i\neq\mathbf{0}(i=1,2,\cdots,n+1)$，所以线性组合的系数 $k_1,k_2,\cdots,k_{n+1}$中必有正数和负数，将上式中系数为正的项留在左边，系数为负的项移到右边，略去系数为零的项，得

$$k_{i1}\boldsymbol{\alpha}_{i1}+k_{i2}\boldsymbol{\alpha}_{i2}+\cdots+k_{i_s}\boldsymbol{\alpha}_{i_s}=l_{j1}\boldsymbol{\alpha}_{j1}+l_{j2}\boldsymbol{\alpha}_{j2}+\cdots+l_{j_t}\boldsymbol{\alpha}_{j_t},$$

将 $i_1,i_2,\cdots,i_s$ 分为甲组，$j_1,j_2,\cdots,j_t$ 分为乙组.注意到上式中所有线性组合的系数都是正的，故左、右两边向量的分量非负，所以其左、右两边正分量的个数分别是甲、乙两组学生读书的种类，它们完全相同. □

4.7.2 最小二乘法

现在讨论向量长度的应用.

在测量工作和科学实验中，常常需要根据一组实验数据$(x_1,y_1),(x_2,y_2),\cdots,(x_m,y_m)$去寻找一个函数(即曲线)$y=f(x)$，使得观察点的函数值 $f(x_1),f(x_2),\cdots,f(x_m)$与观测值 $y_1,y_2,\cdots,y_m$ 尽量接近，即误差达到最小.这就是曲线拟合问题.如果将偏差看作一个向量

$$\boldsymbol{r}=\begin{bmatrix}f(x_1)-y_1\\f(x_2)-y_2\\\vdots\\f(x_m)-y_m\end{bmatrix},$$

那么误差就是偏差的长度

$$\|\boldsymbol{r}\|=\sqrt{\sum_{i=1}^{m}(f(x_i)-y_i)^2}.$$

设函数

$$y=f(x)=\sum_{j=0}^{n}a_jx^j,$$

其中 $a_0,a_1,\cdots,a_n$ 是待定系数.为了计算的方便,一般取误差平方函数

$$S(a_0,a_1,\cdots,a_n)=\sum_{i=1}^{m}(f(x_i)-y_i)^2=\sum_{i=1}^{m}\left(\sum_{j=0}^{n}a_jx_i^j-y_i\right)^2.$$

从而曲线拟合问题就变成求 $a_0,a_1,\cdots,a_n$,使误差平方函数 $S(a_0,a_1,\cdots,a_n)$ 达到最小.根据微积分的知识,令

$$\frac{\partial S}{\partial a_k}=0,k=0,1,2,\cdots,n,$$

得到以 $a_0,a_1,\cdots,a_n$ 为未知量的线性方程组(称为**正规方程**)

$$\begin{bmatrix} m & \sum_{k=1}^{m}x_k & \cdots & \sum_{k=1}^{m}x_k^n \\ \sum_{k=1}^{m}x_k & \sum_{k=1}^{m}x_k^2 & \cdots & \sum_{k=1}^{m}x_k^{n+1} \\ \vdots & \vdots & & \vdots \\ \sum_{k=1}^{m}x_k^n & \sum_{k=1}^{m}x_k^{n+1} & & \sum_{k=1}^{m}x_k^{2n} \end{bmatrix}\begin{bmatrix} a_0 \\ a_1 \\ \vdots \\ a_n \end{bmatrix}=\begin{bmatrix} \sum_{k=1}^{m}y_k \\ \sum_{k=1}^{m}x_ky_k \\ \vdots \\ \sum_{k=1}^{m}x_k^ny_k \end{bmatrix},$$

求出该方程组的解 $a_0,a_1,\cdots,a_n$,便得拟合曲线 $f(x)$.

这就是著名的**最小二乘法**,它是科学和工程中常用的一种数据处理方法.

例 4.37　物理学中的 Hooke(胡克)定律指出:在弹性范围内,一个匀质的弹簧的长度 x 与施加的外力 F 成正比,即 $F=F_0+kx$,其中 k 称为该弹簧的劲度系数.现有一个匀质的弹簧,未受力时的长度是 6.1 cm;当弹簧被施加的外力分别为 2 N,4 N,8 N 时,测得弹簧的长度分别为 7.6 cm,8.7 cm,10.4 cm.试用最小二乘法求这个弹簧的劲度系数.

解　先将弹簧的长度和外力的有关数据列表 4.1:

表 4.1　弹簧长度与外力的数据

x_i/cm	6.1	7.6	8.7	10.4
F_i/N	0	2	4	6

由此容易求得正规方程组为

$$\begin{bmatrix} 4 & 32.8 \\ 32.8 & 278.8 \end{bmatrix}\begin{bmatrix} F_0 \\ k \end{bmatrix}=\begin{bmatrix} 12 \\ 112.4 \end{bmatrix},$$

解得

$$F_0=-8.5,k=1.4,$$

即该弹簧的劲度系数为 1.4 N/cm. □

4.7.3 数列的通项

全体实数列的集合记为

$$V=\{\{a_n\}\mid a_n\in\mathbb{R}\},$$

不难验证,按照数列的加法及数乘:

$$\{a_n\}+\{b_n\}=\{a_n+b_n\},k\{a_n\}=\{ka_n\},$$

V 构成实线性空间(这里$\{a_n\},\{b_n\}\in V,k\in\mathbb{R}$),这是一个无限维线性空间.

令

$$W=\{\{a_n\}\in V\mid a_n=a_{n-1}+a_{n-2}(n\geqslant 3)\},$$

则 W 是 V 的线性子空间.由于 W 中每个数列均由它的前两项 a_1,a_2 唯一确定,所以 W 是二维线性空间.

假设 W 中有等比数列$\{a_n\}$满足 $a_n=a_1q^{n-1}(n=1,2,\cdots),a_1\neq 0,q\neq 0$,则由$\{a_n\}\in W$ 知当 $n\geqslant 3$ 时,有

$$a_1q^{n-1}=a_1q^{n-2}+a_1q^{n-3},$$

即 $q^2=q+1$,解得

$$q_1=\frac{1+\sqrt{5}}{2},q_2=\frac{1-\sqrt{5}}{2}.$$

显然 $n\geqslant 3$ 时,$q_i^{n-1}=q_i^{n-2}+q_i^{n-3},i=1,2$.这说明 W 中确实存在分别以 q_1,q_2 为公比的等比数列$\{a_1q_1^{n-1}\},\{a_1q_2^{n-1}\}$.由于 $q_1\neq q_2$,所以这两个数列构成 W 的一个基.于是对任何$\{a_n\}\in W$,必存在两个数 c,d,使得

$$\{a_n\}=c\{a_1q_1^{n-1}\}+d\{a_1q_2^{n-1}\},$$

分别令 $n=1,2$,即得

$$\begin{cases}c+d=1,\\ ca_1q_1+da_1q_2=a_2,\end{cases}$$

解得

$$c=\frac{1}{2}+\frac{2a_2-a_1}{2\sqrt{5}a_1},d=\frac{1}{2}-\frac{2a_2-a_1}{2\sqrt{5}a_1}.$$

因此 W 中数列$\{a_n\}$的通项公式为

$$a_n=\left(\frac{a_1}{2}+\frac{2a_2-a_1}{2\sqrt{5}}\right)\left(\frac{1+\sqrt{5}}{2}\right)^{n-1}+\left(\frac{a_1}{2}-\frac{2a_2-a_1}{2\sqrt{5}}\right)\left(\frac{1-\sqrt{5}}{2}\right)^{n-1}(n\geqslant 3).$$

对于例 3.24 中的 Fibonacci 数:

$$F(n)=F(n-1)+F(n-2)(n\geqslant 3),F(1)=1,F(2)=2,$$

利用上述数列通项公式,即得

$$F(n)=\frac{1}{\sqrt{5}}\left[\left(\frac{1+\sqrt{5}}{2}\right)^{n+1}-\left(\frac{1-\sqrt{5}}{2}\right)^{n+1}\right].$$

这与例 3.24 中的结果是一致的.

4.7.4 $\mathbb{R}^2$上线性变换的几何表示

根据第 4.6.4 小节的讨论，$\mathbb{R}^2$上线性变换与二阶实矩阵一一对应，并且线性变换的复合对应于矩阵的乘法.

如果$\mathbb{R}^2$上的映射 T 将一个平面图形映成另一个平面图形，则称 T 为平面图形变换. 平面图形变换有四种基本变换：**反射变换**、**伸缩变换**、**错切变换**和**投影变换**.下面我们用四个表格（表 4.2—表 4.5）列举熊猫图（见图 4.2）在四种基本变换后的像，以及四种基本变换作为线性变换所对应的二阶实矩阵.

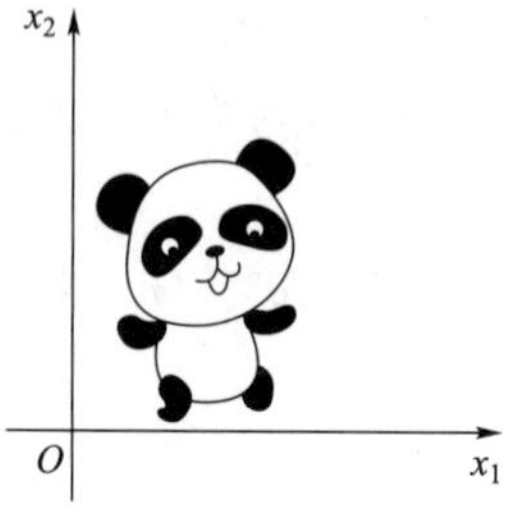

图 4.2　熊猫图

表 4.2　反 射 变 换

变换	变换后的像	变换对应的矩阵
关于 x_1 轴反射		$\boldsymbol{P}(2(-1))=\begin{bmatrix}1 & 0\\0 & -1\end{bmatrix}$
关于 x_2 轴反射	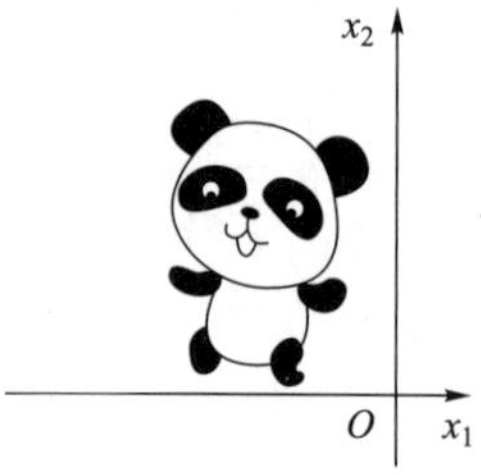	$\boldsymbol{P}(1(-1))=\begin{bmatrix}-1 & 0\\0 & 1\end{bmatrix}$
关于 $x_1=x_2$ 反射	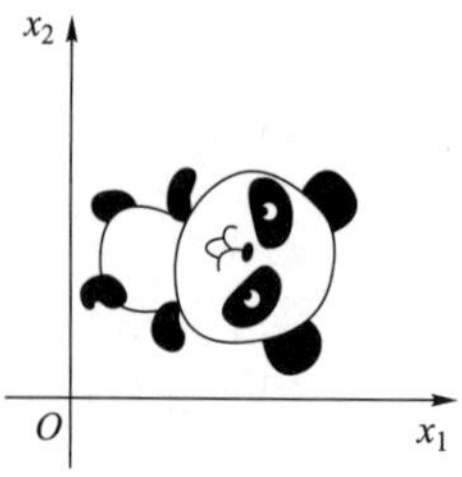	$\boldsymbol{P}(1,2)=\begin{bmatrix}0 & 1\\1 & 0\end{bmatrix}$

表 4.3 伸缩变换

变换	变换后的像		变换对应的矩阵
水平伸缩	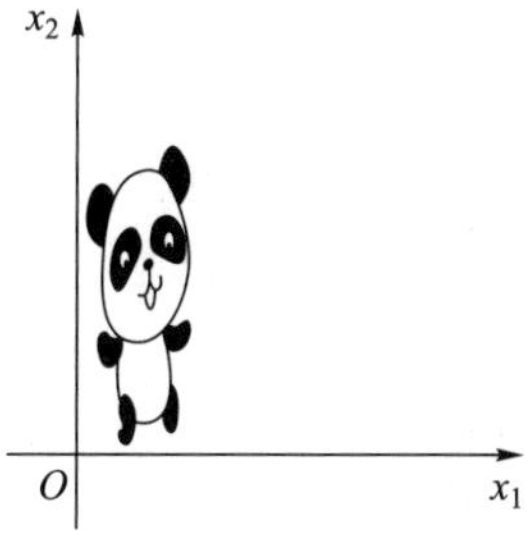 $0<k<1$	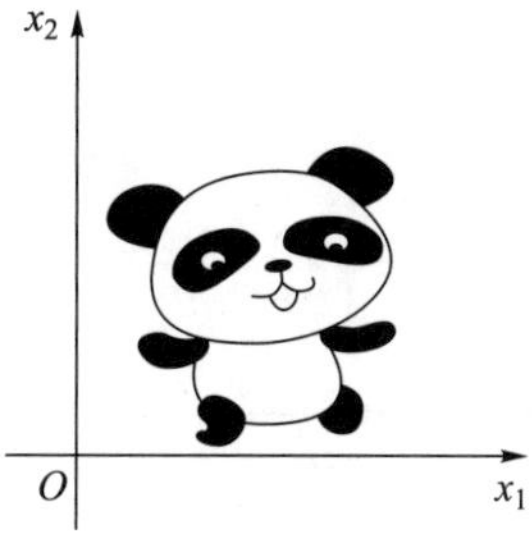 $k>1$	$\boldsymbol{P}(1(k))=\begin{bmatrix}k & 0\\0 & 1\end{bmatrix}$
垂直伸缩	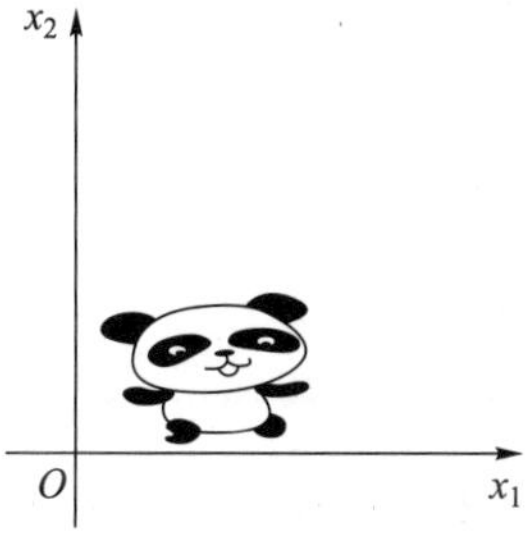 $0<k<1$	 $k>1$	$\boldsymbol{P}(2(k))=\begin{bmatrix}1 & 0\\0 & k\end{bmatrix}$

表 4.4 错切变换

变换	变换后的像		变换对应的矩阵
水平错切	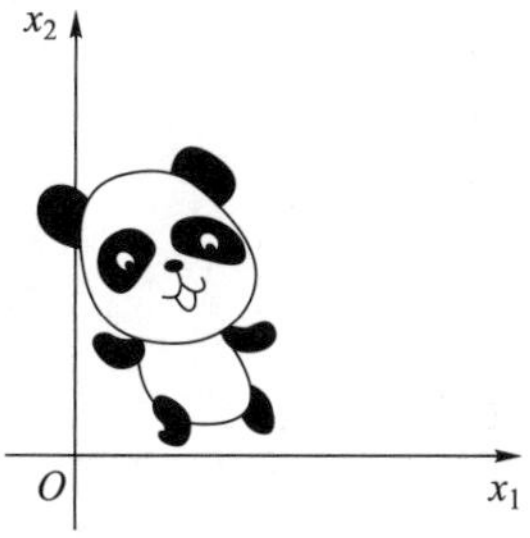 $k<0$	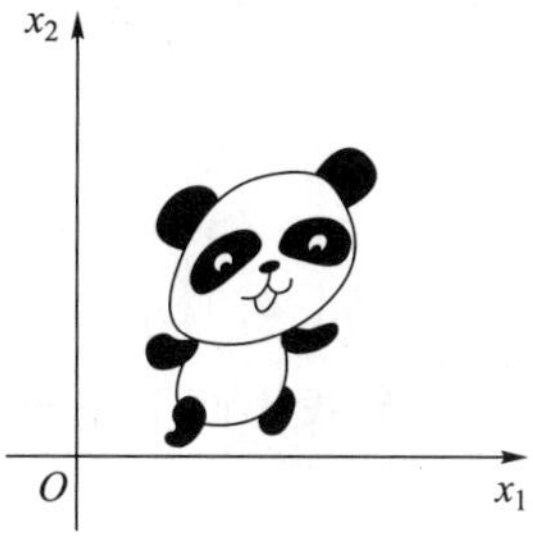 $k>0$	$\boldsymbol{P}(1,2(k))=\begin{bmatrix}1 & k\\0 & 1\end{bmatrix}$
垂直错切	 $k<0$	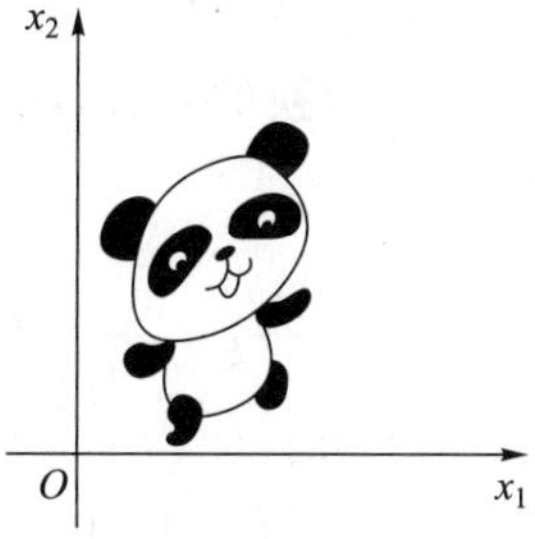 $k>0$	$\boldsymbol{P}(2,1(k))=\begin{bmatrix}1 & 0\\k & 1\end{bmatrix}$

表 4.5　投 影 变 换

变换	变换后的像	变换对应的矩阵
到 x_1 轴投影	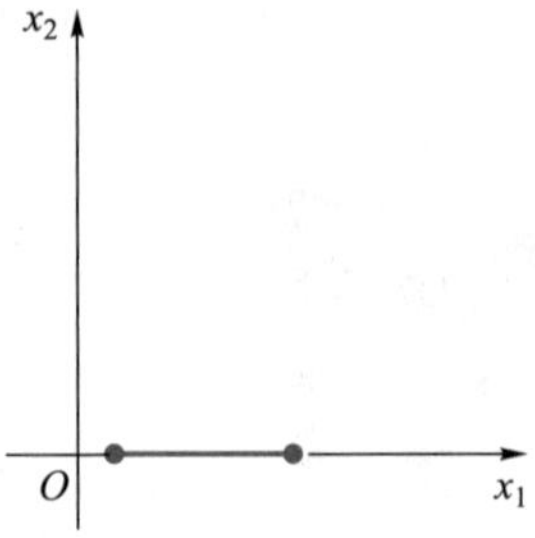	$\begin{bmatrix}1 & 0\\0 & 0\end{bmatrix}$
到 x_2 轴投影	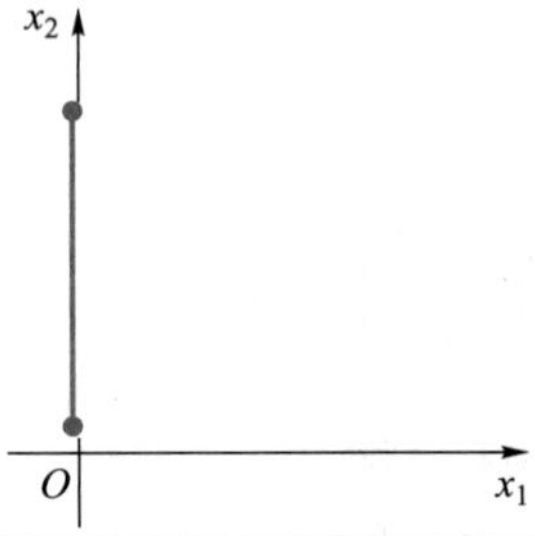	$\begin{bmatrix}0 & 0\\0 & 1\end{bmatrix}$

由表 4.2 至表 4.5 可知，反射变换、伸缩变换和错切变换对应的矩阵都是初等矩阵，投影变换对应的矩阵是等价标准形、或由等价标准形做对调变换而成的矩阵.

容易验证，二阶初等矩阵或者是反射变换、伸缩变换、错切变换对应的矩阵，或者可表示为这三种基本线性变换对应的矩阵之积.

又注意到，任何二阶矩阵均可经初等变换化为等价标准形，所以 $\mathbb{R}^2$ 上任何线性变换都可以表示为这四种基本平面图形变换的复合.这说明，通过四种基本平面图形变换可以给 $\mathbb{R}^2$ 上所有线性变换的几何表示.

例如，零矩阵可分解为

$$\begin{bmatrix}0 & 0\\0 & 0\end{bmatrix}=\begin{bmatrix}0 & 0\\0 & 1\end{bmatrix}\begin{bmatrix}1 & 0\\0 & 0\end{bmatrix},$$

即零变换可表示为到 x_1 轴投影与到 x_2 轴投影两个变换的复合.

单位矩阵可分解为

$$\begin{bmatrix}1 & 0\\0 & 1\end{bmatrix}=\begin{bmatrix}1 & 0\\0 & -1\end{bmatrix}\begin{bmatrix}1 & 0\\0 & -1\end{bmatrix}=\begin{bmatrix}-1 & 0\\0 & 1\end{bmatrix}\begin{bmatrix}-1 & 0\\0 & 1\end{bmatrix}=\begin{bmatrix}0 & 1\\1 & 0\end{bmatrix}\begin{bmatrix}0 & 1\\1 & 0\end{bmatrix},$$

即恒等变换可表示为两次关于 x_1 轴反射变换的复合，或者两次关于 x_2 轴反射变换的复合，或者两次关于 $x_1=x_2$ 反射变换的复合.

数量矩阵可分解为

$$\begin{bmatrix}k & 0\\0 & k\end{bmatrix}=\begin{bmatrix}1 & 0\\0 & k\end{bmatrix}\begin{bmatrix}k & 0\\0 & 1\end{bmatrix}(k>0),$$

$$\begin{bmatrix}k & 0\\0 & k\end{bmatrix}=\begin{bmatrix}1 & 0\\0 & |k|\end{bmatrix}\begin{bmatrix}-1 & 0\\0 & 1\end{bmatrix}\begin{bmatrix}|k| & 0\\0 & 1\end{bmatrix}\begin{bmatrix}1 & 0\\0 & -1\end{bmatrix}(k<0),$$

即数乘变换或者表示为水平伸缩与垂直伸缩两个变换的复合，或者表示为关于 x_1 轴反射、水平伸缩、关于 x_2 轴反射与垂直伸缩四个变换的复合.

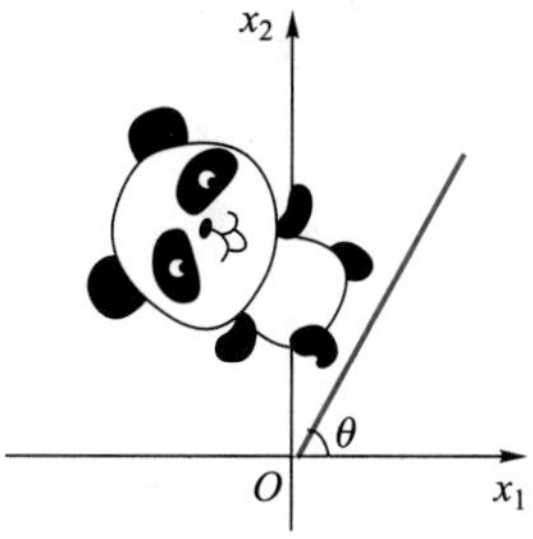

图 4.3　熊猫图旋转 θ

旋转变换是一种常见的平面图形变换，也是$\mathbb{R}^2$上的一种线性变换.例如，绕原点逆时针旋转 θ（简称为旋转 θ）的旋转变换 T（见图 4.3）对应的矩阵为

$$\boldsymbol{A}=\begin{bmatrix}\cos\theta & -\sin\theta\\ \sin\theta & \cos\theta\end{bmatrix}.$$

因此，旋转变换 T 复合 n 次对应的矩阵是 $\boldsymbol{A}^n$，即旋转 $n\theta$ 的旋转变换对应的矩阵为 $\boldsymbol{A}^n$，于是

$$\boldsymbol{A}^n=\begin{bmatrix}\cos\theta & -\sin\theta\\ \sin\theta & \cos\theta\end{bmatrix}^n=\begin{bmatrix}\cos n\theta & -\sin n\theta\\ \sin n\theta & \cos n\theta\end{bmatrix},$$

即利用旋转变换的几何意义直接给出了矩阵的幂.这比采用第 2 章中求矩阵幂的一般方法要简单得多.

上述旋转变换 T 是可逆的，它的逆变换 T^{-1}是绕原点顺时针旋转 θ，即逆时针旋转 $-\theta$，T^{-1}对应的矩阵是 $\boldsymbol{A}^{-1}$，即

$$\boldsymbol{A}^{-1}=\begin{bmatrix}\cos(-\theta) & -\sin(-\theta)\\ \sin(-\theta) & \cos(-\theta)\end{bmatrix}=\begin{bmatrix}\cos\theta & \sin\theta\\ -\sin\theta & \cos\theta\end{bmatrix}.$$

于是，运用旋转变换的几何意义得到了矩阵的逆.

4.7.5　$\mathbb{R}^2$中点的齐次坐标

平移变换是一种重要的平面图形变换，但是它不是线性变换，例如，平移$(c_1,c_2)^{\mathrm{T}}$ 的平移变换（参见图 4.4）为

$$\begin{bmatrix}y_1\\ y_2\end{bmatrix}=\begin{bmatrix}x_1\\ x_2\end{bmatrix}+\begin{bmatrix}c_1\\ c_2\end{bmatrix}.$$

因而，平面上的平移变换就无法与一个二阶实矩阵相对应.为了解决这个问题，我们引进齐次坐标的概念.$\mathbb{R}^2$中每个点$(x_1,x_2)^{\mathrm{T}}$ 都对应着$\mathbb{R}^3$中唯一的点$(x_1,x_2,1)^{\mathrm{T}}$，我们称$(x_1,x_2,1)^{\mathrm{T}}$ 为$(x_1,x_2)^{\mathrm{T}}$ 的**齐次坐标**.在齐次坐标下，上述平移变换就对应着一个三阶实矩阵，即像的齐次坐标等于平移变换对应的矩阵左乘原像的齐次坐标：

$$\begin{bmatrix}y_1\\ y_2\\ 1\end{bmatrix}=\begin{bmatrix}1 & 0 & c_1\\ 0 & 1 & c_2\\ 0 & 0 & 1\end{bmatrix}\begin{bmatrix}x_1\\ x_2\\ 1\end{bmatrix}.$$

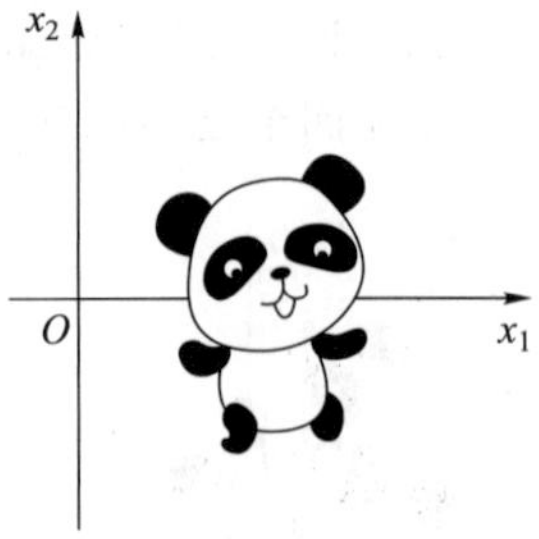

图 4.4 熊猫图的平移变换($c_1>0,c_2<0$)

同样,$\mathbb{R}^2$ 上任何线性变换都对应着一个三阶实矩阵.例如,关于 $x_1=x_2$ 反射变换、垂直伸缩变换、水平错切变换以及旋转变换对应的矩阵依次为

$$\begin{bmatrix}0&1&0\\1&0&0\\0&0&1\end{bmatrix},\ \begin{bmatrix}1&0&0\\0&k&0\\0&0&1\end{bmatrix},\ \begin{bmatrix}1&k&0\\0&1&0\\0&0&1\end{bmatrix},\ \begin{bmatrix}\cos\theta&-\sin\theta&0\\\sin\theta&\cos\theta&0\\0&0&1\end{bmatrix}.$$

而且复合变换对应的矩阵等于每个变换对应的三阶矩阵之积.

研究平面图形变换,首先面临的是平面图形的表示问题.当一个平面图形的边界为有限条直线段时,该图形可由有限个顶点确定,且相邻顶点用直线段连接.设这些顶点为 $(a_1,b_1)^{\mathrm{T}},(a_2,b_2)^{\mathrm{T}},\cdots,(a_n,b_n)^{\mathrm{T}}$,它们可以存储在如下的坐标矩阵中:

$$\boldsymbol{D}=\begin{bmatrix}a_1&a_2&\cdots&a_n\\b_1&b_2&\cdots&b_n\end{bmatrix};$$

若涉及平移变换,则需用齐次坐标矩阵来记录平面图形:

$$\boldsymbol{D}=\begin{bmatrix}a_1&a_2&\cdots&a_n\\b_1&b_2&\cdots&b_n\\1&1&\cdots&1\end{bmatrix}.$$

于是,所有平面图形像的(齐次)坐标矩阵等于变换对应的矩阵 $\boldsymbol{A}$ 与原像的(齐次)坐标矩阵 $\boldsymbol{D}$ 之积 $\boldsymbol{AD}$.

当平面图形的边界包含曲线时,曲线则用直线段来近似,图形仍然可由一些顶点来确定.

例 4.38 将箭头图(见图 4.5)做下列复合变换:先数乘($k=0.5$),然后旋转 $\dfrac{\pi}{2}$,再平移 $(-0.3,1)^{\mathrm{T}}$,最后垂直错切($k=2$).求复合变换对应的矩阵以及变换后的图形.

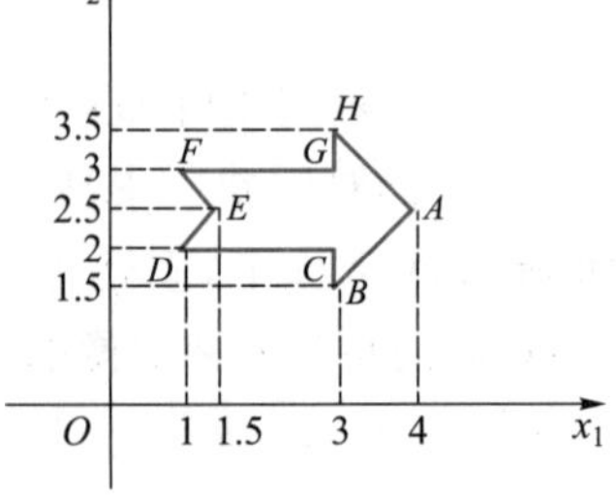

图 4.5 箭头图

解　箭头图形由八个顶点 $A,B,\cdots,H$ 确定，它的齐次坐标矩阵为

$$\boldsymbol{D}=\begin{bmatrix}4 & 3 & 3 & 1 & 1.5 & 1 & 3 & 3\\ 2.5 & 1.5 & 2 & 2 & 2.5 & 3 & 3 & 3.5\\ 1 & 1 & 1 & 1 & 1 & 1 & 1 & 1\end{bmatrix}.$$

易知，题中的数乘、旋转、平移、垂直错切等四个变换对应的矩阵依次为

$$\begin{bmatrix}0.5 & 0 & 0\\ 0 & 0.5 & 0\\ 0 & 0 & 1\end{bmatrix},\begin{bmatrix}0 & -1 & 0\\ 1 & 0 & 0\\ 0 & 0 & 1\end{bmatrix},\begin{bmatrix}1 & 0 & -0.3\\ 0 & 1 & 1\\ 0 & 0 & 1\end{bmatrix},\begin{bmatrix}1 & 0 & 0\\ 2 & 1 & 0\\ 0 & 0 & 1\end{bmatrix}$$

所以数乘变换对应的矩阵，以及像的齐次坐标矩阵分别为

$$\boldsymbol{A}_1=\begin{bmatrix}0.5 & 0 & 0\\ 0 & 0.5 & 0\\ 0 & 0 & 1\end{bmatrix},$$

$$\boldsymbol{D}_1=\boldsymbol{A}_1\boldsymbol{D}=\begin{bmatrix}2 & 1.5 & 1.5 & 0.5 & 0.75 & 0.5 & 1.5 & 1.5\\ 1.25 & 0.75 & 1 & 1 & 1.25 & 1.5 & 1.5 & 1.75\\ 1 & 1 & 1 & 1 & 1 & 1 & 1 & 1\end{bmatrix};$$

数乘和旋转变换复合对应的矩阵，以及像的齐次坐标矩阵分别为

$$\boldsymbol{A}_2=\begin{bmatrix}0 & -1 & 0\\ 1 & 0 & 0\\ 0 & 0 & 1\end{bmatrix}\boldsymbol{A}_1=\begin{bmatrix}0 & -0.5 & 0\\ 0.5 & 0 & 0\\ 0 & 0 & 1\end{bmatrix},$$

$$\boldsymbol{D}_2=\boldsymbol{A}_2\boldsymbol{D}=\begin{bmatrix}-1.25 & -0.75 & -1 & -1 & -1.25 & -1.5 & -1.5 & -1.75\\ 2 & 1.5 & 1.5 & 0.5 & 0.75 & 0.5 & 1.5 & 1.5\\ 1 & 1 & 1 & 1 & 1 & 1 & 1 & 1\end{bmatrix};$$

数乘、旋转和平移变换复合对应的矩阵，以像的齐次坐标矩阵分别为

$$\boldsymbol{A}_3=\begin{bmatrix}1 & 0 & -0.3\\ 0 & 1 & 1\\ 0 & 0 & 1\end{bmatrix}\boldsymbol{A}_2=\begin{bmatrix}0 & -0.5 & -0.3\\ 0.5 & 0 & 1\\ 0 & 0 & 1\end{bmatrix},$$

$$\boldsymbol{D}_3=\boldsymbol{A}_3\boldsymbol{D}=\begin{bmatrix}-1.55 & -1.05 & -1.3 & -1.3 & -1.55 & -1.8 & -1.8 & -2.05\\ 3 & 2.5 & 2.5 & 1.5 & 1.75 & 1.5 & 2.5 & 2.5\\ 1 & 1 & 1 & 1 & 1 & 1 & 1 & 1\end{bmatrix};$$

数乘、旋转、平移和垂直错切变换复合对应的矩阵，以及像的齐次坐标矩阵分别为

$$\boldsymbol{A}_4=\begin{bmatrix}1 & 0 & 0\\ 2 & 1 & 0\\ 0 & 0 & 1\end{bmatrix}\boldsymbol{A}_3=\begin{bmatrix}0 & -0.5 & -0.3\\ 0.5 & -1 & 0.4\\ 0 & 0 & 1\end{bmatrix},$$

$$\boldsymbol{D}_4=\boldsymbol{A}_4\boldsymbol{D}=\begin{bmatrix}-1.55 & -1.05 & -1.3 & -1.3 & -1.55 & -1.8 & -1.8 & -2.05\\ -0.1 & 0.4 & -0.1 & -1.1 & -1.35 & -2.1 & -1.1 & -1.6\\ 1 & 1 & 1 & 1 & 1 & 1 & 1 & 1\end{bmatrix};$$

由齐次坐标矩阵 $\boldsymbol{D}_1,\boldsymbol{D}_2,\boldsymbol{D}_3,\boldsymbol{D}_4$ 可画出箭头图四个(复合)变换的像，见图 4.6. □

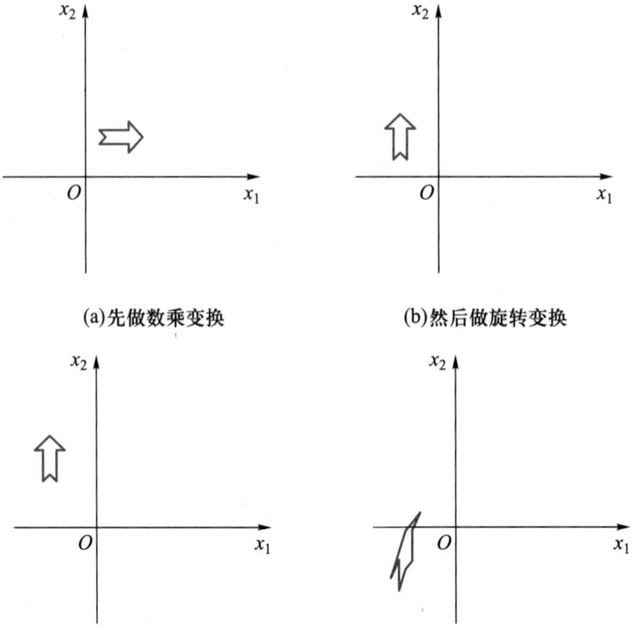

(a)先做数乘变换　(b)然后做旋转变换

(c)再做平移变换　(d)最后做垂直错切变换

图 4.6　箭头图变换后的像

4.8　历 史 事 件

向量就是一个有序的数组，在几何上它是具有长度和方向的量，物理中的力、速度、加速度等也都可以用向量描述．德国数学家 Grassmann（格拉斯曼）于 1844 年在他的《线性扩张理论》一书中融合坐标、向量及复数，明白地解释了“n 维向量空间”的概念，用纯几何方法定义了 n 维向量的加减法以及内积和外积．19 世纪 80 年代初美国数学物理学家 Gibbs（吉布斯）撰写了《向量分析基础》，这本小册子对促进向量的产生有着不可估量的价值．19 世纪末至 20 世纪初英国数学家、物理学家 Heaviside（赫维赛德）出版的著作《电磁理论》第一卷中给出了向量代数的很多内容，第三卷则用大量篇幅介绍了向量方法．到了 20 世纪初，物理学家完全信服了向量分析正是它们所需要的，数学家也将向量方法引进到分析和解析几何中来．

1861 年，Smith 证明了非齐次线性方程组的通解等于它的一个特解与对应齐次线性方程组的通解之和．

Euclid 空间也称为欧氏空间，在数学中是对 Euclid 所研究的二维和三维空间的一般化．Euclid 是古希腊著名数学家、Euclid 几何学的开创者，他以《原本》闻名于世，其名字在 20 世纪以前一直是几何学的同义词．第 4.5 节定义的是一种特殊的 Euclid 空间．一般来说，定义了内积的线性空间称为内积空间（这里的内积是第 4.5 节中的推广），定义了内积的 $\mathbb{R}^n$ 就是 Euclid 空间．内积空间是泛函分析中探讨的重要内容之一．

Cauchy-Schwarz 不等式是一系列不等式，它随着内积的不同而具有不同的形式. 1821 年，Cauchy 证明了该不等式对第 4.5 节定义的内积成立；1859 年，乌克兰数学家 Bunyakovsky（布尼亚科夫斯基）证明了该不等式对另外的内积成立；1885 年，出生在波兰的德国数学家 Karl Hermann Amandus Schwarz 证明了该不等式对其他的内积成立.该不等式在法国被称为 Cauchy 不等式，在苏联被称为 Bunyakovsky 不等式，在德国被称为 Schwarz 不等式.

勾股定理原本是指直角三角形中，勾方加股方等于弦方.它最早出现在公元前 1 世纪中国古代数学著作《周髀算经》之中.由于传统的说法（但缺乏直接证据）一致认为出生于萨摩斯岛的希腊祖师 Pythagoras（毕达哥拉斯）发现了勾股定理，所以国外文献将勾股定理称为 Pythagoras 定理.定理4.21中的勾股定理是上述同名定理的推广形式.

Gram-Schmidt 正交化方法中的 Jörgen Pedersen Gram 是丹麦精算师；Erhard Schmidt 是德国数学家，他是 Schwarz 的学生，于 1807 年发表了这个方法.在数值计算中，Gram-Schmidt 正交化方法是数值不稳定的，计算中累积的舍入误差会使最终结果的正交性变得很差.

1854 年，法国数学家 Charles Hermite（埃尔米特）首次使用了正交矩阵这一术语，但正式的定义直到 1878 年才由 Frobenius 给出.

最小二乘法是 Gauss 和法国数学家 Adrien-Marie Legendre（勒让德）独立提出的，虽然最小二乘法的第一篇文章是 Legendre 于 1806 年发表的，但是 Gauss 的遗稿表明其早在 1802 年就用这种方法计算了新的行星轨道.

线性空间是对集合中元素在线性运算方面所表现的共性加以概括而形成的新概念，线性变换则是用来研究线性空间之间关系的主要工具，它们是刻画满足叠加原理的系统的数学模型，其理论和方法已经渗透到自然科学、工程技术的各个领域.

习 题 4

(A)

1. 已知

$$\boldsymbol{\alpha}_1=\begin{bmatrix}1\\2\\-1\end{bmatrix},\boldsymbol{\alpha}_2=\begin{bmatrix}2\\5\\3\end{bmatrix},\boldsymbol{\alpha}_3=\begin{bmatrix}1\\1\\1\end{bmatrix},$$

求 $4\boldsymbol{\alpha}_3+(3\boldsymbol{\alpha}_1-2\boldsymbol{\alpha}_2)$.

2. 设向量

$$\boldsymbol{\alpha}_1=\begin{bmatrix}5\\-8\\-1\\2\end{bmatrix},\boldsymbol{\alpha}_2=\begin{bmatrix}2\\-1\\4\\-3\end{bmatrix},\boldsymbol{\alpha}_3=\begin{bmatrix}-3\\2\\-5\\4\end{bmatrix}$$

满足等式 $\boldsymbol{\alpha}_1+2\boldsymbol{\alpha}_2+3\boldsymbol{\alpha}_3+4\boldsymbol{x}=\boldsymbol{0}$，求向量 $\boldsymbol{x}$.

3. 设

$$\boldsymbol{u}=\begin{bmatrix}4\\-1\\-2\\3\end{bmatrix},\boldsymbol{v}=\begin{bmatrix}3\\-2\\-4\\1\end{bmatrix},\boldsymbol{w}=\begin{bmatrix}a\\-3\\-6\\b\end{bmatrix},\boldsymbol{x}=\begin{bmatrix}2\\c\\d\\4\end{bmatrix},$$

求 a,b,c 和 d，使得

(1) $\boldsymbol{w}=3\boldsymbol{u}$； (2) $\boldsymbol{w}+\boldsymbol{x}=\boldsymbol{u}$； (3) $\boldsymbol{w}-\boldsymbol{u}=\boldsymbol{v}$.

4. 设

$$\boldsymbol{\alpha}_1=\begin{bmatrix}1\\1\\1\end{bmatrix},\boldsymbol{\alpha}_2=\begin{bmatrix}1\\2\\3\end{bmatrix},\boldsymbol{\alpha}_3=\begin{bmatrix}1\\3\\t\end{bmatrix}.$$

(1) 问 t 为何值时，向量组 $\boldsymbol{\alpha}_1,\boldsymbol{\alpha}_2,\boldsymbol{\alpha}_3$ 线性相关？

(2) 问 t 为何值时，向量组 $\boldsymbol{\alpha}_1,\boldsymbol{\alpha}_2,\boldsymbol{\alpha}_3$ 线性无关？

(3) 当向量组 $\boldsymbol{\alpha}_1,\boldsymbol{\alpha}_2,\boldsymbol{\alpha}_3$ 线性相关时，将 $\boldsymbol{\alpha}_3$ 表示为 $\boldsymbol{\alpha}_1,\boldsymbol{\alpha}_2$ 的线性组合.

5. 已知向量组

$$\boldsymbol{\alpha}_1=\begin{bmatrix}1\\2\\-1\\1\end{bmatrix},\boldsymbol{\alpha}_2=\begin{bmatrix}2\\0\\t\\0\end{bmatrix},\boldsymbol{\alpha}_3=\begin{bmatrix}0\\-4\\5\\-2\end{bmatrix}$$

线性相关，求 t 的值.

6. 讨论下列向量组的线性相关性：

(1) $\boldsymbol{\alpha}_1=\begin{bmatrix}2\\5\end{bmatrix},\boldsymbol{\alpha}_2=\begin{bmatrix}-1\\3\end{bmatrix}$；

(2) $\boldsymbol{\alpha}_1=\begin{bmatrix}1\\-2\\3\end{bmatrix},\boldsymbol{\alpha}_2=\begin{bmatrix}0\\2\\-5\end{bmatrix},\boldsymbol{\alpha}_3=\begin{bmatrix}-1\\0\\2\end{bmatrix}$；

(3) $\boldsymbol{\alpha}_1=\begin{bmatrix}3\\1\\0\\2\end{bmatrix},\boldsymbol{\alpha}_2=\begin{bmatrix}1\\-1\\2\\-1\end{bmatrix},\boldsymbol{\alpha}_3=\begin{bmatrix}1\\3\\-4\\4\end{bmatrix}$；

(4) $\boldsymbol{\alpha}_1=\begin{bmatrix}2\\4\\1\\1\\0\end{bmatrix},\boldsymbol{\alpha}_2=\begin{bmatrix}1\\-2\\0\\1\\1\end{bmatrix},\boldsymbol{\alpha}_3=\begin{bmatrix}1\\3\\1\\0\\1\end{bmatrix}$.

7. 证明向量组 $\boldsymbol{\alpha}_1+\boldsymbol{\alpha}_2,\boldsymbol{\alpha}_2+\boldsymbol{\alpha}_3,\boldsymbol{\alpha}_3+\boldsymbol{\alpha}_1$ 线性无关当且仅当 $\boldsymbol{\alpha}_1,\boldsymbol{\alpha}_2,\boldsymbol{\alpha}_3$ 线性无关.

8. 设 $\boldsymbol{A}$ 是 $n\times m$ 矩阵，$\boldsymbol{B}$ 是 $m\times n$ 矩阵，$n<m$，若 $\boldsymbol{AB}=\boldsymbol{E}$，证明 $\boldsymbol{B}$ 的列向量组线性无关.

9. 若向量组 $\boldsymbol{\alpha}_1,\boldsymbol{\alpha}_2,\boldsymbol{\alpha}_3$ 线性无关，向量组 $\boldsymbol{\alpha}_1,\boldsymbol{\alpha}_2,\boldsymbol{\alpha}_3,\boldsymbol{\alpha}_4$ 线性相关，向量组 $\boldsymbol{\alpha}_1,\boldsymbol{\alpha}_2,\boldsymbol{\alpha}_3,\boldsymbol{\alpha}_5$ 线性无关，证明向量组 $\boldsymbol{\alpha}_1,\boldsymbol{\alpha}_2,\boldsymbol{\alpha}_3,\boldsymbol{\alpha}_5-\boldsymbol{\alpha}_4$ 线性无关.

10. 设 $\boldsymbol{A}$ 是 4×3 矩阵，$\boldsymbol{B}$ 是 3×3 矩阵，且 $\boldsymbol{AB}=\boldsymbol{0}$，其中

$$\boldsymbol{A}=\begin{bmatrix}1&1&-1\\1&2&1\\2&3&0\\0&-1&-2\end{bmatrix},$$

证明 $\boldsymbol{B}$ 的列向量组线性相关.

11. 设向量组$\boldsymbol{\alpha}_1,\boldsymbol{\alpha}_2,\boldsymbol{\alpha}_3$ 线性无关，问常数 p,q 满足什么条件时，向量组$p\boldsymbol{\alpha}_2-\boldsymbol{\alpha}_1$，$q\boldsymbol{\alpha}_3-\boldsymbol{\alpha}_2,\boldsymbol{\alpha}_1-\boldsymbol{\alpha}_3$ 线性无关.

12. 设 $\boldsymbol{A}$ 是 n 阶矩阵，若存在正整数 k，使线性方程组 $\boldsymbol{A}^k\boldsymbol{x}=\boldsymbol{0}$ 有解向量 $\boldsymbol{\alpha}$，且 $\boldsymbol{A}^{k-1}\boldsymbol{\alpha}\neq\boldsymbol{0}$，证明向量组 $\boldsymbol{\alpha},\boldsymbol{A\alpha},\cdots,\boldsymbol{A}^{k-1}\boldsymbol{\alpha}$ 线性无关.

13. 设

$$\boldsymbol{\alpha}_1=\begin{bmatrix}1\\2\\-3\\1\\2\end{bmatrix},\boldsymbol{\alpha}_2=\begin{bmatrix}5\\-5\\12\\11\\-5\end{bmatrix},\boldsymbol{\alpha}_3=\begin{bmatrix}1\\-3\\6\\3\\-3\end{bmatrix},\boldsymbol{\beta}=\begin{bmatrix}2\\-1\\3\\4\\-1\end{bmatrix},$$

将 $\boldsymbol{\beta}$ 表示为$\boldsymbol{\alpha}_1,\boldsymbol{\alpha}_2,\boldsymbol{\alpha}_3$ 的线性组合.

14. 问 k 取何值时，$\boldsymbol{\beta}=(1,k,5)$ 能由向量组 $\boldsymbol{\alpha}_1=(1,-3,2)$，$\boldsymbol{\alpha}_2=(2,-1,1)$ 线性表示？又 k 取何值时，$\boldsymbol{\beta}$ 不能由向量组 $\boldsymbol{\alpha}_1,\boldsymbol{\alpha}_2$ 线性表示？

15. 设

$$\boldsymbol{\alpha}_1=\begin{bmatrix}1+b\\1\\1\end{bmatrix},\boldsymbol{\alpha}_2=\begin{bmatrix}1\\1+b\\1\end{bmatrix},\boldsymbol{\alpha}_3=\begin{bmatrix}1\\1\\1+b\end{bmatrix},\boldsymbol{\beta}=\begin{bmatrix}0\\b\\b^2\end{bmatrix},$$

问当 b 取何值时

(1) $\boldsymbol{\beta}$ 可由$\boldsymbol{\alpha}_1,\boldsymbol{\alpha}_2,\boldsymbol{\alpha}_3$ 线性表示，且表达式唯一；

(2) $\boldsymbol{\beta}$ 可由$\boldsymbol{\alpha}_1,\boldsymbol{\alpha}_2,\boldsymbol{\alpha}_3$ 线性表示，且表达式不唯一；

(3) $\boldsymbol{\beta}$ 不能由$\boldsymbol{\alpha}_1,\boldsymbol{\alpha}_2,\boldsymbol{\alpha}_3$ 线性表示.

16. 判定下列向量组的相关性，求其一极大线性无关组，并将其余向量由极大线性无关组线性表示.

(1) $\boldsymbol{\alpha}_1=\begin{bmatrix}1\\1\\3\\1\end{bmatrix},\quad \boldsymbol{\alpha}_2=\begin{bmatrix}-1\\1\\-1\\3\end{bmatrix},\quad \boldsymbol{\alpha}_3=\begin{bmatrix}5\\-2\\8\\-9\end{bmatrix},\quad \boldsymbol{\alpha}_4=\begin{bmatrix}-1\\3\\1\\7\end{bmatrix}$；

(2) $\boldsymbol{\alpha}_1=\begin{bmatrix}1\\1\\2\\3\end{bmatrix},\quad \boldsymbol{\alpha}_2=\begin{bmatrix}1\\-1\\1\\1\end{bmatrix},\quad \boldsymbol{\alpha}_3=\begin{bmatrix}1\\3\\3\\5\end{bmatrix},\quad \boldsymbol{\alpha}_4=\begin{bmatrix}4\\-2\\5\\7\end{bmatrix},\quad \boldsymbol{\alpha}_5=\begin{bmatrix}-3\\-1\\-5\\-8\end{bmatrix}$.

17. 设

$$\boldsymbol{\alpha}_1=\begin{bmatrix}1\\2\\3\\3\end{bmatrix},\boldsymbol{\alpha}_2=\begin{bmatrix}2\\3\\4\\5\end{bmatrix},\boldsymbol{\alpha}_3=\begin{bmatrix}3\\4\\4\\7\end{bmatrix},\boldsymbol{\alpha}_4=\begin{bmatrix}4\\5\\1\\9\end{bmatrix},$$

求向量组 $\boldsymbol{\alpha}_1,\boldsymbol{\alpha}_2,\boldsymbol{\alpha}_3,\boldsymbol{\alpha}_4$ 的秩.

18. 设有向量组

$$(\text{I}):\boldsymbol{\beta}_1=\begin{bmatrix}0\\1\\-1\end{bmatrix},\boldsymbol{\beta}_2=\begin{bmatrix}a\\7\\-4\end{bmatrix},\boldsymbol{\beta}_3=\begin{bmatrix}b\\1\\0\end{bmatrix};\quad(\text{II}):\boldsymbol{\alpha}_1=\begin{bmatrix}1\\2\\-3\end{bmatrix},\boldsymbol{\alpha}_2=\begin{bmatrix}3\\0\\1\end{bmatrix},\boldsymbol{\alpha}_3=\begin{bmatrix}4\\2\\-2\end{bmatrix}.$$

已知向量组(Ⅰ)与(Ⅱ)有相同的秩,且 $\boldsymbol{\beta}_3$ 可由$\boldsymbol{\alpha}_1,\boldsymbol{\alpha}_2,\boldsymbol{\alpha}_3$ 线性表示,求 a,b 的值.

19. 设有 n 维向量组(Ⅰ):$\boldsymbol{\alpha}_1,\boldsymbol{\alpha}_2,\cdots,\boldsymbol{\alpha}_m$ 与(Ⅱ):$\boldsymbol{\beta}_1,\boldsymbol{\beta}_2,\cdots,\boldsymbol{\beta}_m$,记 $\boldsymbol{A}=[\boldsymbol{\alpha}_1\ \ \boldsymbol{\alpha}_2\cdots\boldsymbol{\alpha}_m]$,$\boldsymbol{B}=[\boldsymbol{\beta}_1\,\boldsymbol{\beta}_2\cdots\boldsymbol{\beta}_m]$,证明:若向量组(Ⅰ)与(Ⅱ)等价,则矩阵 $\boldsymbol{A}$ 与 $\boldsymbol{B}$ 等价.并举反例说明逆命题不成立.

20. 写出一个以

$$\boldsymbol{x}=c_1\begin{bmatrix}2\\-3\\1\\0\end{bmatrix}+c_2\begin{bmatrix}-2\\4\\0\\1\end{bmatrix}$$

为通解的齐次线性方程组,其中 c_1,c_2 为任意常数.

21. 设四阶矩阵 $\boldsymbol{A}$ 的秩为 2,且 $\boldsymbol{A}\,\boldsymbol{\eta}_i=\boldsymbol{b}(i=1,2,3,4)$,其中

$$\boldsymbol{\eta}_1+\boldsymbol{\eta}_2=\begin{bmatrix}1\\1\\0\\0\end{bmatrix},\boldsymbol{\eta}_2+\boldsymbol{\eta}_3=\begin{bmatrix}1\\-1\\1\\0\end{bmatrix},\boldsymbol{\eta}_3+\boldsymbol{\eta}_4=\begin{bmatrix}2\\2\\2\\2\end{bmatrix},$$

求非齐次方程组 $\boldsymbol{Ax}=\boldsymbol{b}$ 的通解.

22. 设 $\boldsymbol{A}=[a_{ij}]_{n\times n},\boldsymbol{B}=\begin{bmatrix}\boldsymbol{A}&\boldsymbol{b}\\\boldsymbol{b}^{\mathrm{T}}&0\end{bmatrix}$,其中 $\boldsymbol{b}=(b_1,b_2,\cdots,b_n)^{\mathrm{T}}$,若 $\operatorname{rank}\boldsymbol{A}=\operatorname{rank}\boldsymbol{B}$,证明方程组 $\boldsymbol{Ax}=\boldsymbol{b}$ 有解.

23. 设线性方程组

$$\begin{bmatrix}a&1&1\\1&a&1\\1&1&a\end{bmatrix}\begin{bmatrix}x_1\\x_2\\x_3\end{bmatrix}=\begin{bmatrix}1\\1\\-2\end{bmatrix}$$

有无穷多个解,求 a.

24. 已知三阶矩阵 $\boldsymbol{B}\neq\boldsymbol{0}$,且其列向量都是线性方程组

$$\begin{cases}x_1+2x_2-2x_3=0,\\2x_1-x_2+ax_3=0,\\3x_1+x_2-x_3=0\end{cases}$$

的解.

(1) 求 a;

(2) 证明 $|\boldsymbol{B}|=0$.

25. 下列向量组是否构成向量空间,若是,求出它的一个基及维数.

(1) $V_1=\{(x_1,x_2,\cdots,x_n)\mid x_i\in\mathbb{R},\sum\limits_{i=1}^{n}x_i=0\}$;

(2) $V_2=\{(x_1,x_2,\cdots,x_n)\mid x_i\in\mathbb{R},\sum\limits_{i=1}^{n}x_i=1\}$;

(3) $V_3=\{(x_1,x_2,x_3)\mid x_i\in\mathbb{R},\sum\limits_{i=1}^{3}ix_i=0\}$;

(4) $V_4=\{(x_1,x_2,x_3)\mid x_i\in\mathbb{R},\sum\limits_{i=1}^{3}ix_i=1\}$.

26. 设

$$\boldsymbol{\alpha}_1=\begin{bmatrix}1\\1\\0\\0\end{bmatrix},\boldsymbol{\alpha}_2=\begin{bmatrix}1\\0\\1\\1\end{bmatrix},\boldsymbol{\beta}_1=\begin{bmatrix}2\\-1\\3\\3\end{bmatrix},\boldsymbol{\beta}_2=\begin{bmatrix}0\\1\\-1\\-1\end{bmatrix},$$

证明 $\text{span}(\boldsymbol{\alpha}_1,\boldsymbol{\alpha}_2)=\text{span}(\boldsymbol{\beta}_1,\boldsymbol{\beta}_2)$.

27. 设有向量

$$\boldsymbol{\alpha}_1=\begin{bmatrix}2\\2\\-1\end{bmatrix},\boldsymbol{\alpha}_2=\begin{bmatrix}2\\-1\\2\end{bmatrix},\boldsymbol{\alpha}_3=\begin{bmatrix}-1\\2\\2\end{bmatrix};\boldsymbol{\beta}_1=\begin{bmatrix}1\\0\\-4\end{bmatrix},\boldsymbol{\beta}_2=\begin{bmatrix}4\\3\\2\end{bmatrix}.$$

(1) 验证向量组 $\boldsymbol{\alpha}_1,\boldsymbol{\alpha}_2,\boldsymbol{\alpha}_3$ 是 $\mathbb{R}^3$ 的一个基;

(2) 求向量 $\boldsymbol{\beta}_1,\boldsymbol{\beta}_2$ 在基 $\boldsymbol{\alpha}_1,\boldsymbol{\alpha}_2,\boldsymbol{\alpha}_3$ 下的坐标.

28. 已知 $\mathbb{R}^3$ 中两个基:

$$\boldsymbol{\alpha}_1=\begin{bmatrix}1\\0\\-1\end{bmatrix},\boldsymbol{\alpha}_2=\begin{bmatrix}2\\1\\1\end{bmatrix},\boldsymbol{\alpha}_3=\begin{bmatrix}1\\1\\1\end{bmatrix};\boldsymbol{\beta}_1=\begin{bmatrix}0\\1\\1\end{bmatrix},\boldsymbol{\beta}_2=\begin{bmatrix}-1\\1\\0\end{bmatrix},\boldsymbol{\beta}_3=\begin{bmatrix}1\\2\\1\end{bmatrix}.$$

(1) 求由基 $\boldsymbol{\alpha}_1,\boldsymbol{\alpha}_2,\boldsymbol{\alpha}_3$ 到基 $\boldsymbol{\beta}_1,\boldsymbol{\beta}_2,\boldsymbol{\beta}_3$ 的过渡矩阵;

(2) 求向量 $\boldsymbol{\alpha}=\boldsymbol{\alpha}_1+2\boldsymbol{\alpha}_2-3\boldsymbol{\alpha}_3$ 在基 $\boldsymbol{\beta}_1,\boldsymbol{\beta}_2,\boldsymbol{\beta}_3$ 下的坐标.

29. 在 $\mathbb{R}^4$ 中求一单位向量,使其与

$$\begin{bmatrix}1\\1\\-1\\1\end{bmatrix},\begin{bmatrix}1\\-1\\-1\\1\end{bmatrix},\begin{bmatrix}2\\1\\1\\3\end{bmatrix}$$

都正交.

30. 试用 Gram-Schmidt 正交化方法将下列向量组标准正交化:

(1) $\boldsymbol{\alpha}_1=\begin{bmatrix}0\\1\\1\end{bmatrix},\boldsymbol{\alpha}_2=\begin{bmatrix}1\\0\\1\end{bmatrix},\boldsymbol{\alpha}_3=\begin{bmatrix}1\\1\\0\end{bmatrix}$;

(2) $\boldsymbol{\alpha}_1=\begin{bmatrix}1\\0\\1\\0\end{bmatrix},\boldsymbol{\alpha}_2=\begin{bmatrix}1\\0\\0\\1\end{bmatrix},\boldsymbol{\alpha}_3=\begin{bmatrix}1\\1\\0\\0\end{bmatrix}$.

31. 设 $\boldsymbol{A}$ 是秩为 2 的 5×4 矩阵,

$$\boldsymbol{\alpha}_1=\begin{bmatrix}1\\1\\2\\3\end{bmatrix},\boldsymbol{\alpha}_2=\begin{bmatrix}-1\\1\\4\\-1\end{bmatrix},\boldsymbol{\alpha}_3=\begin{bmatrix}5\\-1\\-8\\9\end{bmatrix}$$

是齐次线性方程组 $\boldsymbol{Ax}=\boldsymbol{0}$ 的解向量,求 $\boldsymbol{Ax}=\boldsymbol{0}$ 的解空间的一个标准正交基.

32. 设 $\boldsymbol{\alpha}_1,\boldsymbol{\alpha}_2,\boldsymbol{\alpha}_3$ 为实向量空间 V 的一个标准正交基,证明

$$\boldsymbol{\beta}_1=\frac{1}{3}(\boldsymbol{\alpha}_1-2\boldsymbol{\alpha}_2-2\boldsymbol{\alpha}_3),\boldsymbol{\beta}_2=\frac{1}{3}(2\boldsymbol{\alpha}_1-\boldsymbol{\alpha}_2+2\boldsymbol{\alpha}_3),\boldsymbol{\beta}_3=\frac{1}{3}(2\boldsymbol{\alpha}_1+2\boldsymbol{\alpha}_2-\boldsymbol{\alpha}_3)$$

也是 V 的一个标准正交基.

33. 设 $\boldsymbol{\alpha}$ 为 n 维非零实向量,证明 $\boldsymbol{A}=\boldsymbol{E}-\dfrac{2}{\boldsymbol{\alpha}^{\mathrm{T}}\boldsymbol{\alpha}}\boldsymbol{\alpha}\boldsymbol{\alpha}^{\mathrm{T}}$ 为正交矩阵.

34. 设 $\boldsymbol{A}$ 为正交矩阵,证明 $\boldsymbol{A}^{-1}$和 $\boldsymbol{A}^*$ 都是正交矩阵.

35. 设 n 阶实对称矩阵 $\boldsymbol{A}$ 满足 $\boldsymbol{A}^2-4\boldsymbol{A}+3\boldsymbol{E}=\boldsymbol{0}$,证明 $\boldsymbol{A}-2\boldsymbol{E}$ 都是正交矩阵.

36. 验证下列集合对于所给定的线性运算是否构成$\mathbb{R}$上的线性空间:

(1) 所有 n 阶实反称矩阵的集合 V_1,按矩阵的加法和数乘;

(2) $V_2=\left\{x(t)\,\middle|\,\dfrac{\mathrm{d}^2x}{\mathrm{d}t^2}-x=0,\ x(t)\text{为实函数}\right\}$,按通常的函数加法和数乘;

(3) $V_3=\left\{f:[0,1]\to\mathbb{R}\,\middle|\,\int_0^1 f(x)\mathrm{d}x=0\right\}$,按通常的函数加法和数乘;

(4) 设 $\boldsymbol{\alpha}\in\mathbb{R}^2$,$\mathbb{R}^2$上不平行于 $\boldsymbol{\alpha}$ 的所有向量的集合,按通常的向量加法和数乘;

(5) 在$\mathbb{R}^2$上定义如下的加法$\oplus$和数乘$\circ$:

$$(x_1,x_2)^{\mathrm{T}}\oplus(y_1,y_2)^{\mathrm{T}}=(x_1+y_1,x_2+y_2+x_1y_1)^{\mathrm{T}},$$

$$k\circ(x_1,x_2)^{\mathrm{T}}=\left(kx_1,kx_2+\frac{k(k-1)}{2}x_1^2\right)^{\mathrm{T}}.$$

37. 判断下列子集是否为$\mathbb{R}^{n\times n}$的子空间:

(1) 所有 n 阶上三角实矩阵的集合 W_1;

(2) 不可逆 n 阶矩阵的全体构成的集合 W_2;

(3) $W_3=\{\boldsymbol{X}\,|\,\boldsymbol{AX}=\boldsymbol{XB},\boldsymbol{X}\in\mathbb{R}^{n\times n}\}$,其中 $\boldsymbol{A},\boldsymbol{B}\in\mathbb{R}^{n\times n}$ 为已知.

38. 求所有三阶上三角实矩阵构成的线性空间 V 的一个基和维数.

39. 函数集合 $V=\{(a_2x^2+a_1x+a_0)\mathrm{e}^x\,|\,a_2,a_1,a_0\in\mathbb{R}\}$,按照函数的线性运算构成三维线性空间.在 V 中取一个基 $x^2\mathrm{e}^x,x\mathrm{e}^x,\mathrm{e}^x$,求微分运算 D 在这个基下的矩阵.

40. 在四维线性空间$\mathbb{R}^{2\times 2}$中，证明：

$$\begin{bmatrix}1 & 1\\1 & 1\end{bmatrix},\begin{bmatrix}1 & 1\\-1 & -1\end{bmatrix},\begin{bmatrix}1 & -1\\1 & -1\end{bmatrix},\begin{bmatrix}-1 & 1\\1 & -1\end{bmatrix}$$

是$\mathbb{R}^{2\times 2}$的一个基，并求矩阵$\boldsymbol{A}=\begin{bmatrix}1 & 2\\4 & 3\end{bmatrix}$在这个基下的坐标.

41. 设$\boldsymbol{A}_0=\begin{bmatrix}1 & 2\\3 & 4\end{bmatrix}$，对任意$\boldsymbol{X}\in\mathbb{R}^{2\times 2}$，定义映射$\boldsymbol{T}(\boldsymbol{X})=\boldsymbol{A}_0\boldsymbol{X}$.

(1) 证明T是$\mathbb{R}^{2\times 2}$上的线性变换；

(2) 求T关于基$\begin{bmatrix}1 & 1\\1 & 1\end{bmatrix},\begin{bmatrix}1 & 1\\-1 & -1\end{bmatrix},\begin{bmatrix}1 & -1\\1 & -1\end{bmatrix},\begin{bmatrix}-1 & 1\\1 & -1\end{bmatrix}$的矩阵.

(B)

42. 设有两个向量组

(Ⅰ)：$\boldsymbol{\alpha}_1=\begin{bmatrix}1\\0\\2\end{bmatrix},\boldsymbol{\alpha}_2=\begin{bmatrix}1\\1\\3\end{bmatrix},\boldsymbol{\alpha}_3=\begin{bmatrix}1\\-1\\a+2\end{bmatrix}$；

(Ⅱ)：$\boldsymbol{\beta}_1=\begin{bmatrix}1\\2\\a+3\end{bmatrix},\boldsymbol{\beta}_2=\begin{bmatrix}2\\1\\a+6\end{bmatrix},\boldsymbol{\beta}_3=\begin{bmatrix}2\\1\\a+4\end{bmatrix}$.

问：当a为何值时，向量组(Ⅰ)与(Ⅱ)等价？当a为何值时，向量组(Ⅰ)与(Ⅱ)不等价？

43. 设四维向量组

$$\boldsymbol{\alpha}_1=\begin{bmatrix}1+a\\1\\1\\1\end{bmatrix},\boldsymbol{\alpha}_2=\begin{bmatrix}2\\2+a\\2\\2\end{bmatrix},\boldsymbol{\alpha}_3=\begin{bmatrix}3\\3\\3+a\\3\end{bmatrix},\boldsymbol{\alpha}_4=\begin{bmatrix}4\\4\\4\\4+a\end{bmatrix},$$

问a为何值时$\boldsymbol{\alpha}_1,\boldsymbol{\alpha}_2,\boldsymbol{\alpha}_3,\boldsymbol{\alpha}_4$线性相关？当$\boldsymbol{\alpha}_1,\boldsymbol{\alpha}_2,\boldsymbol{\alpha}_3,\boldsymbol{\alpha}_4$线性相关时，求其一个极大线性无关组，并将其余向量用该极大线性无关组线性表示.

44. 设有向量

$$\boldsymbol{\alpha}_1=\begin{bmatrix}1\\1\\a\end{bmatrix},\boldsymbol{\alpha}_2=\begin{bmatrix}1\\a\\1\end{bmatrix},\boldsymbol{\alpha}_3=\begin{bmatrix}a\\1\\1\end{bmatrix}\ \boldsymbol{\beta}_1=\begin{bmatrix}1\\1\\a\end{bmatrix},\boldsymbol{\beta}_2=\begin{bmatrix}-2\\a\\4\end{bmatrix},\boldsymbol{\beta}_3=\begin{bmatrix}-2\\a\\a\end{bmatrix}.$$

试确定常数a，使得向量组$\boldsymbol{\alpha}_1,\boldsymbol{\alpha}_2,\boldsymbol{\alpha}_3$由向量组$\boldsymbol{\beta}_1,\boldsymbol{\beta}_2,\boldsymbol{\beta}_3$线性表示，但向量组$\boldsymbol{\beta}_1,\boldsymbol{\beta}_2,\boldsymbol{\beta}_3$不能由向量组$\boldsymbol{\alpha}_1,\boldsymbol{\alpha}_2,\boldsymbol{\alpha}_3$线性表示.

45. 设$\boldsymbol{\alpha},\boldsymbol{\beta}$为三维列向量，矩阵$\boldsymbol{A}=\boldsymbol{\alpha}\boldsymbol{\alpha}^{\mathrm{T}}+\boldsymbol{\beta}\boldsymbol{\beta}^{\mathrm{T}}$，证明：

(1) $\operatorname{rank}\boldsymbol{A}\leqslant 2$；

(2) 若$\boldsymbol{\alpha},\boldsymbol{\beta}$线性相关，则$\operatorname{rank}\boldsymbol{A}<2$.

46. 证明：n维列向量组$\boldsymbol{\alpha}_1,\boldsymbol{\alpha}_2,\cdots,\boldsymbol{\alpha}_n$线性无关的充要条件是

$$\begin{vmatrix} \boldsymbol{\alpha}_1^{\mathrm{T}}\boldsymbol{\alpha}_1 & \boldsymbol{\alpha}_1^{\mathrm{T}}\boldsymbol{\alpha}_2 & \cdots & \boldsymbol{\alpha}_1^{\mathrm{T}}\boldsymbol{\alpha}_n \\ \boldsymbol{\alpha}_2^{\mathrm{T}}\boldsymbol{\alpha}_1 & \boldsymbol{\alpha}_2^{\mathrm{T}}\boldsymbol{\alpha}_2 & \cdots & \boldsymbol{\alpha}_2^{\mathrm{T}}\boldsymbol{\alpha}_n \\ \vdots & \vdots & & \vdots \\ \boldsymbol{\alpha}_n^{\mathrm{T}}\boldsymbol{\alpha}_1 & \boldsymbol{\alpha}_n^{\mathrm{T}}\boldsymbol{\alpha}_2 & \cdots & \boldsymbol{\alpha}_n^{\mathrm{T}}\boldsymbol{\alpha}_n \end{vmatrix} \neq 0.$$

47. 设向量组$\boldsymbol{\alpha}_1,\boldsymbol{\alpha}_2,\cdots,\boldsymbol{\alpha}_m(m\geqslant 2)$线性无关，令

$$\boldsymbol{\beta}_1=\boldsymbol{\alpha}_1+l_1\boldsymbol{\alpha}_m,\boldsymbol{\beta}_2=\boldsymbol{\alpha}_2+l_2\boldsymbol{\alpha}_m,\cdots,\boldsymbol{\beta}_{m-1}=\boldsymbol{\alpha}_{m-1}+l_{m-1}\boldsymbol{\alpha}_m,$$

证明：向量组$\boldsymbol{\beta}_1,\boldsymbol{\beta}_2,\cdots,\boldsymbol{\beta}_{m-1}$线性无关.

48. 已知三阶矩阵$\boldsymbol{A}$的第一行$(a,b,c)\neq\mathbf{0}$，矩阵

$$\boldsymbol{B}=\begin{bmatrix} 1 & 2 & 3 \\ 2 & 4 & 6 \\ 3 & 6 & k \end{bmatrix}(k\text{ 为常数}),$$

且$\boldsymbol{AB}=\mathbf{0}$，求线性方程组$\boldsymbol{Ax}=\mathbf{0}$的通解.

49. 设三阶矩阵$\boldsymbol{A}=[\boldsymbol{\alpha}_1\ \boldsymbol{\alpha}_2\ \boldsymbol{\alpha}_3]$，$\boldsymbol{\alpha}_1\neq\mathbf{0}$，且$\boldsymbol{AB}=\mathbf{0}$，

$$\boldsymbol{B}=\begin{bmatrix} 1 & 2 & 3 \\ -1 & -2 & -3 \\ k & 4 & 6 \end{bmatrix},$$

试求$\boldsymbol{\alpha}_1,\boldsymbol{\alpha}_2,\boldsymbol{\alpha}_3$的一个极大线性无关组，并将其余向量用极大线性无关组线性表示.

50. 设$\boldsymbol{A}$为n阶矩阵，$|\boldsymbol{A}|=0$，若$\boldsymbol{A}$的某元素a_{ij}的代数余子式$A_{ij}\neq 0$，证明：$(A_{i1},A_{i2},\cdots,A_{in})^{\mathrm{T}}$是$\boldsymbol{Ax}=\mathbf{0}$的基础解系.

51. 设$\boldsymbol{\alpha}_i=(a_{i1},a_{i2},\cdots,a_{in})^{\mathrm{T}}(i=1,2,\cdots,r;r<n)$是$n$维实向量，且$\boldsymbol{\alpha}_1,\boldsymbol{\alpha}_2,\cdots,\boldsymbol{\alpha}_r$线性无关.又已知$\boldsymbol{\beta}=(b_1,b_2,\cdots,b_n)^{\mathrm{T}}$是齐次线性方程组

$$\begin{cases} a_{11}x_1+a_{12}x_2+\cdots+a_{1n}x_n=0, \\ a_{21}x_1+a_{22}x_2+\cdots+a_{2n}x_n=0, \\ \cdots\cdots\cdots\cdots \\ a_{r1}x_1+a_{r2}x_2+\cdots+a_{rn}x_n=0 \end{cases}$$

的非零解，试判断向量组$\boldsymbol{\alpha}_1,\boldsymbol{\alpha}_2,\cdots,\boldsymbol{\alpha}_r,\boldsymbol{\beta}$的线性相关性.

52. 设$\boldsymbol{A}$为n阶矩阵，证明$\operatorname{rank}(\boldsymbol{A}^n)=\operatorname{rank}(\boldsymbol{A}^{n+1})$.

53. 设$\boldsymbol{A}$为n阶实矩阵，证明：$\boldsymbol{A}$为正交矩阵当且仅当对任意n维非零实向量$\boldsymbol{\alpha}$，均有$\|\boldsymbol{\alpha}\|=\|\boldsymbol{A\alpha}\|$.

54. 设$\boldsymbol{A},\boldsymbol{B}$为$n$阶正交矩阵，且$|\boldsymbol{A}|\neq|\boldsymbol{B}|$，证明$\boldsymbol{A}+\boldsymbol{B}$为不可逆矩阵.

55. 设$\boldsymbol{A},\boldsymbol{B}$为$n$阶正交矩阵，$n$为奇数，证明$|(\boldsymbol{A}-\boldsymbol{B})(\boldsymbol{A}+\boldsymbol{B})|=0$.

56. 已知齐次线性方程组

$$\begin{cases} (a_1+b)x_1+a_2x_2+a_3x_3+\cdots+a_nx_n=0, \\ a_1x_1+(a_2+b)x_2+a_3x_3+\cdots+a_nx_n=0, \\ \cdots\cdots\cdots\cdots \\ a_1x_1+a_2x_2+a_3x_3+\cdots+(a_n+b)x_n=0, \end{cases}$$

其中$\sum_{i=1}^{n}a_i\neq 0$.试讨论$a_1,a_2,\cdots,a_n$和b满足何种关系时

(1) 方程组仅有零解；

(2) 方程组有非零解，在有非零解时，求此方程组的一个基础解系.

57. 设 n 元线性方程组 $\boldsymbol{A}\boldsymbol{x}=\boldsymbol{b}$，其中

$$\boldsymbol{A}=\begin{bmatrix} 2a & 1 & & & & \\ a^2 & 2a & 1 & & & \\ & a^2 & 2a & 1 & & \\ & & \ddots & \ddots & \ddots & \\ & & & a^2 & 2a & 1 \\ & & & & a^2 & 2a \end{bmatrix}_{n\times n},\quad \boldsymbol{x}=\begin{bmatrix} x_1 \\ x_2 \\ \vdots \\ x_n \end{bmatrix},\quad \boldsymbol{b}=\begin{bmatrix} 1 \\ 0 \\ \vdots \\ 0 \end{bmatrix}.$$

(1) 证明行列式 $|\boldsymbol{A}|=(n+1)a^n$；

(2) 当 a 为何值时，该方程组有唯一解，并求 x_1；

(3) 当 a 为何值时，该方程组有无穷多解，并求通解.

58. 设四元齐次线性方程组(Ⅰ)为 $\begin{cases} 2x_1+3x_2-x_3 \quad\quad =0, \\ x_1+2x_2+x_3-x_4=0, \end{cases}$ 且已知另一个四元齐次线性方程组(Ⅱ)的一个基础解系为 $\boldsymbol{\alpha}_1=(2,-1,a+2,1)^{\mathrm{T}}$，$\boldsymbol{\alpha}_2=(-1,2,4,a+8)^{\mathrm{T}}$.

(1) 求方程组(Ⅰ)的一个基础解系；

(2) 当 a 为何值时，方程组(Ⅰ)与(Ⅱ)有非零公共解？在有非零公共解时，求出全部非零公共解.

59. 某公司销售部在 6 月份经统计得知前五个月的销售额依次为 4.0 万元、4.4 万元、5.2万元、6.4 万元和 8.4 万元.统计员发现这些数据接近一个二次多项式函数.试求这组数据的拟合曲线，并预测该公司 12 月份的销售额.

60. 设有数列 $\{a_n\}$ 满足

$$a_1=1, a_2=1, a_n=2a_{n-1}+3a_{n-2}(n\geqslant 3),$$

试求 $\{a_n\}$ 的通项公式.

第 4 章单元测试题

第5章 相似矩阵

相似是方阵之间的一种重要关系，它不仅可以简化矩阵计算，而且还能应用于数学的其他分支以及工程技术的许多领域.

本章首先介绍相似矩阵，并由此引出矩阵的特征值和特征向量，再讨论矩阵的相似对角化，然后给出实对称矩阵的相似对角化方法，最后介绍Jordan标准形.

5.1 特征值与特征向量

特征值和特征向量是相互依存、密不可分的两个概念，并且它们都与相似矩阵密切关联.

5.1.1 相似矩阵的概念和性质

在第2.2.3小节，我们只讨论了一些特殊方阵的幂.对于一般方阵 $\boldsymbol{A}$ 的高次幂 $\boldsymbol{A}^k$，人们总是设法寻找一个可逆矩阵 $\boldsymbol{P}$，使得 $\boldsymbol{P}^{-1}\boldsymbol{AP}=\boldsymbol{B}$，且 $\boldsymbol{B}^k$ 容易计算，从而由

$$\boldsymbol{A}^k=(\boldsymbol{PBP}^{-1})^k=\boldsymbol{PB}^k\boldsymbol{P}^{-1}$$

就能方便地求出方阵的幂.

下面给出方阵 $\boldsymbol{A},\boldsymbol{B}$ 之间这种关系的数学定义.

定义5.1 设矩阵 $\boldsymbol{A},\boldsymbol{B}\in\mathbb{C}^{n\times n}$，若存在可逆矩阵 $\boldsymbol{P}\in\mathbb{C}^{n\times n}$，使得 $\boldsymbol{P}^{-1}\boldsymbol{AP}=\boldsymbol{B}$，则称 $\boldsymbol{A}$ 与 $\boldsymbol{B}$ **相似**，或 $\boldsymbol{A}$ **相似于** $\boldsymbol{B}$，记作 $\boldsymbol{A}\sim\boldsymbol{B}$.可逆矩阵 $\boldsymbol{P}$ 称为**相似变换矩阵**.

根据第4.6.4小节，n 维线性空间上同一个线性变换在不同基下的矩阵是相似的.

容易验证，相似关系满足自反性、对称性和传递性.

显然，与数量矩阵相似的矩阵只能是它本身.

易知，若 $\boldsymbol{A}\sim\boldsymbol{B}$，则 $\boldsymbol{A}\cong\boldsymbol{B}$，反之不真.例如，设

$$\boldsymbol{A}=\begin{bmatrix}1&0\\0&1\end{bmatrix},\quad \boldsymbol{B}=\begin{bmatrix}1&2\\0&1\end{bmatrix},$$

则 $\boldsymbol{A}\cong\boldsymbol{B}$；但是，$\boldsymbol{A}$ 是数量矩阵，而 $\boldsymbol{B}$ 不是数量矩阵，所以 $\boldsymbol{A}$ 与 $\boldsymbol{B}$ 不相似.

下面给出相似矩阵的性质.

定理5.1 若 $\boldsymbol{A}\sim\boldsymbol{B}$，则

(1) $\operatorname{rank}\boldsymbol{A}=\operatorname{rank}\boldsymbol{B}$；

(2) $|\boldsymbol{A}|=|\boldsymbol{B}|$；

(3) 对于任何多项式 $f(x)$，有 $f(\boldsymbol{A})\sim f(\boldsymbol{B})$.

证 由定义5.1即知(1)和(2)成立.下证(3).

设 $f(x)=\sum\limits_{i=0}^{m}a_ix^i$ 为任意多项式，由 $\boldsymbol{A}\sim\boldsymbol{B}$ 可知，存在可逆矩阵 $\boldsymbol{P}$，使得 $\boldsymbol{P}^{-1}\boldsymbol{AP}=\boldsymbol{B}$，从而

$$f(\boldsymbol{B})=\sum_{i=0}^{m}a_i\boldsymbol{B}^i=\sum_{i=0}^{m}a_i(\boldsymbol{P}^{-1}\boldsymbol{A}\boldsymbol{P})^i=\boldsymbol{P}^{-1}\left(\sum_{i=0}^{m}a_i\boldsymbol{A}^i\right)\boldsymbol{P}=\boldsymbol{P}^{-1}f(\boldsymbol{A})\boldsymbol{P},$$

即 $f(\boldsymbol{A})\sim f(\boldsymbol{B})$. □

定理 5.1 中(1)和(2)不是矩阵相似的充分条件.例如,对于矩阵

$$\boldsymbol{A}=\begin{bmatrix}1&0\\0&1\end{bmatrix},\quad \boldsymbol{B}=\begin{bmatrix}1&2\\0&1\end{bmatrix},$$

显然,rank $\boldsymbol{A}$=rank $\boldsymbol{B}=2$, $|\boldsymbol{A}|=|\boldsymbol{B}|=1$.但是,$\boldsymbol{A}$ 与 $\boldsymbol{B}$ 不相似.

定理 5.1 中(3)是矩阵相似的充要条件.只要取 $f(x)=x$,则 $f(\boldsymbol{A})=\boldsymbol{A}$, $f(\boldsymbol{B})=\boldsymbol{B}$,从而由 $f(\boldsymbol{A})\sim f(\boldsymbol{B})$ 即知 $\boldsymbol{A}\sim\boldsymbol{B}$.

5.1.2 特征值与特征向量的概念

相似的矩阵具有许多共同性质.因此,人们希望能使一个给定的矩阵 $\boldsymbol{A}$ 相似于最简单的矩阵 $\boldsymbol{B}$,通过研究矩阵 $\boldsymbol{B}$ 来考察矩阵 $\boldsymbol{A}$ 的性质.最简单的矩阵当属数量矩阵,但是数量矩阵只能与其自身相似,于是只好考虑比较简单的对角矩阵,研究矩阵 $\boldsymbol{A}$ 能否与对角矩阵相似.

假若 n 阶矩阵 $\boldsymbol{A}$ 相似于对角矩阵,即存在可逆矩阵 $\boldsymbol{P}$,使得

$$\boldsymbol{P}^{-1}\boldsymbol{A}\boldsymbol{P}=\mathrm{diag}(\lambda_1,\lambda_2,\cdots,\lambda_n),$$

或

$$\boldsymbol{A}\boldsymbol{P}=\boldsymbol{P}\,\mathrm{diag}(\lambda_1,\lambda_2,\cdots,\lambda_n).$$

将 $\boldsymbol{P}$ 按列分块为 $\boldsymbol{P}=[\boldsymbol{p}_1\quad\boldsymbol{p}_2\quad\cdots\quad\boldsymbol{p}_n]$,则上式化为

$$\begin{aligned}[\boldsymbol{A}\boldsymbol{p}_1\quad\boldsymbol{A}\boldsymbol{p}_2\quad\cdots\quad\boldsymbol{A}\boldsymbol{p}_n]&=[\boldsymbol{p}_1\quad\boldsymbol{p}_2\quad\cdots\quad\boldsymbol{p}_n]\begin{bmatrix}\lambda_1&&&\\&\lambda_2&&\\&&\ddots&\\&&&\lambda_n\end{bmatrix}\\&=[\lambda_1\boldsymbol{p}_1\quad\lambda_2\boldsymbol{p}_2\quad\cdots\quad\lambda_n\boldsymbol{p}_n],\end{aligned}$$

即

$$\boldsymbol{A}\boldsymbol{p}_i=\lambda_i\boldsymbol{p}_i,\ i=1,2,\cdots,n.$$

为了描述矩阵的这一特征,我们给出如下的定义.

定义 5.2 设 $\boldsymbol{A}\in\mathbb{C}^{n\times n}$,如果存在数 λ 和 n 维非零向量 $\boldsymbol{p}$,使得

$$\boldsymbol{A}\boldsymbol{p}=\lambda\boldsymbol{p},$$

则称数 λ 为矩阵 $\boldsymbol{A}$ 的一个**特征值**,向量 $\boldsymbol{p}$ 为 $\boldsymbol{A}$ 的对应于(或属于)λ 的一个**特征向量**.

上面的讨论表明,若 n 阶矩阵 $\boldsymbol{A}$ 与对角矩阵相似,则相似变换矩阵的 n 个列向量是 $\boldsymbol{A}$ 的线性无关的特征向量.

例 5.1 证明:n 阶数量矩阵 $\boldsymbol{A}=k\boldsymbol{E}$ 的特征值为 k,任何 n 维非零向量都是它的特征向量.

疑难问题辨析

一个特征向量能否对应于不同的特征值?

证 因为任何 n 维非零向量 $\boldsymbol{\alpha}$ 都满足 $\boldsymbol{A}\boldsymbol{\alpha}=k\boldsymbol{\alpha}$,所以 k 是 $\boldsymbol{A}$ 的特征值,$\boldsymbol{\alpha}$ 是 $\boldsymbol{A}$ 的对应于 k 的特征向量.

又设 λ 是 $\boldsymbol{A}$ 的任一特征值,$\boldsymbol{p}$ 是 $\boldsymbol{A}$ 的对应于 λ 的特征向量,则 $\boldsymbol{A}\boldsymbol{p}=\lambda\boldsymbol{p}$,即 $k\boldsymbol{p}=\lambda\boldsymbol{p}$,于是 $(\lambda-k)\boldsymbol{p}=\boldsymbol{0}$.因 $\boldsymbol{p}\neq\boldsymbol{0}$,故 $\lambda=k$. □

由例 5.1 知,单位矩阵的特征值为 1,零方阵的特征值为 0.

现在给出二阶实矩阵 $\boldsymbol{A}$ 的实特征值 λ 及其对应的实特征向量 $\boldsymbol{p}$ 的几何解释：$\boldsymbol{Ap}$ 表示对非零向量 $\boldsymbol{p}$ 做线性变换；$\lambda\boldsymbol{p}$ 表示对非零向量 $\boldsymbol{p}$ 做数乘变换；$\boldsymbol{Ap}=\lambda\boldsymbol{p}$ 则表示对于与 $\boldsymbol{A}$ 对应的线性变换，存在非零向量 $\boldsymbol{p}$ 与它的像 $\boldsymbol{Ap}$ 共线，只是在同方向或者反方向上做了缩放，λ 决定着缩放的方向和大小，见图 5.1.

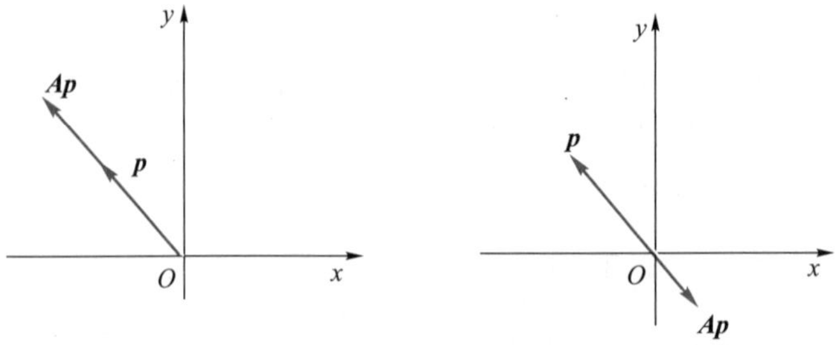

(a) $\lambda>1$　　　　(b) $-1<\lambda<0$

图 5.1　特征值和特征向量的几何解释

下面讨论特征值和特征向量的存在性.

设 $\boldsymbol{A}=[a_{ij}]\in\mathbb{C}^{n\times n}$.根据定义 5.2，若 λ_0 是 $\boldsymbol{A}$ 的特征值，$\boldsymbol{p}$ 是对应于 λ_0 的特征向量，则 $\boldsymbol{p}$ 是 $n\times n$ 齐次线性方程组

$$(\lambda_0\boldsymbol{E}-\boldsymbol{A})\boldsymbol{x}=\boldsymbol{0} \tag{5.1}$$

解题方法归纳

矩阵的逆

的非零解.该齐次线性方程组有非零解的充要条件是系数行列式

$$|\lambda_0\boldsymbol{E}-\boldsymbol{A}|=0.$$

为此考虑 n 阶行列式

$$|\lambda\boldsymbol{E}-\boldsymbol{A}|=\begin{vmatrix}\lambda-a_{11} & -a_{12} & \cdots & -a_{1n}\\ -a_{21} & \lambda-a_{22} & \cdots & -a_{2n}\\ \vdots & \vdots & & \vdots\\ -a_{n1} & -a_{n2} & \cdots & \lambda-a_{nn}\end{vmatrix},$$

其完全展开式是一个关于 λ 的 n 次多项式，称为矩阵 $\boldsymbol{A}$ 的**特征多项式**.方程 $|\lambda\boldsymbol{E}-\boldsymbol{A}|=0$ 称为矩阵 $\boldsymbol{A}$ 的**特征方程**.于是，若 λ_0 是矩阵 $\boldsymbol{A}$ 的特征值，则 λ_0 是 $\boldsymbol{A}$ 的特征方程的根.反过来，若 λ_0 是矩阵 $\boldsymbol{A}$ 的特征方程的根，即 $|\lambda_0\boldsymbol{E}-\boldsymbol{A}|=0$，则齐次线性方程组(5.1)有非零解，从而 λ_0 是 $\boldsymbol{A}$ 的特征值，且方程组(5.1)的任意非零解都是对应于 λ_0 的特征向量.所以，矩阵 $\boldsymbol{A}$ 的特征值就是 $\boldsymbol{A}$ 的特征方程的根.根据代数基本定理，一元 n 次方程在复数范围内恰有 n 个根(重根按重数计算)，因此 n 阶矩阵 $\boldsymbol{A}$ 有 n 个特征值.

疑难问题辨析

相异特征值对应的特征向量的线性组合是否仍为特征向量?

若 λ_0 是 $\boldsymbol{A}$ 的特征方程的 t 重根，则称 λ_0 为 $\boldsymbol{A}$ 的 t **重特征值**，称 t 为 λ_0 的**代数重数**.

对于 n 阶矩阵 $\boldsymbol{A}$ 的特征值 λ_0，令

$$V_{\lambda_0}=\{\boldsymbol{p}\in\mathbb{C}^n\,|\,\boldsymbol{Ap}=\lambda_0\boldsymbol{p}\},$$

因 V_{λ_0} 是齐次线性方程组 $(\lambda_0\boldsymbol{E}-\boldsymbol{A})\boldsymbol{x}=\boldsymbol{0}$ 的解空间，故它是 $\mathbb{C}^n$ 的子空间；V_{λ_0} 也是 $\boldsymbol{A}$ 的对应于 λ_0 的所有特征向量与零向量构成的集合，所以称 V_{λ_0} 为 $\boldsymbol{A}$ 的对应于 λ_0 的**特征子空间**，$\dim V_{\lambda_0}$ 称为 λ_0 的**几何重数**.由齐次线性方程组的理论知

$$\dim V_{\lambda_0}=n-\operatorname{rank}(\lambda_0\boldsymbol{E}-\boldsymbol{A}).$$

5.1.3 特征值与特征向量的计算

根据以上讨论，将求特征值和特征向量的步骤归纳如下.

(a) 求 n 阶矩阵 $\boldsymbol{A}$ 的特征多项式 $|\lambda\boldsymbol{E}-\boldsymbol{A}|$；

(b) 解特征方程 $|\lambda\boldsymbol{E}-\boldsymbol{A}|=0$，求得 $\boldsymbol{A}$ 的全部相异特征值 $\lambda_1,\lambda_2,\cdots,\lambda_m$；

(c) 对于每一个特征值 λ_i，求出齐次线性方程组 $(\lambda_i\boldsymbol{E}-\boldsymbol{A})\boldsymbol{x}=\boldsymbol{0}$ 的一个基础解系 $\boldsymbol{p}_1,\boldsymbol{p}_2,\cdots,\boldsymbol{p}_{n-r}$，这里 $r=\operatorname{rank}(\lambda_i\boldsymbol{E}-\boldsymbol{A})$，则 $\boldsymbol{p}=\sum\limits_{j=1}^{n-r}k_j\boldsymbol{p}_j$ 就是对应于 λ_i 的全部特征向量，其中 $k_1,k_2,\cdots,k_{n-r}$ 是任意不全为零的数.

例 5.2 求矩阵

$$\boldsymbol{A}=\begin{bmatrix}4&-1&-2\\2&1&-2\\2&-1&0\end{bmatrix}$$

的特征值与特征向量.

解 $\boldsymbol{A}$ 的特征多项式

$$|\lambda\boldsymbol{E}-\boldsymbol{A}|=\begin{vmatrix}\lambda-4&1&2\\-2&\lambda-1&2\\-2&1&\lambda\end{vmatrix}=\begin{vmatrix}\lambda-2&1&2-\lambda\\2(\lambda-2)&\lambda-1&-(\lambda-2)(\lambda+1)\\0&1&0\end{vmatrix}$$

$$=-\begin{vmatrix}\lambda-2&-(\lambda-2)\\2(\lambda-2)&-(\lambda-2)(\lambda+1)\end{vmatrix}=(\lambda-2)^2(\lambda-1),$$

所以 $\boldsymbol{A}$ 的全部特征值为 $\lambda_1=1,\lambda_2=\lambda_3=2$.

对于特征值 $\lambda_1=1$，解方程组 $(\boldsymbol{E}-\boldsymbol{A})\boldsymbol{x}=\boldsymbol{0}$，由

$$\boldsymbol{E}-\boldsymbol{A}=\begin{bmatrix}-3&1&2\\-2&0&2\\-2&1&1\end{bmatrix}\to\begin{bmatrix}1&0&-1\\0&1&-1\\0&0&0\end{bmatrix},$$

得基础解系

$$\boldsymbol{p}_1=\begin{bmatrix}1\\1\\1\end{bmatrix},$$

因此 $\boldsymbol{A}$ 的对应于 $\lambda_1=1$ 的全部特征向量为 $k_1\boldsymbol{p}_1$，k_1 为任意非零数.特征值 $\lambda_1=1$ 的代数重数和几何重数都是 1.

对于特征值 $\lambda_2=\lambda_3=2$，解方程组 $(2\boldsymbol{E}-\boldsymbol{A})\boldsymbol{x}=\boldsymbol{0}$，由

$$2\boldsymbol{E}-\boldsymbol{A}=\begin{bmatrix}-2&1&2\\-2&1&2\\-2&1&2\end{bmatrix}\to\begin{bmatrix}2&-1&-2\\0&0&0\\0&0&0\end{bmatrix},$$

得基础解系

$$\boldsymbol{p}_2=\begin{bmatrix}1\\2\\0\end{bmatrix},\boldsymbol{p}_3=\begin{bmatrix}1\\0\\1\end{bmatrix},$$

因此 $\boldsymbol{A}$ 的对应于 $\lambda_2=\lambda_3=2$ 的全部特征向量为 $k_2\boldsymbol{p}_2+k_3\boldsymbol{p}_3$，$k_2,k_3$ 是不全为零的任意数. 特征值 $\lambda_2=\lambda_3=2$ 的代数重数和几何重数都是 2. □

例 5.3 求矩阵

$$\boldsymbol{A}=\begin{bmatrix}3&1&0\\-4&-1&0\\4&-8&-2\end{bmatrix}$$

的特征值与特征向量.

解 $\boldsymbol{A}$ 的特征多项式

$$|\lambda\boldsymbol{E}-\boldsymbol{A}|=\begin{vmatrix}\lambda-3&-1&0\\4&\lambda+1&0\\-4&8&\lambda+2\end{vmatrix}=(\lambda+2)\begin{vmatrix}\lambda-3&-1\\4&\lambda+1\end{vmatrix}$$

$$=(\lambda-1)^2(\lambda+2),$$

所以 $\boldsymbol{A}$ 的全部特征值为 $\lambda_1=-2,\lambda_2=\lambda_3=1$.

对于特征值 $\lambda_1=-2$，解方程组 $(-2\boldsymbol{E}-\boldsymbol{A})\boldsymbol{x}=\boldsymbol{0}$，由

$$-2\boldsymbol{E}-\boldsymbol{A}=\begin{bmatrix}-5&-1&0\\4&-1&0\\-4&8&0\end{bmatrix}\to\begin{bmatrix}1&0&0\\0&1&0\\0&0&0\end{bmatrix},$$

得基础解系

$$\boldsymbol{p}_1=\begin{bmatrix}0\\0\\1\end{bmatrix},$$

因此 $\boldsymbol{A}$ 的对应于 $\lambda_1=-2$ 的全部特征向量为 $k_1\boldsymbol{p}_1$，k_1 为任意非零数. 特征值 $\lambda_1=-2$ 的代数重数和几何重数都是 1.

对于特征值 $\lambda_2=\lambda_3=1$，解方程组 $(\boldsymbol{E}-\boldsymbol{A})\boldsymbol{x}=\boldsymbol{0}$，由

$$\boldsymbol{E}-\boldsymbol{A}=\begin{bmatrix}-2&-1&0\\4&2&0\\-4&8&3\end{bmatrix}\to\begin{bmatrix}2&1&0\\0&10&3\\0&0&0\end{bmatrix},$$

得基础解系

$$\boldsymbol{p}_2=\begin{bmatrix}3\\-6\\20\end{bmatrix},$$

因此 $\boldsymbol{A}$ 的对应于 $\lambda_2=\lambda_3=1$ 的全部特征向量为 $k_2\boldsymbol{p}_2$，k_2 为任意非零数. 特征值 $\lambda_2=\lambda_3=1$ 的代数重数是 2，几何重数是 1. □

5.1.4 特征值与特征向量的性质

现在给出特征值和特征向量的一些性质.

定理 5.2 设 λ 是 n 阶矩阵 $\boldsymbol{A}$ 的特征值，则

(1) 对任何非负整数 k，λ^k 是 $\boldsymbol{A}^k$ 的特征值；

(2) 对任何多项式 $f(x)$，$f(\lambda)$是矩阵多项式 $f(\boldsymbol{A})$的特征值；

(3) 当 $\boldsymbol{A}$ 可逆时，λ^{-1}是逆矩阵 $\boldsymbol{A}^{-1}$的特征值，$|\boldsymbol{A}|\lambda^{-1}$是伴随矩阵 $\boldsymbol{A}^*$ 的特征值.

证 设 $\boldsymbol{p}$ 是 $\boldsymbol{A}$ 的对应于特征值λ 的特征向量，则 $\boldsymbol{A}\boldsymbol{p}=\lambda\boldsymbol{p}$，$\boldsymbol{p}\neq\boldsymbol{0}$.

(1) 显然

$$\boldsymbol{A}^0\boldsymbol{p}=\lambda^0\boldsymbol{p},\boldsymbol{A}^1\boldsymbol{p}=\lambda^1\boldsymbol{p},$$

$$\boldsymbol{A}^2\boldsymbol{p}=\boldsymbol{A}(\boldsymbol{A}\boldsymbol{p})=\boldsymbol{A}(\lambda\boldsymbol{p})=\lambda(\boldsymbol{A}\boldsymbol{p})=\lambda^2\boldsymbol{p},$$

一般地，若有 $\boldsymbol{A}^{i-1}\boldsymbol{p}=\lambda^{i-1}\boldsymbol{p}$，则

$$\boldsymbol{A}^i\boldsymbol{p}=\boldsymbol{A}(\boldsymbol{A}^{i-1}\boldsymbol{p})=\boldsymbol{A}(\lambda^{i-1}\boldsymbol{p})=\lambda^{i-1}(\boldsymbol{A}\boldsymbol{p})=\lambda^i\boldsymbol{p},$$

所以 $\boldsymbol{A}^k\boldsymbol{p}=\lambda^k\boldsymbol{p}$，故 λ^k 是 $\boldsymbol{A}^k$ 的特征值.

(2) 设 $f(x)=\sum\limits_{i=0}^{m}a_ix^i$，则

$$f(\boldsymbol{A})\boldsymbol{p}=\left(\sum_{i=0}^{m}a_i\boldsymbol{A}^i\right)\boldsymbol{p}=\sum_{i=0}^{m}a_i(\boldsymbol{A}^i\boldsymbol{p})=\sum_{i=0}^{m}a_i(\lambda^i\boldsymbol{p})=\left(\sum_{i=0}^{m}a_i\lambda^i\right)\boldsymbol{p}=f(\lambda)\boldsymbol{p},$$

即 $f(\lambda)$是 $f(\boldsymbol{A})$的特征值.

(3) 根据 $\boldsymbol{A}$ 可逆，用反证法易证 $\boldsymbol{A}$ 的特征值 $\lambda\neq0$.因此由 $\boldsymbol{A}\boldsymbol{p}=\lambda\boldsymbol{p}$ 得 $\boldsymbol{p}=\lambda\boldsymbol{A}^{-1}\boldsymbol{p}$ 或 $\boldsymbol{A}^{-1}\boldsymbol{p}=\lambda^{-1}\boldsymbol{p}$，即 λ^{-1}是 $\boldsymbol{A}^{-1}$的特征值.

因为 $\boldsymbol{A}^*=|\boldsymbol{A}|\boldsymbol{A}^{-1}$，所以由(2)知，$|\boldsymbol{A}|\lambda^{-1}$是矩阵 $\boldsymbol{A}^*$ 的特征值. □

例 5.4 设矩阵 $\boldsymbol{A}$ 满足 $\boldsymbol{A}^3+\boldsymbol{A}=\boldsymbol{0}$，证明 $\boldsymbol{A}$ 的特征值只可能是 0，i 或 −i.

证 设λ 是 $\boldsymbol{A}$ 的任一特征值，则由定理 5.2 知 $\lambda^3+\lambda$ 是 $\boldsymbol{A}^3+\boldsymbol{A}$ 的特征值.因为零方阵的特征值为 0，所以由 $\boldsymbol{A}^3+\boldsymbol{A}=\boldsymbol{0}$ 知 $\lambda^3+\lambda=0$，解得 $\lambda=0$，i 或 −i. □

习题 2 第 13 题中已经将方阵 $\boldsymbol{A}$ 的**迹** tr$\boldsymbol{A}$ 定义为其主对角元之和.

定理 5.3 设 n 阶矩阵 $\boldsymbol{A}=[a_{ij}]$的 n 个特征值为$\lambda_1,\lambda_2,\cdots,\lambda_n$，则

(1) $\prod\limits_{i=1}^{n}\lambda_i=|\boldsymbol{A}|$；

(2) $\sum\limits_{i=1}^{n}\lambda_i=\sum\limits_{i=1}^{n}a_{ii}=\mathrm{tr}\boldsymbol{A}$.

证 因为 $\boldsymbol{A}$ 的特征多项式可以表示为

$$\begin{aligned}|\lambda\boldsymbol{E}-\boldsymbol{A}|&=(\lambda-\lambda_1)(\lambda-\lambda_2)\cdots(\lambda-\lambda_n)\\&=\lambda^n-\left(\sum_{i=1}^{n}\lambda_i\right)\lambda^{n-1}+\cdots+(-1)^n\prod_{i=1}^{n}\lambda_i,\end{aligned}\tag{5.2}$$

上式两边令 $\lambda=0$，得

$$|-\boldsymbol{A}|=(-1)^n\prod_{i=1}^{n}\lambda_i,$$

所以(1)成立.

在特征多项式$|\lambda\boldsymbol{E}-\boldsymbol{A}|$的完全展开式中，有一项是全部主对角元的乘积

$$(\lambda-a_{11})(\lambda-a_{22})\cdots(\lambda-a_{nn}),$$

而它的其余各项最多包含 $n-2$ 个主对角元，即这些项关于 λ 的次数至多是$n-2$，因此特征多项式中 λ^n 与 λ^{n-1}只能在全部主对角元的乘积中出现，所以 λ^{n-1}的系数为$-\sum\limits_{i=1}^{n}a_{ii}$，与(5.2)式

右边 λ^{n-1} 的系数相比较,得 $\sum_{i=1}^{n} a_{ii}=\sum_{i=1}^{n}\lambda_i$,即知(2)成立. □

例 5.5 设三阶矩阵 $\boldsymbol{A}$ 的特征值为 1,−2,3,求行列式 $|\boldsymbol{A}^3-2\boldsymbol{A}|$.

解 记 $f(\boldsymbol{A})=\boldsymbol{A}^3-2\boldsymbol{A}$,则 $f(\boldsymbol{A})$ 为三阶矩阵,所以由定理 5.2 可知 $f(1)=-1$, $f(-2)=-4$, $f(3)=21$ 是 $f(\boldsymbol{A})$ 的全部特征值.从而由定理 5.3 得

$$|\boldsymbol{A}^3-2\boldsymbol{A}|=|f(\boldsymbol{A})|=f(1)f(-2)f(3)=84.$$ □

相似矩阵具有如下的性质.

疑难问题辨析

相似矩阵同一特征值对应的特征向量有何关系?

定理 5.4 设 $\boldsymbol{A}\sim\boldsymbol{B}$,则

(1) $\boldsymbol{A}$ 与 $\boldsymbol{B}$ 有相同的特征多项式,从而有相同的特征值;

(2) $\boldsymbol{A}$ 与 $\boldsymbol{B}$ 有相同的迹.

证 因 $\boldsymbol{A}\sim\boldsymbol{B}$,故有可逆矩阵 $\boldsymbol{P}$,使得 $\boldsymbol{B}=\boldsymbol{P}^{-1}\boldsymbol{AP}$,于是

$$\begin{aligned}|\lambda\boldsymbol{E}-\boldsymbol{B}|&=|\lambda\boldsymbol{E}-\boldsymbol{P}^{-1}\boldsymbol{AP}|=|\boldsymbol{P}^{-1}(\lambda\boldsymbol{E}-\boldsymbol{A})\boldsymbol{P}|\\&=|\boldsymbol{P}^{-1}||\lambda\boldsymbol{E}-\boldsymbol{A}||\boldsymbol{P}|=|\lambda\boldsymbol{E}-\boldsymbol{A}|,\end{aligned}$$

即知 $\boldsymbol{A}$ 与 $\boldsymbol{B}$ 有相同的特征值.再由定理 5.3 中(2)得 $\boldsymbol{A}$ 与 $\boldsymbol{B}$ 有相同的迹. □

值得指出的是,有相同特征多项式或相同迹的两个矩阵不一定相似,例如,矩阵

$$\boldsymbol{A}=\begin{bmatrix}1&0\\0&1\end{bmatrix},\quad \boldsymbol{B}=\begin{bmatrix}1&2\\0&1\end{bmatrix}$$

有相同的特征多项式和相同的迹,但是 $\boldsymbol{A}$ 与 $\boldsymbol{B}$ 不相似.

下列定理指出了不同特征值对应的特征向量必然线性无关.

定理 5.5 设 $\lambda_1,\lambda_2,\cdots,\lambda_m$ 是矩阵 $\boldsymbol{A}$ 的相异特征值,$\boldsymbol{p}_i$ 是对应于 λ_i 的特征向量($i=1,2,\cdots,m$),则向量组 $\boldsymbol{p}_1,\boldsymbol{p}_2,\cdots,\boldsymbol{p}_m$ 线性无关.

证 设存在一组数 $k_1,k_2,\cdots,k_m$,使得

$$k_1\boldsymbol{p}_1+k_2\boldsymbol{p}_2+\cdots+k_m\boldsymbol{p}_m=\boldsymbol{0},$$

则 $\boldsymbol{A}(k_1\boldsymbol{p}_1+k_2\boldsymbol{p}_2+\cdots+k_m\boldsymbol{p}_m)=\boldsymbol{0}$,即

$$\lambda_1k_1\boldsymbol{p}_1+\lambda_2k_2\boldsymbol{p}_2+\cdots+\lambda_mk_m\boldsymbol{p}_m=\boldsymbol{0}.$$

依此类推,有

$$\begin{gathered}\lambda_1^2k_1\boldsymbol{p}_1+\lambda_2^2k_2\boldsymbol{p}_2+\cdots+\lambda_m^2k_m\boldsymbol{p}_m=\boldsymbol{0},\\ \lambda_1^3k_1\boldsymbol{p}_1+\lambda_2^3k_2\boldsymbol{p}_2+\cdots+\lambda_m^3k_m\boldsymbol{p}_m=\boldsymbol{0},\\ \cdots\cdots\cdots\cdots\\ \lambda_1^{m-1}k_1\boldsymbol{p}_1+\lambda_2^{m-1}k_2\boldsymbol{p}_2+\cdots+\lambda_m^{m-1}k_m\boldsymbol{p}_m=\boldsymbol{0},\end{gathered}$$

将上述 m 个式子合写成矩阵形式

$$[k_1\boldsymbol{p}_1\quad k_2\boldsymbol{p}_2\quad\cdots\quad k_m\boldsymbol{p}_m]\begin{bmatrix}1&\lambda_1&\cdots&\lambda_1^{m-1}\\1&\lambda_2&\cdots&\lambda_2^{m-1}\\\vdots&\vdots&&\vdots\\1&\lambda_m&\cdots&\lambda_m^{m-1}\end{bmatrix}=[\boldsymbol{0}\quad\boldsymbol{0}\quad\cdots\quad\boldsymbol{0}],$$

上式左端第二个矩阵的行列式为 Vandermonde 行列式的转置,因 $\lambda_1,\lambda_2,\cdots,\lambda_m$ 互异,故该行列式不为零,从而该矩阵可逆,于是有

$$[k_1\boldsymbol{p}_1\quad k_2\boldsymbol{p}_2\quad\cdots\quad k_m\boldsymbol{p}_m]=[\boldsymbol{0}\quad\boldsymbol{0}\quad\cdots\quad\boldsymbol{0}].$$

而 $\boldsymbol{p}_i \neq \boldsymbol{0}(i=1,2,\cdots,m)$，所以 $k_i=0(i=1,2,\cdots,m)$，$\boldsymbol{p}_1,\boldsymbol{p}_2,\cdots,\boldsymbol{p}_m$ 线性无关. □

这个定理可以推广如下.

定理 5.6 设 $\lambda_1,\lambda_2,\cdots,\lambda_m$ 是矩阵 $\boldsymbol{A}$ 的相异特征值，$\boldsymbol{p}_{i1},\boldsymbol{p}_{i2},\cdots,\boldsymbol{p}_{is_i}$ 是对应于 λ_i 的线性无关的特征向量$(i=1,2,\cdots,m)$，则向量组

$$\boldsymbol{p}_{11},\boldsymbol{p}_{12},\cdots,\boldsymbol{p}_{1s_1},\boldsymbol{p}_{21},\boldsymbol{p}_{22},\cdots,\boldsymbol{p}_{2s_2},\cdots,\boldsymbol{p}_{m1},\boldsymbol{p}_{m2},\cdots,\boldsymbol{p}_{ms_m}$$

线性无关.

证 设存在一组数 $k_{11},k_{12},\cdots,k_{1s_1},k_{21},k_{22},\cdots,k_{2s_2},\cdots,k_{m1},k_{m2},\cdots,k_{ms_m}$，使得

$$\sum_{j=1}^{s_1}k_{1j}\boldsymbol{p}_{1j}+\sum_{j=1}^{s_2}k_{2j}\boldsymbol{p}_{2j}+\cdots+\sum_{j=1}^{s_m}k_{mj}\boldsymbol{p}_{mj}=\boldsymbol{0},$$

记

$$\boldsymbol{q}_i=\sum_{j=1}^{s_i}k_{ij}\boldsymbol{p}_{ij},\ i=1,2,\cdots,m,$$

则有

$$\boldsymbol{q}_1+\boldsymbol{q}_2+\cdots+\boldsymbol{q}_m=\boldsymbol{0}.$$

下证 $\boldsymbol{q}_i=\boldsymbol{0}(i=1,2,\cdots,m)$.假如 $\boldsymbol{q}_1,\boldsymbol{q}_2,\cdots,\boldsymbol{q}_m$ 中非零向量为 $\boldsymbol{q}_{i_1},\boldsymbol{q}_{i_2},\cdots,\boldsymbol{q}_{i_t}$，则 $\boldsymbol{q}_{i_1}$，$\boldsymbol{q}_{i_2},\cdots,\boldsymbol{q}_{i_t}$ 分别是对应于特征值 $\lambda_{i_1},\lambda_{i_2},\cdots,\lambda_{i_t}$ 的特征向量，由定理 5.5 可知它们必线性无关，这与 $\boldsymbol{q}_{i_1}+\boldsymbol{q}_{i_2}+\cdots+\boldsymbol{q}_{i_t}=\boldsymbol{0}$ 矛盾.因此

$$\boldsymbol{q}_i=\sum_{j=1}^{s_i}k_{ij}\boldsymbol{p}_{ij}=\boldsymbol{0},\ i=1,2,\cdots,m.$$

而 $\boldsymbol{p}_{i1},\boldsymbol{p}_{i2},\cdots,\boldsymbol{p}_{is_i}$ 线性无关，故

$$k_{i1}=k_{i2}=\cdots=k_{is_i}=0,\ i=1,2,\cdots,m,$$

这就证明了定理所述向量组线性无关. □

5.2 矩阵的相似对角化

如果矩阵 $\boldsymbol{A}$ 相似于对角矩阵，则称 $\boldsymbol{A}$ **可对角化**.将矩阵 $\boldsymbol{A}$ 化为与对角矩阵相似的过程称为**相似对角化**.本节将讨论矩阵相似对角化的条件、方法以及可对角化矩阵的幂的计算.

5.2.1 相似对角化的条件和方法

由第 5.1.2 小节的讨论知，若 n 阶矩阵 $\boldsymbol{A}$ 可对角化，则 $\boldsymbol{A}$ 有 n 个线性无关的特征向量.

反之，若 n 阶矩阵 $\boldsymbol{A}$ 有 n 个线性无关的特征向量 $\boldsymbol{p}_1,\boldsymbol{p}_2,\cdots,\boldsymbol{p}_n$，设它们所对应的特征值依次为 $\lambda_1,\lambda_2,\cdots,\lambda_n$，则

$$\boldsymbol{A}\boldsymbol{p}_i=\lambda_i\boldsymbol{p}_i,\ i=1,2,\cdots,n.$$

记矩阵 $\boldsymbol{P}=[\boldsymbol{p}_1\quad \boldsymbol{p}_2\quad \cdots\quad \boldsymbol{p}_n]$，从而 $\boldsymbol{P}$ 可逆，且由上式得

$$\boldsymbol{AP}=\boldsymbol{P}\begin{bmatrix}\lambda_1 & & & \\ & \lambda_2 & & \\ & & \ddots & \\ & & & \lambda_n\end{bmatrix},$$

疑难问题辨析

方阵的非零特征值个数与它的秩有何关系?

因此 $\boldsymbol{P}^{-1}\boldsymbol{A}\boldsymbol{P}=\mathrm{diag}(\lambda_1,\lambda_2,\cdots,\lambda_n)$，故 $\boldsymbol{A}$ 可对角化.

综上所述，得到下面的重要结论.

定理 5.7 n 阶矩阵 $\boldsymbol{A}$ 可对角化当且仅当 $\boldsymbol{A}$ 有 n 个线性无关的特征向量. □

当 n 阶矩阵 $\boldsymbol{A}$ 可对角化时，相似变换矩阵 $\boldsymbol{P}$ 的 n 个列向量 $\boldsymbol{p}_1,\boldsymbol{p}_2,\cdots,\boldsymbol{p}_n$ 就是 $\boldsymbol{A}$ 的线性无关的特征向量，对角矩阵的主对角元 $\lambda_1,\lambda_2,\cdots,\lambda_n$ 就是 $\boldsymbol{A}$ 的全部特征值，且 $\boldsymbol{p}_i$ 是对应于 λ_i 的特征向量（$i=1,2,\cdots,n$），即相似变换矩阵的列的顺序与对角矩阵的主对角元的顺序必须一致.

由此给出将 n 阶矩阵 $\boldsymbol{A}$ 相似对角化的步骤：

(a) 求出 $\boldsymbol{A}$ 的所有相异特征值 $\lambda_1,\lambda_2,\cdots,\lambda_m$.

(b) 对每一个特征值 λ_i，求出齐次线性方程组 $(\lambda_i\boldsymbol{E}-\boldsymbol{A})\boldsymbol{x}=\boldsymbol{0}$ 的一个基础解系，即得 $\boldsymbol{A}$ 的对应于 λ_i 的 s_i 个线性无关的特征向量.

(c) 若 $s_1+s_2+\cdots+s_m=n$，则将以上得到的 n 个线性无关的特征向量为列构造相似变换矩阵 $\boldsymbol{P}$，其中 $\boldsymbol{P}$ 中第 j 个列向量必须是对角矩阵的第 j 个主对角元（即特征值）对应的特征向量；否则 $\boldsymbol{A}$ 不能对角化.

对于例 5.2，三阶矩阵 $\boldsymbol{A}$ 有三个线性无关的特征向量

$$\boldsymbol{p}_1=\begin{bmatrix}1\\1\\1\end{bmatrix},\quad \boldsymbol{p}_2=\begin{bmatrix}1\\2\\0\end{bmatrix},\quad \boldsymbol{p}_3=\begin{bmatrix}1\\0\\1\end{bmatrix},$$

它们分别对应于特征值 1,2,2，所以 $\boldsymbol{A}$ 可对角化，且相似变换矩阵为

$$\boldsymbol{P}=[\boldsymbol{p}_1\quad \boldsymbol{p}_2\quad \boldsymbol{p}_3]=\begin{bmatrix}1&1&1\\1&2&0\\1&0&1\end{bmatrix},$$

使得

$$\boldsymbol{P}^{-1}\boldsymbol{A}\boldsymbol{P}=\begin{bmatrix}1&&\\&2&\\&&2\end{bmatrix}.$$

而例 5.3 中的三阶矩阵 $\boldsymbol{A}$ 不可对角化，因为它只有两个线性无关的特征向量.

根据定理 5.5 和定理 5.7 即得下面结论.

推论 5.8 若 n 阶矩阵 $\boldsymbol{A}$ 有 n 个互异的特征值，则 $\boldsymbol{A}$ 可对角化. □

该推论的逆命题不成立.例如，例 5.2 中的三阶矩阵 $\boldsymbol{A}$ 只有两个不同的特征值，但是 $\boldsymbol{A}$ 可对角化.

例 5.6 已知矩阵

$$\boldsymbol{A}=\begin{bmatrix}-2&0&0\\2&x&2\\3&1&1\end{bmatrix} 与 \boldsymbol{B}=\begin{bmatrix}-1&&\\&2&\\&&y\end{bmatrix}$$

相似，试确定 x,y，并求出相似变换矩阵.

解 由 $\boldsymbol{A}\sim\boldsymbol{B}$ 知 $|\lambda\boldsymbol{E}-\boldsymbol{A}|=|\lambda\boldsymbol{E}-\boldsymbol{B}|$，即

$$(\lambda+2)[\lambda^2-(x+1)\lambda+(x-2)]=(\lambda+1)(\lambda-2)(\lambda-y),$$

在上式中令 $\lambda=0$，得 $y=x-2$；令 $\lambda=-2$，得 $y=-2$，从而 $x=0$.因此 $\boldsymbol{A}$ 的特征值为 $\lambda_1=-1,\lambda_2=2,\lambda_3=-2$.

当 $\lambda_1=-1$ 时，由

$$-\boldsymbol{E}-\boldsymbol{A}=\begin{bmatrix}1&0&0\\-2&-1&-2\\-3&-1&-2\end{bmatrix}\rightarrow\begin{bmatrix}1&0&0\\0&1&2\\0&0&0\end{bmatrix},$$

得到方程组 $(-\boldsymbol{E}-\boldsymbol{A})\boldsymbol{x}=\boldsymbol{0}$ 的基础解系

$$\boldsymbol{p}_1=\begin{bmatrix}0\\2\\-1\end{bmatrix};$$

当 $\lambda_2=2$ 时，由

$$2\boldsymbol{E}-\boldsymbol{A}=\begin{bmatrix}4&0&0\\-2&2&-2\\-3&-1&1\end{bmatrix}\rightarrow\begin{bmatrix}1&0&0\\0&1&-1\\0&0&0\end{bmatrix},$$

得到方程组 $(2\boldsymbol{E}-\boldsymbol{A})\boldsymbol{x}=\boldsymbol{0}$ 的基础解系

$$\boldsymbol{p}_2=\begin{bmatrix}0\\1\\1\end{bmatrix};$$

当 $\lambda_3=-2$ 时，由

$$-2\boldsymbol{E}-\boldsymbol{A}=\begin{bmatrix}0&0&0\\-2&-2&-2\\-3&-1&-3\end{bmatrix}\rightarrow\begin{bmatrix}1&0&1\\0&1&0\\0&0&0\end{bmatrix},$$

得到方程组 $(-2\boldsymbol{E}-\boldsymbol{A})\boldsymbol{x}=\boldsymbol{0}$ 的基础解系

$$\boldsymbol{p}_3=\begin{bmatrix}1\\0\\-1\end{bmatrix},$$

从而相似变换矩阵

$$\boldsymbol{P}=[\boldsymbol{p}_1\quad\boldsymbol{p}_2\quad\boldsymbol{p}_3]=\begin{bmatrix}0&0&1\\2&1&0\\-1&1&-1\end{bmatrix}.$$ □

虽然在定理 5.4 的后面已指出，特征值相同的两个 n 阶矩阵不一定相似，但是有下面的结论.

推论 5.9 若两个 n 阶矩阵 $\boldsymbol{A}$ 与 $\boldsymbol{B}$ 有相同的特征值 $\lambda_1,\lambda_2,\cdots,\lambda_n$，且 $\lambda_1,\lambda_2,\cdots,\lambda_n$ 互异，则 $\boldsymbol{A}$ 与 $\boldsymbol{B}$ 相似.

解题方法归纳

相似矩阵

证 由推论 5.8，$\boldsymbol{A}$ 和 $\boldsymbol{B}$ 都与对角矩阵 $\mathrm{diag}(\lambda_1,\lambda_2,\cdots,\lambda_n)$ 相似，再由相似的对称性和传递性知 $\boldsymbol{A}$ 与 $\boldsymbol{B}$ 相似. □

现在来考察特征值的几何重数与代数重数之间的关系.在例 5.2、例 5.3 和例 5.6 中，一个特征值的几何重数不大于代数重数.一般地，我们有下面的定理.

定理 5.10 n 阶矩阵 $\boldsymbol{A}$ 中任一特征值的几何重数不大于代数重数.

证 设 λ_0 是 $\boldsymbol{A}$ 的任一特征值,其几何重数为 s,$\boldsymbol{p}_1,\boldsymbol{p}_2,\cdots,\boldsymbol{p}_s$ 是特征子空间 V_{λ_0} 的一个基,将它们扩充为向量空间$\mathbb{C}^n$的一个基 $\boldsymbol{p}_1,\boldsymbol{p}_2,\cdots,\boldsymbol{p}_s,\boldsymbol{p}_{s+1},\cdots,\boldsymbol{p}_n$,并且设

$$\boldsymbol{A}\boldsymbol{p}_j=\sum_{i=1}^{n}b_{ij}\boldsymbol{p}_i,j=s+1,s+2,\cdots,n,$$

则由 $\boldsymbol{A}\boldsymbol{p}_j=\lambda_0\boldsymbol{p}_j(j=1,2,\cdots,s)$有

$$\boldsymbol{A}[\boldsymbol{p}_1\quad \boldsymbol{p}_2\quad \cdots\quad \boldsymbol{p}_s\quad \boldsymbol{p}_{s+1}\quad \cdots\quad \boldsymbol{p}_n]$$

$$=[\boldsymbol{p}_1\quad \boldsymbol{p}_2\quad \cdots\quad \boldsymbol{p}_s\quad \boldsymbol{p}_{s+1}\quad \cdots\quad \boldsymbol{p}_n]\begin{bmatrix}\lambda_0 & & & & b_{1,s+1} & \cdots & b_{1n}\\ & \lambda_0 & & & b_{2,s+1} & \cdots & b_{2n}\\ & & \ddots & & \vdots & & \vdots\\ & & & \lambda_0 & b_{s,s+1} & \cdots & b_{sn}\\ & & & & b_{s+1,s+1} & \cdots & b_{s+1,n}\\ & & & & \vdots & & \vdots\\ & & & & b_{n,s+1} & \cdots & b_{nn}\end{bmatrix},$$

将上式右端第一个矩阵记为 $\boldsymbol{P}$,第二个矩阵记为 $\boldsymbol{B}=\begin{bmatrix}\lambda_0\boldsymbol{E}_s & \boldsymbol{B}_1\\ \boldsymbol{0} & \boldsymbol{B}_2\end{bmatrix}$,从而上式可写为 $\boldsymbol{AP}=\boldsymbol{PB}$,即 $\boldsymbol{A}=\boldsymbol{PBP}^{-1}$,于是得

$$|\lambda\boldsymbol{E}-\boldsymbol{A}|=|\lambda\boldsymbol{E}-\boldsymbol{B}|=\begin{vmatrix}(\lambda-\lambda_0)\boldsymbol{E}_s & -\boldsymbol{B}_1\\ \boldsymbol{0} & \lambda\boldsymbol{E}-\boldsymbol{B}_2\end{vmatrix}$$

$$=(\lambda-\lambda_0)^s|\lambda\boldsymbol{E}-\boldsymbol{B}_2|,$$

即$(\lambda-\lambda_0)^s$ 是$|\lambda\boldsymbol{E}-\boldsymbol{A}|$的因式,因此 λ_0 的代数重数大于等于 s. □

由定理 5.7 和定理 5.10 立即得到下面推论.

推论 5.11 n 阶矩阵 $\boldsymbol{A}$ 可对角化的充要条件是 $\boldsymbol{A}$ 的全部相异特征值的几何重数之和等于 n,这等价于 $\boldsymbol{A}$ 的每个相异特征值的几何重数等于代数重数. □

由此也能推断例 5.3 中的矩阵 $\boldsymbol{A}$ 不可对角化,因为它的特征值 1 的几何重数小于代数重数.

例 5.7 设 n 阶矩阵 $\boldsymbol{A}$ 满足 $\boldsymbol{A}^2-\boldsymbol{A}=2\boldsymbol{E}$,证明 $\boldsymbol{A}$ 可对角化.

证 设 λ 为 $\boldsymbol{A}$ 的任一特征值,则由 $\boldsymbol{A}^2-\boldsymbol{A}-2\boldsymbol{E}=\boldsymbol{0}$ 和定理 5.2 知 $\lambda^2-\lambda-2=0$,解得 $\lambda_1=-1,\lambda_2=2$,从而 $\boldsymbol{A}$ 的特征值为-1或 2.下面分三种情况讨论.

(1) -1 是 $\boldsymbol{A}$ 的特征值,2 不是 $\boldsymbol{A}$ 的特征值.此时$|2\boldsymbol{E}-\boldsymbol{A}|\neq 0$,故 $2\boldsymbol{E}-\boldsymbol{A}$ 可逆.又由 $\boldsymbol{A}^2-\boldsymbol{A}=2\boldsymbol{E}$ 有$(\boldsymbol{E}+\boldsymbol{A})(2\boldsymbol{E}-\boldsymbol{A})=\boldsymbol{0}$,因此 $\boldsymbol{E}+\boldsymbol{A}=\boldsymbol{0}$,即 $\boldsymbol{A}=-\boldsymbol{E}$,所以 $\boldsymbol{A}$ 可对角化.

(2) 2 是 $\boldsymbol{A}$ 的特征值,-1 不是 $\boldsymbol{A}$ 的特征值.同理可得 $\boldsymbol{A}=2\boldsymbol{E}$,即 $\boldsymbol{A}$ 可对角化.

(3) -1 和 2 都是 $\boldsymbol{A}$ 的特征值.由于$(\boldsymbol{E}+\boldsymbol{A})(2\boldsymbol{E}-\boldsymbol{A})=\boldsymbol{0}$,所以由 Sylvester 不等式知

$$\operatorname{rank}(\boldsymbol{E}+\boldsymbol{A})+\operatorname{rank}(2\boldsymbol{E}-\boldsymbol{A})\leqslant n.$$

又由矩阵秩的性质有

$$\operatorname{rank}(\boldsymbol{E}+\boldsymbol{A})+\operatorname{rank}(2\boldsymbol{E}-\boldsymbol{A})\geqslant\operatorname{rank}(\boldsymbol{E}+\boldsymbol{A}+2\boldsymbol{E}-\boldsymbol{A})=\operatorname{rank}(3\boldsymbol{E})=n,$$

于是

$$\operatorname{rank}(\boldsymbol{E}+\boldsymbol{A})+\operatorname{rank}(2\boldsymbol{E}-\boldsymbol{A})=n.$$

因为特征值 -1 和 2 的几何重数分别为 $n-\mathrm{rank}(\boldsymbol{E}+\boldsymbol{A})$ 和 $n-\mathrm{rank}(2\boldsymbol{E}-\boldsymbol{A})$，并且由上式知

$$n-\mathrm{rank}(\boldsymbol{E}+\boldsymbol{A})+n-\mathrm{rank}(2\boldsymbol{E}-\boldsymbol{A})=n,$$

所以 $\boldsymbol{A}$ 可对角化. □

5.2.2 可对角化矩阵的多项式

设 n 阶矩阵 $\boldsymbol{A}$ 可对角化，则存在可逆矩阵 $\boldsymbol{P}$，使得

$$\boldsymbol{A}=\boldsymbol{P}\mathrm{diag}(\lambda_1,\lambda_2,\cdots,\lambda_n)\boldsymbol{P}^{-1},$$

从而 $\boldsymbol{A}$ 的幂

$$\boldsymbol{A}^k=\boldsymbol{P}\begin{bmatrix}\lambda_1 & & & \\ & \lambda_2 & & \\ & & \ddots & \\ & & & \lambda_n\end{bmatrix}^k\boldsymbol{P}^{-1}=\boldsymbol{P}\begin{bmatrix}\lambda_1^k & & & \\ & \lambda_2^k & & \\ & & \ddots & \\ & & & \lambda_n^k\end{bmatrix}\boldsymbol{P}^{-1}.$$

进一步，对于任何多项式 $f(x)=\sum\limits_{k=0}^{m}a_kx^k$，有

$$f(\boldsymbol{A})=\boldsymbol{P}\sum_{k=0}^{m}a_k\begin{bmatrix}\lambda_1^k & & & \\ & \lambda_2^k & & \\ & & \ddots & \\ & & & \lambda_n^k\end{bmatrix}\boldsymbol{P}^{-1}=\boldsymbol{P}\begin{bmatrix}\sum\limits_{k=0}^{m}a_k\lambda_1^k & & & \\ & \sum\limits_{k=0}^{m}a_k\lambda_2^k & & \\ & & \ddots & \\ & & & \sum\limits_{k=0}^{m}a_k\lambda_n^k\end{bmatrix}\boldsymbol{P}^{-1}$$

$$=\boldsymbol{P}\begin{bmatrix}f(\lambda_1) & & & \\ & f(\lambda_2) & & \\ & & \ddots & \\ & & & f(\lambda_n)\end{bmatrix}\boldsymbol{P}^{-1}.$$

因为对于 $\boldsymbol{A}$ 的特征多项式 $\varphi(\lambda)$，有 $\varphi(\lambda_i)=0,i=1,2,\cdots,n$，所以由上式可知

$$\varphi(\boldsymbol{A})=\boldsymbol{P}\begin{bmatrix}\varphi(\lambda_1) & & & \\ & \varphi(\lambda_2) & & \\ & & \ddots & \\ & & & \varphi(\lambda_n)\end{bmatrix}\boldsymbol{P}^{-1}=\boldsymbol{0}.$$

这表明，相似对角化能够简化矩阵多项式的计算.

例 5.8 职工培训问题(续).由例 2.24 知，x_n 和 y_n 分别是第 n 年一月份统计的熟练工和老非熟练工所占百分比，且

$$\boldsymbol{A}=\begin{bmatrix}\dfrac{9}{10} & \dfrac{2}{5}\\ \dfrac{1}{10} & \dfrac{3}{5}\end{bmatrix},\quad\begin{bmatrix}x_{n+1}\\ y_{n+1}\end{bmatrix}=\boldsymbol{A}\begin{bmatrix}x_n\\ y_n\end{bmatrix},\quad\begin{bmatrix}x_1\\ y_1\end{bmatrix}=\begin{bmatrix}\dfrac{1}{2}\\ \dfrac{1}{2}\end{bmatrix}.$$

试求 $\begin{bmatrix} x_{n+1} \\ y_{n+1} \end{bmatrix}$.

解 容易求得矩阵 $\boldsymbol{A}$ 的特征值为 $\lambda_1=1,\lambda_2=\frac{1}{2}$，它们对应的特征向量依次为

$$\boldsymbol{p}_1=\begin{bmatrix} 4 \\ 1 \end{bmatrix},\quad \boldsymbol{p}_2=\begin{bmatrix} -1 \\ 1 \end{bmatrix}.$$

令

$$\boldsymbol{P}=[\boldsymbol{p}_1 \quad \boldsymbol{p}_2]=\begin{bmatrix} 4 & -1 \\ 1 & 1 \end{bmatrix},$$

则

$$\boldsymbol{P}^{-1}=\frac{1}{5}\begin{bmatrix} 1 & 1 \\ -1 & 4 \end{bmatrix},$$

因此

$$\boldsymbol{A}^n=\boldsymbol{P}\begin{bmatrix} \lambda_1^n & 0 \\ 0 & \lambda_2^n \end{bmatrix}\boldsymbol{P}^{-1}=\frac{1}{5}\begin{bmatrix} 4+\frac{1}{2^n} & 4-\frac{4}{2^n} \\ 1-\frac{1}{2^n} & 1+\frac{4}{2^n} \end{bmatrix},$$

于是

$$\begin{bmatrix} x_{n+1} \\ y_{n+1} \end{bmatrix}=\boldsymbol{A}^n\begin{bmatrix} x_1 \\ y_1 \end{bmatrix}=\frac{1}{10}\begin{bmatrix} 8-\frac{3}{2^n} \\ 2+\frac{3}{2^n} \end{bmatrix}.$$ □

当 $n\to\infty$ 时，$\begin{bmatrix} x_n \\ y_n \end{bmatrix}\to\frac{1}{5}\begin{bmatrix} 4 \\ 1 \end{bmatrix}$.这是一种稳定的极限状态.

这样，我们利用矩阵的相似对角化解决了例 2.24 难以解决的问题.

例 5.9 已知矩阵

$$\boldsymbol{A}=\begin{bmatrix} 2 & x & 0 \\ 1 & 2 & y \\ 1 & 0 & 1 \end{bmatrix}$$

的特征值 $\lambda_1=2$ 的几何重数为 2，试求 $\boldsymbol{A}^4-3\boldsymbol{A}^3+5\boldsymbol{A}-2\boldsymbol{E}$.

解 由于 $\lambda_1=2$ 的几何重数为 2，所以矩阵

$$2\boldsymbol{E}-\boldsymbol{A}=\begin{bmatrix} 0 & -x & 0 \\ -1 & 0 & -y \\ -1 & 0 & 1 \end{bmatrix}$$

的秩等于 1，从而 $x=0,y=-1$.于是由

$$|\lambda\boldsymbol{E}-\boldsymbol{A}|=\begin{vmatrix} \lambda-2 & 0 & 0 \\ -1 & \lambda-2 & 1 \\ -1 & 0 & \lambda-1 \end{vmatrix}=(\lambda-2)^2(\lambda-1)$$

得到 $\boldsymbol{A}$ 的全部特征值为 $\lambda_1=\lambda_2=2,\lambda_3=1$.

当 $\lambda_1=\lambda_2=2$ 时，齐次线性方程组 $(2\boldsymbol{E}-\boldsymbol{A})\boldsymbol{x}=\boldsymbol{0}$ 有基础解系

$$\boldsymbol{p}_1=\begin{bmatrix}0\\1\\0\end{bmatrix},\boldsymbol{p}_2=\begin{bmatrix}1\\0\\1\end{bmatrix}.$$

当 $\lambda_3=1$ 时，齐次线性方程组 $(\boldsymbol{E}-\boldsymbol{A})\boldsymbol{x}=\boldsymbol{0}$ 有基础解系

$$\boldsymbol{p}_3=\begin{bmatrix}0\\1\\1\end{bmatrix}.$$

令 $\boldsymbol{P}=[\boldsymbol{p}_1\ \boldsymbol{p}_2\ \boldsymbol{p}_3]$，则

$$\boldsymbol{P}=\begin{bmatrix}0&1&0\\1&0&1\\0&1&1\end{bmatrix},\boldsymbol{P}^{-1}=\begin{bmatrix}1&1&-1\\1&0&0\\-1&0&1\end{bmatrix},$$

且

$$\boldsymbol{A}=\boldsymbol{P}\operatorname{diag}(2,2,1)\boldsymbol{P}^{-1}.$$

记 $f(t)=t^4-3t^3+5t-2$，则 $f(2)=0,f(1)=1$，所以

$$\begin{aligned}\boldsymbol{A}^4-3\boldsymbol{A}^3+5\boldsymbol{A}-2\boldsymbol{E}&=f(\boldsymbol{A})=\boldsymbol{P}\operatorname{diag}(f(2),f(2),f(1))\boldsymbol{P}^{-1}\\&=\begin{bmatrix}0&1&0\\1&0&1\\0&1&1\end{bmatrix}\begin{bmatrix}0&0&0\\0&0&0\\0&0&1\end{bmatrix}\begin{bmatrix}1&1&-1\\1&0&0\\-1&0&1\end{bmatrix}\\&=\begin{bmatrix}0&0&0\\-1&0&1\\-1&0&1\end{bmatrix}.\end{aligned}$$

□

5.3 实对称矩阵的对角化

对称矩阵的理论丰富且极富美感，因而它的应用最为广泛.本节将研究实对称矩阵的特征值、特征向量以及相似对角化问题.

5.3.1 实对称矩阵的特征值和特征向量

首先研究实对称矩阵的特征值和特征向量的性质，为此给出共轭矩阵的概念.

设矩阵 $\boldsymbol{A}=[a_{ij}]\in\mathbb{C}^{m\times n}$，$\overline{a}_{ij}$ 表示 a_{ij} 的共轭复数$(i=1,2,\cdots,m;j=1,2,\cdots,n)$，则称矩阵 $\overline{\boldsymbol{A}}=[\overline{a}_{ij}]_{m\times n}$ 为 $\boldsymbol{A}$ 的**共轭矩阵**.

不难证明，对任何 $m\times n$ 矩阵 $\boldsymbol{A}$ 和 $n\times s$ 矩阵 $\boldsymbol{B}$ 及数 k，有

$$\overline{\boldsymbol{AB}}=\overline{\boldsymbol{A}}\,\overline{\boldsymbol{B}},\quad \overline{k\boldsymbol{A}}=\overline{k}\,\overline{\boldsymbol{A}}.$$

定理 5.12 实对称矩阵的任一特征值都是实数.

证 设 λ 是实对称矩阵 $\boldsymbol{A}$ 的任一特征值，$\boldsymbol{p}=(a_1,a_2,\cdots,a_n)^{\mathrm{T}}$ 是对应的特征向量，即

$$\boldsymbol{A}\boldsymbol{p}=\lambda\boldsymbol{p},\boldsymbol{p}\neq\boldsymbol{0}.$$

由于 $\boldsymbol{A}$ 是实对称矩阵，所以 $\overline{\boldsymbol{A}}^{\mathrm{T}}=\boldsymbol{A}$，从而

$$\overline{\boldsymbol{p}}^{\mathrm{T}}\boldsymbol{A}=\overline{\boldsymbol{p}}^{\mathrm{T}}\ \overline{\boldsymbol{A}}^{\mathrm{T}}=(\overline{\boldsymbol{A}\boldsymbol{p}})^{\mathrm{T}}=\overline{\lambda}\ \overline{\boldsymbol{p}}^{\mathrm{T}},$$

上式两边右乘 $\boldsymbol{p}$ 即得

$$\lambda\overline{\boldsymbol{p}}^{\mathrm{T}}\boldsymbol{p}=\overline{\boldsymbol{p}}^{\mathrm{T}}\boldsymbol{A}\boldsymbol{p}=\overline{\lambda}\ \overline{\boldsymbol{p}}^{\mathrm{T}}\boldsymbol{p},$$

又由 $\boldsymbol{p}\neq\boldsymbol{0}$ 知

$$\overline{\boldsymbol{p}}^{\mathrm{T}}\boldsymbol{p}=\overline{a}_1a_1+\overline{a}_2a_2+\cdots+\overline{a}_na_n>0,$$

于是 $\lambda=\overline{\lambda}$，即 λ 是实数. □

疑难问题辨析

实方阵的特征向量一定能取为实向量吗?

因为实对称矩阵 $\boldsymbol{A}$ 的特征值 λ 是实数，所以 $(\lambda\boldsymbol{E}-\boldsymbol{A})\boldsymbol{x}=\boldsymbol{0}$ 是实系数线性方程组，即知该方程组有实的基础解系，从而对应于 λ 的特征向量可以取为实向量.

定理 5.13 实对称矩阵中相异特征值对应的特征向量必定是正交的.

证 设 λ_1,λ_2 是实对称矩阵 $\boldsymbol{A}$ 的两个相异特征值，$\boldsymbol{p}_1,\boldsymbol{p}_2$ 是分别对应于 λ_1,λ_2 的实特征向量，即

$$\boldsymbol{A}\boldsymbol{p}_i=\lambda_i\boldsymbol{p}_i,\boldsymbol{p}_i\neq\boldsymbol{0},i=1,2.$$

因 $\boldsymbol{A}$ 是对称矩阵，故

$$\lambda_1\boldsymbol{p}_1^{\mathrm{T}}=(\lambda_1\boldsymbol{p}_1)^{\mathrm{T}}=(\boldsymbol{A}\boldsymbol{p}_1)^{\mathrm{T}}=\boldsymbol{p}_1^{\mathrm{T}}\boldsymbol{A}^{\mathrm{T}}=\boldsymbol{p}_1^{\mathrm{T}}\boldsymbol{A},$$

上式两边右乘 $\boldsymbol{p}_2$ 即得

$$\lambda_1\boldsymbol{p}_1^{\mathrm{T}}\boldsymbol{p}_2=\boldsymbol{p}_1^{\mathrm{T}}\boldsymbol{A}\boldsymbol{p}_2=\boldsymbol{p}_1^{\mathrm{T}}\lambda_2\boldsymbol{p}_2=\lambda_2(\boldsymbol{p}_1^{\mathrm{T}}\boldsymbol{p}_2),$$

从而由 $\lambda_1\neq\lambda_2$ 知 $\boldsymbol{p}_1^{\mathrm{T}}\boldsymbol{p}_2=0$，即 $\boldsymbol{p}_1$ 与 $\boldsymbol{p}_2$ 正交. □

5.3.2 实对称矩阵的相似对角化方法

我们知道，并非任何 n 阶矩阵都可对角化.但实对称矩阵是个例外，它不仅与对角矩阵相似，而且相似变换矩阵可取为正交矩阵.这就是下面的定理.

定理 5.14 设 $\boldsymbol{A}$ 是 n 阶实对称矩阵，则存在正交矩阵 $\boldsymbol{Q}$，使得

$$\boldsymbol{Q}^{\mathrm{T}}\boldsymbol{A}\boldsymbol{Q}=\boldsymbol{Q}^{-1}\boldsymbol{A}\boldsymbol{Q}=\mathrm{diag}(\lambda_1,\lambda_2,\cdots,\lambda_n),$$

其中 $\lambda_1,\lambda_2,\cdots,\lambda_n$ 为 $\boldsymbol{A}$ 的全部特征值，$\boldsymbol{Q}$ 的列向量是 $\boldsymbol{A}$ 的 n 个两两正交的单位特征向量，它们依次对应于特征值 $\lambda_1,\lambda_2,\cdots,\lambda_n$.此时称矩阵 $\boldsymbol{A}$ **正交相似于**对角矩阵，或 $\boldsymbol{A}$ **可正交相似对角化**.称对角矩阵 $\mathrm{diag}(\lambda_1,\lambda_2,\cdots,\lambda_n)$ 为 $\boldsymbol{A}$ 的**正交相似标准形**.

疑难问题辨析

能否将不是实对称的方阵正交相似对角化?

证 对 n 用归纳法.当 $n=1$ 时 $\boldsymbol{A}$ 本身就是对角矩阵.

假设对 $n-1$ 定理成立.取 $\boldsymbol{A}$ 的一个特征值 λ_1 及其对应的一个单位实特征向量 $\boldsymbol{p}_1$，由定理 4.21 可将 $\boldsymbol{p}_1$ 扩充为 $\mathbb{R}^n$ 的一个标准正交基 $\boldsymbol{p}_1,\boldsymbol{p}_2,\cdots,\boldsymbol{p}_n$.令 $\boldsymbol{P}=[\boldsymbol{p}_1\quad\boldsymbol{p}_2\quad\cdots\quad\boldsymbol{p}_n]$，则 $\boldsymbol{P}$ 是正交矩阵，且

$$\boldsymbol{P}^{\mathrm{T}}\boldsymbol{A}\boldsymbol{P}=\begin{bmatrix}\boldsymbol{p}_1^{\mathrm{T}}\\\boldsymbol{p}_2^{\mathrm{T}}\\\vdots\\\boldsymbol{p}_n^{\mathrm{T}}\end{bmatrix}\boldsymbol{A}[\boldsymbol{p}_1\quad\boldsymbol{p}_2\quad\cdots\quad\boldsymbol{p}_n]=\begin{bmatrix}\boldsymbol{p}_1^{\mathrm{T}}\boldsymbol{A}\boldsymbol{p}_1&\boldsymbol{p}_1^{\mathrm{T}}\boldsymbol{A}\boldsymbol{p}_2&\cdots&\boldsymbol{p}_1^{\mathrm{T}}\boldsymbol{A}\boldsymbol{p}_n\\\boldsymbol{p}_2^{\mathrm{T}}\boldsymbol{A}\boldsymbol{p}_1&\boldsymbol{p}_2^{\mathrm{T}}\boldsymbol{A}\boldsymbol{p}_2&\cdots&\boldsymbol{p}_2^{\mathrm{T}}\boldsymbol{A}\boldsymbol{p}_n\\\vdots&\vdots&&\vdots\\\boldsymbol{p}_n^{\mathrm{T}}\boldsymbol{A}\boldsymbol{p}_1&\boldsymbol{p}_n^{\mathrm{T}}\boldsymbol{A}\boldsymbol{p}_2&\cdots&\boldsymbol{p}_n^{\mathrm{T}}\boldsymbol{A}\boldsymbol{p}_n\end{bmatrix}$$

$$
=\begin{bmatrix}\lambda_1 & 0 & \cdots & 0\\ 0 & \boldsymbol{p}_2^{\mathrm{T}}\boldsymbol{A}\boldsymbol{p}_2 & \cdots & \boldsymbol{p}_2^{\mathrm{T}}\boldsymbol{A}\boldsymbol{p}_n\\ \vdots & \vdots & & \vdots\\ 0 & \boldsymbol{p}_n^{\mathrm{T}}\boldsymbol{A}\boldsymbol{p}_2 & \cdots & \boldsymbol{p}_n^{\mathrm{T}}\boldsymbol{A}\boldsymbol{p}_n\end{bmatrix}=\begin{bmatrix}\lambda_1 & \boldsymbol{0}\\ \boldsymbol{0} & \boldsymbol{B}\end{bmatrix}.
$$

因为 $\boldsymbol{B}$ 是 $n-1$ 阶实对称矩阵，且 $\boldsymbol{A}$ 与上式右端分块矩阵相似，所以 $\boldsymbol{B}$ 的特征值是 $\boldsymbol{A}$ 剩下的 $n-1$ 个特征值 $\lambda_2,\cdots,\lambda_n$. 由归纳假设，存在 $n-1$ 阶正交矩阵 $\boldsymbol{Q}_1$，使得

$$
\boldsymbol{Q}_1^{\mathrm{T}}\boldsymbol{B}\,\boldsymbol{Q}_1=\operatorname{diag}(\lambda_2,\cdots,\lambda_n).
$$

令 $\boldsymbol{Q}=\boldsymbol{P}\begin{bmatrix}1 & \boldsymbol{0}\\ \boldsymbol{0} & \boldsymbol{Q}_1\end{bmatrix}$，则 $\boldsymbol{Q}$ 为正交矩阵，且

$$
\begin{aligned}
\boldsymbol{Q}^{\mathrm{T}}\boldsymbol{A}\boldsymbol{Q}&=\begin{bmatrix}1 & \boldsymbol{0}\\ \boldsymbol{0} & \boldsymbol{Q}_1^{\mathrm{T}}\end{bmatrix}\boldsymbol{P}^{\mathrm{T}}\boldsymbol{A}\boldsymbol{P}\begin{bmatrix}1 & \boldsymbol{0}\\ \boldsymbol{0} & \boldsymbol{Q}_1\end{bmatrix}\\
&=\begin{bmatrix}1 & \boldsymbol{0}\\ \boldsymbol{0} & \boldsymbol{Q}_1^{\mathrm{T}}\end{bmatrix}\begin{bmatrix}\lambda_1 & \boldsymbol{0}\\ \boldsymbol{0} & \boldsymbol{B}\end{bmatrix}\begin{bmatrix}1 & \boldsymbol{0}\\ \boldsymbol{0} & \boldsymbol{Q}_1\end{bmatrix}\\
&=\begin{bmatrix}\lambda_1 & \boldsymbol{0}\\ \boldsymbol{0} & \boldsymbol{Q}_1^{\mathrm{T}}\boldsymbol{B}\,\boldsymbol{Q}_1\end{bmatrix}=\operatorname{diag}(\lambda_1,\lambda_2,\cdots,\lambda_n).
\end{aligned}
$$

□

显然，定理 5.14 的逆命题也成立：如果实矩阵 $\boldsymbol{A}$ 正交相似于对角矩阵，则 $\boldsymbol{A}$ 为对称矩阵.

若不考虑特征值的排列次序，则 n 阶实对称矩阵 $\boldsymbol{A}$ 的正交相似标准形由 $\boldsymbol{A}$ 唯一确定.

容易验证，正交相似是 n 阶实对称矩阵之间的等价关系. 因此，全体 n 阶实对称矩阵可以按照正交相似关系进行分类，使得每一类中的矩阵有相同的正交相似标准形. 而 n 阶正交相似标准形有无穷多个，故全体 n 阶实对称矩阵依正交相似关系可分成无穷多类.

根据定理 5.14，可以给出 n 阶实对称矩阵 $\boldsymbol{A}$ 正交相似对角化的步骤：

(a) 求出 $\boldsymbol{A}$ 的全部互异特征值 $\lambda_1,\lambda_2,\cdots,\lambda_m$，及其代数重数 $s_1,s_2,\cdots,s_m$.

(b) 对每一个特征值 λ_i，解齐次线性方程组 $(\lambda_i\boldsymbol{E}-\boldsymbol{A})\boldsymbol{x}=\boldsymbol{0}$，求出它的一个基础解系，将其标准正交化，就得 $\boldsymbol{A}$ 的对应于 λ_i 的 s_i 个两两正交的单位特征向量.

(c) 以上述 $s_1+s_2+\cdots+s_m=n$ 个两两正交的单位特征向量为列构造正交矩阵 $\boldsymbol{Q}$.

例 5.10 设

$$
\boldsymbol{A}=\begin{bmatrix}2 & 1 & 1\\ 1 & 2 & 1\\ 1 & 1 & 2\end{bmatrix},
$$

求正交矩阵 $\boldsymbol{Q}$，使 $\boldsymbol{Q}^{-1}\boldsymbol{A}\boldsymbol{Q}$ 为对角矩阵.

解 $\boldsymbol{A}$ 的特征多项式为

$$
\begin{aligned}
|\lambda\boldsymbol{E}-\boldsymbol{A}|&=\begin{vmatrix}\lambda-2 & -1 & -1\\ -1 & \lambda-2 & -1\\ -1 & -1 & \lambda-2\end{vmatrix}=\begin{vmatrix}\lambda-4 & -1 & -1\\ \lambda-4 & \lambda-2 & -1\\ \lambda-4 & -1 & \lambda-2\end{vmatrix}\\
&=(\lambda-4)\begin{vmatrix}1 & -1 & -1\\ 1 & \lambda-2 & -1\\ 1 & -1 & \lambda-2\end{vmatrix}=(\lambda-4)\begin{vmatrix}1 & 0 & 0\\ 1 & \lambda-1 & 0\\ 1 & 0 & \lambda-1\end{vmatrix}
\end{aligned}
$$

$$=(\lambda-1)^2(\lambda-4),$$

所以 $\boldsymbol{A}$ 的特征值为 $\lambda_1=\lambda_2=1,\lambda_3=4$.

对于 $\lambda_1=\lambda_2=1$,解齐次线性方程组 $(\boldsymbol{E}-\boldsymbol{A})\boldsymbol{x}=\boldsymbol{0}$,由

$$\boldsymbol{E}-\boldsymbol{A}=\begin{bmatrix}-1&-1&-1\\-1&-1&-1\\-1&-1&-1\end{bmatrix}\to\begin{bmatrix}1&1&1\\0&0&0\\0&0&0\end{bmatrix},$$

得一个基础解系

$$\boldsymbol{\xi}_1=\begin{bmatrix}-1\\1\\0\end{bmatrix},\quad \boldsymbol{\xi}_2=\begin{bmatrix}-1\\0\\1\end{bmatrix}.$$

把 $\boldsymbol{\xi}_1,\boldsymbol{\xi}_2$ 正交化,得

$$\boldsymbol{p}_1=\boldsymbol{\xi}_1=\begin{bmatrix}-1\\1\\0\end{bmatrix},\quad \boldsymbol{p}_2=\boldsymbol{\xi}_2-\frac{\langle\boldsymbol{\xi}_2,\boldsymbol{p}_1\rangle}{\langle\boldsymbol{p}_1,\boldsymbol{p}_1\rangle}\boldsymbol{p}_1=\frac{1}{2}\begin{bmatrix}-1\\-1\\2\end{bmatrix},$$

再把 $\boldsymbol{p}_1,\boldsymbol{p}_2$ 单位化,得

$$\boldsymbol{q}_1=\frac{1}{\sqrt{2}}\begin{bmatrix}-1\\1\\0\end{bmatrix},\quad \boldsymbol{q}_2=\frac{1}{\sqrt{6}}\begin{bmatrix}-1\\-1\\2\end{bmatrix}.$$

对于 $\lambda_3=4$,解齐次线性方程组 $(4\boldsymbol{E}-\boldsymbol{A})\boldsymbol{x}=\boldsymbol{0}$,由

$$4\boldsymbol{E}-\boldsymbol{A}=\begin{bmatrix}2&-1&-1\\-1&2&-1\\-1&-1&2\end{bmatrix}\to\begin{bmatrix}1&0&-1\\0&1&-1\\0&0&0\end{bmatrix},$$

得一个基础解系

$$\boldsymbol{\xi}_3=\begin{bmatrix}1\\1\\1\end{bmatrix}.$$

把 $\boldsymbol{\xi}_3$ 单位化,得

$$\boldsymbol{q}_3=\frac{1}{\sqrt{3}}\begin{bmatrix}1\\1\\1\end{bmatrix}.$$

记

$$\boldsymbol{Q}=[\boldsymbol{q}_1\quad\boldsymbol{q}_2\quad\boldsymbol{q}_3]=\begin{bmatrix}-\frac{1}{\sqrt{2}}&-\frac{1}{\sqrt{6}}&\frac{1}{\sqrt{3}}\\\frac{1}{\sqrt{2}}&-\frac{1}{\sqrt{6}}&\frac{1}{\sqrt{3}}\\0&\frac{2}{\sqrt{6}}&\frac{1}{\sqrt{3}}\end{bmatrix},$$

则 $\boldsymbol{Q}$ 为正交矩阵，且

$$\boldsymbol{Q}^{-1}\boldsymbol{A}\boldsymbol{Q}=\boldsymbol{Q}^{\mathrm{T}}\boldsymbol{A}\boldsymbol{Q}=\begin{bmatrix}1 & & \\ & 1 & \\ & & 4\end{bmatrix}. \qquad \square$$

例 5.11 设三阶实对称矩阵 $\boldsymbol{A}$ 的特征值为 $\lambda_1=-1,\lambda_2=\lambda_3=1$，对应于 λ_1 的特征向量为 $\boldsymbol{p}_1=(0,1,1)^{\mathrm{T}}$，求矩阵 $\boldsymbol{A}$.

解 设 $\boldsymbol{x}=(x_1,x_2,x_3)^{\mathrm{T}}$ 为 $\boldsymbol{A}$ 的对应于 $\lambda_2=\lambda_3=1$ 的特征向量，由 $\boldsymbol{A}$ 是实对称矩阵可知，$\boldsymbol{x}$ 与 $\boldsymbol{p}_1$ 正交，即 $x_2+x_3=0$，求解此线性方程，得一个基础解系

$$\boldsymbol{p}_2=\begin{bmatrix}1\\0\\0\end{bmatrix},\quad \boldsymbol{p}_3=\begin{bmatrix}0\\1\\-1\end{bmatrix},$$

$\boldsymbol{p}_2,\boldsymbol{p}_3$ 就是 $\boldsymbol{A}$ 的对应于 $\lambda_2=\lambda_3=1$ 的线性无关的特征向量.取 $\boldsymbol{P}=[\boldsymbol{p}_1\quad \boldsymbol{p}_2\quad \boldsymbol{p}_3]$，则

$$\boldsymbol{P}^{-1}=\begin{bmatrix}0 & \frac{1}{2} & \frac{1}{2}\\ 1 & 0 & 0\\ 0 & \frac{1}{2} & -\frac{1}{2}\end{bmatrix},$$

从而

$$\boldsymbol{A}=\boldsymbol{P}\begin{bmatrix}-1 & & \\ & 1 & \\ & & 1\end{bmatrix}\boldsymbol{P}^{-1}=\begin{bmatrix}1 & 0 & 0\\ 0 & 0 & -1\\ 0 & -1 & 0\end{bmatrix}. \qquad \square$$

5.4 Jordan 标准形

由于某些方阵不与对角矩阵相似，所以人们转而寻找比对角矩阵稍复杂的分块对角矩阵，希望任何方阵都能与这类矩阵相似.本节将要介绍的 Jordan 标准形就是这类矩阵中的一种.Jordan 标准形不仅在矩阵理论和矩阵计算中具有重要的作用，而且在力学和控制论中有着广泛的应用.

5.4.1 Jordan 矩阵

定义 5.3 形如

$$\boldsymbol{J}_m(\lambda)=\begin{bmatrix}\lambda & 1 & & \\ & \lambda & \ddots & \\ & & \ddots & 1\\ & & & \lambda\end{bmatrix}_{m\times m}$$

的矩阵称为对应于(或属于)λ 的一个 m 阶 Jordan **块**，其中 $\lambda\in\mathbb{C}$.由若干个 Jordan 块组成的分块对角矩阵

$$
\boldsymbol{J}=\begin{bmatrix}\boldsymbol{J}_{m_1}(\lambda_1) & & & \\ & \boldsymbol{J}_{m_2}(\lambda_2) & & \\ & & \ddots & \\ & & & \boldsymbol{J}_{m_s}(\lambda_s)\end{bmatrix}
$$

称为 $m_1+m_2+\cdots+m_s$ 阶 Jordan **矩阵**.

值得指出的是，对角矩阵是由一阶 Jordan 块组成的 Jordan 矩阵，Jordan 矩阵是特殊的上三角形矩阵，相同的 Jordan 块可以在一个 Jordan 矩阵中重复出现.

例如，

$$
\begin{bmatrix}2 & & & & & \\ & \mathrm{i} & 1 & & & \\ & & \mathrm{i} & & & \\ & & & 0 & 1 & \\ & & & & 0 & 1 \\ & & & & & 0\end{bmatrix}
$$

是六阶 Jordan 矩阵，它有 3 个 Jordan 块 $\boldsymbol{J}_1(2)$，$\boldsymbol{J}_2(\mathrm{i})$，$\boldsymbol{J}_3(0)$.

下面不加证明地给出 Jordan **定理**.

定理 5.15 对于任何 $\boldsymbol{A}\in\mathbb{C}^{n\times n}$，总存在 n 阶可逆矩阵 $\boldsymbol{P}$，使得

$$
\boldsymbol{P}^{-1}\boldsymbol{AP}=\boldsymbol{J}=\mathrm{diag}(\boldsymbol{J}_{m_1}(\lambda_1),\boldsymbol{J}_{m_2}(\lambda_2),\cdots,\boldsymbol{J}_{m_s}(\lambda_s)),
$$

若不考虑各 Jordan 块的排列次序，则 Jordan 矩阵 $\boldsymbol{J}$ 是由 $\boldsymbol{A}$ 唯一确定的.$\boldsymbol{J}$ 称为 $\boldsymbol{A}$ 的 Jordan **标准形**. □

容易证明下列性质：

(1) $\boldsymbol{A}$ 的 Jordan 标准形中主对角元是 $\boldsymbol{A}$ 的全部特征值.

(2) 对于 $\boldsymbol{A}$ 的特征值 λ_i，它的代数重数就是 Jordan 标准形中以 λ_i 为主对角元的 Jordan 块的阶数之和.

全体 n 阶复矩阵可以按照相似关系进行分类，使得同一类中的矩阵有相同的 Jordan 标准形.而 n 阶 Jordan 标准形有无穷多个，故全体 n 阶复矩阵依相似关系可分成无穷多类.

5.4.2 Jordan 标准形的计算

求 Jordan 标准形的方法较多，但常常需要引进一些新概念且计算复杂.这里介绍一种只利用矩阵秩的简便方法.

定理 5.16 设 λ 为 n 阶矩阵 $\boldsymbol{A}$ 的特征值，则 $\boldsymbol{A}$ 的 Jordan 标准形中Jordan 块 $\boldsymbol{J}_m(\lambda)$ 的个数为

$$
\mathrm{rank}((\boldsymbol{A}-\lambda\boldsymbol{E})^{m-1})+\mathrm{rank}((\boldsymbol{A}-\lambda\boldsymbol{E})^{m+1})-2\mathrm{rank}((\boldsymbol{A}-\lambda\boldsymbol{E})^{m}).
$$

证 设 $\boldsymbol{A}$ 的 Jordan 标准形为

$$
\boldsymbol{J}=\mathrm{diag}(\boldsymbol{J}_{m_1}(\lambda_1),\boldsymbol{J}_{m_2}(\lambda_2),\cdots,\boldsymbol{J}_{m_s}(\lambda_s)),
$$

则对任何正整数 k，均有

$$\operatorname{rank}((\boldsymbol{A}-\lambda\boldsymbol{E})^k)=\operatorname{rank}((\boldsymbol{J}-\lambda\boldsymbol{E})^k)=\sum_{i=1}^{s}\operatorname{rank}((\boldsymbol{J}_{m_i}(\lambda_i)-\lambda\boldsymbol{E}_{m_i})^k).$$

当 $\lambda_i\neq\lambda$ 时，$\boldsymbol{J}_{m_i}(\lambda_i)-\lambda\boldsymbol{E}_{m_i}$ 可逆，即知 $\operatorname{rank}((\boldsymbol{J}_{m_i}(\lambda_i)-\lambda\boldsymbol{E}_{m_i})^k)=m_i$.

当 $\lambda_i=\lambda$ 时，$\boldsymbol{J}_{m_i}(\lambda_i)-\lambda\boldsymbol{E}_{m_i}=\boldsymbol{J}_{m_i}(0)$.容易验证：对一切非负整数 l，有

$$\operatorname{rank}(\boldsymbol{J}_{m_i}(0)^l)=\begin{cases}m_i-l, & m_i>l,\\ 0, & m_i\leqslant l.\end{cases}$$

从而

$$\begin{aligned}\operatorname{rank}((\boldsymbol{A}-\lambda\boldsymbol{E})^k)&=\sum_{\lambda_i\neq\lambda}\operatorname{rank}((\boldsymbol{J}_{m_i}(\lambda_i)-\lambda\boldsymbol{E}_{m_i})^k)+\sum_{\lambda_i=\lambda}\operatorname{rank}(\boldsymbol{J}_{m_i}(0)^k)\\&=\sum_{\lambda_i\neq\lambda}m_i+\sum_{\substack{\lambda_i=\lambda\\ m_i>k}}(m_i-k);\end{aligned}$$

$$\begin{aligned}\operatorname{rank}((\boldsymbol{A}-\lambda\boldsymbol{E})^{k-1})&=\sum_{\lambda_i\neq\lambda}\operatorname{rank}((\boldsymbol{J}_{m_i}(\lambda_i)-\lambda\boldsymbol{E}_{m_i})^{k-1})+\sum_{\lambda_i=\lambda}\operatorname{rank}(\boldsymbol{J}_{m_i}(0)^{k-1})\\&=\sum_{\lambda_i\neq\lambda}m_i+\sum_{\substack{\lambda_i=\lambda\\ m_i>k-1}}(m_i-k+1);\end{aligned}$$

$$\begin{aligned}\operatorname{rank}((\boldsymbol{A}-\lambda\boldsymbol{E})^{k+1})&=\sum_{\lambda_i\neq\lambda}\operatorname{rank}((\boldsymbol{J}_{m_i}(\lambda_i)-\lambda\boldsymbol{E}_{m_i})^{k+1})+\sum_{\lambda_i=\lambda}\operatorname{rank}(\boldsymbol{J}_{m_i}(0)^{k+1})\\&=\sum_{\lambda_i\neq\lambda}m_i+\sum_{\substack{\lambda_i=\lambda\\ m_i>k+1}}(m_i-k-1).\end{aligned}$$

于是

$$\begin{aligned}\operatorname{rank}((\boldsymbol{A}-\lambda\boldsymbol{E})^{k-1})-\operatorname{rank}((\boldsymbol{A}-\lambda\boldsymbol{E})^k)&=\sum_{\substack{\lambda_i=\lambda\\ m_i>k-1}}(m_i-k+1)-\sum_{\substack{\lambda_i=\lambda\\ m_i>k}}(m_i-k)\\&=\sum_{\substack{\lambda_i=\lambda\\ m_i=k}}1+\sum_{\substack{\lambda_i=\lambda\\ m_i>k}}1=\sum_{\substack{\lambda_i=\lambda\\ m_i\geqslant k}}1,\end{aligned}$$

即上式左端等于 $\boldsymbol{A}$ 的 Jordan 标准形中属于 λ 且阶数大于等于 k 的 Jordan 块的个数.同理

$$\begin{aligned}\operatorname{rank}((\boldsymbol{A}-\lambda\boldsymbol{E})^k)-\operatorname{rank}((\boldsymbol{A}-\lambda\boldsymbol{E})^{k+1})&=\sum_{\substack{\lambda_i=\lambda\\ m_i>k}}(m_i-k)-\sum_{\substack{\lambda_i=\lambda\\ m_i>k+1}}(m_i-k-1)\\&=\sum_{\substack{\lambda_i=\lambda\\ m_i=k+1}}1+\sum_{\substack{\lambda_i=\lambda\\ m_i>k+1}}1=\sum_{\substack{\lambda_i=\lambda\\ m_i>k}}1,\end{aligned}$$

即上式左端等于 $\boldsymbol{A}$ 的 Jordan 标准形中属于 λ 且阶数大于 k 的 Jordan 块的个数.因此 $\boldsymbol{A}$ 的 Jordan 标准形中属于 λ 且阶数等于 m 的 Jordan 块 $\boldsymbol{J}_m(\lambda)$ 的个数为

$$\operatorname{rank}((\boldsymbol{A}-\lambda\boldsymbol{E})^{m-1})+\operatorname{rank}((\boldsymbol{A}-\lambda\boldsymbol{E})^{m+1})-2\operatorname{rank}((\boldsymbol{A}-\lambda\boldsymbol{E})^m).$$ □

推论 5.17　设 n 阶矩阵 $\boldsymbol{A}$ 与 $\boldsymbol{B}$ 有相同的特征值 $\lambda_1,\lambda_2,\cdots,\lambda_n$，则 $\boldsymbol{A}$ 与 $\boldsymbol{B}$ 相似当且仅当

$$\operatorname{rank}((\boldsymbol{A}-\lambda_i\boldsymbol{E})^k)=\operatorname{rank}((\boldsymbol{B}-\lambda_i\boldsymbol{E})^k)\ (i,k=1,2,\cdots,n).$$

证　根据定理 5.16，$\boldsymbol{A}$ 的 Jordan 标准形中 Jordan 块 $\boldsymbol{J}_m(\lambda_i)$ 由

$$\operatorname{rank}((\boldsymbol{A}-\lambda_i\boldsymbol{E})^k)\ (i,k=1,2,\cdots,n)$$

唯一确定.易知，$\boldsymbol{A}$ 与 $\boldsymbol{B}$ 相似当且仅当它们有相同的 Jordan 标准形，即有相同的 Jordan

块，这等价于推论中的等式成立. □

下面应用该推论来求 Jordan 标准形.

例 5.12 求矩阵

$$A=\begin{bmatrix}1&2&-6\\1&0&-3\\1&1&-4\end{bmatrix}$$

的 Jordan 标准形.

解 由 $|\lambda E-A|=(\lambda+1)^3$ 知 A 的特征值为 $\lambda_1=\lambda_2=\lambda_3=-1$.从而 A 的 Jordan 标准形为

$$J=\begin{bmatrix}-1&\delta_1&\\&-1&\delta_2\\&&-1\end{bmatrix},$$

其中 $\delta_i=0$ 或 $1,i=1,2$.为了确定 δ_1 和 δ_2,我们考察矩阵

$$A+E=\begin{bmatrix}2&2&-6\\1&1&-3\\1&1&-3\end{bmatrix}\to\begin{bmatrix}1&1&-3\\0&0&0\\0&0&0\end{bmatrix},J+E=\begin{bmatrix}0&\delta_1&\\&0&\delta_2\\&&0\end{bmatrix},$$

因此 $\operatorname{rank}(A+E)=1$,故 $\operatorname{rank}(J+E)=1$,即知 δ_1,δ_2 中有一个为 0,不妨设$\delta_1=0$,于是

$$J=\begin{bmatrix}-1&&\\&-1&1\\&&-1\end{bmatrix}.$$ □

由这个例题可以总结出求 Jordan 标准形的具体步骤:

(a) 求出 n 阶矩阵 A 的特征多项式,从而得到 A 的特征值及其代数重数.

(b) 利用特征值的代数重数写出 Jordan 标准形的可能形式.

(c) 对于代数重数为 t_i 的特征值 $\lambda_i,t_i>1$,利用

$$\operatorname{rank}((J-\lambda_iE)^l)=\operatorname{rank}((A-\lambda_iE)^l)\ (l=1,2,\cdots,n)$$

确定 A 的 Jordan 标准形.

例 5.13 求矩阵

$$A=\begin{bmatrix}2&0&-1&0\\-1&1&0&-1\\0&0&2&0\\1&1&1&3\end{bmatrix}$$

的 Jordan 标准形.

解 由 $|\lambda E-A|=(\lambda-2)^4$ 知 A 的特征值为 $\lambda_1=\lambda_2=\lambda_3=\lambda_4=2$.从而 A 的 Jordan 标准形

$$J=\begin{bmatrix}2&\delta_1&&\\&2&\delta_2&\\&&2&\delta_3\\&&&2\end{bmatrix},$$

其中 $\delta_i=0$ 或 $1, i=1,2,3$.

易知 $\operatorname{rank}(\boldsymbol{A}-2\boldsymbol{E})=2$,从而 $\operatorname{rank}(\boldsymbol{J}-2\boldsymbol{E})=2$,故 $\delta_1,\delta_2,\delta_3$ 中恰有一个为 0;进一步有,$(\boldsymbol{A}-2\boldsymbol{E})^2=\boldsymbol{0}$,且

$$(\boldsymbol{J}-2\boldsymbol{E})^2=\begin{bmatrix}0 & 0 & \delta_1\delta_2 & 0\\ 0 & 0 & 0 & \delta_2\delta_3\\ 0 & 0 & 0 & 0\\ 0 & 0 & 0 & 0\end{bmatrix},$$

即知 $\delta_1\delta_2=0,\delta_2\delta_3=0$,于是 $\delta_2=0,\delta_1=\delta_3=1$,因此

$$\boldsymbol{J}=\begin{bmatrix}2 & 1 & & \\ & 2 & & \\ & & 2 & 1\\ & & & 2\end{bmatrix}.$$ □

5.4.3 相似变换矩阵的计算

下面通过例子来说明如何由 Jordan 标准形求出相似变换矩阵.

例 5.14 对于例 5.12 中三阶矩阵 $\boldsymbol{A}$,求相似变换矩阵 $\boldsymbol{P}$,使得 $\boldsymbol{P}^{-1}\boldsymbol{A}\boldsymbol{P}$ 为 Jordan 标准形.

解 由例 5.12 可知,存在三阶可逆矩阵 $\boldsymbol{P}$,使得

$$\boldsymbol{P}^{-1}\boldsymbol{A}\boldsymbol{P}=\begin{bmatrix}-1 & & \\ & -1 & 1\\ & & -1\end{bmatrix},$$

令 $\boldsymbol{P}=[\boldsymbol{p}_1\quad \boldsymbol{p}_2\quad \boldsymbol{p}_3]$,则由上式有

$$\boldsymbol{A}[\boldsymbol{p}_1\quad \boldsymbol{p}_2\quad \boldsymbol{p}_3]=[\boldsymbol{p}_1\quad \boldsymbol{p}_2\quad \boldsymbol{p}_3]\begin{bmatrix}-1 & & \\ & -1 & 1\\ & & -1\end{bmatrix},$$

从而

$$[\boldsymbol{A}\boldsymbol{p}_1\quad \boldsymbol{A}\boldsymbol{p}_2\quad \boldsymbol{A}\boldsymbol{p}_3]=[-\boldsymbol{p}_1\quad -\boldsymbol{p}_2\quad \boldsymbol{p}_2-\boldsymbol{p}_3],$$

即 $\boldsymbol{p}_1,\boldsymbol{p}_2,\boldsymbol{p}_3$ 线性无关,且满足

$$\begin{cases}\boldsymbol{A}\boldsymbol{p}_1=-\boldsymbol{p}_1,\\ \boldsymbol{A}\boldsymbol{p}_2=-\boldsymbol{p}_2,\\ \boldsymbol{A}\boldsymbol{p}_3=\boldsymbol{p}_2-\boldsymbol{p}_3,\end{cases}$$

故 $\boldsymbol{p}_1$ 和 $\boldsymbol{p}_2$ 是 $\boldsymbol{A}$ 的对应于特征值 -1 的特征向量,但 $\boldsymbol{p}_3$ 不是 $\boldsymbol{A}$ 的特征向量.

解齐次方程组 $(\boldsymbol{A}+\boldsymbol{E})\boldsymbol{x}=\boldsymbol{0}$,得基础解系

$$\boldsymbol{\xi}_1=\begin{bmatrix}-1\\ 1\\ 0\end{bmatrix},\boldsymbol{\xi}_2=\begin{bmatrix}3\\ 0\\ 1\end{bmatrix},$$

可取 $\boldsymbol{p}_1=\boldsymbol{\xi}_1$;为了保证非齐次方程组 $(\boldsymbol{A}+\boldsymbol{E})\boldsymbol{x}=\boldsymbol{p}_2$ 有解,一般取 $\boldsymbol{p}_2=k_1\boldsymbol{\xi}_1+k_2\boldsymbol{\xi}_2$,$k_1,k_2$ 是不全为零的常数.显然,方程组 $(\boldsymbol{A}+\boldsymbol{E})\boldsymbol{x}=k_1\boldsymbol{\xi}_1+k_2\boldsymbol{\xi}_2$,即

$$\begin{bmatrix}2 & 2 & -6\\1 & 1 & -3\\1 & 1 & -3\end{bmatrix}\begin{bmatrix}x_1\\x_2\\x_3\end{bmatrix}=\begin{bmatrix}-k_1+3k_2\\k_1\\k_2\end{bmatrix}$$

有解当且仅当 $k_1=k_2$，此时解得

$$\boldsymbol{\eta}=\begin{bmatrix}k_1\\0\\0\end{bmatrix},k_1\neq 0,$$

令 $k_1=1$，则 $\boldsymbol{p}_2=\boldsymbol{\xi}_1+\boldsymbol{\xi}_2$，且 $\boldsymbol{p}_3=\boldsymbol{\eta}$. 于是

$$\boldsymbol{P}=\begin{bmatrix}-1 & 2 & 1\\1 & 1 & 0\\0 & 1 & 0\end{bmatrix}.$$

□

不难看出，对于任何 n 阶矩阵 $\boldsymbol{A}$，根据 $\boldsymbol{A}$ 的 Jordan 标准形 $\boldsymbol{J}$，按上述方法总能求出线性无关的向量 $\boldsymbol{p}_1,\boldsymbol{p}_2,\cdots,\boldsymbol{p}_n$.

例 5.15 求例 5.13 中四阶矩阵 $\boldsymbol{A}$ 的幂 $\boldsymbol{A}^k$.

解 由例 5.13 可知，存在四阶可逆矩阵 $\boldsymbol{P}$，使得

$$\boldsymbol{P}^{-1}\boldsymbol{A}\boldsymbol{P}=\boldsymbol{J}=\begin{bmatrix}2 & 1 & & \\ & 2 & & \\ & & 2 & 1\\ & & & 2\end{bmatrix},$$

令 $\boldsymbol{P}=[\boldsymbol{p}_1\quad \boldsymbol{p}_2\quad \boldsymbol{p}_3\quad \boldsymbol{p}_4]$，则由上式可得

$$[\boldsymbol{A}\boldsymbol{p}_1\quad \boldsymbol{A}\boldsymbol{p}_2\quad \boldsymbol{A}\boldsymbol{p}_3\quad \boldsymbol{A}\boldsymbol{p}_4]=[2\boldsymbol{p}_1\quad \boldsymbol{p}_1+2\boldsymbol{p}_2\quad 2\boldsymbol{p}_3\quad \boldsymbol{p}_3+2\boldsymbol{p}_4],$$

即 $\boldsymbol{p}_1,\boldsymbol{p}_2,\boldsymbol{p}_3,\boldsymbol{p}_4$ 线性无关，且满足

$$\begin{cases}\boldsymbol{A}\boldsymbol{p}_1=2\boldsymbol{p}_1,\\ \boldsymbol{A}\boldsymbol{p}_2=\boldsymbol{p}_1+2\boldsymbol{p}_2,\\ \boldsymbol{A}\boldsymbol{p}_3=2\boldsymbol{p}_3,\\ \boldsymbol{A}\boldsymbol{p}_4=\boldsymbol{p}_3+2\boldsymbol{p}_4.\end{cases}$$

解齐次方程组 $(\boldsymbol{A}-2\boldsymbol{E})\boldsymbol{x}=\boldsymbol{0}$，得基础解系

$$\boldsymbol{\xi}_1=\begin{bmatrix}-1\\0\\0\\1\end{bmatrix},\quad \boldsymbol{\xi}_2=\begin{bmatrix}-1\\1\\0\\0\end{bmatrix},$$

取 $\boldsymbol{p}_1=\boldsymbol{\xi}_1,\boldsymbol{p}_3=\boldsymbol{\xi}_2$. 解非齐次方程组 $(\boldsymbol{A}-2\boldsymbol{E})\boldsymbol{x}=\boldsymbol{p}_1$，得

$$\boldsymbol{\eta}_1=\begin{bmatrix}-1\\0\\1\\1\end{bmatrix},$$

取 $\boldsymbol{p}_2=\boldsymbol{\eta}_1$. 解非齐次方程组 $(\boldsymbol{A}-2\boldsymbol{E})\boldsymbol{x}=\boldsymbol{p}_3$，得

$$\boldsymbol{\eta}_2=\begin{bmatrix}-2\\1\\1\\0\end{bmatrix},$$

取 $\boldsymbol{p}_4=\boldsymbol{\eta}_2$.于是

$$\boldsymbol{P}=\begin{bmatrix}-1&-1&-1&-2\\0&0&1&1\\0&1&0&1\\1&1&0&0\end{bmatrix}.$$

根据例 2.8 的结果,有

$$\begin{bmatrix}2&1\\0&2\end{bmatrix}^k=\begin{bmatrix}2^k&k2^{k-1}\\0&2^k\end{bmatrix},$$

从而

$$\begin{aligned}\boldsymbol{A}^k&=\boldsymbol{P}\boldsymbol{J}^k\boldsymbol{P}^{-1}=\boldsymbol{P}\begin{bmatrix}\begin{bmatrix}2&1\\0&2\end{bmatrix}^k&\\&\begin{bmatrix}2&1\\0&2\end{bmatrix}^k\end{bmatrix}\boldsymbol{P}^{-1}\\&=\begin{bmatrix}-1&-1&-1&-2\\0&0&1&1\\0&1&0&1\\1&1&0&0\end{bmatrix}\begin{bmatrix}2^k&k2^{k-1}&&\\&2^k&&\\&&2^k&k2^{k-1}\\&&&2^k\end{bmatrix}\begin{bmatrix}-1&-1&-1&0\\1&1&1&1\\1&2&0&1\\-1&-1&0&-1\end{bmatrix}\\&=\begin{bmatrix}2^k&0&-k2^{k-1}&0\\-k2^{k-1}&(2-k)2^{k-1}&0&-k2^{k-1}\\0&0&2^k&0\\k2^{k-1}&k2^{k-1}&k2^{k-1}&(k+2)2^{k-1}\end{bmatrix}.\end{aligned}$$

□

5.4.4 Cayley - Hamilton 定理

第 5.2.2 小节已经指出,对于可对角化矩阵 $\boldsymbol{A}$ 的特征多项式 $\varphi(\lambda)$,总有 $\varphi(\boldsymbol{A})=\boldsymbol{0}$.将其推广到任何方阵,即得下面的 Cayley - Hamilton(**凯莱-哈密顿**)定理.

定理 5.18 设 $\boldsymbol{A}\in\mathbb{C}^{n\times n}$,$\varphi(\lambda)=|\lambda\boldsymbol{E}-\boldsymbol{A}|$,则 $\varphi(\boldsymbol{A})=\boldsymbol{0}$.

证 由 Jordan 定理知,存在 n 阶可逆矩阵 $\boldsymbol{P}$,使得 $\boldsymbol{A}=\boldsymbol{PJP}^{-1}$,其中 $\boldsymbol{A}$ 的 Jordan 标准形 $\boldsymbol{J}$ 可以写为

$$\boldsymbol{J}=\begin{bmatrix}\lambda_1&\delta_1&&\\&\lambda_2&\ddots&\\&&\ddots&\delta_{n-1}\\&&&\lambda_n\end{bmatrix},$$

这里 $\delta_i=0$ 或 $1, i=1,2,\cdots,n-1$.因为 $\lambda_1,\lambda_2,\cdots,\lambda_n$ 是 $\boldsymbol{A}$ 的全部特征值,所以 $\boldsymbol{A}$ 的特征多项式

$$\varphi(\lambda)=|\lambda\boldsymbol{E}-\boldsymbol{A}|=(\lambda-\lambda_1)(\lambda-\lambda_2)\cdots(\lambda-\lambda_n),$$

从而

$$\begin{aligned}\varphi(\boldsymbol{A})&=(\boldsymbol{A}-\lambda_1\boldsymbol{E})(\boldsymbol{A}-\lambda_2\boldsymbol{E})\cdots(\boldsymbol{A}-\lambda_n\boldsymbol{E})\\&=(\boldsymbol{PJP}^{-1}-\lambda_1\boldsymbol{E})(\boldsymbol{PJP}^{-1}-\lambda_2\boldsymbol{E})\cdots(\boldsymbol{PJP}^{-1}-\lambda_n\boldsymbol{E})\\&=\boldsymbol{P}(\boldsymbol{J}-\lambda_1\boldsymbol{E})(\boldsymbol{J}-\lambda_2\boldsymbol{E})\cdots(\boldsymbol{J}-\lambda_n\boldsymbol{E})\boldsymbol{P}^{-1}.\end{aligned}$$

对 n 用归纳法不难证明:对于一切 $1\leqslant i\leqslant n$, n 阶矩阵 $(\boldsymbol{J}-\lambda_1\boldsymbol{E})(\boldsymbol{J}-\lambda_2\boldsymbol{E})\cdots(\boldsymbol{J}-\lambda_i\boldsymbol{E})$ 的前 i 列元全为零,于是 $\varphi(\boldsymbol{A})=\boldsymbol{0}$. □

例 5.16 设

$$\boldsymbol{A}=\begin{bmatrix}3&-3&2\\-1&5&-2\\-1&3&0\end{bmatrix},$$

试将 $\boldsymbol{A}^{-1}$ 表示成 $\boldsymbol{A}$ 的多项式,并求出 $\boldsymbol{A}^{-1}$.

解 因为 $|\lambda\boldsymbol{E}-\boldsymbol{A}|=\lambda^3-8\lambda^2+20\lambda-16$,所以由 Cayley-Hamilton 定理知

$$\boldsymbol{A}^3-8\boldsymbol{A}^2+20\boldsymbol{A}-16\boldsymbol{E}=\boldsymbol{0},$$

即

$$\boldsymbol{A}(\boldsymbol{A}^2-8\boldsymbol{A}+20\boldsymbol{E})=16\boldsymbol{E},$$

于是

$$\boldsymbol{A}^{-1}=\frac{1}{16}(\boldsymbol{A}^2-8\boldsymbol{A}+20\boldsymbol{E}).$$

从而

$$\boldsymbol{A}^{-1}=\frac{1}{16}\begin{bmatrix}6&6&-4\\2&2&4\\2&-6&12\end{bmatrix}=\frac{1}{8}\begin{bmatrix}3&3&-2\\1&1&2\\1&-3&6\end{bmatrix}.$$ □

5.5 应用实例

本节将讨论特征值和特征向量在生物科学及体育比赛中的应用.

5.5.1 色盲遗传模型

每一个人有 23 对染色体,其中 22 对是常染色体,1 对是性染色体.男性的 1 对性染色体是 (X,Y),女性是 (X,X).基因位于染色体上,1 对染色体的某一点位上的两个基因称为等位基因.色盲是隐性基因,位于 X 染色体上.为了描述某地区色盲遗传的数学模型,用 x_1 表示该地第一代女性居民的色盲基因频率(即 m 个女性居民样本中 X 染色体上色盲基因数目与 X 染色体上等位基因数目之比),y_1 表示该地第一代男性居民的色盲基因频率.由于男性从母亲接受一个 X 染色体,所以第二代男性的色盲基因频率 y_2 与第一代女

性的色盲基因频率 x_1 相等;因为女性从父母双方各接受一个 X 染色体,所以第二代女性的色盲基因频率 x_2 为 x_1 与 y_2 的平均值,即有

$$\begin{cases} x_2=\dfrac{1}{2}(x_1+y_1), \\ y_2=x_1. \end{cases}$$

用 x_n 和 y_n 表示第 n 代女性和男性的色盲基因频率,类似地有

$$\begin{cases} x_n=\dfrac{1}{2}(x_{n-1}+y_{n-1}), \\ y_n=x_{n-1}, \end{cases}$$

即

$$\begin{bmatrix} x_n \\ y_n \end{bmatrix}=\begin{bmatrix} \dfrac{1}{2} & \dfrac{1}{2} \\ 1 & 0 \end{bmatrix}\begin{bmatrix} x_{n-1} \\ y_{n-1} \end{bmatrix}, n=2,3,\cdots,$$

将上式中二阶矩阵记为 $\boldsymbol{A}$,则

$$\begin{bmatrix} x_n \\ y_n \end{bmatrix}=\boldsymbol{A}^{n-1}\begin{bmatrix} x_1 \\ y_1 \end{bmatrix}, n=2,3,\cdots.$$

容易求得 $\boldsymbol{A}$ 的特征值为 $\lambda_1=1, \lambda_2=-\dfrac{1}{2}$,对应的特征向量依次为 $\boldsymbol{p}_1=\begin{bmatrix} 1 \\ 1 \end{bmatrix}, \boldsymbol{p}_2=\begin{bmatrix} 1 \\ -2 \end{bmatrix}$,因此 $\boldsymbol{A}$ 可对角化,从而

$$\begin{aligned} \boldsymbol{A}^{n-1} &= \begin{bmatrix} 1 & 1 \\ 1 & -2 \end{bmatrix}\begin{bmatrix} 1 & 0 \\ 0 & -\dfrac{1}{2} \end{bmatrix}^{n-1}\begin{bmatrix} 1 & 1 \\ 1 & -2 \end{bmatrix}^{-1} \\ &= \begin{bmatrix} 1 & 1 \\ 1 & -2 \end{bmatrix}\begin{bmatrix} 1 & 0 \\ 0 & \left(-\dfrac{1}{2}\right)^{n-1} \end{bmatrix}\begin{bmatrix} \dfrac{2}{3} & \dfrac{1}{3} \\ \dfrac{1}{3} & -\dfrac{1}{3} \end{bmatrix} \\ &= \frac{1}{3}\begin{bmatrix} 2+\left(-\dfrac{1}{2}\right)^{n-1} & 1-\left(-\dfrac{1}{2}\right)^{n-1} \\ 2+\left(-\dfrac{1}{2}\right)^{n-2} & 1-\left(-\dfrac{1}{2}\right)^{n-2} \end{bmatrix}, \end{aligned}$$

于是当 $n \to \infty$ 时,有

$$\begin{bmatrix} x_n \\ y_n \end{bmatrix}=\frac{1}{3}\begin{bmatrix} 2+\left(-\dfrac{1}{2}\right)^{n-1} & 1-\left(-\dfrac{1}{2}\right)^{n-1} \\ 2+\left(-\dfrac{1}{2}\right)^{n-2} & 1-\left(-\dfrac{1}{2}\right)^{n-2} \end{bmatrix}\begin{bmatrix} x_1 \\ y_1 \end{bmatrix} \to \frac{1}{3}\begin{bmatrix} 2x_1+y_1 \\ 2x_1+y_1 \end{bmatrix}.$$

这说明,在该地区中,如果假设没有外来居民,则无论第一代男、女居民的色盲基因频率是否相等,随着代数的增加,男、女居民的色盲基因频率将接近相等.由于女性色盲者比例小于其色盲基因频率,而男性色盲者比例等于其色盲基因频率,所以经过许多代之后,女性色盲者比例会小于男性色盲者比例.

5.5.2 兔子与狐狸的生态模型

为了考察栖息在某地区的兔子和狐狸，用 x_n, y_n 分别表示第 n 年兔子和狐狸的数量. 假设：没有狐狸侵袭时兔子的出生率高于死亡率，即有 $x_n=1.2x_{n-1}$；没有兔子作为食物时狐狸的死亡率将超过出生率，即有 $y_n=0.6y_{n-1}$. 而实际情况是狐狸总是要抓兔子的，故兔子的数目影响着狐狸的生存，设

$$y_n=0.5x_{n-1}+0.6y_{n-1};$$

并且狐狸的侵袭会造成兔子数目的减少，设狐狸对兔子的捕杀率为 k，则

$$x_n=1.2x_{n-1}-ky_{n-1}.$$

现在假定 $x_1=1\,000, y_1=100$. 并记

$$\boldsymbol{\alpha}_n=\begin{bmatrix}x_n\\y_n\end{bmatrix},\quad \boldsymbol{A}=\begin{bmatrix}1.2 & -k\\0.5 & 0.6\end{bmatrix},$$

则有

$$\boldsymbol{\alpha}_n=\boldsymbol{A}\boldsymbol{\alpha}_{n-1}, n=2,3,\cdots,$$

从而

$$\boldsymbol{\alpha}_n=\boldsymbol{A}^{n-1}\boldsymbol{\alpha}_1, n=2,3,\cdots.$$

容易求得 $\boldsymbol{A}$ 的特征多项式

$$|\lambda\boldsymbol{E}-\boldsymbol{A}|=\begin{vmatrix}\lambda-1.2 & k\\-0.5 & \lambda-0.6\end{vmatrix}=\lambda^2-1.8\lambda+0.5k+0.72,$$

得 $\boldsymbol{A}$ 的特征值

$$\lambda=0.9\pm\sqrt{0.09-0.5k}.$$

按狐狸对兔子的捕杀率 k 的取值分三种情况讨论.

(1) $k=0.1$. 此时

$$\boldsymbol{A}=\begin{bmatrix}1.2 & -0.1\\0.5 & 0.6\end{bmatrix},$$

$\boldsymbol{A}$ 的特征值为 $\lambda_1=1.1, \lambda_2=0.7$，对应的特征向量依次为 $\begin{bmatrix}1\\1\end{bmatrix}, \begin{bmatrix}1\\5\end{bmatrix}$，从而 $\boldsymbol{A}$ 可对角化，故

$$\boldsymbol{A}^{n-1}=\begin{bmatrix}1 & 1\\1 & 5\end{bmatrix}\begin{bmatrix}\lambda_1^{n-1} & 0\\0 & \lambda_2^{n-1}\end{bmatrix}\begin{bmatrix}1 & 1\\1 & 5\end{bmatrix}^{-1}=\frac{1}{4}\begin{bmatrix}5\lambda_1^{n-1}-\lambda_2^{n-1} & -\lambda_1^{n-1}+\lambda_2^{n-1}\\5\lambda_1^{n-1}-5\lambda_2^{n-1} & -\lambda_1^{n-1}+5\lambda_2^{n-1}\end{bmatrix},$$

于是

$$\begin{aligned}\boldsymbol{\alpha}_n&=\boldsymbol{A}^{n-1}\boldsymbol{\alpha}_1=\frac{1}{4}\begin{bmatrix}5\lambda_1^{n-1}-\lambda_2^{n-1} & -\lambda_1^{n-1}+\lambda_2^{n-1}\\5\lambda_1^{n-1}-5\lambda_2^{n-1} & -\lambda_1^{n-1}+5\lambda_2^{n-1}\end{bmatrix}\begin{bmatrix}1\,000\\100\end{bmatrix}\\&=\begin{bmatrix}1\,225\lambda_1^{n-1}-225\lambda_2^{n-1}\\1\,225\lambda_1^{n-1}-1\,125\lambda_2^{n-1}\end{bmatrix},\end{aligned}$$

即当 $n\to\infty$ 时，$x_n\to\infty, y_n\to\infty$.

(2) $k=0.16$. 此时

$$\boldsymbol{A}=\begin{bmatrix}1.2 & -0.16\\0.5 & 0.6\end{bmatrix},$$

$\boldsymbol{A}$ 的特征值为 $\lambda_1=1,\lambda_2=0.8$，对应的特征向量依次为 $\begin{bmatrix}4\\5\end{bmatrix},\begin{bmatrix}2\\5\end{bmatrix}$，从而 $\boldsymbol{A}$ 可对角化，故

$$\boldsymbol{A}^{n-1}=\begin{bmatrix}4&2\\5&5\end{bmatrix}\begin{bmatrix}1&0\\0&\lambda_2^{n-1}\end{bmatrix}\begin{bmatrix}4&2\\5&5\end{bmatrix}^{-1}=\frac{1}{10}\begin{bmatrix}20-10\lambda_2^{n-1}&-8+8\lambda_2^{n-1}\\25-25\lambda_2^{n-1}&-10+20\lambda_2^{n-1}\end{bmatrix},$$

所以

$$\boldsymbol{\alpha}_n=\boldsymbol{A}^{n-1}\boldsymbol{\alpha}_1=\begin{bmatrix}1\ 920-920\lambda_2^{n-1}\\2\ 400-2\ 300\lambda_2^{n-1}\end{bmatrix},$$

即当 $n\to\infty$ 时，$x_n\to1\ 920$，$y_n\to2\ 400$.

(3) $k=0.18$.此时

$$\boldsymbol{A}=\begin{bmatrix}1.2&-0.18\\0.5&0.6\end{bmatrix},$$

$\boldsymbol{A}$ 的特征值为 $\lambda_1=\lambda_2=0.9$，对应的特征向量为 $\begin{bmatrix}3\\5\end{bmatrix}$，因此 $\boldsymbol{A}$ 不能对角化.

不难求出 $\boldsymbol{A}$ 的 Jordan 标准形及相似变换矩阵，得

$$\begin{bmatrix}3&10\\5&0\end{bmatrix}^{-1}\boldsymbol{A}\begin{bmatrix}3&10\\5&0\end{bmatrix}=\begin{bmatrix}0.9&1\\0&0.9\end{bmatrix},$$

从而

$$\begin{aligned}\boldsymbol{A}^{n-1}&=\begin{bmatrix}3&10\\5&0\end{bmatrix}\begin{bmatrix}0.9&1\\0&0.9\end{bmatrix}^{n-1}\begin{bmatrix}3&10\\5&0\end{bmatrix}^{-1}\\&=\begin{bmatrix}3&10\\5&0\end{bmatrix}\begin{bmatrix}0.9^{n-1}&(n-1)0.9^{n-2}\\0&0.9^{n-1}\end{bmatrix}\begin{bmatrix}0&10\\5&-3\end{bmatrix}\frac{1}{50}\\&=\frac{1}{50}\begin{bmatrix}15(n+2)0.9^{n-2}&-9(n-1)0.9^{n-2}\\25(n-1)0.9^{n-2}&-15(n-4)0.9^{n-2}\end{bmatrix},\end{aligned}$$

因此

$$\boldsymbol{\alpha}_n=\boldsymbol{A}^{n-1}\boldsymbol{\alpha}_1=\begin{bmatrix}(282n+618)0.9^{n-2}\\(470n-380)0.9^{n-2}\end{bmatrix},$$

即当 $n\to\infty$ 时，$x_n\to0$，$y_n\to0$.

综上所述，若狐狸对兔子的捕杀率过低($k=0.1$)，兔子的群体会无限发展，狐狸的群体也无限发展，这将是一场灾难！若狐狸对兔子的捕杀率适中($k=0.16$)，兔子的群体和狐狸的群体将达到一种平衡.若狐狸对兔子的捕杀率过高($k=0.18$)，兔子将灭绝，狐狸也会自行灭亡，这是一个悲剧！这也是成语“兔死狐悲”的一个很好的诠释.

5.5.3 单循环比赛的排名问题

设有六支球队参加的羽毛球单循环比赛，比赛结果用一个有向图 G(见图 5.2)表示：以六个球队为顶点集，当且仅当球队 i 胜球队 j 时，连一条 i 到 j 的弧.每场比赛只记胜负，不允许有平局，每胜一场记 1 分.要排定球队的名次，就必须计算出各球队得分.为此

先给出有向图 G 的邻接矩阵

$$A=\begin{bmatrix}0&1&0&1&1&1\\0&0&0&1&1&1\\1&1&0&1&0&0\\0&0&0&0&1&1\\0&0&1&0&0&1\\0&0&1&0&0&0\end{bmatrix},$$

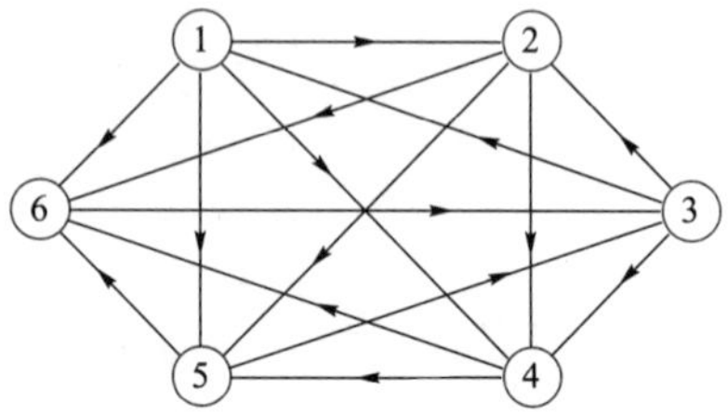

图 5.2 单循环比赛结果对应的有向图

并令 $\boldsymbol{s}_0=(1,1,1,1,1,1)^{\mathrm{T}}$,则六个球队的得分就构成一个向量

$$\boldsymbol{s}_1=\boldsymbol{A}\boldsymbol{s}_0=(4,3,3,2,2,1)^{\mathrm{T}}.$$

若根据得分向量 $\boldsymbol{s}_1$ 排出球队的名次,则球队 2 和 3 并列第二,球队 4 和 5 并列第三.此时球队 3 可能不服:虽然它与球队 2 都是战胜了三个队,但是它战胜的都是强队.为体现战胜的球队的强弱,就将每个球队所战胜的球队的得分之和作为其第二级得分,构成第二级得分向量

$$\boldsymbol{s}_2=\boldsymbol{A}\boldsymbol{s}_1=(8,5,9,3,4,3)^{\mathrm{T}}.$$

但是第二级得分也有明显的缺陷:球队 3 的第二级得分竟然最高！于是继续算下去,得

$$\boldsymbol{s}_3=\boldsymbol{A}\boldsymbol{s}_2=(15,10,16,7,12,9)^{\mathrm{T}},$$

$$\boldsymbol{s}_4=\boldsymbol{A}\boldsymbol{s}_3=(38,28,32,21,25,16)^{\mathrm{T}},$$

$$\cdots\cdots\cdots\cdots$$

$$\boldsymbol{s}_k=\boldsymbol{A}\boldsymbol{s}_{k-1}=\boldsymbol{A}^2\boldsymbol{s}_{k-2}=\cdots=\boldsymbol{A}^k\boldsymbol{s}_0,k=1,2,\cdots.$$

显然,将 $\boldsymbol{s}_k$ 除以一个正数并不影响各球队的排名,而且还能保证 $\boldsymbol{s}_k$ 中分量的绝对值不至于趋于无穷大.通常的做法是除以绝对值最大的那个分量.

用 $m(\boldsymbol{s}_k)$表示 $\boldsymbol{s}_k$ 的绝对值最大的分量(若有多个分量的绝对值达到最大,就取最前面的分量),于是令

$$\boldsymbol{s}_1=\boldsymbol{A}\boldsymbol{s}_0,\boldsymbol{p}_1=\frac{\boldsymbol{s}_1}{m(\boldsymbol{s}_1)}.$$

若已经得到 $\boldsymbol{s}_k$ 和 $\boldsymbol{p}_k$,则令

$$\boldsymbol{s}_{k+1}=\boldsymbol{A}\boldsymbol{p}_k,\boldsymbol{p}_{k+1}=\frac{\boldsymbol{s}_{k+1}}{m(\boldsymbol{s}_{k+1})}.$$

如果 $\lim\limits_{k\to\infty}\boldsymbol{p}_k=\boldsymbol{p},\lim\limits_{k\to\infty}m(\boldsymbol{s}_k)=\lambda$,那么由

$$\boldsymbol{s}_{k+1}=\boldsymbol{A}\boldsymbol{p}_k=m(\boldsymbol{s}_{k+1})\boldsymbol{p}_{k+1},$$

得 $\boldsymbol{Ap}=\lambda\boldsymbol{p}$，最后将邻接矩阵 $\boldsymbol{A}$ 的特征值 λ 对应的特征向量 $\boldsymbol{p}$ 作为球队排名的依据.

只要对邻接矩阵 $\boldsymbol{A}$ 或有向图 G 加以适当的限制，就能使得 $\boldsymbol{p}_k$ 和 $m(\boldsymbol{s}_k)$ 存在极限 $\boldsymbol{p}$ 和 λ，并且 λ 为 $\boldsymbol{A}$ 的绝对值最大的特征值.上述步骤实际上给出了求矩阵 $\boldsymbol{A}$ 的绝对值最大的特征值及其对应的特征向量的方法.采用这个方法，计算出邻接矩阵 $\boldsymbol{A}$ 的最大特征值 $\lambda=2.232$，对应的特征向量

$$\boldsymbol{p}=(0.238,0.164,0.231,0.113,0.150,0.104)^{\mathrm{T}},$$

用向量 $\boldsymbol{p}$ 来确定球队的排名依次为：球队 1、球队 3、球队 2、球队 5、球队 4、球队 6.

5.6 历史事件

相似矩阵的概念起源于行列式，最早可追溯至 Cauchy 在 1812 年的工作，正式的定义则是 Frobenius 于 1878 年给出的.

特征值、特征向量和特征方程的概念起源于不同的数学分支.特征值和特征向量这两个术语最早出现在法国数学家、力学家 Jean Le Rond d'Alembert（达朗贝尔）从 1743 年到 1758 年研究常系数线性微分方程组解的著作中，特征方程则隐含在瑞士数学家 Leonard Euler（欧拉）写于 1748 年的化三元二次型为标准形（见第 6.1 节）的著作中，Lagrange 在 1762—1765 年有关线性微分方程的著作首次明确地给出了特征方程的定义.

1855 年，Hermite 证明了满足 $\boldsymbol{A}=\overline{\boldsymbol{A}}^{\mathrm{T}}$ 的矩阵（现在被称为 Hermite 矩阵）的特征值是实数.1861 年，德国数学家 Alfred Clebsch（克莱布施）从 Hermite 的定理中推导出实反称矩阵的非零特征值是纯虚数.1885 年，德国数学家 Arthur Buchheim（布赫海姆）证明了实对称矩阵的特征值是实数.1890 年，Henry Taber（泰伯）引进了矩阵的迹的概念，并断言一个方阵的特征值之和等于它的迹，加拿大数学家 William Henry Metzler（梅茨勒）于 1891 年证明了这个断言.

Cayley-Hamilton 定理是 Cayley 在 1858 年发表的一个重要结果，这个结果与爱尔兰数学家 William Rowan Hamilton 有关系是因为他在研究四元数时也证明了类似的结论. Frobenius 在 20 年后给出了 Cayley-Hamilton 定理的完整证明.

Jordan 标准形是法国数学家 Camille Jordan 于 1870 年定义的一种相似标准形，并且证明了 Jordan 定理.这里所说的 Jordan 与第 1 章提到的德国工程师 Wilhelm Jordan 并非同一人.

特征值和特征向量不仅在线性代数中而且在数学的很多分支中都起着关键作用，并且在科学技术、工程设计以及经济学等诸多领域有着极为广泛的应用.

习题 5

(A)

1. 设 $\boldsymbol{A}=\begin{bmatrix}3&-1\\-2&2\end{bmatrix}$.

(1) 验证 $\lambda_1=1$ 是 $\boldsymbol{A}$ 的特征值，$\boldsymbol{p}_1=\begin{bmatrix} r \\ 2r \end{bmatrix}(r\neq 0)$ 是 $\boldsymbol{A}$ 的对应 λ_1 的特征向量；

(2) 验证 $\lambda_2=4$ 是 $\boldsymbol{A}$ 的特征值，$\boldsymbol{p}_2=\begin{bmatrix} r \\ -r \end{bmatrix}(r\neq 0)$ 是 $\boldsymbol{A}$ 的对应 λ_2 的特征向量；

(3) 求 $\boldsymbol{A}^2$ 的所有特征值和特征向量.

2. 求下列矩阵的特征值和特征向量：

(1) $\begin{bmatrix} 2 & 1 \\ -1 & 0 \end{bmatrix}$；　　(2) $\begin{bmatrix} 2 & 0 & 3 \\ 0 & 1 & 0 \\ 0 & 1 & 2 \end{bmatrix}$；

(3) $\begin{bmatrix} 2 & 1 & 2 \\ 2 & 2 & -2 \\ 3 & 1 & 1 \end{bmatrix}$；　　(4) $\begin{bmatrix} 1 & 2 & 3 & 4 \\ 0 & -1 & 3 & 2 \\ 0 & 0 & 3 & 3 \\ 0 & 0 & 0 & 2 \end{bmatrix}$.

3. 设

$$\boldsymbol{A}=\begin{bmatrix} -1 & 2 & 2 \\ 2 & -1 & -2 \\ 2 & -2 & -1 \end{bmatrix}.$$

(1) 求 $\boldsymbol{A}$ 的特征值；

(2) 求 $\boldsymbol{E}+\boldsymbol{A}^{-1}$ 的特征值.

4. 设 $\boldsymbol{A}$ 为 n 阶矩阵.

(1) 证明 $\boldsymbol{A}^{\mathrm{T}}$ 与 $\boldsymbol{A}$ 的特征值相同；

(2) 分析 $\boldsymbol{A}^{\mathrm{T}}$ 与 $\boldsymbol{A}$ 的相同特征值对应的特征向量是否相同.

5. 设矩阵 $\boldsymbol{A}$ 满足 $\boldsymbol{A}^2-3\boldsymbol{A}+2\boldsymbol{E}=\boldsymbol{0}$，求 $\boldsymbol{A}$ 的特征值.

6. 已知 n 阶可逆矩阵 $\boldsymbol{A}$ 的一个特征值为 2，求 $3\boldsymbol{A}^{-1}-\boldsymbol{E}$ 的一个特征值.

7. 设 $\boldsymbol{A},\boldsymbol{P}$ 都是三阶方阵，$\boldsymbol{P}$ 可逆，已知 $\boldsymbol{A}$ 的特征值为 $\lambda_1=1,\lambda_2=-1,\lambda_3=2$，$\boldsymbol{B}=\boldsymbol{A}^3-5\boldsymbol{A}^2$，求 $|\boldsymbol{B}|$，$|\boldsymbol{A}+5\boldsymbol{E}|$ 和 $|5\boldsymbol{E}+\boldsymbol{P}^{-1}\boldsymbol{A}\boldsymbol{P}|$.

8. 设 2 为矩阵 $\boldsymbol{A}$ 的特征值，求行列式 $|\boldsymbol{A}^2-3\boldsymbol{A}+2\boldsymbol{E}|$.

9. 设 $\boldsymbol{\alpha}=(1,0,-1)^{\mathrm{T}}$，$\boldsymbol{A}=\boldsymbol{\alpha}\boldsymbol{\alpha}^{\mathrm{T}}$，$n$ 为正整数，计算行列式 $|a\boldsymbol{E}-\boldsymbol{A}^n|$.

10. 设 $\boldsymbol{A}=[\boldsymbol{\alpha}_1\ \ \boldsymbol{\alpha}_2\ \ \boldsymbol{\alpha}_3]$ 为三阶实矩阵，且 $\boldsymbol{\alpha}_1-2\boldsymbol{\alpha}_2+\boldsymbol{\alpha}_3=\boldsymbol{0}$，证明 0 是 $\boldsymbol{A}$ 的一个特征值.

11. 设 $\boldsymbol{A}$ 为二阶矩阵，$\boldsymbol{\alpha}_1,\boldsymbol{\alpha}_2$ 为线性无关的二维列向量，且 $\boldsymbol{A}\boldsymbol{\alpha}_1=\boldsymbol{0}$，$\boldsymbol{A}\boldsymbol{\alpha}_2=2\boldsymbol{\alpha}_1+\boldsymbol{\alpha}_2$，求 $\boldsymbol{A}$ 的全部特征值.

12. 设 $\boldsymbol{A}$ 为三阶矩阵，已知 $\boldsymbol{A}\boldsymbol{x}=\boldsymbol{0}$ 有非零解，且 $|\boldsymbol{A}+\boldsymbol{E}|=|2\boldsymbol{A}+\boldsymbol{E}|=0$，求行列式 $|\boldsymbol{E}+3\boldsymbol{A}|$.

13. 设 $\boldsymbol{A}$ 为 n 阶正交矩阵，且 $|\boldsymbol{A}|<0$，求 $(\boldsymbol{A}^{-1})^*$ 的一个特征值.

14. 设

$$\boldsymbol{A}=\begin{bmatrix} 2 & 1 & 1 \\ 1 & 2 & 1 \\ 1 & 1 & 2 \end{bmatrix},\boldsymbol{p}=\begin{bmatrix} 1 \\ k \\ 1 \end{bmatrix},$$

且 $\boldsymbol{p}$ 是 $\boldsymbol{A}^{-1}$ 的特征向量，求常数 k.

15. 已知三阶矩阵 $\boldsymbol{A}$ 和三维向量 $\boldsymbol{x}$，使得向量组 $\boldsymbol{x},\boldsymbol{Ax},\boldsymbol{A}^2\boldsymbol{x}$ 线性无关，且满足 $\boldsymbol{A}^3\boldsymbol{x}=3\boldsymbol{Ax}-2\boldsymbol{A}^2\boldsymbol{x}$.

(1) 记 $\boldsymbol{P}=[\boldsymbol{x}\quad \boldsymbol{Ax}\quad \boldsymbol{A}^2\boldsymbol{x}]$，求三阶矩阵 $\boldsymbol{B}$，使得 $\boldsymbol{A}=\boldsymbol{PBP}^{-1}$；

(2) 计算行列式 $|\boldsymbol{A}+\boldsymbol{E}|$.

16. 设四阶矩阵 $\boldsymbol{A}$ 与 $\boldsymbol{B}$ 相似，且 $\boldsymbol{A}$ 的特征值为 $\frac{1}{2},\frac{1}{3},\frac{1}{4},\frac{1}{5}$，计算行列式 $|\boldsymbol{B}^{-1}-\boldsymbol{E}|$.

17. 设 $\boldsymbol{A}$ 是二阶实矩阵.

(1) 若 $|\boldsymbol{A}|<0$，问 $\boldsymbol{A}$ 与对角矩阵是否相似？

(2) 若 $\boldsymbol{A}=\begin{bmatrix} a & b \\ c & d \end{bmatrix}$，$ad-bc=1$，$a+d>2$，问 $\boldsymbol{A}$ 是否可对角化？

18. 已知 $\boldsymbol{p}$ 是 $\boldsymbol{A}$ 的一个特征向量，其中

$$\boldsymbol{A}=\begin{bmatrix} 2 & -1 & 2 \\ 5 & a & 3 \\ -1 & b & -2 \end{bmatrix},\boldsymbol{p}=\begin{bmatrix} 1 \\ 1 \\ -1 \end{bmatrix}.$$

(1) 试确定参数 a,b 及特征向量 $\boldsymbol{p}$ 所对应的特征值；

(2) 问矩阵 $\boldsymbol{A}$ 能否对角化？说明理由.

19. 设三阶矩阵 $\boldsymbol{A}$ 全部特征值为 $-2,-2,3$，它们对应的特征向量分别为

$$\boldsymbol{p}_1=\begin{bmatrix} 1 \\ 0 \\ 1 \end{bmatrix},\boldsymbol{p}_2=\begin{bmatrix} 0 \\ 1 \\ 1 \end{bmatrix},\boldsymbol{p}_3=\begin{bmatrix} 1 \\ 1 \\ 1 \end{bmatrix},$$

求 $\boldsymbol{A}$.

20. 已知

$$\boldsymbol{A}=\begin{bmatrix} 1 & a & -3 \\ -1 & 4 & -3 \\ 1 & -2 & 5 \end{bmatrix}$$

有重特征值，判断 $\boldsymbol{A}$ 能否相似对角化，并说明理由.

21. 设三阶实对称矩阵 $\boldsymbol{A}$ 有三个不同的特征值 $\lambda_1,\lambda_2,\lambda_3$，且 λ_1,λ_2 所对应的特征向量分别为 $\boldsymbol{p}_1=(1,a,1)^{\mathrm{T}}$，$\boldsymbol{p}_2=(a,a+1,1)^{\mathrm{T}}$，求 λ_3 所对应的特征向量 $\boldsymbol{p}_3$.

22. 设

$$\boldsymbol{A}=\begin{bmatrix} 1 & -1 & 1 \\ x & 4 & y \\ -3 & -3 & 5 \end{bmatrix}$$

有三个线性无关的特征向量，且 2 是 $\boldsymbol{A}$ 的二重特征值，试求 x,y 及可逆矩阵 $\boldsymbol{P}$，使得 $\boldsymbol{P}^{-1}\boldsymbol{AP}$ 为对角矩阵.

23. 设

$$\boldsymbol{A}=\begin{bmatrix}1&0&1\\0&2&0\\1&0&1\end{bmatrix},n\geqslant 2,$$

计算 $\boldsymbol{A}^n-2\boldsymbol{A}^{n-1}$.

24. 设三阶实对称矩阵 $\boldsymbol{A}$ 的特征值为 1,2,3,特征值 1,2 对应的特征向量分别为 $\boldsymbol{p}_1=(-1,-1,1)^{\mathrm{T}}$, $\boldsymbol{p}_2=(1,-2,-1)^{\mathrm{T}}$.求 $\boldsymbol{A}$ 及 $\boldsymbol{A}^n$.

(B)

25. 设 $\boldsymbol{A}\sim\boldsymbol{B},\boldsymbol{C}\sim\boldsymbol{D}$,证明 $\begin{bmatrix}\boldsymbol{A}&\boldsymbol{0}\\\boldsymbol{0}&\boldsymbol{C}\end{bmatrix}\sim\begin{bmatrix}\boldsymbol{B}&\boldsymbol{0}\\\boldsymbol{0}&\boldsymbol{D}\end{bmatrix}$.

26. 设三阶实对称矩阵 $\boldsymbol{A}$ 的特征值为 1,2,−2,$\boldsymbol{p}_1=(1,-1,1)^{\mathrm{T}}$ 是 $\boldsymbol{A}$ 的对应于 1 的一个特征向量,记 $\boldsymbol{B}=\boldsymbol{A}^5-4\boldsymbol{A}^3+\boldsymbol{E}$.

(1) 求 $\boldsymbol{B}$ 的特征值和特征向量;

(2) 求 $\boldsymbol{B}$.

27. 设 $\boldsymbol{\alpha}=(a_1,a_2,\cdots,a_n)^{\mathrm{T}}$ 和 $\boldsymbol{\beta}=(b_1,b_2,\cdots,b_n)^{\mathrm{T}}$ 为两个非零向量,且 $\boldsymbol{\alpha}^{\mathrm{T}}\boldsymbol{\beta}=0$,记矩阵 $\boldsymbol{A}=\boldsymbol{\alpha}\boldsymbol{\beta}^{\mathrm{T}}$,计算 $\boldsymbol{A}^2$,并求 $\boldsymbol{A}$ 的特征值和特征向量.

28. 设

$$\boldsymbol{A}=\begin{bmatrix}3&2&2\\2&3&2\\2&2&3\end{bmatrix},\boldsymbol{P}=\begin{bmatrix}0&1&0\\1&0&1\\0&0&1\end{bmatrix},$$

且 $\boldsymbol{B}=\boldsymbol{P}^{-1}\boldsymbol{A}^*\boldsymbol{P}$,其中 $\boldsymbol{A}^*$ 为 $\boldsymbol{A}$ 的伴随矩阵,求 $\boldsymbol{B}+2\boldsymbol{E}$ 的特征值与特征向量.

29. 设三阶实对称矩阵 $\boldsymbol{A}$ 每一行各元之和均为 3,$\boldsymbol{\alpha}_1=(-1,2,-1)^{\mathrm{T}}$,$\boldsymbol{\alpha}_2=(0,-1,1)^{\mathrm{T}}$ 是线性方程组 $\boldsymbol{A}\boldsymbol{x}=\boldsymbol{0}$ 的两个解.

(1) 求 $\boldsymbol{A}$ 的特征值与特征向量;

(2) 求正交矩阵 $\boldsymbol{Q}$ 和对角矩阵 $\boldsymbol{\Lambda}$,使得 $\boldsymbol{Q}^{\mathrm{T}}\boldsymbol{A}\boldsymbol{Q}=\boldsymbol{\Lambda}$;

(3) 求 $\boldsymbol{A}$ 及 $\left(\boldsymbol{A}-\dfrac{3}{2}\boldsymbol{E}\right)^6$.

30. 设向量 $\boldsymbol{\alpha}=(a_1,a_2,\cdots,a_n)^{\mathrm{T}}$ 与 $\boldsymbol{\beta}=(b_1,b_2,\cdots,b_n)^{\mathrm{T}}$ 正交,求矩阵

$$\boldsymbol{A}=\begin{bmatrix}a_1+b_1&a_1+b_2&\cdots&a_1+b_n\\a_2+b_1&a_2+b_2&\cdots&a_2+b_n\\\vdots&\vdots&&\vdots\\a_n+b_1&a_n+b_2&\cdots&a_n+b_n\end{bmatrix}$$

的 n 个特征值.

31. 已知二维非零向量 $\boldsymbol{x}$ 不是二阶矩阵 $\boldsymbol{A}$ 的特征向量.

(1) 证明 $\boldsymbol{x},\boldsymbol{A}\boldsymbol{x}$ 线性无关;

(2) 若 $\boldsymbol{x},\boldsymbol{A}\boldsymbol{x}$ 满足方程 $\boldsymbol{A}^2\boldsymbol{x}+\boldsymbol{A}\boldsymbol{x}-6\boldsymbol{x}=\boldsymbol{0}$,求 $\boldsymbol{A}$ 的全部特征值和特征向量,并由此判断 $\boldsymbol{A}$ 能否可对角化,若能,请写出对角矩阵.

32. 设 $\boldsymbol{A},\boldsymbol{B}$ 为 n 阶非零矩阵,且 $\boldsymbol{A}^2+\boldsymbol{A}=\boldsymbol{0},\boldsymbol{B}^2+\boldsymbol{B}=\boldsymbol{0}$,证明 $\lambda=-1$ 必是 $\boldsymbol{A},\boldsymbol{B}$

的特征值，若 $\boldsymbol{AB}=\boldsymbol{0}$，$\boldsymbol{p}_1$，$\boldsymbol{p}_2$ 分别是 $\boldsymbol{A}$，$\boldsymbol{B}$ 的对应于特征值 $\lambda=-1$ 的特征向量，证明 $\boldsymbol{p}_1$，$\boldsymbol{p}_2$ 线性无关.

33. 设 n 阶矩阵 $\boldsymbol{A}$，$\boldsymbol{B}$ 满足 $\boldsymbol{AB}=2\boldsymbol{A}+\boldsymbol{B}$，证明：$\boldsymbol{A}$ 与 $\boldsymbol{B}$ 有完全相同的特征向量.

34. 设 $\boldsymbol{A}$ 是 n 阶矩阵，证明：若任何 n 维非零向量都是 $\boldsymbol{A}$ 的特征向量，则 $\boldsymbol{A}$ 为数量矩阵.

35. 设 n 阶矩阵 $\boldsymbol{A}$ 满足 $\boldsymbol{A}^2-3\boldsymbol{A}+2\boldsymbol{E}=\boldsymbol{0}$，证明 $\boldsymbol{A}$ 可对角化.

36. 设 n 阶实对称矩阵 $\boldsymbol{A}$ 的特征值全非负，证明：存在特征值均为非负实数的实对称矩阵 $\boldsymbol{B}$，使 $\boldsymbol{A}=\boldsymbol{B}^2$.

37. 设三阶行列式

$$D=\begin{vmatrix} a & -5 & 8 \\ 0 & a+1 & 8 \\ 0 & 3a+3 & 25 \end{vmatrix}=0,$$

三阶矩阵 $\boldsymbol{A}$ 的三个特征值 $1,-1,0$ 对应的特征向量分别为

$$\boldsymbol{\beta}_1=\begin{bmatrix} 1 \\ 2a \\ -1 \end{bmatrix},\boldsymbol{\beta}_2=\begin{bmatrix} a \\ a+3 \\ a+2 \end{bmatrix},\boldsymbol{\beta}_3=\begin{bmatrix} a-2 \\ -1 \\ a+1 \end{bmatrix},$$

试确定参数 a，并求 $\boldsymbol{A}$.

38. 设三阶矩阵 $\boldsymbol{A}$ 有三个相异特征值 $\lambda_1,\lambda_2,\lambda_3$，对应的特征向量分别为 $\boldsymbol{\alpha}_1,\boldsymbol{\alpha}_2,\boldsymbol{\alpha}_3$，令 $\boldsymbol{\beta}=\boldsymbol{\alpha}_1+\boldsymbol{\alpha}_2+\boldsymbol{\alpha}_3$.

(1) 证明 $\boldsymbol{\beta},\boldsymbol{A\beta},\boldsymbol{A}^2\boldsymbol{\beta}$ 线性无关；

(2) 若 $\boldsymbol{A}^3\boldsymbol{\beta}=\boldsymbol{A\beta}$，求 $\operatorname{rank}(\boldsymbol{A}-\boldsymbol{E})$ 及行列式 $|\boldsymbol{A}+2\boldsymbol{E}|$.

39. 求下列矩阵的 Jordan 标准形及其相似变换矩阵：

(1) $\begin{bmatrix} 8 & -3 & 6 \\ 3 & -2 & 0 \\ -4 & 2 & -2 \end{bmatrix}$；　　(2) $\begin{bmatrix} 3 & 1 & -1 \\ -2 & 0 & 2 \\ -1 & -1 & 3 \end{bmatrix}$.

40. 求 $\boldsymbol{A}^k$，其中

$$\boldsymbol{A}=\begin{bmatrix} -3 & 3 & -2 \\ -7 & 6 & -3 \\ 1 & -1 & 2 \end{bmatrix}.$$

41. 设 $\boldsymbol{A}=\begin{bmatrix} 1 & 0 & 0 \\ 1 & 0 & 1 \\ 0 & 1 & 0 \end{bmatrix}$.

(1) 证明 $\boldsymbol{A}^{k+2}=\boldsymbol{A}^k+\boldsymbol{A}^2-\boldsymbol{E}(k\geqslant 1)$；

(2) 求 $\boldsymbol{A}^{100}$.

42. 某实验员对 10 000 株（其中 7 000 株开红花，3 000 株开白花）豌豆进行观察，得知母本开红花的豌豆，以概率 0.95 遗传给下一代仍开红花，以概率 0.05 变异开白花；母

本开白花的豌豆，以概率 0.85 遗传开白花，以概率 0.15 变异开红花.

(1) 第 10 代开红花和白花的豌豆各为多少？

(2) 第 30、50 代的情形呢？试分析原因.

43. 某公司对所生产的产品通过市场营销调查得到的统计资料表示，已经使用本公司的产品客户中有 60% 表示仍会继续购买该公司产品，在尚未使用该产品的客户中，有 25% 的客户将购买该产品，目前该产品的市场占有率为 60%，能否预测 n 年后该产品的市场占有率？

44. 生物外部的某种特征由其内部的显性基因 A 与隐性基因 a 组成的基因对 AA，Aa，aa 所确定.例如，某种花的三种颜色被三种基因对确定.常染色体的遗传规律是亲本双方各自的两个基因等可能地遗传给后代一个，因此亲本(双方)基因型和后代基因型的关系如表 5.1 所示.

表 5.1　亲本(双方)基因型和后代基因型的关系

		亲本(双方)基因型					
		$AA-AA$	$AA-Aa$	$AA-aa$	$Aa-Aa$	$Aa-aa$	$aa-aa$
后代基因型	AA	1	$\frac{1}{2}$	0	$\frac{1}{4}$	0	0
	Aa	0	$\frac{1}{2}$	1	$\frac{1}{2}$	$\frac{1}{2}$	0
	aa	0	0	0	$\frac{1}{4}$	$\frac{1}{2}$	1

设某种植物有三种基因型 AA，Aa，aa，它们各占总数的百分数为 a_0，b_0，c_0($a_0+b_0+c_0=1$).如果它们只与 Aa 型结合而进行繁殖，问繁殖到第 n 代时，三种基因型植物占总数的百分数 a_n，b_n，c_n 各为多少？并求其极限值.

第 5 章单元测试题

第 6 章 二 次 型

二次型起源于对二次曲线和二次曲面的分类问题，它不但出现于解析几何中，而且在数学的其他分支以及许多理论问题或实际问题中也经常遇到.

本章首先给出二次型的定义和它的矩阵表示，并由线性变换引出矩阵合同的概念，其次介绍化二次型为标准形的三种方法，然后证明惯性定理，最后着重讨论正定二次型.

6.1 二次型及其矩阵表示

解析几何中，平面直角坐标系 Ox_1x_2 下的有心二次曲线

$$ax_1^2+bx_1x_2+cx_2^2=1,$$

通过绕原点逆时针旋转 θ 的坐标变换

$$\begin{bmatrix}x_1\\x_2\end{bmatrix}=\begin{bmatrix}\cos\theta & -\sin\theta\\ \sin\theta & \cos\theta\end{bmatrix}\begin{bmatrix}y_1\\y_2\end{bmatrix}$$

总可将上面的曲线方程化成新坐标系 Oy_1y_2 下的标准方程

$$py_1^2+qy_2^2=1,$$

进而判别其图形是椭圆还是双曲线(见图 6.1)，从而便于研究曲线的形状和性质.

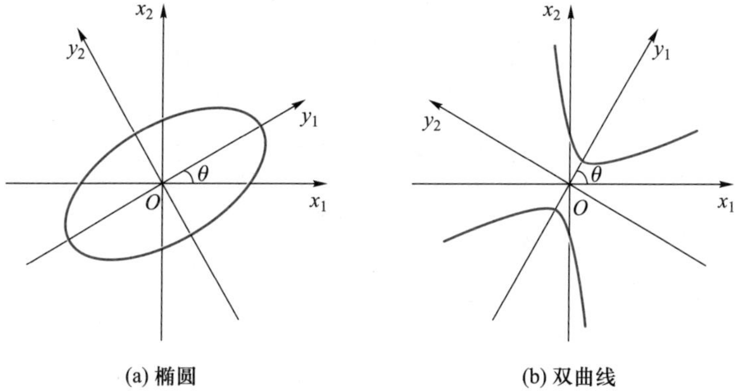

图 6.1 有心二次曲线的坐标旋转变换

无论是曲线的原方程还是标准方程，左边都是二次齐次多项式.用代数学的观点来看，上述过程就是通过一个适当的线性变换将一个二次齐次多项式化简为只含平方项.

下面讨论关于 n 个变量的二次齐次多项式的化简问题.

定义 6.1 n 个变量 $x_1,x_2,\cdots,x_n$ 的二次齐次多项式

$$
\begin{aligned}
f(x_1,x_2,\cdots,x_n)=a_{11}x_1^2&+2a_{12}x_1x_2+2a_{13}x_1x_3+\cdots+2a_{1n}x_1x_n\\
&a_{22}x_2^2+2a_{23}x_2x_3+\cdots+2a_{2n}x_2x_n+\cdots+\\
&a_{n-1,n-1}x_{n-1}^2+2a_{n-1,n}x_{n-1}x_n+\\
&a_{nn}x_n^2
\end{aligned}
\tag{6.1}
$$

称为 n **元二次型**,简称二次型.$a_{ij}(1\leqslant i\leqslant j\leqslant n)$称为 $f(x_1,x_2,\cdots,x_n)$的**系数**;当 a_{ij} 均为实数时,称 $f(x_1,x_2,\cdots,x_n)$为**实二次型**;当 a_{ij} 为复数时,称$f(x_1,x_2,\cdots,x_n)$为**复二次型**.

如果令 $a_{ij}=a_{ji}(i,j=1,2,\cdots,n)$,那么

$$2a_{ij}x_ix_j=a_{ij}x_ix_j+a_{ji}x_jx_i,$$

于是(6.1)式可以写成对称形式

$$
\begin{aligned}
f(x_1,x_2,\cdots,x_n)&=a_{11}x_1^2+a_{12}x_1x_2+\cdots+a_{1n}x_1x_n+\\
&\quad a_{21}x_2x_1+a_{22}x_2^2+\cdots+a_{2n}x_2x_n+\cdots+\\
&\quad a_{n1}x_nx_1+a_{n2}x_nx_2+\cdots+a_{nn}x_n^2\\
&=(x_1,x_2,\cdots,x_n)\begin{bmatrix}a_{11}x_1+a_{12}x_2+\cdots+a_{1n}x_n\\a_{21}x_1+a_{22}x_2+\cdots+a_{2n}x_n\\\vdots\\a_{n1}x_1+a_{n2}x_2+\cdots+a_{nn}x_n\end{bmatrix}\\
&=(x_1,x_2,\cdots,x_n)\begin{bmatrix}a_1&a_{12}&\cdots&a_{1n}\\a_{21}&a_{22}&\cdots&a_{2n}\\\vdots&\vdots&&\vdots\\a_{n1}&a_{n2}&\cdots&a_{nn}\end{bmatrix}\begin{bmatrix}x_1\\x_2\\\vdots\\x_n\end{bmatrix}.
\end{aligned}
\tag{6.2}
$$

记

$$\boldsymbol{A}=[a_{ij}]_{n\times n},\boldsymbol{x}=(x_1,x_2,\cdots,x_n)^{\mathrm{T}},$$

则 $\boldsymbol{A}$ 是对称矩阵,且二次型(6.2)可表示成

$$f(x_1,x_2,\cdots,x_n)=\sum_{i=1}^{n}\sum_{j=1}^{n}a_{ij}x_ix_j=\boldsymbol{x}^{\mathrm{T}}\boldsymbol{A}\boldsymbol{x},$$

或者

$$f(\boldsymbol{x})=\boldsymbol{x}^{\mathrm{T}}\boldsymbol{A}\boldsymbol{x}.\tag{6.3}$$

例如,实二次型

$$f_1(x_1,x_2,x_3)=3x_1^2+2x_2^2-x_3^2+2x_1x_2+5x_1x_3-4x_2x_3$$

的矩阵表示为

$$f_1(x_1,x_2,x_3)=(x_1,x_2,x_3)\begin{bmatrix}3&1&\frac{5}{2}\\1&2&-2\\\frac{5}{2}&-2&-1\end{bmatrix}\begin{bmatrix}x_1\\x_2\\x_3\end{bmatrix}.$$

疑难问题辨析

为何要规定二次型的矩阵为对称矩阵?

由上可知,任给一个二次型 $f(x_1,x_2,\cdots,x_n)$,可唯一确定一个对称矩阵 $\boldsymbol{A}$;反之,任何一个对称矩阵 $\boldsymbol{A}$ 也可唯一确定一个二次型 $f(\boldsymbol{x})$.这样,二次型与对称矩阵之间存在一一对应关系.因此,(6.3)式中的对称矩阵 $\boldsymbol{A}$ 称为**二次型$f(\boldsymbol{x})$的矩阵**,$f(\boldsymbol{x})$称为**对称矩阵 $\boldsymbol{A}$ 的二次型**.对称矩阵 $\boldsymbol{A}$ 的秩称为**二次型$f(\boldsymbol{x})$的秩**.

与有心二次曲线(即二元二次型)一样,n 元二次型的主要问题也是寻找一个适当的线性变换将其化简为只含平方项.

设有线性变换 $\boldsymbol{x}=\boldsymbol{C}\boldsymbol{y}$,其中 $\boldsymbol{C}\in\mathbb{F}^{n\times n}$,$\boldsymbol{x},\boldsymbol{y}\in\mathbb{F}^{n}$.若 $\boldsymbol{C}$ 是实矩阵,则称之为**实线性变换**.若 $\boldsymbol{C}$ 为可逆矩阵,则称之为**可逆的**、或**满秩的**、或**非退化的线性变换**.

对二次型 $f(\boldsymbol{x})=\boldsymbol{x}^{\mathrm{T}}\boldsymbol{A}\boldsymbol{x}$ 做可逆线性变换 $\boldsymbol{x}=\boldsymbol{C}\boldsymbol{y}$,得

$$f=\boldsymbol{x}^{\mathrm{T}}\boldsymbol{A}\boldsymbol{x}=(\boldsymbol{C}\boldsymbol{y})^{\mathrm{T}}\boldsymbol{A}(\boldsymbol{C}\boldsymbol{y})=\boldsymbol{y}^{\mathrm{T}}(\boldsymbol{C}^{\mathrm{T}}\boldsymbol{A}\boldsymbol{C})\boldsymbol{y}.$$

因 $\boldsymbol{A}$ 是对称矩阵,故$\boldsymbol{C}^{\mathrm{T}}\boldsymbol{A}\boldsymbol{C}$ 也是对称矩阵,这说明,一个二次型经过可逆线性变换后得到的仍然是二次型.记

$$\boldsymbol{B}=\boldsymbol{C}^{\mathrm{T}}\boldsymbol{A}\boldsymbol{C},$$

这是新、旧两个二次型的矩阵之间的关系.

由 $\boldsymbol{C}$ 为可逆矩阵可得下面两个结论:

(1) $\operatorname{rank}\boldsymbol{A}=\operatorname{rank}(\boldsymbol{C}^{\mathrm{T}}\boldsymbol{A}\boldsymbol{C})$,即新、旧两个二次型的秩相等;

(2) 逆变换 $\boldsymbol{y}=\boldsymbol{C}^{-1}\boldsymbol{x}$ 也是线性变换,它可以将新的二次型还原成旧的二次型,这样便于从新的二次型的性质推出旧的二次型的性质.

基于上述两个结论,我们总是要求化简二次型的线性变换是可逆的.

定义 6.2 设 $\boldsymbol{A},\boldsymbol{B}$ 为 n 阶矩阵,若有 n 阶可逆矩阵 $\boldsymbol{C}$,使得 $\boldsymbol{B}=\boldsymbol{C}^{\mathrm{T}}\boldsymbol{A}\boldsymbol{C}$,则称 $\boldsymbol{A}$ 与 $\boldsymbol{B}$ **合同**,记作 $\boldsymbol{A}\simeq\boldsymbol{B}$;当 $\boldsymbol{C}$ 为实矩阵时,则称 $\boldsymbol{A}$ 与 $\boldsymbol{B}$ 是**实合同的**.

合同是矩阵之间的一种关系,它满足自反性、对称性和传递性,因此是等价关系.

显然,可逆线性变换使得新、旧两个二次型的矩阵是合同的,与对称矩阵合同的矩阵必定是对称矩阵.

由定义知,合同的矩阵必定是等价的.下列的例子说明:等价的矩阵不一定是合同的,且合同与相似之间不存在蕴含关系.

(1) $\boldsymbol{A}\cong\boldsymbol{B}$ 不蕴含 $\boldsymbol{A}\simeq\boldsymbol{B}$.例如,对于矩阵

$$\boldsymbol{A}=\begin{bmatrix}1&0\\0&1\end{bmatrix},\boldsymbol{B}=\begin{bmatrix}1&2\\0&1\end{bmatrix},$$

显然 $\boldsymbol{A}\cong\boldsymbol{B}$.因为 $\boldsymbol{A}$ 是对称矩阵,而 $\boldsymbol{B}$ 不是对称矩阵,所以 $\boldsymbol{A}$ 与 $\boldsymbol{B}$ 不合同.

(2) $\boldsymbol{A}\simeq\boldsymbol{B}$ 不蕴含 $\boldsymbol{A}\sim\boldsymbol{B}$.例如,对于矩阵

$$\boldsymbol{A}=\begin{bmatrix}1&0\\0&1\end{bmatrix},\boldsymbol{B}=\begin{bmatrix}1&0\\0&4\end{bmatrix},$$

只要取 $\boldsymbol{C}=\begin{bmatrix}1&0\\0&2\end{bmatrix}$,就有$\boldsymbol{C}^{\mathrm{T}}\boldsymbol{A}\boldsymbol{C}=\boldsymbol{B}$,即 $\boldsymbol{A}\simeq\boldsymbol{B}$.因为与数量矩阵相似的矩阵只能是它自己,所以 $\boldsymbol{A}$ 与 $\boldsymbol{B}$ 不相似.

(3) $\boldsymbol{A}\sim\boldsymbol{B}$ 不蕴含 $\boldsymbol{A}\simeq\boldsymbol{B}$.例如,对于矩阵

$$\boldsymbol{A}=\begin{bmatrix}4&-3\\2&-1\end{bmatrix},\boldsymbol{B}=\begin{bmatrix}2&0\\0&1\end{bmatrix},$$

取 $\boldsymbol{P}=\begin{bmatrix}3&1\\2&1\end{bmatrix}$,则得$\boldsymbol{P}^{-1}\boldsymbol{A}\boldsymbol{P}=\boldsymbol{B}$,即 $\boldsymbol{A}\sim\boldsymbol{B}$.由于 $\boldsymbol{A}$ 不是对称矩阵,$\boldsymbol{B}$ 是对称矩阵,所以 $\boldsymbol{A}$ 与 $\boldsymbol{B}$ 不合同.

6.2 二次型的标准形

将二次型 $f=\boldsymbol{x}^{\mathrm{T}}\boldsymbol{A}\boldsymbol{x}$ 经过可逆线性变换 $\boldsymbol{x}=\boldsymbol{C}\boldsymbol{y}$ 化为只含平方项：

$$\begin{aligned} f&=\boldsymbol{y}^{\mathrm{T}}(\boldsymbol{C}^{\mathrm{T}}\boldsymbol{A}\boldsymbol{C})\boldsymbol{y}=d_1y_1^2+d_2y_2^2+\cdots+d_ny_n^2\\ &=(y_1,y_2,\cdots,y_n)\begin{bmatrix} d_1 & & & \\ & d_2 & & \\ & & \ddots & \\ & & & d_n \end{bmatrix}\begin{bmatrix} y_1\\ y_2\\ \vdots\\ y_n \end{bmatrix}, \end{aligned}$$

实质上就等价于将对称矩阵 $\boldsymbol{A}$ 化成与对角矩阵合同.

只含平方项的二次型称为**二次型的标准形**.

由于二次型与对称矩阵是一一对应的，所以化二次型为标准形，既可以从二次型出发，还可以从二次型的矩阵出发.

6.2.1 正交变换法

因为将实二次型化为标准形等价于将二次型的矩阵(即实对称矩阵)化为对角矩阵，从而可利用第 5.3.2 小节的方法.

设 $\boldsymbol{Q}$ 为正交矩阵，则称线性变换 $\boldsymbol{x}=\boldsymbol{Q}\boldsymbol{y}$ 是**正交的**.

第 6.1 节中的旋转变换

$$\begin{bmatrix} x_1\\ x_2 \end{bmatrix}=\begin{bmatrix} \cos\theta & -\sin\theta\\ \sin\theta & \cos\theta \end{bmatrix}\begin{bmatrix} y_1\\ y_2 \end{bmatrix}$$

就是一个正交变换.

正交变换保持向量的内积不变，因此也保持向量的长度和夹角不变.

事实上，设 $\boldsymbol{Q}$ 为 n 阶正交矩阵，$\boldsymbol{x}_1,\boldsymbol{x}_2\in\mathbb{R}^n$，$\boldsymbol{x}_1=\boldsymbol{Q}\boldsymbol{y}_1$，$\boldsymbol{x}_2=\boldsymbol{Q}\boldsymbol{y}_2$，则

$$\langle\boldsymbol{x}_1,\boldsymbol{x}_2\rangle=\boldsymbol{x}_1^{\mathrm{T}}\boldsymbol{x}_2=\boldsymbol{y}_1^{\mathrm{T}}\boldsymbol{Q}^{\mathrm{T}}\boldsymbol{Q}\boldsymbol{y}_2=\boldsymbol{y}_1^{\mathrm{T}}\boldsymbol{y}_2=\langle\boldsymbol{y}_1,\boldsymbol{y}_2\rangle.$$

由上可知，正交变换保持几何空间中图形的大小和形状不变，因此它在工程技术中应用广泛.

根据第 5.3 节定理 5.14，对任何实对称矩阵 $\boldsymbol{A}$，总存在正交矩阵 $\boldsymbol{Q}$，使得 $\boldsymbol{Q}^{\mathrm{T}}\boldsymbol{A}\boldsymbol{Q}$ 为对角矩阵，即实对称矩阵 $\boldsymbol{A}$ 既相似又合同于对角矩阵.将该结果用于二次型，就得以下定理.

解题方法归纳

反问题

定理 6.1 对任何一个实二次型 $f=\boldsymbol{x}^{\mathrm{T}}\boldsymbol{A}\boldsymbol{x}$，总有正交变换 $\boldsymbol{x}=\boldsymbol{Q}\boldsymbol{y}$，将其化为标准形

$$f=\lambda_1y_1^2+\lambda_2y_2^2+\cdots+\lambda_ny_n^2,$$

其中 $\lambda_1,\lambda_2,\cdots,\lambda_n$ 为 $\boldsymbol{A}$ 的全部特征值，$\boldsymbol{Q}$ 的列向量是 $\boldsymbol{A}$ 中依次对应于特征值 $\lambda_1,\lambda_2,\cdots,\lambda_n$ 的两两正交的单位特征向量. □

如果不考虑变量顺序，那么实二次型在正交变换下的标准形是唯一的.

根据这个定理和第 5.3.2 小节中的方法可以得到化实二次型为标准形的正交变换法.

例 6.1 已知实二次型

$$f(x_1,x_2,x_3)=x_1^2+4x_2^2+x_3^2-4x_1x_2-8x_1x_3-4x_2x_3,$$

求使实二次型化为标准形的正交变换及相应的标准形.

解 实二次型的矩阵为

$$\boldsymbol{A}=\begin{bmatrix}1&-2&-4\\-2&4&-2\\-4&-2&1\end{bmatrix},$$

$\boldsymbol{A}$ 的特征多项式

$$|\lambda\boldsymbol{E}-\boldsymbol{A}|=\begin{vmatrix}\lambda-1&2&4\\2&\lambda-4&2\\4&2&\lambda-1\end{vmatrix}=(\lambda-5)^2(\lambda+4),$$

求得 $\boldsymbol{A}$ 的特征值为 $\lambda_1=\lambda_2=5,\lambda_3=-4$.

对于 $\lambda_1=\lambda_2=5$，解齐次线性方程组 $(5\boldsymbol{E}-\boldsymbol{A})\boldsymbol{x}=\boldsymbol{0}$，由

$$5\boldsymbol{E}-\boldsymbol{A}=\begin{bmatrix}4&2&4\\2&1&2\\4&2&4\end{bmatrix}\to\begin{bmatrix}2&1&2\\0&0&0\\0&0&0\end{bmatrix},$$

得一个基础解系

$$\boldsymbol{\xi}_1=\begin{bmatrix}1\\0\\-1\end{bmatrix},\boldsymbol{\xi}_2=\begin{bmatrix}1\\-2\\0\end{bmatrix}.$$

把 $\boldsymbol{\xi}_1,\boldsymbol{\xi}_2$ 正交化，得

$$\boldsymbol{p}_1=\begin{bmatrix}1\\0\\-1\end{bmatrix},\boldsymbol{p}_2=\frac{1}{2}\begin{bmatrix}1\\-4\\1\end{bmatrix},$$

再把 $\boldsymbol{p}_1,\boldsymbol{p}_2$ 单位化，得

$$\boldsymbol{q}_1=\frac{1}{\sqrt{2}}\begin{bmatrix}1\\0\\-1\end{bmatrix},\boldsymbol{q}_2=\frac{1}{3\sqrt{2}}\begin{bmatrix}1\\-4\\1\end{bmatrix}.$$

对于 $\lambda_3=-4$，解齐次线性方程组 $(-4\boldsymbol{E}-\boldsymbol{A})\boldsymbol{x}=\boldsymbol{0}$，由

$$-4\boldsymbol{E}-\boldsymbol{A}=\begin{bmatrix}-5&2&4\\2&-8&2\\4&2&-5\end{bmatrix}\to\begin{bmatrix}1&0&-1\\0&2&-1\\0&0&0\end{bmatrix},$$

得一个基础解系

$$\boldsymbol{\xi}_3=\begin{bmatrix}2\\1\\2\end{bmatrix}.$$

把 $\boldsymbol{\xi}_3$ 单位化，得

$$\boldsymbol{q}_3=\frac{1}{3}\begin{bmatrix}2\\1\\2\end{bmatrix}.$$

记

$$Q=[q_1\quad q_2\quad q_3]=\begin{bmatrix}\frac{1}{\sqrt{2}} & \frac{1}{3\sqrt{2}} & \frac{2}{3}\\ 0 & -\frac{4}{3\sqrt{2}} & \frac{1}{3}\\ -\frac{1}{\sqrt{2}} & \frac{1}{3\sqrt{2}} & \frac{2}{3}\end{bmatrix},$$

则实二次型 $f=\boldsymbol{x}^{\mathrm{T}}\boldsymbol{A}\boldsymbol{x}$ 经正交变换 $\boldsymbol{x}=\boldsymbol{Q}\boldsymbol{y}$ 化为标准形

$$f=5y_1^2+5y_2^2-4y_3^2.$$ □

6.2.2 配方法

配方法就是利用代数公式将二次型配成完全平方的方法.

例 6.2 用配方法化二次型

$$f(x_1,x_2,x_3)=x_1^2+5x_2^2+3x_3^2+4x_1x_2-2x_1x_3-8x_2x_3$$

为标准形,并求出所用的可逆线性变换.

解 因为 f 中含变量 x_1 的平方项,所以把所有含 x_1 的项归并在一起配方,可得

$$\begin{aligned}f&=(x_1^2+4x_1x_2-2x_1x_3)+5x_2^2+3x_3^2-8x_2x_3\\&=[x_1^2+2x_1(2x_2-x_3)+(2x_2-x_3)^2]-(2x_2-x_3)^2+5x_2^2+3x_3^2-8x_2x_3\\&=(x_1+2x_2-x_3)^2-(2x_2-x_3)^2+5x_2^2+3x_3^2-8x_2x_3\\&=(x_1+2x_2-x_3)^2+x_2^2-4x_2x_3+2x_3^2,\end{aligned}$$

上式右端除第一项外,不再含 x_1.继续配方,得

$$f=(x_1+2x_2-x_3)^2+(x_2-2x_3)^2-2x_3^2,$$

令

$$\begin{cases}y_1=x_1+2x_2-x_3,\\y_2=\quad\ \ x_2-2x_3,\\y_3=\qquad\quad\ x_3,\end{cases}$$

即

$$\begin{cases}x_1=y_1-2y_2-3y_3,\\x_2=\quad\ \ y_2+2y_3,\\x_3=\qquad\quad\ y_3,\end{cases}$$

这是一个可逆的线性变换,它将 f 化为标准形

$$f=y_1^2+y_2^2-2y_3^2.$$ □

例 6.3 用配方法化二次型

$$f(x_1,x_2,x_3)=x_1x_2-5x_1x_3+x_2x_3$$

为标准形,并求出所用的可逆线性变换.

解 由于 f 不含平方项,但含有混合项 x_1x_2,所以先做一个可逆线性变换,使之出现平方项.令

$$\begin{cases}x_1=y_1+y_2,\\x_2=y_1-y_2,\\x_3=\qquad\ y_3,\end{cases}$$

即

$$\begin{bmatrix}x_1\\x_2\\x_3\end{bmatrix}=\begin{bmatrix}1&1&0\\1&-1&0\\0&0&1\end{bmatrix}\begin{bmatrix}y_1\\y_2\\y_3\end{bmatrix},$$

这是可逆线性变换，它把 f 化为

$$f=y_1^2-y_2^2-4y_1y_3-6y_2y_3.$$

此时，f 中含变量 y_1 的平方项，配方得

$$f=(y_1-2y_3)^2-(y_2+3y_3)^2+5y_3^2,$$

再令

$$\begin{cases}z_1=y_1\quad-2y_3,\\z_2=\quad y_2+3y_3,\\z_3=\qquad\quad y_3,\end{cases}$$

即

$$\begin{cases}y_1=z_1\quad+2z_3,\\y_2=\quad z_2-3z_3,\\y_3=\qquad\quad z_3,\end{cases}$$

或即

$$\begin{bmatrix}y_1\\y_2\\y_3\end{bmatrix}=\begin{bmatrix}1&0&2\\0&1&-3\\0&0&1\end{bmatrix}\begin{bmatrix}z_1\\z_2\\z_3\end{bmatrix},$$

则 f 化为标准形

$$f=z_1^2-z_2^2+5z_3^2.$$

所用的可逆线性变换为

$$\begin{bmatrix}x_1\\x_2\\x_3\end{bmatrix}=\begin{bmatrix}1&1&0\\1&-1&0\\0&0&1\end{bmatrix}\begin{bmatrix}y_1\\y_2\\y_3\end{bmatrix}=\begin{bmatrix}1&1&0\\1&-1&0\\0&0&1\end{bmatrix}\begin{bmatrix}1&0&2\\0&1&-3\\0&0&1\end{bmatrix}\begin{bmatrix}z_1\\z_2\\z_3\end{bmatrix}$$

$$=\begin{bmatrix}1&1&-1\\1&-1&5\\0&0&1\end{bmatrix}\begin{bmatrix}z_1\\z_2\\z_3\end{bmatrix}.$$ □

例 6.2 和例 6.3 的方法同样适用于化一般的二次型为标准形：若二次型不含平方项，则先做可逆线性变换使之出现平方项. 若二次型含平方项，则将含某个平方项中变量的那些项归并后再配方；然后对剩余部分继续归并、配方，直至将二次型化成只含平方项.

利用上面的配方法并对变量的个数用归纳法不难证明下列定理.

定理 6.2 任意一个二次型总可以经过可逆线性变换化为标准形. □

6.2.3 合同初等变换法

由定理 6.2 可知，任意 n 阶对称矩阵 $\boldsymbol{A}$ 都合同于对角矩阵，即存在可逆矩阵 $\boldsymbol{C}$，使得

$$\boldsymbol{C}^{\mathrm{T}}\boldsymbol{A}\boldsymbol{C}=\mathrm{diag}(d_1,d_2,\cdots,d_n);$$

而可逆矩阵 $\boldsymbol{C}$ 又可以表示为有限个初等矩阵 $\boldsymbol{P}_1,\boldsymbol{P}_2,\cdots,\boldsymbol{P}_s$ 的乘积：

$$\boldsymbol{C}=\boldsymbol{P}_1\boldsymbol{P}_2\cdots\boldsymbol{P}_s,$$

所以

$$\boldsymbol{P}_s^{\mathrm{T}}\cdots(\boldsymbol{P}_2^{\mathrm{T}}(\boldsymbol{P}_1^{\mathrm{T}}\boldsymbol{A}\boldsymbol{P}_1)\boldsymbol{P}_2)\cdots\boldsymbol{P}_s=\mathrm{diag}(d_1,d_2,\cdots,d_n),$$

$$\boldsymbol{E}\boldsymbol{P}_1\boldsymbol{P}_2\cdots\boldsymbol{P}_s=\boldsymbol{C}.$$

根据初等矩阵的转置矩阵的性质以及上面两式可知，对 $\boldsymbol{A}$ 做一系列的初等列变换及相同的初等行变换化为对角矩阵，同样的初等列变换将单位矩阵 $\boldsymbol{E}$ 化为矩阵 $\boldsymbol{C}$.

对一个对称矩阵 $\boldsymbol{A}$ 做一次初等列变换的同时做一次相同的初等行变换，称为对 $\boldsymbol{A}$ 做**合同初等变换**.

因此，用可逆线性变换化二次型为标准形，等价于用合同初等变换化对称矩阵为对角矩阵.

例 6.4 用合同初等变换法将例 6.3 中的二次型化为标准形，并求出所用的可逆线性变换.

解 二次型 f 的矩阵为

$$\boldsymbol{A}=\begin{bmatrix}0&\frac{1}{2}&-\frac{5}{2}\\\frac{1}{2}&0&\frac{1}{2}\\-\frac{5}{2}&\frac{1}{2}&0\end{bmatrix},$$

做合同初等变换：

$$\begin{bmatrix}\boldsymbol{A}\\\boldsymbol{E}\end{bmatrix}=\begin{bmatrix}0&\frac{1}{2}&-\frac{5}{2}\\\frac{1}{2}&0&\frac{1}{2}\\-\frac{5}{2}&\frac{1}{2}&0\\\hdashline 1&0&0\\0&1&0\\0&0&1\end{bmatrix}\xrightarrow[c_1+c_2]{r_1+r_2}\begin{bmatrix}1&\frac{1}{2}&-2\\\frac{1}{2}&0&\frac{1}{2}\\-2&\frac{1}{2}&0\\\hdashline 1&0&0\\1&1&0\\0&0&1\end{bmatrix}\xrightarrow[c_2-\frac{1}{2}c_1]{r_2-\frac{1}{2}r_1}\begin{bmatrix}1&0&-2\\0&-\frac{1}{4}&\frac{3}{2}\\-2&\frac{3}{2}&0\\\hdashline 1&-\frac{1}{2}&0\\1&\frac{1}{2}&0\\0&0&1\end{bmatrix}$$

$$\xrightarrow[c_3+2c_1]{r_3+2r_1}\begin{bmatrix}1&0&0\\0&-\frac{1}{4}&\frac{3}{2}\\0&\frac{3}{2}&-4\\\hdashline 1&-\frac{1}{2}&2\\1&\frac{1}{2}&2\\0&0&1\end{bmatrix}\xrightarrow[c_3+6c_2]{r_3+6r_2}\begin{bmatrix}1&0&0\\0&-\frac{1}{4}&0\\0&0&5\\\hdashline 1&-\frac{1}{2}&-1\\1&\frac{1}{2}&5\\0&0&1\end{bmatrix},$$

于是,有可逆矩阵

$$C=\begin{bmatrix}1 & -\frac{1}{2} & -1\\ 1 & \frac{1}{2} & 5\\ 0 & 0 & 1\end{bmatrix},$$

使得

$$C^{\mathrm{T}}AC=\begin{bmatrix}1 & & \\ & -\frac{1}{4} & \\ & & 5\end{bmatrix}.$$

因此,做可逆线性变换

$$\begin{bmatrix}x_1\\ x_2\\ x_3\end{bmatrix}=C\begin{bmatrix}y_1\\ y_2\\ y_3\end{bmatrix},$$

化二次型为

$$f=y_1^2-\frac{1}{4}y_2^2+5y_3^2. \qquad \square$$

6.3 实二次型的规范形

由例 6.3 和例 6.4 可以发现,用可逆线性变换将一个二次型化为标准形时,不同的线性变换所得的标准形可能不同.换言之,二次型的标准形不是唯一的.但是,不同标准形中非零平方项的个数是相同的,等于二次型的秩.

用可逆实线性变换化实二次型 $f(x_1,x_2,\cdots,x_n)$ 为标准形,再适当改变变量的顺序(这也是一个可逆实线性变换),可得

$$f=d_1y_1^2+\cdots+d_py_p^2-d_{p+1}y_{p+1}^2-\cdots-d_ry_r^2,$$

其中 $d_i>0(i=1,2,\cdots,r)$,r 为实二次型 $f(x_1,x_2,\cdots,x_n)$ 的秩.

然后做可逆实线性变换

$$\begin{cases}y_1 &=\dfrac{1}{\sqrt{d_1}}z_1,\\ &\cdots\cdots\cdots\cdots\\ y_r &=\dfrac{1}{\sqrt{d_r}}z_r,\\ y_{r+1} &=z_{r+1},\\ &\cdots\cdots\cdots\cdots\\ y_n &=z_n,\end{cases}$$

就得如下形式的标准形

$$f=z_1^2+\cdots+z_p^2-z_{p+1}^2-\cdots-z_r^2,$$

上式称为**实二次型** $f(x_1,x_2,\cdots,x_n)$ **的规范形**.显然，规范形是一种特殊的标准形，它由 r,p 这两个数所决定.

疑难问题辨析

复二次型是否也有规范形?

定理 6.3(惯性定理) 任何一个实二次型均可经过可逆实线性变换化为规范形，且规范形是唯一的.

证 上面的讨论已经证明了规范形的存在性.下面证明唯一性.

设实二次型 $f(x_1,x_2,\cdots,x_n)$ 经过可逆实线性变换 $\boldsymbol{x}=\boldsymbol{B}\boldsymbol{y}$ 化为规范形

$$f=y_1^2+\cdots+y_p^2-y_{p+1}^2-\cdots-y_r^2,$$

又经可逆实线性变换 $\boldsymbol{x}=\boldsymbol{C}\boldsymbol{z}$ 化为另一个规范形

$$f=z_1^2+\cdots+z_q^2-z_{q+1}^2-\cdots-z_r^2.$$

我们用反证法证明 $p=q$.

设 $p<q$，由上述假设，当 $\boldsymbol{y}=\boldsymbol{B}^{-1}\boldsymbol{C}\boldsymbol{z}$ 时，恒有

$$y_1^2+\cdots+y_p^2-y_{p+1}^2-\cdots-y_r^2=z_1^2+\cdots+z_q^2-z_{q+1}^2-\cdots-z_r^2, \tag{6.4}$$

记 $\boldsymbol{D}=\boldsymbol{B}^{-1}\boldsymbol{C}=[d_{ij}]_{n\times n}$，构造以 $z_1,z_2,\cdots,z_n$ 为未知量的齐次线性方程组

$$\begin{cases} y_1=d_{11}z_1+d_{12}z_2+\cdots+d_{1n}z_n=0, \\ \qquad\cdots\cdots\cdots\cdots \\ y_p=d_{p1}z_1+d_{p2}z_2+\cdots+d_{pn}z_n=0, \\ \qquad\qquad z_{q+1}=0, \\ \qquad\cdots\cdots\cdots\cdots \\ \qquad\qquad z_n=0, \end{cases}$$

其方程个数 $p+(n-q)<n$，因此方程组有非零解，设其中一个非零解为

$$\boldsymbol{z}_0=\begin{bmatrix} z_1 \\ \vdots \\ z_q \\ z_{q+1} \\ \vdots \\ z_n \end{bmatrix}=\begin{bmatrix} c_1 \\ \vdots \\ c_q \\ 0 \\ \vdots \\ 0 \end{bmatrix},$$

则 $c_1,c_2,\cdots,c_q$ 不全为零，从而

$$z_1^2+\cdots+z_q^2-z_{q+1}^2-\cdots-z_r^2=c_1^2+\cdots+c_q^2>0,$$

$$y_1^2+\cdots+y_p^2-y_{p+1}^2-\cdots-y_r^2=-y_{p+1}^2-\cdots-y_r^2\leqslant 0,$$

此与(6.4)式矛盾，所以 $p\geqslant q$.

同理可证 $p\leqslant q$，于是 $p=q$. □

疑难问题辨析

为何将可逆线性变换称为非退化的线性变换?

定义 6.3 在实二次型 $f(x_1,x_2,\cdots,x_n)$ 的规范形中，正平方项的个数 p 称为 f 的**正惯性指数**，负平方项的个数 $r-p$ 称为 f 的**负惯性指数**.

由上可知，实二次型的规范形由它的秩和正惯性指数唯一确定.因此，两个实二次型经可逆实线性变换相互转化的充要条件是它们有相同的秩和相同的正惯性指数.这说明，实二次型的秩、正惯性指数和负惯性指数在可逆实线性变换下是不变的.

例 6.5 已知实二次型

$$f(x_1,x_2,x_3)=x_1^2+x_2^2+ax_3^2+2ax_1x_2-2x_1x_3-2x_2x_3$$

的正、负惯性指数均为 1,试求 a 的值.

解 由题设条件知 $f(x_1,x_2,x_3)$的秩为 2,即其矩阵 $\boldsymbol{A}$ 的秩为 2,从而

$$|\boldsymbol{A}|=\begin{vmatrix}1 & a & -1\\ a & 1 & -1\\ -1 & -1 & a\end{vmatrix}=-(a-1)^2(a+2)=0,$$

解得 $a=1$ 或 $a=-2$.

当 $a=1$ 时,由

$$|\lambda\boldsymbol{E}-\boldsymbol{A}|=\begin{vmatrix}\lambda-1 & -1 & 1\\ -1 & \lambda-1 & 1\\ 1 & 1 & \lambda-1\end{vmatrix}=\lambda^2(\lambda-3)$$

知 $\boldsymbol{A}$ 的特征值为 0,0,3,此时 $f(x_1,x_2,x_3)$的负惯性指数均为 0,与条件不符.

当 $a=-2$ 时,由

$$|\lambda\boldsymbol{E}-\boldsymbol{A}|=\begin{vmatrix}\lambda-1 & 2 & 1\\ 2 & \lambda-1 & 1\\ 1 & 1 & \lambda+2\end{vmatrix}=\lambda(\lambda-3)(\lambda+3)$$

知 $\boldsymbol{A}$ 的特征值为 0,3,−3,此时 $f(x_1,x_2,x_3)$的正、负惯性指数均为 1.因此 $a=-2$. □

将惯性定理应用于矩阵就得如下推论.

推论 6.4 任意实对称矩阵 $\boldsymbol{A}$ 都实合同于形如

$$\begin{bmatrix}\boldsymbol{E}_p & & \\ & -\boldsymbol{E}_q & \\ & & \boldsymbol{0}\end{bmatrix}$$

的对角矩阵,其中 $r=p+q$ 等于 $\boldsymbol{A}$ 的秩,数 p 由 $\boldsymbol{A}$ 唯一确定,称为 $\boldsymbol{A}$ 的**正惯性指数**,数 q 称为 $\boldsymbol{A}$ 的**负惯性指数**,上述对角矩阵称为 $\boldsymbol{A}$ **的实合同标准形**. □

需要说明的是,推论 6.4 中的“实合同”不能改为“合同”.例如,矩阵 $\boldsymbol{A}=\begin{bmatrix}1 & 0\\ 0 & 1\end{bmatrix}$的正惯性指数为 2,负惯性指数为 0;但是存在可逆复矩阵 $\boldsymbol{C}=\begin{bmatrix}1 & 0\\ 0 & \mathrm{i}\end{bmatrix}$,使得

$$\boldsymbol{C}^{\mathrm{T}}\boldsymbol{A}\boldsymbol{C}=\begin{bmatrix}1 & 0\\ 0 & \mathrm{i}\end{bmatrix}\begin{bmatrix}1 & 0\\ 0 & 1\end{bmatrix}\begin{bmatrix}1 & 0\\ 0 & \mathrm{i}\end{bmatrix}=\begin{bmatrix}1 & 0\\ 0 & -1\end{bmatrix}=\boldsymbol{B},$$

即 $\boldsymbol{A}$ 合同于 $\boldsymbol{B}$,而 $\boldsymbol{B}$ 的正惯性指数和负惯性指数均为 1.

根据定理 6.1,当 $\boldsymbol{A}$ 为实对称矩阵时,$\boldsymbol{A}$ 的正惯性指数等于其正特征值个数,$\boldsymbol{A}$ 的负惯性指数等于其负特征值个数.

全体 n 阶实对称矩阵可以按照实合同关系进行分类,使得每一类中的矩阵有相同的实合同标准形.当实合同标准形的秩为 $r(r=0,1,\cdots,n)$时,其正惯性指数 p 的可能取值为 $0,1,\cdots,r$,所以 n 阶不同的实合同标准形的个数为

$$1+2+\cdots+(n+1)=\frac{1}{2}(n+1)(n+2),$$

因此,全体 n 阶实对称矩阵依实合同关系可分成$\frac{1}{2}(n+1)(n+2)$个类.

同样,在全体 n 元实二次型中,将规范形相同的二次型归为一类,则全体 n 元实二次型可分成$\frac{1}{2}(n+1)(n+2)$个类.

6.4 正定二次型

在所有的实二次型中,应用最广泛的是所谓的正定二次型.

定义 6.4 设 $f(x_1,x_2,\cdots,x_n)$是实二次型,若对于任何不全为零的实数 $c_1,c_2,\cdots,c_n$,都有 $f(c_1,c_2,\cdots,c_n)>0$,则称实二次型 $f(x_1,x_2,\cdots,x_n)$是**正定的**.

例如,三元实二次型

$$f(x_1,x_2,x_3)=x_1^2+4x_2^2+16x_3^2$$

是正定二次型,而三元实二次型

$$g(x_1,x_2,x_3)=x_1^2+x_2^2$$

则不是正定的,因为 $g(0,0,1)=0$.

容易证明下列两条性质成立:

(1) n 元实二次型的规范形

$$f(\boldsymbol{x})=x_1^2+\cdots+x_p^2-x_{p+1}^2-\cdots-x_r^2$$

为正定的当且仅当 $p=n$.

(2) 可逆实线性变换不改变实二次型的正定性.

这是因为,若 $p=n$,则 $f(\boldsymbol{x})\geqslant 0$,当且仅当 $\boldsymbol{x}=\boldsymbol{0}$ 时 $f(\boldsymbol{x})=\boldsymbol{0}$,即 $f(\boldsymbol{x})$正定;若 $p<n$,则取 n 维基本向量 $\boldsymbol{e}_{p+1}$,有 $f(\boldsymbol{e}_{p+1})\leqslant 0$,故 $f(\boldsymbol{x})$不是正定的.因此性质(1)成立.

再证性质(2).设实二次型 $f=\boldsymbol{x}^{\mathrm{T}}\boldsymbol{A}\boldsymbol{x}$ 经可逆实线性变换 $\boldsymbol{x}=\boldsymbol{C}\boldsymbol{y}$ 化为

$$f=\boldsymbol{y}^{\mathrm{T}}\boldsymbol{C}^{\mathrm{T}}\boldsymbol{A}\boldsymbol{C}\boldsymbol{y}=\boldsymbol{y}^{\mathrm{T}}\boldsymbol{B}\boldsymbol{y}.$$

因为对任意 n 维非零向量 $\boldsymbol{y}_0$,可得 n 维非零向量 $\boldsymbol{x}_0=\boldsymbol{C}\boldsymbol{y}_0$,所以若 $f=\boldsymbol{x}^{\mathrm{T}}\boldsymbol{A}\boldsymbol{x}$ 正定,则

$$\boldsymbol{y}_0^{\mathrm{T}}\boldsymbol{B}\boldsymbol{y}_0=\boldsymbol{y}_0^{\mathrm{T}}\boldsymbol{C}^{\mathrm{T}}\boldsymbol{A}\boldsymbol{C}\boldsymbol{y}_0=\boldsymbol{x}_0^{\mathrm{T}}\boldsymbol{A}\boldsymbol{x}_0>0,$$

即 $f=\boldsymbol{y}^{\mathrm{T}}\boldsymbol{B}\boldsymbol{y}$ 正定.若 $f=\boldsymbol{y}^{\mathrm{T}}\boldsymbol{B}\boldsymbol{y}$ 正定,则由可逆实线性变换 $\boldsymbol{y}=\boldsymbol{C}^{-1}\boldsymbol{x}$ 同样可知,$f=\boldsymbol{x}^{\mathrm{T}}\boldsymbol{A}\boldsymbol{x}$ 正定.

根据这两条性质,有如下定理.

疑难问题辨析

如何理解正定矩阵与正定二次型的几何意义?

定理 6.5 n 元实二次型 $f(x_1,x_2,\cdots,x_n)$为正定的充要条件是其正惯性指数等于 n.

证 由性质(2)知实二次型 $f(x_1,x_2,\cdots,x_n)$是正定的当且仅当它的规范形是正定的,从而由性质(1)知这等价于正惯性指数等于 n. □

若实二次型 $f=\boldsymbol{x}^{\mathrm{T}}\boldsymbol{A}\boldsymbol{x}$ 是正定的,则称实对称矩阵 $\boldsymbol{A}$ 是**正定的**.

下面的几个推论不难证明,留给读者作为练习.

推论 6.6 实对称矩阵 $\boldsymbol{A}$ 是正定的当且仅当它的特征值全为正数. □

推论 6.7 实对称矩阵 $\boldsymbol{A}$ 是正定的当且仅当 $\boldsymbol{A}$ 实合同于单位矩阵,即存在可逆实矩阵 $\boldsymbol{C}$,使得 $\boldsymbol{C}^{\mathrm{T}}\boldsymbol{A}\boldsymbol{C}=\boldsymbol{E}$. □

推论 6.8 实对称矩阵 $\boldsymbol{A}$ 是正定的当且仅当存在可逆实矩阵 $\boldsymbol{P}$,使得$\boldsymbol{A}=\boldsymbol{P}^{\mathrm{T}}\boldsymbol{P}$. □

推论 6.9 正定矩阵的行列式大于零. □

例 6.6 设 $\boldsymbol{A}$ 是正定矩阵,证明其伴随矩阵 $\boldsymbol{A}^*$ 也是正定矩阵.

证 因 $\boldsymbol{A}$ 是正定矩阵,故 $\boldsymbol{A}$ 是实对称矩阵,从而 $\boldsymbol{A}^*$ 为实矩阵,且

$$(\boldsymbol{A}^*)^{\mathrm{T}}=(|\boldsymbol{A}|\boldsymbol{A}^{-1})^{\mathrm{T}}=|\boldsymbol{A}|(\boldsymbol{A}^{\mathrm{T}})^{-1}=|\boldsymbol{A}|\boldsymbol{A}^{-1}=\boldsymbol{A}^*,$$

因此 $\boldsymbol{A}^*$ 是实对称矩阵.

由 $\boldsymbol{A}$ 正定知 $\boldsymbol{A}$ 的所有特征值全为正数,且 $|\boldsymbol{A}|>0$,从而 $\boldsymbol{A}^{-1}$ 的所有特征值全为正数,于是 $\boldsymbol{A}^*=|\boldsymbol{A}|\boldsymbol{A}^{-1}$ 的所有特征值全为正数,所以 $\boldsymbol{A}^*$ 是正定矩阵. □

现在从子式的角度来讨论判别正定二次型的方法.

定理 6.10 实二次型 $f(x_1,x_2,\cdots,x_n)=\boldsymbol{x}^{\mathrm{T}}\boldsymbol{A}\boldsymbol{x}$ 为正定的充要条件实对称矩阵 $\boldsymbol{A}$ 的所有顺序主子式全大于零.

解题方法归纳

正定矩阵

证 必要性.设

$$f(x_1,x_2,\cdots,x_n)=\boldsymbol{x}^{\mathrm{T}}\boldsymbol{A}\boldsymbol{x}=\sum_{i=1}^{n}\sum_{j=1}^{n}a_{ij}x_ix_j$$

是正定的,对于 $k=1,2,\cdots,n$,将 $\boldsymbol{A}$ 的前 k 行 k 列元构成的 k 阶矩阵记作 $\boldsymbol{A}_k$,令

$$f_k(x_1,x_2,\cdots,x_k)=\sum_{i=1}^{k}\sum_{j=1}^{k}a_{ij}x_ix_j,$$

则对任意非零向量 $(c_1,c_2,\cdots,c_k)^{\mathrm{T}}$,有

$$f_k(c_1,c_2,\cdots,c_k)=f(c_1,c_2,\cdots,c_k,0,\cdots,0)>0,$$

即 $f_k(x_1,x_2,\cdots,x_k)$ 是正定的 k 元二次型,从而它的矩阵 $\boldsymbol{A}_k$ 是正定的,由推论 6.9 知行列式

$$|\boldsymbol{A}_k|>0,k=1,2,\cdots,n,$$

即 $\boldsymbol{A}$ 的所有顺序主子式全大于零.

充分性.对实对称矩阵 $\boldsymbol{A}$ 的阶数 n 用归纳法.

$n=1$ 时,结论显然成立.

假设结论对 $n-1$ 阶实对称矩阵成立,以下证明结论对 n 阶实对称矩阵 $\boldsymbol{A}$ 也成立.将 $\boldsymbol{A}$ 的前 $n-1$ 行 $n-1$ 列元构成的 $n-1$ 阶矩阵记作 $\boldsymbol{A}_{n-1}$,则

$$\boldsymbol{A}=\begin{bmatrix}\boldsymbol{A}_{n-1} & \boldsymbol{\alpha}\\ \boldsymbol{\alpha}^{\mathrm{T}} & a_{nn}\end{bmatrix}.$$

由于 $\boldsymbol{A}_{n-1}$ 的所有顺序主子式全大于零,所以由归纳法假设知 $\boldsymbol{A}_{n-1}$ 是正定的.根据推论 6.7,存在 $n-1$ 阶可逆实矩阵 $\boldsymbol{P}$,使得 $\boldsymbol{P}^{\mathrm{T}}\boldsymbol{A}_{n-1}\boldsymbol{P}=\boldsymbol{E}_{n-1}$,令

$$\boldsymbol{C}=\begin{bmatrix}\boldsymbol{P} & -\boldsymbol{A}_{n-1}^{-1}\boldsymbol{\alpha}\\ \boldsymbol{0} & 1\end{bmatrix},$$

则 $\boldsymbol{C}$ 是可逆实矩阵,且

$$\boldsymbol{C}^{\mathrm{T}}\boldsymbol{A}\boldsymbol{C}=\begin{bmatrix}\boldsymbol{P}^{\mathrm{T}} & \boldsymbol{0}\\ -\boldsymbol{\alpha}^{\mathrm{T}}\boldsymbol{A}_{n-1}^{-1} & 1\end{bmatrix}\begin{bmatrix}\boldsymbol{A}_{n-1} & \boldsymbol{\alpha}\\ \boldsymbol{\alpha}^{\mathrm{T}} & a_{nn}\end{bmatrix}\begin{bmatrix}\boldsymbol{P} & -\boldsymbol{A}_{n-1}^{-1}\boldsymbol{\alpha}\\ \boldsymbol{0} & 1\end{bmatrix}=\begin{bmatrix}\boldsymbol{E}_{n-1} & \boldsymbol{0}\\ \boldsymbol{0} & b\end{bmatrix},$$

其中 $b=a_{nn}-\boldsymbol{\alpha}^{\mathrm{T}}\boldsymbol{A}_{n-1}^{-1}\boldsymbol{\alpha}$.上式两边取行列式,得 $|\boldsymbol{C}|^2|\boldsymbol{A}|=b$,由 $|\boldsymbol{A}|>0$ 即知 $b>0$.对二次型 $f=\boldsymbol{x}^{\mathrm{T}}\boldsymbol{A}\boldsymbol{x}$ 做可逆实线性变换 $\boldsymbol{x}=\boldsymbol{C}\boldsymbol{y}$,得

$$f=y_1^2+\cdots+y_{n-1}^2+by_n^2,$$

故二次型 f 的正惯性指数为 n,于是 f 是正定二次型. □

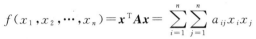

例 6.7 判断实二次型

$$f(x_1,x_2,x_3)=x_1^2+5x_2^2+4x_3^2+4x_1x_2-2x_1x_3-2x_2x_3$$

是否为正定二次型.

解 二次型 $f(x_1,x_2,x_3)$ 的矩阵为

$$\boldsymbol{A}=\begin{bmatrix}1 & 2 & -1\\ 2 & 5 & -1\\ -1 & -1 & 4\end{bmatrix},$$

其顺序主子式

$$1>0,\begin{vmatrix}1 & 2\\ 2 & 5\end{vmatrix}=1>0,\begin{vmatrix}1 & 2 & -1\\ 2 & 5 & -1\\ -1 & -1 & 4\end{vmatrix}=2>0,$$

所以 $f(x_1,x_2,x_3)$ 是正定二次型. □

例 6.8 求 t 的值,使得实二次型

$$f(x_1,x_2,x_3)=x_1^2+2x_2^2+3x_3^2+2tx_1x_2-2x_1x_3+4x_2x_3$$

为正定二次型.

解 二次型 $f(x_1,x_2,x_3)$ 的矩阵为

$$\boldsymbol{A}=\begin{bmatrix}1 & t & -1\\ t & 2 & 2\\ -1 & 2 & 3\end{bmatrix},$$

为了使 $f(x_1,x_2,x_3)$ 是正定二次型,$\boldsymbol{A}$ 的所有顺序主子式都应大于零,即

$$1>0,\begin{vmatrix}1 & t\\ t & 2\end{vmatrix}=2-t^2>0,\begin{vmatrix}1 & t & -1\\ t & 2 & 2\\ -1 & 2 & 3\end{vmatrix}=-(3t^2+4t)>0.$$

由

$$\begin{cases}2-t^2>0,\\ (3t+4)t<0,\end{cases}$$

解得 $-\dfrac{4}{3}<t<0$.于是当 $-\dfrac{4}{3}<t<0$ 时,$f(x_1,x_2,x_3)$ 是正定二次型. □

除了正定二次型,还有一些其他类型的二次型.

定义 6.5 设 $f(x_1,x_2,\cdots,x_n)$ 是实二次型,对于任意不全为零的实数 $c_1,c_2,\cdots,c_n$.若都有 $f(c_1,c_2,\cdots,c_n)\geqslant 0$,则称 $f(x_1,x_2,\cdots,x_n)$ 是**半正定的**;若都有 $f(c_1,c_2,\cdots,c_n)<0$,则称 $f(x_1,x_2,\cdots,x_n)$ 是**负定的**;若都有 $f(c_1,c_2,\cdots,c_n)\leqslant 0$,则称 $f(x_1,x_2,\cdots,x_n)$ 是**半负定的**.若 $f(x_1,x_2,\cdots,x_n)$ 既不是半正定的也不是半负定的,则称 $f(x_1,x_2,\cdots,x_n)$ 是**不定的**.

若实二次型 $f=\boldsymbol{x}^{\mathrm{T}}\boldsymbol{A}\boldsymbol{x}$ 是半正定的(或负定的、或半负定的、或不定的),则称 **$\boldsymbol{A}$ 是半正定的(或负定的、或半负定的、或不定的)**.

易知,实二次型 $f(x_1,x_2,\cdots,x_n)$ 是负定的当且仅当 $-f(x_1,x_2,\cdots,x_n)$ 是正定的.实二次型 $f(x_1,x_2,\cdots,x_n)$ 是半负定的当且仅当 $-f(x_1,x_2,\cdots,x_n)$ 是半正定的.因此有下

面的定理.

定理 6.11　设实二次型 $f=\boldsymbol{x}^{\mathrm{T}}\boldsymbol{A}\boldsymbol{x}$,则下列条件等价:

(1) f 是负定的;

(2) f 的负惯性指数为 n;

(3) $\boldsymbol{A}$ 的所有特征值为负数;

(4) 存在可逆实矩阵 $\boldsymbol{C}$,使得 $\boldsymbol{C}^{\mathrm{T}}\boldsymbol{A}\boldsymbol{C}=-\boldsymbol{E}$;

(5) 存在可逆实矩阵 $\boldsymbol{P}$,使得 $\boldsymbol{A}=-\boldsymbol{P}^{\mathrm{T}}\boldsymbol{P}$;

(6) $\boldsymbol{A}$ 的所有奇数阶顺序主子式为负数、偶数阶顺序主子式为正数. □

按照证明正定矩阵的有关结论的方法,可以证明如下定理.

定理 6.12　设实二次型 $f=\boldsymbol{x}^{\mathrm{T}}\boldsymbol{A}\boldsymbol{x}$,rank $\boldsymbol{A}=r$,则下列条件等价:

(1) f 是半正定的;

(2) f 的正惯性指数等于 r;

(3) $\boldsymbol{A}$ 的所有特征值非负;

(4) 存在可逆实矩阵 $\boldsymbol{C}$,使得

$$\boldsymbol{C}^{\mathrm{T}}\boldsymbol{A}\boldsymbol{C}=\begin{bmatrix}\boldsymbol{E}_r & \boldsymbol{0}\\ \boldsymbol{0} & \boldsymbol{0}\end{bmatrix};$$

(5) 存在实方阵 $\boldsymbol{P}$,使得 $\boldsymbol{A}=\boldsymbol{P}^{\mathrm{T}}\boldsymbol{P}$;

(6) $\boldsymbol{A}$ 的所有主子式皆为非负数. □

需要指出的是,$\boldsymbol{A}$ 的所有顺序主子式非负不能保证 $f=\boldsymbol{x}^{\mathrm{T}}\boldsymbol{A}\boldsymbol{x}$ 是半正定的.例如 $f(x_1,x_2)=-2x_2^2$ 显然是半负定的,不是半正定的,而它的矩阵 $\begin{bmatrix}0 & 0\\ 0 & -2\end{bmatrix}$ 的一阶、二阶顺序主子式全都非负.

例 6.9　设 $\boldsymbol{A}$ 为半正定矩阵,证明 $\boldsymbol{A}$ 为正定矩阵的充要条件是 $\boldsymbol{A}$ 为可逆矩阵.

证　设 $\boldsymbol{A}$ 是 n 阶半正定矩阵,则 $\boldsymbol{A}$ 为实对称矩阵,并且存在 n 阶正交矩阵 $\boldsymbol{Q}$,使得

$$\boldsymbol{A}=\boldsymbol{Q}\,\mathrm{diag}(\lambda_1,\lambda_2,\cdots,\lambda_n)\boldsymbol{Q}^{\mathrm{T}},\tag{6.5}$$

其中 $\boldsymbol{A}$ 的特征值 $\lambda_i\geqslant 0(i=1,2,\cdots,n)$.

若 $\boldsymbol{A}$ 为正定矩阵,则 $\lambda_i>0(i=1,2,\cdots,n)$,从而由(6.5)式知 $\boldsymbol{A}$ 为可逆矩阵.

若 $\boldsymbol{A}$ 为可逆矩阵,则由(6.5)式知 $\lambda_i\neq 0(i=1,2,\cdots,n)$,于是 $\boldsymbol{A}$ 的特征值全为正数,即 $\boldsymbol{A}$ 为正定矩阵. □

6.5　应用实例

本节将介绍正交变换在二次曲面化简和二次齐次多项式的条件极值中的应用,并且利用正定矩阵讨论多元函数的极值问题.

6.5.1　二次曲面的化简

在第 6.1 节中,我们由平面二次曲线的化简引出了二次型,后来又将用旋转变换化平面二次曲线方程为标准方程,推广到用正交变换化二次型为标准形.因为正交变换具有保

持几何形状和大小不变的特点,所以下面只讨论用正交变换化二次曲面方程为标准方程的问题.为此,不妨设直角坐标系 $Ox_1x_2x_3$ 下的二次曲面方程为

$$a_{11}x_1^2+a_{22}x_2^2+a_{33}x_3^2+2a_{12}x_1x_2+2a_{13}x_1x_3+2a_{23}x_2x_3=1.$$

令

$$\boldsymbol{A}=\begin{bmatrix}a_{11}&a_{12}&a_{13}\\a_{21}&a_{22}&a_{23}\\a_{31}&a_{32}&a_{33}\end{bmatrix},\boldsymbol{x}=\begin{bmatrix}x_1\\x_2\\x_3\end{bmatrix},$$

则上述二次曲面方程的左端是三元实二次型 $f=\boldsymbol{x}^{\mathrm{T}}\boldsymbol{A}\boldsymbol{x}$,所以存在正交变换 $\boldsymbol{x}=\boldsymbol{Q}\boldsymbol{y}$,使得

$$f=\boldsymbol{y}^{\mathrm{T}}\boldsymbol{Q}^{\mathrm{T}}\boldsymbol{A}\boldsymbol{Q}\boldsymbol{y}=\lambda_1y_1^2+\lambda_2y_2^2+\lambda_3y_3^2,$$

这里 $\boldsymbol{y}=(y_1,y_2,y_3)^{\mathrm{T}}$,$\lambda_1,\lambda_2,\lambda_3$ 为实对称矩阵 $\boldsymbol{A}$ 的特征值,$\boldsymbol{Q}=[\boldsymbol{q}_1\quad\boldsymbol{q}_2\quad\boldsymbol{q}_3]$为正交矩阵.这就是说,上述二次曲面方程经坐标旋转变换化为标准方程

$$\lambda_1y_1^2+\lambda_2y_2^2+\lambda_3y_3^2=1,$$

根据标准方程中 $\lambda_1,\lambda_2,\lambda_3$ 的值可方便地判定有心二次曲面是椭球面,还是双曲面.

从几何上来看,矩阵 $\boldsymbol{A}$ 的特征值 $\lambda_1,\lambda_2,\lambda_3$ 就是新直角坐标系 $Oy_1y_2y_3$ 下二次曲面标准方程中平方项的系数,其对应的标准正交特征向量 $\boldsymbol{q}_1,\boldsymbol{q}_2,\boldsymbol{q}_3$ 则是用于确定新直角坐标系 $Oy_1y_2y_3$ 的三个相互垂直的坐标单位向量(参见图 6.2),它们都是二次曲面图形特征的关键信息.这就从几何层面解释了特征值和特征向量中"特征"的含义.

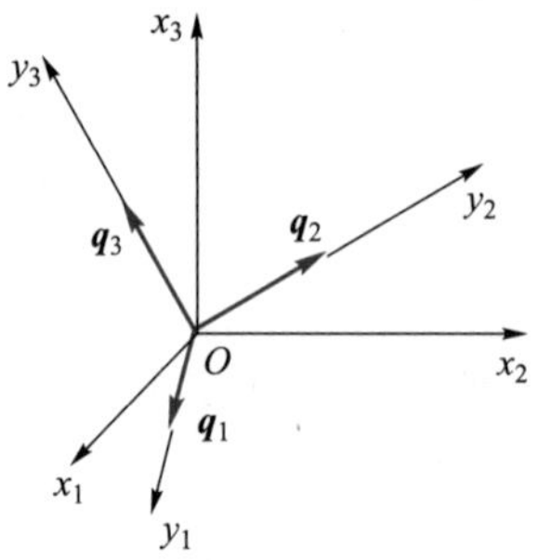

图 6.2 正交变换 $\boldsymbol{x}=[\boldsymbol{q}_1\quad\boldsymbol{q}_2\quad\boldsymbol{q}_3]\boldsymbol{y}$

例 6.10 试用正交变换化二次曲面

$$3x_1^2+2x_2^2+x_3^2-4x_1x_2-4x_2x_3=10$$

为标准形,并说明它是什么曲面.

解 二次曲面方程左端二次型的矩阵为

$$\boldsymbol{A}=\begin{bmatrix}3&-2&0\\-2&2&-2\\0&-2&1\end{bmatrix},$$

容易求得其特征值 $\lambda_1=5,\lambda_2=2,\lambda_3=-1$,以及对应的单位特征向量

$$\boldsymbol{q}_1=\frac{1}{3}\begin{bmatrix}2\\-2\\1\end{bmatrix},\boldsymbol{q}_2=\frac{1}{3}\begin{bmatrix}2\\1\\-2\end{bmatrix},\boldsymbol{q}_3=\frac{1}{3}\begin{bmatrix}1\\2\\2\end{bmatrix},$$

构造正交矩阵 $\boldsymbol{Q}=[\boldsymbol{q}_1 \quad \boldsymbol{q}_2 \quad \boldsymbol{q}_3]$,做正交变换 $\boldsymbol{x}=\boldsymbol{Q}\boldsymbol{y}$,原方程化为

$$5y_1^2+2y_2^2-y_3^2=10,$$

即

$$\frac{y_1^2}{2}+\frac{y_2^2}{5}-\frac{y_3^2}{10}=1.$$

这是单叶双曲面方程,见图 6.3. □

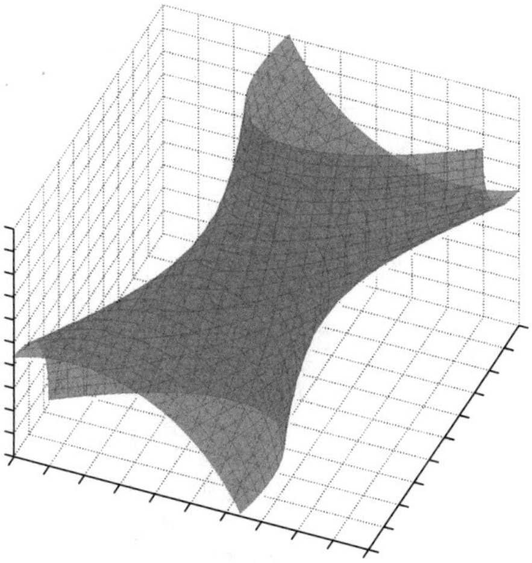

图 6.3 单叶双曲面

6.5.2 齐次多项式的条件极值

例 6.11 求 n 元实二次型 $f(\boldsymbol{x})=\boldsymbol{x}^{\mathrm{T}}\boldsymbol{A}\boldsymbol{x}$ 在条件 $\|\boldsymbol{x}\|=1$ 下的最大值与最小值.

解 这是一个微积分问题,下面用线性代数的方法求解.

因 $\boldsymbol{A}$ 为实对称矩阵,故存在正交矩阵 $\boldsymbol{Q}$,使得

$$\boldsymbol{Q}^{\mathrm{T}}\boldsymbol{A}\boldsymbol{Q}=\mathrm{diag}(\lambda_1,\lambda_2,\cdots,\lambda_n)=\boldsymbol{D},$$

其中 $\lambda_1,\lambda_2,\cdots,\lambda_n$ 为 $\boldsymbol{A}$ 的特征值,它们都是实数.做正交变换 $\boldsymbol{x}=\boldsymbol{Q}\boldsymbol{y}$,则

$$f=\boldsymbol{x}^{\mathrm{T}}\boldsymbol{A}\boldsymbol{x}=\boldsymbol{y}^{\mathrm{T}}\boldsymbol{D}\boldsymbol{y}=\lambda_1y_1^2+\lambda_2y_2^2+\cdots+\lambda_ny_n^2=g(y_1,y_2,\cdots,y_n),$$

所以

$$\min_{1\leqslant i\leqslant n}\lambda_i\cdot(y_1^2+y_2^2+\cdots+y_n^2)\leqslant f\leqslant\max_{1\leqslant i\leqslant n}\lambda_i\cdot(y_1^2+y_2^2+\cdots+y_n^2).$$

由于 $\boldsymbol{x}=\boldsymbol{Q}\boldsymbol{y}$ 为正交变换,所以保持长度不变,即 $\|\boldsymbol{y}\|=\|\boldsymbol{x}\|=1$,从而

$$\min_{1\leqslant i\leqslant n}\lambda_i\leqslant f\leqslant\max_{1\leqslant i\leqslant n}\lambda_i,$$

不妨设 $\min\limits_{1\leqslant i\leqslant n}\lambda_i=\lambda_1$,$\max\limits_{1\leqslant i\leqslant n}\lambda_i=\lambda_n$,取 n 维基本向量 $\boldsymbol{e}_1$ 和 $\boldsymbol{e}_n$,则它们都是单位向量,且

$$g(\boldsymbol{e}_1)=\lambda_1=\min_{1\leqslant i\leqslant n}\lambda_i,g(\boldsymbol{e}_n)=\lambda_n=\max_{1\leqslant i\leqslant n}\lambda_i,$$

这说明,$f(\boldsymbol{x})=\boldsymbol{x}^{\mathrm{T}}\boldsymbol{A}\boldsymbol{x}$ 在条件 $\|\boldsymbol{x}\|=1$ 下的最大值为 $\boldsymbol{A}$ 的最大特征值,最小值为 $\boldsymbol{A}$ 的最小特征值. □

6.5.3 多元函数的极值

设 n 元实函数 $f(\boldsymbol{x})$ 在点 $\boldsymbol{x}_0=(x_1^0,x_2^0,\cdots,x_n^0)^{\mathrm{T}}$ 的某邻域内有二阶连续的偏导数，$\boldsymbol{x}_0+\boldsymbol{h}=(x_1^0+h_1,x_2^0+h_2,\cdots,x_n^0+h_n)^{\mathrm{T}}$ 为该邻域内任意一点.根据带 Peano（佩亚诺）余项的 Taylor（泰勒）公式，有

$$f(\boldsymbol{x}_0+\boldsymbol{h})=f(\boldsymbol{x}_0)+\sum_{i=1}^{n}\frac{\partial f(\boldsymbol{x}_0)}{\partial x_i}h_i+\frac{1}{2}\sum_{i=1}^{n}\sum_{j=1}^{n}\frac{\partial^2 f(\boldsymbol{x}_0+\boldsymbol{h})}{\partial x_i\partial x_j}h_ih_j+o(\|\boldsymbol{h}\|^2).$$

令

$$\nabla f(\boldsymbol{x}_0)=\begin{bmatrix}\dfrac{\partial f(\boldsymbol{x}_0)}{\partial x_1}\\ \dfrac{\partial f(\boldsymbol{x}_0)}{\partial x_2}\\ \vdots\\ \dfrac{\partial f(\boldsymbol{x}_0)}{\partial x_n}\end{bmatrix},\quad \nabla^2 f(\boldsymbol{x}_0)=\begin{bmatrix}\dfrac{\partial^2 f(\boldsymbol{x}_0)}{\partial x_1^2} & \dfrac{\partial^2 f(\boldsymbol{x}_0)}{\partial x_1\partial x_2} & \cdots & \dfrac{\partial^2 f(\boldsymbol{x}_0)}{\partial x_1\partial x_n}\\ \dfrac{\partial^2 f(\boldsymbol{x}_0)}{\partial x_2\partial x_1} & \dfrac{\partial^2 f(\boldsymbol{x}_0)}{\partial x_2^2} & \cdots & \dfrac{\partial^2 f(\boldsymbol{x}_0)}{\partial x_2\partial x_n}\\ \vdots & \vdots & & \vdots\\ \dfrac{\partial^2 f(\boldsymbol{x}_0)}{\partial x_n\partial x_1} & \dfrac{\partial^2 f(\boldsymbol{x}_0)}{\partial x_n\partial x_2} & \cdots & \dfrac{\partial^2 f(\boldsymbol{x}_0)}{\partial x_n^2}\end{bmatrix},$$

称 $\nabla f(\boldsymbol{x}_0)$ 为 $f(\boldsymbol{x})$ 在 $\boldsymbol{x}_0$ 处的**梯度**，称 $\nabla^2 f(\boldsymbol{x}_0)$ 为 $f(\boldsymbol{x})$ 在 $\boldsymbol{x}_0$ 处的 Hesse（黑塞）**矩阵**.

设 $\boldsymbol{x}_0$ 为 $f(\boldsymbol{x})$ 的驻点，则 $\nabla f(\boldsymbol{x}_0)=\mathbf{0}$.由于 $f(\boldsymbol{x})$ 有二阶连续的偏导数，所以 $\nabla^2 f(\boldsymbol{x}_0)$ 是实对称矩阵.从而上述带 Peano 余项的 Taylor 公式变为

$$f(\boldsymbol{x}_0+\boldsymbol{h})-f(\boldsymbol{x}_0)=\frac{1}{2}\boldsymbol{h}^{\mathrm{T}}\nabla^2 f(\boldsymbol{x}_0)\boldsymbol{h}+o(\|\boldsymbol{h}\|^2).$$

因此，有以下判别多元函数极值的准则：

(1) 当 $\nabla^2 f(\boldsymbol{x}_0)$ 是正定矩阵时，$\boldsymbol{x}_0$ 为 $f(\boldsymbol{x})$ 的极小值点；

(2) 当 $\nabla^2 f(\boldsymbol{x}_0)$ 是负定矩阵时，$\boldsymbol{x}_0$ 为 $f(\boldsymbol{x})$ 的极大值点；

(3) 当 $\nabla^2 f(\boldsymbol{x}_0)$ 是不定矩阵时，$\boldsymbol{x}_0$ 不是 $f(\boldsymbol{x})$ 的极值点；

(4) 当 $\nabla^2 f(\boldsymbol{x}_0)$ 是正半定矩阵或负半定矩阵时，$\boldsymbol{x}_0$ 可能为 $f(\boldsymbol{x})$ 的极值点，也可能不是，需要用其他方法来判定.

例 6.12 求下列函数的最小值：

$$f(\boldsymbol{x})=x_1^2+x_2^3+x_3^2+x_1x_3-12x_2.$$

解 $f(\boldsymbol{x})$ 的一阶偏导数为

$$\frac{\partial f}{\partial x_1}=2x_1+x_3,\ \frac{\partial f}{\partial x_2}=3x_2^2-12,\ \frac{\partial f}{\partial x_3}=2x_3+x_1,$$

令 $f(\boldsymbol{x})$ 的一阶偏导数等于零，得到驻点 $\boldsymbol{x}_1=(0,2,0)^{\mathrm{T}}$，$\boldsymbol{x}_2=(0,-2,0)^{\mathrm{T}}$.

$f(\boldsymbol{x})$ 的二阶偏导数为

$$\frac{\partial^2 f}{\partial x_1^2}=2,\ \frac{\partial^2 f}{\partial x_1\partial x_2}=\frac{\partial^2 f}{\partial x_2\partial x_1}=0,\ \frac{\partial^2 f}{\partial x_1\partial x_3}=\frac{\partial^2 f}{\partial x_3\partial x_1}=1,$$

$$\frac{\partial^2 f}{\partial x_2^2}=6x_2,\ \frac{\partial^2 f}{\partial x_2\partial x_3}=\frac{\partial^2 f}{\partial x_3\partial x_2}=0,\ \frac{\partial^2 f}{\partial x_3^2}=2,$$

于是 $f(\boldsymbol{x})$ 在 $\boldsymbol{x}_1$ 处和 $\boldsymbol{x}_2$ 处得 Hesse 矩阵分别为

$$\nabla^2 f(\boldsymbol{x}_1)=\begin{bmatrix}2&0&1\\0&12&0\\1&0&2\end{bmatrix},\nabla^2 f(\boldsymbol{x}_2)=\begin{bmatrix}2&0&1\\0&-12&0\\1&0&2\end{bmatrix}.$$

易知$\nabla^2 f(\boldsymbol{x}_1)$为正定矩阵，则 $f(\boldsymbol{x})$在 $\boldsymbol{x}_1$ 处取到极小值 $f(\boldsymbol{x}_1)=-16$.而$\nabla^2 f(\boldsymbol{x}_2)$为不定矩阵，故 $\boldsymbol{x}_2$ 不是极值点.因此 $\boldsymbol{x}_1$ 是 $f(\boldsymbol{x})$的唯一极小值点，所以它是最小值点，于是 $f(\boldsymbol{x})$的最小值为-16. □

6.6 历史事件

在线性代数的发展史上，二次型的研究早于特征值和特征向量，它始于 18 世纪，起源于将二次曲线和二次曲面的方程简化为以主轴作为坐标轴的问题讨论，用线性代数的观点看，这就是化二元二次型和三元二次型为标准形的问题.

1775 年，Lagrange 发表了二次型的基本文献，人们为此将其提出的配方法（见第 6.2.2 小节）称为 Lagrange 配方法.1826 年，Cauchy 在《无穷小计算在几何中的应用》中研究了二次曲面的分类问题，但他并不清楚，在二次曲面化为标准形的过程中，为何正平方项的数目和负平方项的数目总是不变的.1852 年，Sylvester 回答了这个问题，给出了 n 元实二次型的惯性定理，但没有证明.这个结果在 1857 年被 Jacobi 重新发现和证明.1878 年，Frobenius 定义了矩阵的合同.

1801 年，Gauss 在他的代表作《算术研究》中引进了二元实二次型的正定、半正定和负定（其实是当今我们所说的半负定）等术语.德国数学家 Adolf Hurwitz（赫尔维茨）对二元二次型理论亦有贡献，正定二次型判别定理 6.10 就源于他对二元二次型的研究，故称之为 Hurwitz 定理.

二次型化简的进一步研究涉及它的矩阵的特征方程，Cauchy 的《无穷小计算在几何中的应用》还证明了三元实二次型的矩阵的特征方程在直角坐标系的任何线性变换下是不变的.

1829 年，Cauchy 又证明了两个 n 元实二次型能经同一个线性变换化为标准形.1858 年，德国数学家 Karl Theodor Wilhelm Weierstrass（魏尔斯特拉斯）对同时化两个实二次型为标准形给出了一般的方法.1868 年，Weierstrass 比较系统地完成了二次型的理论并将其推广到双线性型 $f(\boldsymbol{x},\boldsymbol{y})=\boldsymbol{x}^{\mathrm{T}}\boldsymbol{A}\boldsymbol{y}$ 的讨论中，这里 $\boldsymbol{x},\boldsymbol{y}\in\mathbb{R}^n,\boldsymbol{A}\in\mathbb{R}^{n\times n}$.

二次型这个较古老的课题，即使到了今天仍然有着极为广泛的应用，例如，在工程设计优化、信号处理、物理、微分几何和统计学等诸多领域经常出现.

习　题　6

(A)

1. 写出下列二次型的矩阵：

(1) $f(x,y)=3x^2-5xy-7y^2$；

(2) $f(x_1,x_2,x_3)=3x_1^2+4x_2^2-3x_3^2-7x_1x_2+5x_1x_3-4x_2x_3$；

(3) $f(x,y)=(x,y)\begin{bmatrix}1 & 3\\ 5 & 2\end{bmatrix}\begin{bmatrix}x\\ y\end{bmatrix}$;

(4) $f(x_1,x_2,x_3)=(a_1x_1+a_2x_2+a_3x_3)^2$.

2. 设 $\boldsymbol{A},\boldsymbol{B}$ 是两个相似的实对称矩阵,证明 $\boldsymbol{A}$ 与 $\boldsymbol{B}$ 合同.

3. 求与下列矩阵合同的对角矩阵:

(1) $\boldsymbol{A}=\begin{bmatrix}-1 & 0 & 0\\ 0 & 1 & 1\\ 0 & 1 & 1\end{bmatrix}$;　　(2) $\boldsymbol{B}=\begin{bmatrix}1 & 1 & 1\\ 1 & 1 & 1\\ 1 & 1 & 1\end{bmatrix}$;

(3) $\boldsymbol{C}=\begin{bmatrix}3 & 4 & 0\\ 4 & -3 & 0\\ 0 & 0 & 5\end{bmatrix}$;　　(4) $\boldsymbol{D}=\begin{bmatrix}0 & 0 & 1\\ 0 & 1 & 0\\ 1 & 0 & 0\end{bmatrix}$.

4. 设二次型 $f(x_1,x_2,x_3)=-4x_1x_2+2x_1x_3+2tx_2x_3$ 的秩为 2,求 t 的值.

5. 求二次型 $f(x_1,x_2,x_3)=(x_1+x_2)^2+(x_2-x_3)^2+(x_3+x_1)^2$ 的秩.

6. 求二次型

$$f(x_1,x_2,x_3)=(x_1,x_2,x_3)\begin{bmatrix}1 & -3 & 0\\ 0 & 2 & 0\\ 0 & 4 & 1\end{bmatrix}\begin{bmatrix}x_1\\ x_2\\ x_3\end{bmatrix}$$

的秩.

7. 设实二次型

$$f(x_1,x_2,x_3)=x_1^2+x_2^2+x_3^2+2ax_1x_2+2x_1x_3+2bx_2x_3$$

经正交变换化成标准形 $f(y_1,y_2,y_3)=y_2^2+2y_3^2$,求常数 a,b.

8. 已知实二次型

$$f(x_1,x_2,x_3)=x_1^2+x_2^2+x_3^2+4x_1x_2+4x_1x_3+4x_2x_3,$$

求使实二次型化为标准形的正交变换及相应的标准形.

9. 用配方法和合同初等变换法分别将实二次型

$$f=-x_1^2-3x_2^2+2x_4^2+4x_1x_2-4x_1x_4+2x_2x_4$$

化成标准形和规范形,并分别写出所做的可逆线性变换.

10. 求二次型

$$f=(-2x_1+x_2+x_3)^2+(x_1-2x_2+x_3)^2+(x_1+x_2-2x_3)^2$$

的标准形及相应的可逆线性变换.

11. 用正交变换法、配方法和合同初等变换法分别化二次型

$$f=2x_1^2+3x_2^2+4x_2x_3+3x_3^2$$

为标准形和规范形.

12. 设实二次型

$$f(x_1,x_2,x_3)=x_1^2+ax_2^2+x_3^2+2x_1x_2-2x_1x_3+2ax_2x_3$$

的正、负惯性指数都是 1,求 a 的值.

13. 已知实二次型

$$f(x_1,x_2,x_3)=2x_1^2+3x_2^2+3x_3^2+2ax_2x_3\ (a>0)$$

经正交变换 $\boldsymbol{x}=\boldsymbol{Q}\boldsymbol{y}$ 化成标准形 $f(y_1,y_2,y_3)=y_1^2+2y_2^2+5y_3^2$，求参数 a 及正交变换矩阵 $\boldsymbol{Q}$.

14. 设三阶实对称矩阵 $\boldsymbol{A}$ 的特征值为 1,2,3，其中 1,2 对应的特征向量分别为 $\boldsymbol{p}_1=(1,0,0)^{\mathrm{T}}$，$\boldsymbol{p}_2=(0,1,1)^{\mathrm{T}}$，求一正交变换 $\boldsymbol{x}=\boldsymbol{P}\boldsymbol{y}$，将二次型 $f=\boldsymbol{x}^{\mathrm{T}}\boldsymbol{A}\boldsymbol{x}$ 化成标准形.

15. 设实二次型

$$f(x_1,x_2,x_3)=5x_1^2+5x_2^2+cx_3^2-2x_1x_2+6x_1x_3-6x_2x_3$$

的秩为 2.

(1) 求参数 c 及二次型的矩阵的特征值；

(2) 指出方程 $f(x_1,x_2,x_3)=1$ 表示何种曲面.

16. 已知三元实二次型 $\boldsymbol{x}^{\mathrm{T}}\boldsymbol{A}\boldsymbol{x}$ 经正交变换化为 $2y_1^2-y_2^2-y_3^2$，且 $\boldsymbol{A}^*\boldsymbol{\alpha}=\boldsymbol{\alpha}$，其中 $\boldsymbol{\alpha}=(1,1,-1)^{\mathrm{T}}$，$\boldsymbol{A}^*$ 为 $\boldsymbol{A}$ 的伴随矩阵，求此二次型的表达式.

17. 判断下列二次型的正定性：

(1) $f(x_1,x_2,x_3)=2x_1^2+5x_2^2+5x_3^2+4x_1x_2-4x_1x_3-8x_2x_3$；

(2) $f(x_1,x_2,x_3,x_4)=x_1^2+x_2^2+14x_3^2+7x_4^2+6x_1x_3+4x_1x_4-4x_2x_3$.

18. 设实二次型 $f(x_1,x_2,x_3)=x_1^2+4x_2^2+2x_3^2+2tx_1x_2+2x_1x_3$ 正定，求 t 的值.

19. 设实二次型 $f(x_1,x_2,x_3)=a(x_1^2+x_2^2+x_3^2)+2x_1x_2+2x_1x_3-2x_2x_3$.

(1) 当 a 取何值时，二次型 f 是正定的；

(2) 当 a 取何值时，二次型 f 是负定的.

20. 对任意实数 $a,b>0$，试证

(1) 当 $\boldsymbol{A},\boldsymbol{B}$ 均为半正定时，$a\boldsymbol{A}+b\boldsymbol{B}$ 也半正定；

(2) 当 $\boldsymbol{A},\boldsymbol{B}$ 中有一个正定，另一个半正定时，$a\boldsymbol{A}+b\boldsymbol{B}$ 正定.

21. 设 $\boldsymbol{A}$ 是 $m\times n$ 实矩阵，试证当 $t>0$ 时，$\boldsymbol{B}=t\boldsymbol{E}+\boldsymbol{A}^{\mathrm{T}}\boldsymbol{A}$ 为正定矩阵.

22. 设 n 阶实对称矩阵 $\boldsymbol{A}$ 满足 $\boldsymbol{A}^2-6\boldsymbol{A}+4\boldsymbol{E}=\boldsymbol{0}$，证明 $\boldsymbol{A}$ 为正定矩阵.

(B)

23. 设实二次型 $f=\sum_{i=1}^{m}(a_{i1}x_1+\cdots+a_{in}x_n)^2$，令 $\boldsymbol{A}=[a_{ij}]_{m\times n}$，证明二次型 f 的秩等于 rank $\boldsymbol{A}$.

24. 设 $\boldsymbol{A}=[a_{ij}]_{n\times n}$ 为 n 阶实对称矩阵，rank $\boldsymbol{A}=n$，$A_{ij}(i,j=1,2,\cdots,n)$ 是 $\boldsymbol{A}$ 中元 a_{ij} 的代数余子式，二次型 $f(x_1,x_2,\cdots,x_n)=\sum_{i=1}^{n}\sum_{j=1}^{n}\dfrac{A_{ij}}{|\boldsymbol{A}|}x_ix_j$.

(1) 记 $\boldsymbol{x}=(x_1,x_2,\cdots,x_n)^{\mathrm{T}}$，把 $f(x_1,x_2,\cdots,x_n)$ 写成矩阵形式，并证明二次型 $f(\boldsymbol{x})$ 的矩阵为 $\boldsymbol{A}^{-1}$；

(2) 二次型 $g(\boldsymbol{x})=\boldsymbol{x}^{\mathrm{T}}\boldsymbol{A}\boldsymbol{x}$ 与 $f(\boldsymbol{x})$ 的规范形是否相同？说明理由.

25. 设四元二次型 $f(x_1,x_2,x_3,x_4)=\boldsymbol{x}^{\mathrm{T}}\boldsymbol{A}\boldsymbol{x}$，其中

$$\boldsymbol{A}=\begin{bmatrix}0&1&0&0\\1&0&0&0\\0&0&y&1\\0&0&1&2\end{bmatrix},$$

(1) 已知 $\boldsymbol{A}$ 的一个特征值为 3，求 y；

(2) 求矩阵 $\boldsymbol{P}$,使$(\boldsymbol{AP})^{\mathrm{T}}\boldsymbol{AP}$为对角矩阵.

26. 设实二次型 $f(x_1,x_2,x_3)=\boldsymbol{x}^{\mathrm{T}}\boldsymbol{A}\boldsymbol{x}=ax_1^2+2x_2^2-2x_3^2+2bx_1x_3(b>0)$,且 $\boldsymbol{A}$ 的特征值之和为 1,特征值之积为 -12.

(1) 求 a,b 的值;

(2) 利用正交变换将二次型 f 化为标准形,并写出所用正交变换的矩阵.

27. 设 $\boldsymbol{A}$ 为 n 阶正定矩阵,证明存在正定矩阵 $\boldsymbol{B}$,使 $\boldsymbol{A}=\boldsymbol{B}^2$.

28. 设 $\boldsymbol{A}$ 为 m 阶正定矩阵,$\boldsymbol{B}$ 为 $m\times n$ 实矩阵,试证:$\boldsymbol{B}^{\mathrm{T}}\boldsymbol{AB}$ 为正定矩阵当且仅当 $\operatorname{rank}\boldsymbol{B}=n$.

29. 设 $\boldsymbol{A}$ 为 n 阶正定矩阵,$\boldsymbol{B}$ 为 n 阶实反称矩阵,证明 $\boldsymbol{A}-\boldsymbol{B}^2$ 是正定矩阵.

30. 设 $\boldsymbol{A}$ 是 n 阶正定矩阵,$\boldsymbol{B}$ 为 n 阶实对称矩阵,证明:存在 n 阶可逆矩阵 $\boldsymbol{P}$,使 $\boldsymbol{P}^{\mathrm{T}}\boldsymbol{AP}$ 与 $\boldsymbol{P}^{\mathrm{T}}\boldsymbol{BP}$ 均为对角矩阵.

31. 已知实二次型

$$f(x_1,x_2,x_3)=x_1^2+x_2^2+x_3^2-(ax_1+bx_2+cx_3)^2,$$

其中 a,b,c 不全为零.问 a,b,c 满足什么条件时,f 为正定二次型?

32. 设 $\boldsymbol{A}=[a_{ij}]_{n\times n}$ 为正定矩阵,$b_1,b_2,\cdots,b_n$ 为非零实数,记 $\boldsymbol{B}=[a_{ij}b_ib_j]_{n\times n}$,证明 $\boldsymbol{B}$ 为正定矩阵.

33. 设 $\boldsymbol{A}$ 为 n 阶正定矩阵,$\boldsymbol{b}$ 为 n 维实向量,求二次函数

$$g(\boldsymbol{x})=\frac{1}{2}\boldsymbol{x}^{\mathrm{T}}\boldsymbol{A}\boldsymbol{x}-\boldsymbol{b}^{\mathrm{T}}\boldsymbol{x}$$

的最小值.

第 6 章单元测试题

部分习题答案或提示

习 题 1

(A)

1. (1) $x_1=1, x_2=1, x_3=4$;

(2) $\begin{cases} x_1=x_3+5, \\ x_2=x_3+6, \\ x_3=x_3, \\ x_4=-2, \end{cases}$ x_3 为任意数.

2. (1) $x_1=2, x_2=1, x_3=0$;

(2) $\begin{cases} x_1=-2x_2-x_4+2, \\ x_2=x_2, \\ x_3=x_4+1, \\ x_4=x_4, \end{cases}$ x_2 和 x_4 为任意数.

3. (1) 只有零解;

(2) $\begin{cases} x_1=-2x_3-x_4+2x_5, \\ x_2=x_3-3x_4+x_5, \\ x_3=x_3, \\ x_4=x_4, \\ x_5=x_5, \end{cases}$ x_3, x_4 和 x_5 为任意数.

4. $5x^2-3x-7$.

5. $C_3H_8+5O_2=3CO_2+4H_2O$.

(B)

6. 提示:利用三元线性方程组的几何意义.

7. (1) 或三个平面两两平行,或其中两个平面平行而第三个平面与前两个平面相交,或三个平面两两相交但无公共交点;

(2) 三个平面交于一点;

(3) 或三平面相交于一条公共直线,或三个平面重合,即三个平面有无穷多公共点.

8. 当 $t=4$ 时,方程组有无穷多解;当 $t=-1$ 时,方程组无解;当 $t\neq 4$ 且 $t\neq -1$ 时,方程组有唯一解.

9. 无论参数 a 取何值,均不能使得方程组的解中每个未知量的取值都是正整数.

10. (1) $\begin{cases} x_1=-0.659\,181k+0.176\,26, \\ x_2=-0.275\,523k+0.349\,721, \\ x_3=0.589\,8k+0.323\,567, \\ x_4=0.376\,435k+0.057\,656\,2, \end{cases}$ 其中 $-0.153\,198\leqslant k\leqslant 0.267\,392$.

因此,取定 k 的一个值,即可得所需四种食物的量.

(2) 用脱脂牛奶、大豆粉、乳清配制该减肥食品是可行的.

(3) 用脱脂牛奶、乳清、离析大豆蛋白无法配制该减肥食品.

11. $\begin{cases} x_1 = k + a_4 - b_4, \\ x_2 = k - a_2 - a_3 + b_2 + b_3, \\ x_3 = k - a_3 + b_3, \\ x_4 = k, \end{cases}$ k 为任意数.

12. $I_1 = 2$ A, $I_2 = 0$ A, $I_3 = I_4 = -2$ A, $I_5 = 0$ A, $I_6 = 2$ A.

习　题　2

(A)

1. $a=0, b=2, c=1, d=2$.

5. $\begin{bmatrix} k & l \\ 0 & k \end{bmatrix}$, k 为任意数, l 为任意非零数.

6. $\begin{bmatrix} 1 & -8 & -3 \\ 10 & 1 & 4 \\ 2 & -5 & -2 \end{bmatrix}$.

7. (1) $\boldsymbol{A}, \boldsymbol{B}$ 不能进行加法运算;

(2) $\begin{bmatrix} 2 & 4 & 6 \\ 2 & 2 & 6 \end{bmatrix}$;　　(3) $\begin{bmatrix} 1 & 6 \\ 2 & 1 \\ 3 & 8 \end{bmatrix}$;

(4) $\begin{bmatrix} 14 & 8 \\ 16 & 9 \end{bmatrix}$;　　(5) $\begin{bmatrix} 1 & 4 & 7 \\ 2 & 5 & 8 \\ 3 & 10 & 17 \end{bmatrix}$.

8. $\boldsymbol{A} - \boldsymbol{A}^{\mathrm{T}} = \begin{bmatrix} 0 & b-c & c-e \\ c-b & 0 & 0 \\ e-c & 0 & 0 \end{bmatrix}$, $\boldsymbol{A} + \boldsymbol{A}^{\mathrm{T}} = \begin{bmatrix} 2a & b+c & c+e \\ b+c & 2d & 2e \\ c+e & 2e & 2f \end{bmatrix}$,

$(\boldsymbol{A} + \boldsymbol{A}^{\mathrm{T}})^{\mathrm{T}} = \begin{bmatrix} 2a & b+c & c+e \\ b+c & 2d & 2e \\ c+e & 2e & 2f \end{bmatrix}$.

9. (1) $\begin{bmatrix} \cos\theta & -\sin\theta \\ \sin\theta & \cos\theta \end{bmatrix}^n = \begin{bmatrix} \cos n\theta & -\sin n\theta \\ \sin n\theta & \cos n\theta \end{bmatrix}$;

(2) $\begin{bmatrix} 0 & 1 \\ -1 & 0 \end{bmatrix}^{4k} = \begin{bmatrix} 1 & 0 \\ 0 & 1 \end{bmatrix}$, $\begin{bmatrix} 0 & 1 \\ -1 & 0 \end{bmatrix}^{4k+1} = \begin{bmatrix} 0 & 1 \\ -1 & 0 \end{bmatrix}$,

$\begin{bmatrix} 0 & 1 \\ -1 & 0 \end{bmatrix}^{4k+2} = \begin{bmatrix} -1 & 0 \\ 0 & -1 \end{bmatrix}$, $\begin{bmatrix} 0 & 1 \\ -1 & 0 \end{bmatrix}^{4k+3} = \begin{bmatrix} 0 & -1 \\ 1 & 0 \end{bmatrix}$;

(3) $\begin{bmatrix} 1 & 2 & 3 \\ 0 & 1 & 2 \\ 0 & 0 & 1 \end{bmatrix}^n = \begin{bmatrix} 1 & 2n & 2n^2+n \\ 0 & 1 & 2n \\ 0 & 0 & 1 \end{bmatrix}$;

(4) $\begin{bmatrix} a & 1 & 0 & 0 \\ 0 & a & 1 & 0 \\ 0 & 0 & a & 1 \\ 0 & 0 & 0 & a \end{bmatrix}^2 = \begin{bmatrix} a^2 & 2a & 1 & 0 \\ 0 & a^2 & 2a & 1 \\ 0 & 0 & a^2 & 2a \\ 0 & 0 & 0 & a^2 \end{bmatrix}$,

$$\begin{bmatrix}a&1&0&0\\0&a&1&0\\0&0&a&1\\0&0&0&a\end{bmatrix}^n=\begin{bmatrix}a^n&na^{n-1}&C_n^2a^{n-2}&C_n^3a^{n-3}\\0&a^n&na^{n-1}&C_n^2a^{n-2}\\0&0&a^n&na^{n-1}\\0&0&0&a^n\end{bmatrix},n\geqslant 3.$$

10. (1) $\begin{bmatrix}-3&-2\\4&1\end{bmatrix}$; (2) $\begin{bmatrix}-24&-30\\60&36\end{bmatrix}$.

11. $\begin{bmatrix}5\times 3^{11}-7\times 2^{11}&3\times 2^{11}-2\times 3^{11}\\35\times 3^{10}-35\times 2^{10}&15\times 2^{10}-14\times 3^{10}\end{bmatrix}$.

12. $\begin{bmatrix}3^{m-1}&\dfrac{1}{2}\times 3^{m-1}&3^{m-2}\\2\times 3^{m-1}&3^{m-1}&2\times 3^{m-2}\\3^m&\dfrac{1}{2}\times 3^m&3^{m-1}\end{bmatrix}$.

14. $\begin{bmatrix}\dfrac{4}{5}&-\dfrac{3}{5}\\-\dfrac{1}{5}&\dfrac{2}{5}\end{bmatrix}$.

15. $(\boldsymbol{A}+3\boldsymbol{E})^{-1}=\dfrac{6\boldsymbol{E}-\boldsymbol{A}}{22}$.

16. $\begin{bmatrix}1&0&4&0&0\\0&4&-3&0&0\\1&6&1&0&0\\0&0&0&-2&-6\\0&0&0&-4&-8\end{bmatrix}$.

17. $\boldsymbol{A}^{-1}=\begin{bmatrix}-1&2&0\\3&-5&0\\0&0&-\dfrac{1}{4}\end{bmatrix},\boldsymbol{B}^{-1}=\begin{bmatrix}3&-1&0&0\\-2&1&0&0\\0&0&-1&7\\0&0&1&-6\end{bmatrix}$.

18. $\boldsymbol{x}=k\begin{bmatrix}-1\\1\\4\end{bmatrix}$,$k$ 为任意非零数;$\boldsymbol{y}=l\begin{bmatrix}-1\\1\\2\end{bmatrix}$,$l$ 为任意非零数.

19. (2) $\boldsymbol{P}(i,j)$.

20. $\boldsymbol{A}=\boldsymbol{P}(2,3)\boldsymbol{P}(1,2(-2))\boldsymbol{P}(3,2(4))\boldsymbol{P}(1,3(-1))\boldsymbol{P}(2,3(-1))\boldsymbol{P}(3(-1))$.

21. $\boldsymbol{A}$ 不可逆,$\boldsymbol{B}^{-1}=\begin{bmatrix}1&-1&-1&0\\0&-\dfrac{1}{2}&0&0\\-\dfrac{1}{5}&1&\dfrac{3}{5}&\dfrac{1}{5}\\\dfrac{2}{5}&-\dfrac{1}{2}&-\dfrac{1}{5}&-\dfrac{2}{5}\end{bmatrix}$.

22. $a\neq 0,\boldsymbol{A}^{-1}=\begin{bmatrix}0&1&0\\1&-1&0\\-\dfrac{2}{a}&\dfrac{1}{a}&\dfrac{1}{a}\end{bmatrix}$.

23. $\begin{bmatrix} 3 & -8 & -6 \\ 2 & -9 & -6 \\ -2 & 12 & 9 \end{bmatrix}$.

24.（1）当 $a\neq -1$ 时，秩为 3；当 $a=-1$ 时，秩为 2；（2）2.

25. 2.

26.（2）4；（3）只有零解；

（4）$k\begin{bmatrix} \frac{1}{3} \\ \frac{2}{3} \\ 1 \\ 0 \end{bmatrix}+l\begin{bmatrix} \frac{2}{3} \\ \frac{7}{3} \\ 0 \\ 1 \end{bmatrix}+\begin{bmatrix} \frac{11}{3} \\ \frac{10}{3} \\ 0 \\ 0 \end{bmatrix}$，$k,l$ 为任意数.

27.（1）$\begin{bmatrix} 2 & -1 \\ -3 & 2 \end{bmatrix}$；

（2）$k\begin{bmatrix} -5 & 0 \\ 3 & 0 \\ 1 & 0 \end{bmatrix}+l\begin{bmatrix} 0 & -5 \\ 0 & 3 \\ 0 & 1 \end{bmatrix}+\begin{bmatrix} 9 & 4 \\ -4 & -1 \\ 0 & 0 \end{bmatrix}$，$k,l$ 为任意数；

（3）$\begin{bmatrix} -2 & -4 \\ 3 & 10 \end{bmatrix}$.

(B)

28.（1）$\boldsymbol{\alpha}\boldsymbol{\beta}^{\mathrm{T}}=\begin{bmatrix} a_1b_1 & a_1b_2 & \cdots & a_1b_n \\ a_2b_1 & a_2b_2 & \cdots & a_2b_n \\ \vdots & \vdots & & \vdots \\ a_nb_1 & a_nb_2 & \cdots & a_nb_n \end{bmatrix}$，$\boldsymbol{\alpha}^{\mathrm{T}}\boldsymbol{\beta}=a_1b_1+a_2b_2+\cdots+a_nb_n$；（2）1.

30. $(\boldsymbol{E}-\boldsymbol{A})^{-1}=\boldsymbol{E}+\boldsymbol{A}+\boldsymbol{A}^2+\cdots+\boldsymbol{A}^{k-1}$.

31.（2）$3\boldsymbol{E}$.

33. 提示：$\boldsymbol{A}^{-1}+\boldsymbol{B}^{-1}=\boldsymbol{A}^{-1}(\boldsymbol{A}+\boldsymbol{B})\boldsymbol{B}^{-1}$.

34. 提示：利用 $\boldsymbol{A}$ 的等价标准形.

35.（1）提示：用待定系数法，或者利用分块初等变换；

（2）$\boldsymbol{A}^{-1}=\begin{bmatrix} 0 & 0 & \cdots & 0 & a_n^{-1} \\ a_1^{-1} & 0 & \cdots & 0 & 0 \\ 0 & a_2^{-1} & \cdots & 0 & 0 \\ \vdots & \vdots & & \vdots & \vdots \\ 0 & 0 & \cdots & a_{n-1}^{-1} & 0 \end{bmatrix}$，$\boldsymbol{B}^{-1}=\begin{bmatrix} 0 & 0 & \frac{1}{2} & 0 & 0 \\ 0 & 0 & 1 & -2 & -5 \\ 0 & 0 & \frac{1}{2} & -1 & -3 \\ -7 & -3 & 0 & 0 & 0 \\ -5 & -2 & 0 & 0 & 0 \end{bmatrix}$.

36. $\begin{bmatrix} -\boldsymbol{B}^{-1}\boldsymbol{C}\boldsymbol{A}^{-1} & \boldsymbol{B}^{-1} \\ \boldsymbol{A}^{-1} & \boldsymbol{0} \end{bmatrix}$.

37. $\begin{bmatrix} 4 & 3 & 2 \\ 2 & 2 & 1 \\ 1 & 1 & 1 \end{bmatrix}$.

38. $\begin{bmatrix} 1 & 0 & 0 & 0 \\ -2 & 1 & 0 & 0 \\ 1 & -2 & 1 & 0 \\ 0 & 1 & -2 & 1 \end{bmatrix}$.

39. $\begin{bmatrix} 1 & 0 & 0 & 0 \\ -1 & 2 & 0 & 0 \\ 0 & -2 & 3 & 0 \\ 0 & 0 & -3 & 4 \end{bmatrix}$.

41. 两年后在岗职工和轮训职工各有 779 人和 221 人.

42. 可预测 5 年后这 15 万人中大概有 17 190 人从事教师职业.

习　题　3

(A)

1. (1) -49;　(2) 30;　(3) 2;　(4) 0.

2. (1) $4abcdef$;　(2) $ab+ad+cd+abcd+1$;

(3) 0;　(4) $-a^5+a^4-a^3+a^2-a+1$.

3. (1) $\lambda^2-3\lambda-4$;　(2) $(\lambda-1)(\lambda+1)\lambda$.

4. (1) $\frac{5}{2}$;　(2) 30.

5. 4.

6. 16.

8. (1) 16;　(2) 256;　(3) $-\frac{1}{4}$.

9. (1) $\frac{1}{5}$;　(2) 80;　(3) $\frac{16}{5}$;　(4) $\frac{1}{80}$.

10. (1) $(1-x)(2-x)\cdots(n-1-x)$;　(2) 1;

(3) $x^n+a_1x^{n-1}+\cdots+a_{n-1}x+a_n$;　(4) $3^{n+1}-2^{n+1}$.

11. (1) $\begin{bmatrix} -5 & -3 & -9 \\ -13 & -2 & -6 \\ -11 & 5 & -14 \end{bmatrix}$;　(2) -29;　(3) 均等于$-29\boldsymbol{E}$.

12. $|\boldsymbol{A}^{-1}\boldsymbol{B}^{\mathrm{T}}|=-\frac{3}{2}$, $|2\boldsymbol{A}^*\boldsymbol{B}^{-1}|=-\frac{2^{2n-1}}{3}$.

13. (1) $\begin{bmatrix} \frac{2}{9} & -\frac{1}{9} \\ \frac{1}{6} & \frac{1}{6} \end{bmatrix}$;　(2) 不可逆;

(3) $\begin{bmatrix} -2 & -1 & 2 \\ -1 & -1 & 1 \\ -5 & -3 & 4 \end{bmatrix}$;　(4) $\frac{1}{2}\begin{bmatrix} 4 & 2 & 3 & -3 \\ -6 & -2 & -5 & 7 \\ 4 & 2 & 4 & -2 \\ -6 & -2 & -5 & 5 \end{bmatrix}$.

14. (1) 有非零解;　(2) 有非零解.

15. (1) $x_1=\frac{22}{5}, x_2=-\frac{26}{5}, x_3=\frac{12}{5}$;　(2) $x_1=1, x_2=-1, x_3=0, x_4=2$.

16. -3.

(B)

17. $-(a^2+b^2+c^2+d^2)^2$.

18. $8\prod_{1\leqslant i<j\leqslant 4}(x_j-x_i)$.

19. $9\prod_{1\leqslant j<i\leqslant 4}(a_i-a_j)\cdot\prod_{1\leqslant j<i\leqslant 4}(b_i-b_j)$.

20. $\left(1+(-1)^{n-1}x\prod_{i=1}^{n}\frac{1}{a_i}\right)\prod_{1\leqslant j<i\leqslant n}(a_i-a_j)$.

21. $\frac{1}{1-n}$.

22. 0.

23. $\pm\begin{bmatrix}0&0&-1\\2&-1&0\\-1&0&0\end{bmatrix}$.

24. $\begin{bmatrix}\mathbf{0}&2\boldsymbol{B}^*\\3\boldsymbol{A}^*&\mathbf{0}\end{bmatrix}$.

25. 提示：做分块倍加行变换化为分块上三角行列式.

26. $\begin{bmatrix}6&0&0&0\\0&6&0&0\\6&0&6&0\\0&3&0&-1\end{bmatrix}$.

28. $n!$.

29. 当 $a\neq0$ 且 $a\neq1$ 时，方程组有唯一解；

当 $a=0$ 时，方程组无解；

当 $a=1$ 时，方程组有无穷多解，其通解为

$$k\begin{bmatrix}-1\\2\\1\end{bmatrix}+\begin{bmatrix}1\\-3\\0\end{bmatrix},k\text{ 为任意数}.$$

30. 提示：利用 Sylvester 不等式.

31. 提示：对于 rank $\mathbf{A}=n-1$ 的情况应用 Sylvester 不等式.

32. (1) 29；　　(2) 13.5.

33. (1) 9；　　(2) 22.

34. 提示：通过假设圆方程，构造一个有非零解的 4×4 齐次线性方程组，使得题中的行列式成为其系数行列式.

35. 提示：将行列式按第 i 行展开，并利用复合函数求导法则.

习　题　4

(A)

1. $\begin{bmatrix}3\\0\\-5\end{bmatrix}$.

2. $\begin{bmatrix} 0 \\ 1 \\ 2 \\ -2 \end{bmatrix}$.

3. (1) $a=12$, $b=9$, c, d 为任意数； (2) $a=2$, $b=-1$, $c=2$, $d=4$； (3) $a=7$, $b=4$, c, d 为任意数.

4. (1) $t=5$； (2) $t\neq 5$； (3) $\boldsymbol{\alpha}_3=-\boldsymbol{\alpha}_1+2\boldsymbol{\alpha}_2$.

5. 3.

6. (1) 线性无关； (2) 线性相关； (3) 线性相关； (4) 线性无关.

7. 提示：证明向量组 $\boldsymbol{\alpha}_1+\boldsymbol{\alpha}_2,\boldsymbol{\alpha}_2+\boldsymbol{\alpha}_3,\boldsymbol{\alpha}_3+\boldsymbol{\alpha}_1$ 与向量组 $\boldsymbol{\alpha}_1,\boldsymbol{\alpha}_2,\boldsymbol{\alpha}_3$ 等价.

9. 提示：$\boldsymbol{\alpha}_4$ 可由向量组 $\boldsymbol{\alpha}_1,\boldsymbol{\alpha}_2,\boldsymbol{\alpha}_3$ 唯一线性表示.

11. $pq\neq 1$.

12. 提示：按线性无关的定义去证明.

13. $\boldsymbol{\beta}=\dfrac{1}{3}(2c+1)\boldsymbol{\alpha}_1+\dfrac{1}{3}(-c+1)\boldsymbol{\alpha}_2+c\boldsymbol{\alpha}_3$，$c$ 可取任意数.

14. $k=-8$ 时，$\boldsymbol{\beta}$ 能由向量组 $\boldsymbol{\alpha}_1,\boldsymbol{\alpha}_2$ 线性表示；当 $k\neq -8$ 时，$\boldsymbol{\beta}$ 不能由向量组 $\boldsymbol{\alpha}_1,\boldsymbol{\alpha}_2$ 线性表示.

15. (1) $b=0$； (2) $b\neq 0, b\neq -3$； (3) $b=-3$.

16. (1) $\boldsymbol{\alpha}_1,\boldsymbol{\alpha}_2$ 是一个极大线性无关组，且 $\boldsymbol{\alpha}_3=\dfrac{3}{2}\boldsymbol{\alpha}_1-\dfrac{7}{2}\boldsymbol{\alpha}_2$，$\boldsymbol{\alpha}_4=\boldsymbol{\alpha}_1+2\boldsymbol{\alpha}_2$.

(2) $\boldsymbol{\alpha}_1,\boldsymbol{\alpha}_2,\boldsymbol{\alpha}_4$ 是一个极大线性无关组，且 $\boldsymbol{\alpha}_3=2\boldsymbol{\alpha}_1-\boldsymbol{\alpha}_2$，$\boldsymbol{\alpha}_5=-\boldsymbol{\alpha}_1+2\boldsymbol{\alpha}_2-\boldsymbol{\alpha}_4$.

17. 3.

18. $a=15, b=5$.

19. 反例：$\boldsymbol{A}=\begin{bmatrix} 1 & 0 \\ 0 & 1 \\ 0 & 0 \end{bmatrix}$，$\boldsymbol{B}=\begin{bmatrix} 0 & 0 \\ 1 & 0 \\ 0 & 1 \end{bmatrix}$，

20. 要求的齐次线性方程组的系数矩阵可取为 $\begin{bmatrix} -2 & -1 & 1 & 0 \\ -3 & -2 & 0 & 2 \end{bmatrix}$.

21. $k_1\begin{bmatrix} 0 \\ 2 \\ -1 \\ 0 \end{bmatrix}+k_2\begin{bmatrix} 1 \\ 3 \\ 1 \\ 2 \end{bmatrix}+\begin{bmatrix} 1 \\ 1 \\ 1 \\ 1 \end{bmatrix}$，$k_1,k_2$ 为任意数.

23. $a=-2$.

24. (1) $a=1$，

25. (1) V_1 的一个基为 $(1,-1,0,0,\cdots,0),(1,0,-1,0,\cdots,0),\cdots,(1,0,0,0,\cdots,-1)$；

(2) V_2 不构成向量空间； (3) V_3 的一个基为 $(-2,1,0),(-3,0,1)$；

(4) V_4 不构成向量空间.

27. (2) 向量 $\boldsymbol{\beta}_1,\boldsymbol{\beta}_2$ 在基 $\boldsymbol{\alpha}_1,\boldsymbol{\alpha}_2,\boldsymbol{\alpha}_3$ 下的坐标依次为 $\left(\dfrac{2}{3},-\dfrac{2}{3},-1\right)^{\mathrm{T}},\left(\dfrac{4}{3},1,\dfrac{2}{3}\right)^{\mathrm{T}}$.

28. (1) $\begin{bmatrix} 0 & 1 & 1 \\ -1 & -3 & -2 \\ 2 & 4 & 4 \end{bmatrix}$； (2) $\begin{bmatrix} -\dfrac{7}{2} \\ -\dfrac{1}{2} \\ \dfrac{3}{2} \end{bmatrix}$.

29. $\pm\left(-\frac{4}{\sqrt{26}},0,-\frac{1}{\sqrt{26}},\frac{3}{\sqrt{26}}\right)^{\mathrm{T}}$.

30. (1) $\frac{1}{\sqrt{2}}\begin{bmatrix}0\\1\\1\end{bmatrix},\frac{1}{\sqrt{6}}\begin{bmatrix}2\\-1\\1\end{bmatrix},\frac{1}{\sqrt{3}}\begin{bmatrix}1\\1\\-1\end{bmatrix}$; (2) $\frac{1}{\sqrt{2}}\begin{bmatrix}1\\0\\1\\0\end{bmatrix},\frac{1}{\sqrt{6}}\begin{bmatrix}1\\0\\-1\\2\end{bmatrix},\frac{1}{2\sqrt{3}}\begin{bmatrix}1\\3\\-1\\-1\end{bmatrix}$.

31. $\frac{1}{\sqrt{15}}\begin{bmatrix}1\\1\\2\\3\end{bmatrix},\frac{1}{\sqrt{39}}\begin{bmatrix}-2\\1\\5\\-3\end{bmatrix}$.

36. (1) 是； (2) 是； (3) 是； (4) 不是； (5) 是.

37. (1) 是； (2) 不是； (3) 是.

38. V 的一个基为基本矩阵 $\boldsymbol{E}_{11},\boldsymbol{E}_{12},\boldsymbol{E}_{13},\boldsymbol{E}_{22},\boldsymbol{E}_{23},\boldsymbol{E}_{33}$，$\dim V=6$.

39. $\begin{bmatrix}1&0&0\\2&1&0\\0&1&1\end{bmatrix}$.

40. $\left(\frac{5}{2},-1,0,\frac{1}{2}\right)^{\mathrm{T}}$.

41. (2) $\begin{bmatrix}5&-1&0&0\\-2&0&0&0\\0&0&5&1\\0&0&2&0\end{bmatrix}$.

(B)

42. $a\neq-1$ 时，向量组(Ⅰ)与(Ⅱ)等价；$a=-1$ 时，向量组(Ⅰ)与(Ⅱ)不等价.

43. $a=0$ 时，$\boldsymbol{\alpha}_1$ 是 $\boldsymbol{\alpha}_1,\boldsymbol{\alpha}_2,\boldsymbol{\alpha}_3,\boldsymbol{\alpha}_4$ 的一个极大线性无关组，且 $\boldsymbol{\alpha}_2=2\boldsymbol{\alpha}_1,\boldsymbol{\alpha}_3=3\boldsymbol{\alpha}_1,\boldsymbol{\alpha}_4=4\boldsymbol{\alpha}_1$；$a=-10$时，$\boldsymbol{\alpha}_1,\boldsymbol{\alpha}_2,\boldsymbol{\alpha}_3$ 是 $\boldsymbol{\alpha}_1,\boldsymbol{\alpha}_2,\boldsymbol{\alpha}_3,\boldsymbol{\alpha}_4$ 的一个极大线性无关组，且 $\boldsymbol{\alpha}_4=-\boldsymbol{\alpha}_1-\boldsymbol{\alpha}_2-\boldsymbol{\alpha}_3$.

44. $a=1$.

45. (2) 提示：$\boldsymbol{\alpha}=k\boldsymbol{\beta}$.

47. 提示：按线性无关的定义去证明.

48. $k\neq9$ 时，通解为 $k_1\begin{bmatrix}1\\2\\3\end{bmatrix}+k_2\begin{bmatrix}3\\6\\k\end{bmatrix}$，$k_1,k_2$ 为任意数；

$k=9$ 时，若 $\operatorname{rank}\boldsymbol{A}=2$，则通解为 $k_1\begin{bmatrix}1\\2\\3\end{bmatrix}$，$k_1$ 为任意数；

若 $\operatorname{rank}\boldsymbol{A}=1$，设 $a\neq0$，则通解为 $\boldsymbol{x}=k_1\begin{bmatrix}-\frac{b}{a}\\1\\0\end{bmatrix}+k_2\begin{bmatrix}-\frac{c}{a}\\0\\1\end{bmatrix}$，$k_1,k_2$ 为任意数.

49. $k\neq2$ 时，$\boldsymbol{\alpha}_1$ 为 $\boldsymbol{\alpha}_1,\boldsymbol{\alpha}_2,\boldsymbol{\alpha}_3$ 的一个极大线性无关组，且 $\boldsymbol{\alpha}_2=\boldsymbol{\alpha}_1,\boldsymbol{\alpha}_3=0\boldsymbol{\alpha}_1$，

$k=2$ 时，若 $\operatorname{rank}\boldsymbol{A}=1$，则 $\boldsymbol{\alpha}_1$ 为 $\boldsymbol{\alpha}_1,\boldsymbol{\alpha}_2,\boldsymbol{\alpha}_3$ 的一个极大线性无关组，且 $\boldsymbol{\alpha}_2=k_1\boldsymbol{\alpha}_1,\boldsymbol{\alpha}_3=\frac{k_1-1}{2}\boldsymbol{\alpha}_1$；若

rank $\boldsymbol{A}=2$，则 $\boldsymbol{\alpha}_1,\boldsymbol{\alpha}_3$ 为 $\boldsymbol{\alpha}_1,\boldsymbol{\alpha}_2,\boldsymbol{\alpha}_3$ 的一个极大线性无关组，且 $\boldsymbol{\alpha}_2=\boldsymbol{\alpha}_1+2\boldsymbol{\alpha}_3$.

51. 线性无关.

52. 提示：考虑两个齐次线性方程组 $\boldsymbol{A}^n\boldsymbol{x}=\boldsymbol{0}$ 和 $\boldsymbol{A}^{n+1}\boldsymbol{x}=\boldsymbol{0}$.

53. 提示：充分性利用习题 2 第 29 题的结论.

54. 提示：证明 $\boldsymbol{A}^{\mathrm{T}}(\boldsymbol{A}+\boldsymbol{B})=(\boldsymbol{A}+\boldsymbol{B})^{\mathrm{T}}\boldsymbol{B}$.

55. 提示：与第 54 题类似.

56. (1) $b\neq 0$ 且 $b\neq-\sum\limits_{i=1}^{n}a_i$； (2) $b=0$ 或 $b=-\sum\limits_{i=1}^{n}a_i$，并且

当 $b=0$ 时，设 $a_1\neq0$，则基础解系为 $\begin{bmatrix}-\dfrac{a_2}{a_1}\\1\\0\\\vdots\\0\end{bmatrix},\begin{bmatrix}-\dfrac{a_3}{a_1}\\0\\1\\\vdots\\0\end{bmatrix},\cdots,\begin{bmatrix}-\dfrac{a_n}{a_1}\\0\\0\\\vdots\\1\end{bmatrix}$；

当 $b=-\sum\limits_{i=1}^{n}a_i$ 时，基础解系为 $\begin{bmatrix}1\\1\\\vdots\\1\end{bmatrix}$.

57. (1) 提示：先设法使 $|\boldsymbol{A}|$ 的 $(i+1,i)$ 元 $(i=1,2,\cdots,n-1)$ 均化为零；

(2) $a\neq0$ 时，$x_1=\dfrac{n}{(n+1)a}$；

(3) $a=0$ 时，$k\begin{bmatrix}1\\0\\0\\\vdots\\0\end{bmatrix}+\begin{bmatrix}0\\1\\0\\\vdots\\0\end{bmatrix}$，$k$ 为任意数.

58. (1) $\boldsymbol{\beta}_1=\begin{bmatrix}1\\0\\2\\3\end{bmatrix},\boldsymbol{\beta}_2=\begin{bmatrix}0\\1\\3\\5\end{bmatrix}$；

(2) $a=-1$，方程组(Ⅰ)、(Ⅱ)的全部非零公共解为 $k_1\boldsymbol{\alpha}_1+k_2\boldsymbol{\alpha}_2$($k_1,k_2$ 不全为零).

59. 拟合曲线为 $y=4.240\,0-0.462\,9x+0.257\,1x^2$，12 月份的销售额为 35.707 6 万元.

60. $a_n=\dfrac{1}{2}(3^{n-1}+(-1)^{n-1})(n\geqslant3)$.

习 题 5

(A)

1. (3) 1 和 16 是 $\boldsymbol{A}^2$ 的全部特征值，$\boldsymbol{p}_1$ 和 $\boldsymbol{p}_2$ 分别是 $\boldsymbol{A}^2$ 的对应 1 和 16 的特征向量.

2. (1) $\lambda_1=\lambda_2=1$ 对应的全部特征向量为 $k(1,-1)^{\mathrm{T}}$，k 为任意非零数；

(2) $\lambda_1=1$ 对应的全部特征向量为 $k_1(3,1,-1)^{\mathrm{T}}$，k_1 为任意非零数；$\lambda_2=\lambda_3=2$ 对应的全部特征向量为 $k_2(1,0,0)^{\mathrm{T}}$，k_2 为任意非零数；

(3) $\lambda_1=-1$ 对应的全部特征向量为 $k_1\left(-\frac{8}{7},\frac{10}{7},1\right)^{\mathrm{T}}$，$k_1$ 为任意非零数；$\lambda_2=2$ 对应的全部特征向量为 $k_2(1,-2,1)^{\mathrm{T}}$，k_2 为任意非零数；$\lambda_3=4$ 对应的全部特征向量为$k_3(1,0,1)^{\mathrm{T}}$，k_3 为任意非零数；

(4) $\lambda_1=-1$ 对应的全部特征向量为 $k_1(-1,1,0,0)^{\mathrm{T}}$，$k_1$ 为任意非零数；$\lambda_2=1$ 对应的全部特征向量为 $k_2(1,0,0,0)^{\mathrm{T}}$，$k_2$ 为任意非零数；$\lambda_3=2$ 对应的特征向量为 $k_3\left(-\frac{29}{3},-\frac{7}{3},-3,1\right)^{\mathrm{T}}$，$k_3$ 为任意非零数；$\lambda_4=3$ 对应的特征向量为 $k_4\left(\frac{9}{4},\frac{3}{4},1,0\right)^{\mathrm{T}}$，$k_4$ 为任意非零数.

3. (1) 1，1，−5；　　(2) 2，2，$\frac{4}{5}$.

4. (2) $\boldsymbol{A}$ 与 $\boldsymbol{A}^{\mathrm{T}}$ 的同一个特征值对应的特征向量不一定相同，例如 $\boldsymbol{A}=\begin{bmatrix}1&2\\3&4\end{bmatrix}$.

5. 1 或 2.

6. $\frac{1}{2}$.

7. $|\boldsymbol{B}|=-288$，$|\boldsymbol{A}+5\boldsymbol{E}|=168$，$|5\boldsymbol{E}+\boldsymbol{P}^{-1}\boldsymbol{AP}|=168$.

8. 0.

9. $a^2(a-2^n)$.

11. 0，1.

12. 1.

13. 1.

14. 1 或 −2.

15. (1) $\begin{bmatrix}0&0&0\\1&0&3\\0&1&-2\end{bmatrix}$；　　(2) −4.

16. 24.

17. (1) 与对角矩阵相似；　　(2) 可对角化.

18. (1) $a=-3$，$b=0$，$\boldsymbol{p}$ 所对应的特征值为 −1；　　(2) 不可对角化.

19. $\begin{bmatrix}3&5&-5\\5&3&-5\\5&5&-7\end{bmatrix}$.

20. $a=2$ 时，$\boldsymbol{A}$ 能对角化；$a=6$ 时，$\boldsymbol{A}$ 不能对角化.

21. $k(1,2,1)^{\mathrm{T}}$，k 为任意非零数.

22. $x=2$，$y=-2$，$\boldsymbol{P}=\begin{bmatrix}1&0&\frac{1}{3}\\0&1&-\frac{2}{3}\\1&1&1\end{bmatrix}$.

23. $\boldsymbol{0}$.

24. $\boldsymbol{A}=\begin{bmatrix}\frac{13}{6}&-\frac{1}{3}&\frac{5}{6}\\-\frac{1}{3}&\frac{5}{3}&\frac{1}{3}\\\frac{5}{6}&\frac{1}{3}&\frac{13}{6}\end{bmatrix}$，$\boldsymbol{A}^n=\begin{bmatrix}\frac{2^{n-1}+1}{3}+\frac{3^n}{2}&\frac{1-2^n}{3}&-\frac{2^{n-1}+1}{3}+\frac{3^n}{2}\\\frac{1-2^n}{3}&\frac{2^{n+1}+1}{3}&\frac{2^n-1}{3}\\-\frac{2^{n-1}+1}{3}+\frac{3^n}{2}&\frac{2^n-1}{3}&\frac{2^{n-1}+1}{3}+\frac{3^n}{2}\end{bmatrix}$.

(B)

26. (1) $\boldsymbol{B}$ 的特征值为$-2,1,1$.$\boldsymbol{B}$ 的对应于-2的全部特征向量为 $k_1\boldsymbol{p}_1$,k_1 为非零数;$\boldsymbol{B}$ 的对应于1的全部特征向量为 $k_2(1,1,0)^{\mathrm{T}}+k_3(-1,0,1)^{\mathrm{T}}$,$k_2,k_3$ 为非零数.

(2) $\begin{bmatrix}0&1&-1\\1&0&1\\-1&1&0\end{bmatrix}$.

27. $\boldsymbol{A}$ 的全部特征值为0,全部特征向量为

$$k_1\begin{bmatrix}-\dfrac{b_2}{b_1}\\1\\0\\\vdots\\0\end{bmatrix}+k_2\begin{bmatrix}-\dfrac{b_3}{b_1}\\0\\1\\\vdots\\0\end{bmatrix}+\cdots+k_{n-1}\begin{bmatrix}-\dfrac{b_n}{b_1}\\0\\0\\\vdots\\1\end{bmatrix},$$ $k_1,k_2,\cdots,k_{n-1}$是不全为零的数.

28. $\boldsymbol{B}+2\boldsymbol{E}$ 的全部特征值为 9,9,3;$\boldsymbol{B}+2\boldsymbol{E}$ 的对应于9的所有特征向量为 $k_1(-1,1,0)^{\mathrm{T}}+k_2(1,1,-1)^{\mathrm{T}}$,$k_1,k_2$ 是不全为零的任意数;对应于3的所有特征向量为 $k_3(0,1,1)^{\mathrm{T}}$,k_3为任意非零数.

29. (1) $\boldsymbol{A}$ 的全部特征值为0,3.$\boldsymbol{A}$ 的对应于0的特征向量为 $\boldsymbol{\alpha}_1,\boldsymbol{\alpha}_2$;对应于3的特征向量为 $\boldsymbol{\alpha}_3=(1,1,1)^{\mathrm{T}}$.

(2) $\boldsymbol{Q}=\dfrac{1}{\sqrt{6}}\begin{bmatrix}-1&-\sqrt{3}&\sqrt{2}\\2&0&\sqrt{2}\\-1&\sqrt{3}&\sqrt{2}\end{bmatrix}$,$\boldsymbol{\Lambda}=\mathrm{diag}(0,0,3)$.

(3) $\boldsymbol{A}=\begin{bmatrix}1&1&1\\1&1&1\\1&1&1\end{bmatrix}$,$\left(\boldsymbol{A}-\dfrac{3}{2}\boldsymbol{E}\right)^6=\dfrac{729}{64}\boldsymbol{E}$.

30. $\lambda_1=\lambda_2=\cdots=\lambda_{n-2}=0$,$\lambda_{n-1}=a_1+a_2+\cdots+a_n$,$\lambda_n=b_1+b_2+\cdots+b_n$.

31. (2) $\boldsymbol{A}\sim\begin{bmatrix}-3&0\\0&2\end{bmatrix}$.

32. 提示:用反证法.

34. 提示:先证明 $\boldsymbol{A}$ 只有一个 n 重特征值.

37. $a=0$;$\boldsymbol{A}=\begin{bmatrix}-5&4&-6\\3&-3&3\\7&-6&8\end{bmatrix}$.

38. (2) $\mathrm{rank}(\boldsymbol{A}-\boldsymbol{E})=2$,$|\boldsymbol{A}+2\boldsymbol{E}|=6$.

39. (1) $\boldsymbol{J}=\begin{bmatrix}2&&\\&1&1\\&&1\end{bmatrix}$,$\boldsymbol{P}=\begin{bmatrix}8&3&3\\6&3&2\\-5&-2&-2\end{bmatrix}$;

(2) $\boldsymbol{J}=\begin{bmatrix}2&&\\&2&1\\&&2\end{bmatrix}$,$\boldsymbol{P}=\begin{bmatrix}-1&-1&0\\1&2&0\\0&1&1\end{bmatrix}$.

40. $\begin{bmatrix}2-(3k+2)2^{k-1}&-1+(k+1)2^k&1-(k+2)2^{k-1}\\4-3k\cdot2^{k-1}&-2+(k+3)2^k&2-(k+4)2^{k-1}\\2+(3k-4)2^{k-1}&-1-(k-1)2^k&1+k2^{k-1}\end{bmatrix}$.

41. (1) 提示：利用 Cayley-Hamilton 定理；

(2) $\begin{bmatrix} 1 & 0 & 0 \\ 50 & 1 & 0 \\ 50 & 0 & 1 \end{bmatrix}$.

42. (1) 第 10 代开红花和白花的豌豆各为 7 446 株和 2 554 株；

(2) 第 30 代开红花和白花的豌豆各为 7 499 株和 2 501 株，第 50 代开红花和白花的豌豆各为 7 500 株和 2 500 株.

43. n 年后该产品的市场占有率为 $-\frac{4}{105}+\frac{67}{105}0.35^{n-1}$.

44. $$\begin{bmatrix} a_n \\ b_n \\ c_n \end{bmatrix}=\begin{bmatrix} \left(\frac{1}{2^{n+1}}+\frac{1}{4}\right)a_0+\frac{1}{4}b_0+\left(\frac{1}{4}-\frac{1}{2^{n+1}}\right)c_0 \\ \frac{1}{2}a_0+\frac{1}{2}b_0+\frac{1}{2}c_0 \\ \left(\frac{1}{4}-\frac{1}{2^{n+1}}\right)a_0+\frac{1}{4}b_0+\left(\frac{1}{2^{n+1}}+\frac{1}{4}\right)c_0 \end{bmatrix};$$

当 $n\to\infty$ 时，有 $$\begin{bmatrix} a_n \\ b_n \\ c_n \end{bmatrix}\to\begin{bmatrix} \frac{1}{4}a_0+\frac{1}{4}b_0+\frac{1}{4}c_0 \\ \frac{1}{2}a_0+\frac{1}{2}b_0+\frac{1}{2}c_0 \\ \frac{1}{4}a_0+\frac{1}{4}b_0+\frac{1}{4}c_0 \end{bmatrix}.$$

习题 6

(A)

1. (1) $\begin{bmatrix} 3 & -\frac{5}{2} \\ -\frac{5}{2} & -7 \end{bmatrix}$；

(2) $\begin{bmatrix} 3 & -\frac{7}{2} & \frac{5}{2} \\ -\frac{7}{2} & 4 & -2 \\ \frac{5}{2} & -2 & -3 \end{bmatrix}$；

(3) $\begin{bmatrix} 1 & 4 \\ 4 & 2 \end{bmatrix}$；

(4) $\begin{bmatrix} a_1^2 & a_1a_2 & a_1a_3 \\ a_1a_2 & a_2^2 & a_2a_3 \\ a_1a_3 & a_2a_3 & a_3^2 \end{bmatrix}$.

3. (1) $\begin{bmatrix} -1 & 0 & 0 \\ 0 & 1 & 0 \\ 0 & 0 & 0 \end{bmatrix}$；

(2) $\begin{bmatrix} 1 & 0 & 0 \\ 0 & 0 & 0 \\ 0 & 0 & 0 \end{bmatrix}$；

(3) $\begin{bmatrix} 5 & & \\ & 5 & \\ & & -5 \end{bmatrix}$；

(4) $\begin{bmatrix} 1 & & \\ & 1 & \\ & & -1 \end{bmatrix}$.

4. 0.

5. 2.

6. 3.

7. $a=b=0$.

8. 经正交变换化 f 为标准形 $f=5y_1^2-y_2^2-y_3^2$.

9. (1) 合同初等变换法.经可逆线性变换化 f 为标准形 $f=-y_1^2+y_2^2-3y_4^2$;再经可逆线性变换将 f 化为规范形 $f=-z_1^2+z_2^2-z_4^2$.

(2) 配方法.经可逆线性变换化 f 为标准形 $f=-y_1^2+y_2^2-3y_4^2$;再经可逆线性变换化 f 为规范形 $f=-z_1^2+z_2^2-z_4^2$.

10. 经可逆线性变换得标准形 $f=6y_1^2+\frac{9}{2}y_2^2$.

11. (1) 配方法.经可逆线性变换化 f 为标准形 $f=2y_1^2+3y_2^2+\frac{5}{3}y_3^2$;再经可逆线性变换化 f 为规范形 $f=z_1^2+z_2^2+z_3^2$.

(2) 合同初等变换法.经可逆线性变换化 f 为标准形 $f=2y_1^2+3y_2^2+\frac{5}{3}y_3^2$;再经可逆线性变换化 f 为规范形 $f=z_1^2+z_2^2+z_3^2$.

(3) 正交变换法.经正交变换化 f 为标准形为 $f=y_1^2+2y_2^2+5y_3^2$;再经可逆线性变换得规范形 $f=z_1^2+z_2^2+z_3^2$.

12. -1.

13. $a=2,\boldsymbol{Q}=\frac{1}{\sqrt{2}}\begin{bmatrix}0&\sqrt{2}&0\\-1&0&1\\1&0&1\end{bmatrix}$.

14. 经正交变换将 f 化为标准形 $f=y_1^2+2y_2^2+3y_3^2$.

15. (1) $c=3$,矩阵的特征值为 0,4,9;

(2) $f=1$ 为椭圆柱面.

16. $f=2x_1x_2-2x_1x_3-2x_2x_3$.

17. (1) 正定二次型; (2) 不是正定二次型.

18. $-\sqrt{2}<t<\sqrt{2}$.

19. (1) $a>2$; (2) $a<-1$.

(B)

24. (1) $f(x_1,x_2,\cdots,x_n)=(x_1,x_2,\cdots,x_n)\boldsymbol{A}^{-1}\begin{bmatrix}x_1\\x_2\\\vdots\\x_n\end{bmatrix}$;

(2) 二次型 g 与 f 具有相同的规范形.

25. (1) 2; (2) $\boldsymbol{P}=\frac{1}{\sqrt{2}}\begin{bmatrix}\sqrt{2}&0&0&0\\0&\sqrt{2}&0&0\\0&0&-1&1\\0&0&1&1\end{bmatrix}$.

26. (1) $a=1,b=2$; (2) $f=-3y_1^2+2y_2^2+2y_3^2,\boldsymbol{Q}=\frac{1}{\sqrt{5}}\begin{bmatrix}1&0&2\\0&\sqrt{5}&0\\-2&0&1\end{bmatrix}$.

30. 提示:存在 n 阶可逆实矩阵 $\boldsymbol{C}$,使得 $\boldsymbol{C}^{\mathrm{T}}\boldsymbol{AC}=\boldsymbol{E}$.而 $\boldsymbol{C}^{\mathrm{T}}\boldsymbol{BC}$ 是实对称矩阵.

31. 当 $a^2+b^2+c^2<1$ 时，f 为正定二次型.

32. 提示：将 $\boldsymbol{B}$ 表示为 $\boldsymbol{A}$ 与两个对角矩阵的积，再证 $\boldsymbol{B}$ 的所有顺序主子式都为正.

33. $-\dfrac{1}{2}\boldsymbol{b}^{\mathrm{T}}\boldsymbol{A}^{-1}\boldsymbol{b}$.

期末测试题

期末测试题参考答案

单元测试题参考答案

重要概念汉英对照

半负定的	negative semi-definite
半正定的	positive semi-definite
伴随矩阵	adjoint matrix
标准形	standard form
标准正交基	orthonormal basis
标准正交向量组	orthonormal vectors
标准正交化	orthonormalization
不等式	inequality
不定的	indefinite
不相容线性方程组	inconsistent linear equations
差	difference
长度	length
超平面	hyperplane
乘积	product
初等变换	elementary transformation
初等行变换	elementary row transformation
初等矩阵	elementary matrix
初等列变换	elementary column transformation
传递性	transitivity
错切变换	shear transformation
代数重数	algebraic multiplicity
代数余子式	algebraic cofactor
待定系数法	method of undetermined coefficient
单位矩阵	identity matrix
单位向量	unit vector
等价	equivalence
等价关系	equivalence relation
等价类	equivalence class
对称矩阵	symmetric matrix
对称性	symmetry
对角行列式	diagonal determinant
对角化	diagonalization
对角矩阵	diagonal matrix

二次型	quadratic form
反称矩阵	anti-symmetric matrix
反射变换	reflection transformation
范数	norm
方阵	square matrix
非零解	non-zero solution
非齐次线性方程组	system of non-homogeneous linear equations
非奇异矩阵	non-singular matrix
非退化的	non-degenerative
分块初等变换	block elementary transformation
分块初等矩阵	block elementary matrix
分块矩阵	block matrix
分块对角矩阵	block diagonal matrix
分块对角行列式	block diagonal determinant
分块三角形矩阵	block triangular matrix
分块上三角矩阵	block upper-triangular matrix
分块下三角矩阵	block lower-triangular matrix
分量	component
负定的	negative definite
负惯性指数	negative index of inertia
副对角线	minor diagonal
副对角元	minor diagonal entry
惯性定理	inertia law
规范形	normal form
过渡矩阵	transition matrix
行	row
行列式	determinant
行满秩矩阵	row full rank matrix
行向量	row vector
行秩	row rank
合同	congruence
和	sum
恒等变换	identical transformation
回代法	back substitution method
基	basis
基本矩阵	fundamental matrix
基本未知量	basic variable
基本向量	fundamental vector

基础解系	fundamental system of solutions
极大线性无关组	maximal linearly independent subset
几何重数	geometric multiplicity
迹	trace
降秩矩阵	singular matrix
阶梯方程组	echelon linear equations
阶梯矩阵	echelon matrix
解	solution
解空间	solution space
解集	solution set
矩阵	matrix
矩阵方程	matrix equation
可对角化	diagonalizable
可交换的	exchangeable
可逆的	invertible
列	column
列满秩矩阵	column full rank matrix
列向量	column vector
列秩	column rank
零变换	zero transformation
零空间	trivial solution
零解	zero solution
零矩阵	zero matrix
零向量	zero vector
满秩矩阵	full rank matrix
矛盾方程组	contradictory equations
内积	inner product
逆矩阵	inverse matrix
平凡子空间	trivial subspace
平面	plane
平移	translation transformation
齐次线性方程组	system of homogeneous linear equations
奇异矩阵	singular matrix
三角行列式	triangular determinant
三角矩阵	triangular matrix

上三角矩阵	upper triangular matrix
伸缩变换	stretching transformation
生成子空间	spanning subspace
实对称矩阵	real symmetric matrix
实反对矩阵	real anti-symmetric matrix
数乘	scalar multiple
数乘变换	scaling transformation
数量矩阵	scalar matrix
顺序主子式	order principle minor
特解	particular solution
特征多项式	characteristic polynomial,eigen polynomial
特征方程	characteristic equation
特征向量	eigenvector,characteristic vector
特征值	eigenvalue,characteristic value
特征子空间	characteristic subspace
通解	general solution
同解方程组	equivalent linear equations
投影变换	projective transform
维数	dimension
唯一解	unique solution
未知量	variable
无限维的	infinite dimensional
系数矩阵	coefficient matrix
下三角矩阵	lower triangular matrix
线性变换	linear transformation
线性方程	linear equation
线性方程组	system of linear equations
线性空间	linear space
线性无关	linearly independence
线性相关	linearly dependence
线性映射	linear map
线性运算	linear operation
线性组合	linear combination
相似	similar
相似对角化	similarity diagonalization
相似矩阵	similar matrices
相容方程组	consistent linear equations
向量	vector
向量空间	vector space

向量组	system of vectors
像	image
消元法	elimination
旋转变换	rotation transformation
有限维的	finite dimensional
余子式	cofactor
元	entry
元素	element
原像	preimage
增广矩阵	augmented matrix
正定的	positive definite
正定二次型	positive definition quadratic form
正惯性指数	positive index of inertia
正交的	orthogonal
正交化	orthogonalization
正交基	orthogonal basis
正交矩阵	orthogonal matrix
直线	line
秩	rank
主对角线	principal diagonal
主对角元	principal diagonal entry
主元	pivot
主子式	principal minor
转置	transpose
子空间	subspace
子式	minor
自反性	reflexivity
自由未知量	free variable
坐标	coordinate
最简阶梯矩阵	reduced echelon matrix
最小二乘法	method of least squares